식물 유전자, 유전체 그리고 유전학

식물 유전자, 유전체 그리고 유전학

Plant Genes, Genomes and Genetics

대표역자 김남수

공역 양태진, 박용진

Erich Grotewold

Joseph Chappell

Elizabeth A. Kellogg

월드사이언스

worldscience.co.kr

식물 유전자, 유전체 그리고 유전학

인 쇄 | 2017년 2월 10일 인쇄
발 행 | 2017년 2월 20일 발행

저 자 | Erich Grotewold, Joseph Chappell, Elizabeth A. Kellogg
대표역자 | 김남수
공 역 자 | 양태진, 박용진

발 행 인 | 박선진
발 행 처 | (주)도서출판 월드사이언스

주 소 | 서울특별시 서초구 방배4동 864-31 월드빌딩 1층
등록일자 | 1988년 2월 12일
등록번호 | 제 16-1601호

대표전화 | (02) 581-5811~3
팩 스 | (02) 521-6418
E-mail | worldscience@hanmail.net
U R L | http://www.worldscience.co.kr

정 가 | 25,000원
I S B N | 978-89-5881-258-6

이 도서의 국립중앙도서관 출판시도서목록(CIP)은 서지정보유통지원시스템 홈페이지(http://seoji.nl.go.kr)와 국가자료공동목록시스템(http://www.nl.go.kr/kolisnet)에서 이용하실 수 있습니다. (CIP제어번호 : CIP2017002960)

차 례

제Ⅱ부 식물 유전자의 전사

Acknowledgements

저자들은 본 저서를 집필하는 데 있어서, 도움과 여러 가지의 조언을 해 준 동료들에게 깊은 사의를 표하며 이들의 도움과 자료들은 본 저서가 완성되는 데에 큰 도움이 되었다. 도움을 준 동료들은 다음과 같다.: Biao Ding (The Ohio State University, USA); Sherry Flint-Garcia (USDA-ARS, Columbia, Missouri, USA); Irene Gentzel (The Ohio State University, USA); Venkat Gopalan (The Ohio State University, USA); Art Hunt (University of Kentucky, USA); Rebecca Lamb (The Ohio State University, USA); Pal Maliga (Rutgers University, USA); Michael McMullen (USDA-ARS, Columbia, Missouri, USA); Craig Pikaard (Indiana University, USA); Mark Rausher (Duke University, USA); Keith Slotkin (The Ohio State University, USA); Jan Smalle (University of Kentucky, USA); David Somers (The Ohio State University, USA); Dan Voytas (University of Minnesota, USA); and Ling Yuan (University of Kentucky, USA). 또한 저자들은 강의실에서 여러 해 동안 직접 강의하며 겪은 경험들을 토대로 본 저서의 전체적인 질을 높여 준 익명의 심사자들에게도 심심한 감사를 드린다.

또한 저자들의 실험실을 거쳐간 여러 동료들과 현재의 구성원들이 식물 유전자, 유전체 그리고 유전학의 성장에 기여한 중요한 발견들을 공유하게 한 것에 대해서도 고맙게 생각한다. 이들의 도움이 없었다면, 본 저서는 아마도 만들어지지 못하였을 것이다. 마지막으로 우리 저자들은 지속적인 연구비 제공으로 본 저서에 소개한 많은 연구를 수행할 수 있게 도움을 준 미국 국립과학원, 미국 농무성, 미국 국립보건원 등의 연구비 공여 기관 등에게도 감사를 표한다.

역자 서문

식물유전학 및 유전체학 강의를 해 오는 동안, 마땅한 교재가 없어 강의 준비에 항상 많은 시간을 할애한 역자들로서는 "식물 유전자, 유전체 그리고 유전학"은 정말 반가운 저서이다. 일반유전학, 농업유전학, 분자생물학, 유전체학 등과 같은 교재는 많이 있지만 식물 유전자와 유전체에 대해서 깊이 있게 다룬 교재는 없었다. 미국식물학회에서 출판한 "*The molecular Life of Plants*"가 있기는 하지만, 이것은 주로 식물분자생물학 분야를 다루고 있으므로 식물유전학이나 유전체학 강의 교재로는 적당하지 않았다. 본 저서 또한 미국식물학회에서 주관하여 출판한 저서로 식물 유전자, 유전체 그리고 유전학 분야 등에 대한 매우 최신의 자료들(2013년 논문 자료들까지)을 포함하고 있어서, 졸업을 앞두고 식물유전학 또는 유전체학 분야 진학을 앞둔 고학년 대학생과 대학원생들에게 전공 분야 전체를 살펴 볼 수 있는 매우 유익한 교재이다. 또한 식물 유전학 관련 분야 과목의 대학원 강의를 하시는 교수님들에게도 수업을 준비하는 데에 있어서 좋은 참고 자료가 될 수 있다.

본 저서를 집필한 3명의 공저자들은 식물 유전 및 유전체 분야에서 세계적으로 선두 그룹에 속한 학자들이다. 본 저서는 제 1부 식물 유전체와 유전자, 제 2부 식물유전자 전사, 제 3부 RNA에서 단백질까지 등 3개 파트로 나뉘어 총 17장으로 구성되어 있다. 제 1부는 식물 유전체 구성에서부터 전이인자 및 세포내 소기관 유전체까지 주로 식물 유전체 구성과 유전체 변이 등에 관하여 설명을 하고 있으며, 제 2부에서는 식물 유전자의 전사에서 small RNA 등에 이르기까지 전사 및 조절에 관하여 다루고 있다. 제 3부에서는 RNA 성숙과 전사 후 조절 그리고 단백질의 변형 등을 설명하고 있다.

본 저서를 번역한 역진은 이미 대학에서 15여 년 이상을 식물 유전학과 유전체학 강의를 하고 대학원생들과 연구하여 온 교수진으로 구성되어 있다. 번역은 직역을 원칙으로 하였으나 원래의 의미를 훼손하지 않는 범위에서 약간의 의역도 있었다. 용어는 한국생물과학협회에서 출판한 "생물학용어집 (제3판)"의 용어로 주로 번역하였고, 일부 한국어로 번역 후 의미 전달에 있어서 미묘한 용어는 괄호에 영어 용어를 그대로 적시하였다.

마지막으로, 본 역서가 나오는 데 많은 도움을 주신 월드시어언스의 임후택 부장님과 정창기 실장님에게 감사를 드린다.

2017년 2월
김남수 교수 (강원대),
공동역자 양태진 교수 (서울대), 박용진 (공주대)

서 언

"식물"이라는 용어는 많은 뜻을 내포하고 있다

본 저서의 목적 중의 한 가지는 식물에만 특이적인 분자생물학적 면을 부각시키며, 이는 단순히 동물, 효모, 또는 박테리아 등의 연구에서는 이해할 수 없는 기작들을 나타내는 것이다. 그러므로 본 저서에서는 **"식물"**이라는 단어의 의미에 대해 많은 부분을 할애하였으며, 아마도 더욱 놀라운 것은 이러한 현상들이 단순하게 또는 일반적으로 수용되는 정의를 갖지 않는다는 것이다.

대부분의 사람들은 식물이라고 하면, 일반적으로 토마토, 페츄니아, 옥수수 등을 떠올린다. 식물학자들에게 '식물'하면 아마도 분자생물학자들에 의해 순화된 잡초인 "애기장대(*Arabidospis thaliana*)"를 떠올릴 것이다. 이들은 모두 **현화식물(flowering plants)(angiosperms, 피자식물)**들의 예로서, 이들 현화식물들은 현재 지구 상의 육상식물들 중 우점하는 것들이다. 현화식물들은 약 1억 4천만 년 전인 백악기시대부터 유래된 매우 큰 그룹을 대표하는데(정확한 연대는 아직 논쟁 중임); 이 그룹은 후에 목본류들의 대부분을 포함하여 관목들, 그리고 초본류들로 다양하게 분화되었다. 현화식물은 30만 종 이상이 되며, 이 중에서 수천 종 만이 경작 재배되지만, 20여 종 미만의 적은 종들이 모든 인간들의 식량을 차지한다.

"식물"은 흔히 **"육상식물(land plants)"**를 지칭하는데 이용되는데 이들은 현화식물들 뿐만 아니라 이보다 더욱 넓은 그룹의 식물들을 지칭하는 것으로 여기에는 나자식물(gymnosperms), 양치류(ferns), 석송류(lycophytes), 뿔이끼(hornworts), 우산이끼류(liverworts) 등이 포함된다. 이렇게 커다란 그룹의 식물들은 **유배식물(embryophytes)** 단계통 진화군으로 이들은 모친 식물의 배(embryo)로부터 생성된다. 그림 1은 유배식물문(Embryophyta)의 계통도로서 이 계통도는 주요한 식물 그룹들을 규정짓는 주 특징들에 기초하여 제작된 것이다. 육상식물들을 구성하는 계통군(또는 그룹)들에는 **종자식물(seed plants)**(현화식물들과 나자식물들로 종자를 가지고 있음)과 **유관속식물(vascular plants)**[양치류(양치식물, pteridophytes)와 석송류] 등이 있는데 이들

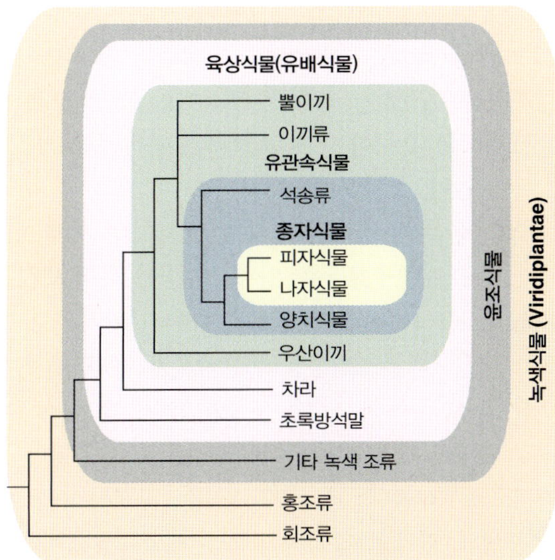

그림 1. 공생적인 시안화박테리아를 흡수한 진핵생물체인 일차 내부공생으로부터 유래한 생물들의 계통도. 계통도와 함께 표시한 벤 다이어그램은 주요한 그룹을 나타낸다. 녹색식물(Viridiplantae)들과 윤조식물(streptophytes)들을 "식물"이라고 지칭하지만, 본 저서에서 사용된 "식물"이라는 용어는 녹색의 육상식물을 지칭하기에 육상식물들의 아군들 만을 표시하였다.

은 이배체의 포자체가 독립적인 배우체들에서 형성되며, 포자를 이용하여 퍼진다. 대조적으로 대부분의 **비관속식물(non-vascular plants)**들은 (뿔이끼와 우산이끼류) 체관부와 목부요소 등을 가지고 있지 않으며, 반수체인 배우체 세대가 더 길고 우점하는 반면 이배체인 포자체 세대는 매우 짧다.

"식물"은 또한 **윤조식물문(Streptophytes)**이라고 알려진 그룹을 지칭하는데, 이것은 육상식물과 육상식물의 가장 가까운 차라(*Chara*)와 윤조식물(이전에는 둘 다 녹색 조류로 분류됨)을 포함하는 그룹이다. 윤조식물은 특이한 세포분열 방법을 가지는데, 여기에는 셀루로이스(식물세포벽을 구성하는 일차적 구성물인 당 중합체)를 만드는 단백질의 특이한 구조 격막형성체와 셀룰로이스 로제트 등이 있다.

"식물"의 세 번째 정의는 엽록체를 가지며 클로로필 *a*와 *b*를 만드는 생물체들을 말한다. 이들은 **녹색식물(Viridiplantae)**(라틴어로 **녹색식물**이라는 뜻)이라고 불린다. 이 그룹들은 윤조식물문(육상식물과 차라, 윤조식물을 포함)과 모든 녹색 조류들을 포함한다. 녹색 조류에는 유명한 단세포 생물인 클라미도모나스도 포함된다.

최종적으로 "식물"의 네 번째 정의는(비정상적인) **일차 내부공생**의 결과인 엽록체를 갖는 모든 생물체들을 지칭하는 것으로 내부공생이란 시안화박테리아를 직접적으로 흡수하여 엽록체를 갖는 생물체들을 말한다(5장 참조). 이 그룹의 멤버들은 녹색식물, **홍조류(red algae**, Rhodophyta)와 회조류(glacophyta) 등을 포함한다. 이들 **녹색식물**(**Viridiplantae**), 적색 조류, 회조류 등이 하나의 단계통군에 속한다는 증거들이 계속 축적되고 있으며, 때때로 이들을 원시색소체식물(Arahaeplastida)라고도 한다. 그러나 일차 내부공생은 각각 독자적으로 일어난 것으로 시안화박테리아의 흡입이 여러 번에 걸쳐서 발생한 것이다. 어느 경우이던 시안화박테리아로부터 색소체들의 유래는 생명의 역사에서 매우 희귀하게 일어난 것이다.

색소체를 가지는 생물체들은 약 1억 년 전에 동물이나 곰팡이 등의 진핵생물체들과 분지되었다(Knoll 2003). 이와 같은 긴 세월을 감안하면 동물(i.e., 독자와 같은), 곰팡이(i.e., 효모), 그리고 식물들이 세포 기작들에서 유사점을 가지지 않는 것은 놀라운 일이다. 물론 이들 간에도 유사점이 있지만, 이러한 것들은 추정하기 보다는 입증되어야 한다. 다시 말해, 동물과 효도들에서 전사 기구가 비슷하다고 하여 식물에서도 비슷하다는 것을 의미하는 것은 아니다. 첨언하면, **유사성(similarity)**이 **동일성(identity)**은 아니다. 공통적인 과정들은 수렴적인 영향력의 결과로 나타나며, 실제로 유사성의 측정은 이러한 기능을 암호화하고 있는 DNA의 보존성에 있다.

과거에는 "식물"이라는 용어가 모든 광합성 생물체에 적용되었다. 그러나 현재에는 이러한 광범위한 적용은 사용되지 않는다. 광합성이 가능한 많은 생물체들이 색소체와 함께 홍조류들을 함입함으로써 광합성 능력을 갖게 되었다. 다른 말로 하면, 색소체는 녹색 조류의 공생체이고 홍조류는 다른 생물체의(이전에는 비광합성이던) 공생체를 가지고 있는 것이다. 이러한 공생을 원시색소체의 일차 공생과 구별하기 위해 **이차 내부공생(secondary endosymbiosis)**이라고 부른다. 이차 내부공생체를 갖는 생물체들에서 공생체들을 둘러싸고 있는 막의 구조는 이들 공생체를 함입한 기주 생물체들과는 한때는 전혀 다른 생물체들이었음을 보여준다. 이차 내부공생을 하는 생물체들에는 갈조류(Fucus, 일반적 해초)와 황금색 갈조류(대부분 민물에 서식), 쌍편모조류(dinoflagellate), 그리고 동원핵편모충류(kineotoplastid)(i.e., *Euglena*, trypanosomes, apicomplexans 등과 같이 말라리아를 일으키는 생물체를 포함) 등을 포함하는 Stramenopiles 그룹이 있다. 이 그룹의 각각은 동물 만큼이나 식물들과 다르며, 식물 만큼이나 동물들과도 다르다. 특히 이들 생물체들에서 새로운 유전자, 단백질, 그리고 세포 기작 등이 발견되기를 기대한다. 만약에 "식물"이라는 용어가 이차 내부공생체들에게도 적용된다면, 이차 내부공생체를 가지는 생물체들은 매우 다양하고 서로 연관이 전혀 없는(모든 진핵생물들과는 다른) 생물체들을 의미하게 되므로 이 용어는 무의미하게 된다.

요약하면, 식물이라는 용어는 많은 생물체들을 포함하여 가장 작은 육상식물들에서부터 가장 큰 광합성 생물체들까지 포함한다. 그러나 가장 흔하게 사용되는 "식물"이란 용어는 전체적인 녹색식물(Viridiplantae) 계통들을 지칭하거나 또는 육상식물들을 지칭하는 데 이용되기도 한다. 공통적인 용어로서의 식물이라는 용어의 이용은 비공식적으로는 현화식물을 지칭하기도 한다. 본 저서에서 사용되는 식물이라는 용어는 육상식물을 의미한다. 또한, 본 저서에서 인용되는 대부분의 자료들은 현화식물들의 연구로부터 나왔으므로 대부분의 경우 저자들은 현화식물들의 결과로부터 증거는 없지만 나자식물, 양치식물, 석송류, 이끼류, 우산이끼류, 뿔이끼 등에 적용한다는 것을 의미한다. 만약에 육상식물 이외의 종으로부터 유래한 결과들이 있다면 명확히 출처를 인용할 것이다.

식물의 기본 구조는 실망스러울 정도로 간단하다

본 저서에서 기술한 과정들은 식물의 어느 세포에서나 일어날 수 있는 가설이다. 그러나 기본적인 식물의 형태학에 대한 친근성이 요구된다. 식물 성장은 **분열조직(meristem)**이라 불리는 특정한 줄기 세포들에서 일어난다. 이들 세포들은 식물의 전 생애 동안 활성을 가지며 식물 발생은 연속적이고 모듈식으로 되어 있다. 이것은 동물과는 매우 다른 것으로 동물은 전체적인 부위들이 조직적인 방법으로 발달하고 발생은 성숙과 함께 완전히 중단된다. 만약에 인간이 식물과 같이 성장한다면, 손가락, 발가락, 머리 끝 등이 인간의 전 생애 동안 계속 자라게 될 것이다.

분열조직은 배가 발달되는 동안 조직화된다. 종자식물들에는 식물의 양 말단에 분열조직들이 각각 있는데 하나는 **줄기 정단 분열조직(shoot apical meristem)**이고 다른 하나는 **뿌리 정단 분열조직(root apical meristem)**이다. 이들은 양극형 배(bipolar embryo)의 기본으로서 오직 종자식물에서만 발견된다. 비종자 관속식물들의 분열조직은 오직 몇 개의 세포들로만 구성되어 있는데, 뿌리 정단 줄기세포들은 후기에 발달되고 배 축의 한쪽에 생긴다.

현화식물들은 반드시 지상에는 **줄기(shoot)**를 지하에는 **뿌리(root)**를 가진다(그림 2). 줄기 정단 분열조직은 줄기의 측면에 잎들을 생성시킨다. 각 잎의 엽액에는 또 다른 분열조직인 **측생 분열조직(axillary meristems)**를 형성하는데, 이 조직은 종종 잠시 휴면에 있다가 성장하여 가지를 형성한다. 뿌리 정단 조직은 **주근(primary root)**를 형성시킨다. 측근(lateral root)은 정단 줄기세포로부터 만들어지지 않고 관다발 조직의 밖에서 새롭게 생기는 분열조직으로부터 유래한다. 대부분의 쌍자엽식물들은 주근이 지하에 곧게 형성되는 반면(예로 당근이나 민들레를 생각하라), 대부분의 단자엽식물들은 주근이 처음 몇 달 간만 생존하다가 토양 근처의 줄기 기초 부위에서 생성되는 뿌리들로 대체된다(양파나 초본류들을 생각하라). **관다발 조직(vascular tissue)**은 식물의 모든 부위에 연결되어 있어서 물, 양분, 호르몬 등을 뿌리에서 잎으로 전달시키거나 줄기의 분열조직으로 전달시킨다. 탄수화물과 다른 종류의 호르몬들이 잎으로부터 식물의 다른 부위로 동시에 이동된다.

식물의 기본 조직들은 잎과 뿌리를 절단하여 보면 확실히 보인다(그림 2). 정교한 조직들로 이루어진 동물과는 달리 식물은 오직 세 가지의 기본 조직들을 가진다—식물의 모든 부위의 표피를 구성하는 **표피조직(epidermis)**, 이외의 모든 부위에 있는 **관다발 조직(vascular tissue)**과 **기본 조직(ground tissue)**들이 있다. 잎의 표피는 일반적으로 평평하고 투명한 세포들로 되어 있어 있으며 왁스인 큐티클로 덮여 있어서 건조함을 막는다. 표피 조직에는 **기공(stomata)**(일반적으로 "입"이라고 함)이라는 특별한 구멍들을 가지고 있으며, 이를 통하여 광합성에 필요한 CO_2를 들여오고 광합성 산물인 O_2를 배출시킨다. 또한 기공을 통하여 식물체 내의 물이 증산한다. 식물체 내의 수분이 기공을 통하여 빠져나가면 물의 압력 구배를 만들게 되고, 이로써 관다발 시스템을 통하여 뿌리로부터 물을 끌어 올려 식물의 전 조직에 수분을 공급하게 된다. 만약에 수분이 제한적이면, 기공을 닫아 조직의 건조를 방지한다. 기공의 개폐는 기공을 둘러 쌓고 있는 **공변세포(guard cells)**의 팽압 변화에 의해 조절된다. 첨언하여 잎의 표피조직은 털(트라이콤, trichome이라고도 함)과 선(腺)을 가지고 있다. 식물 종에 따라 잎 표피는 한 층으로 되어 있는 것도 있고(예, 애기장대), 여러 층의 세포로 되어 있는 것들도

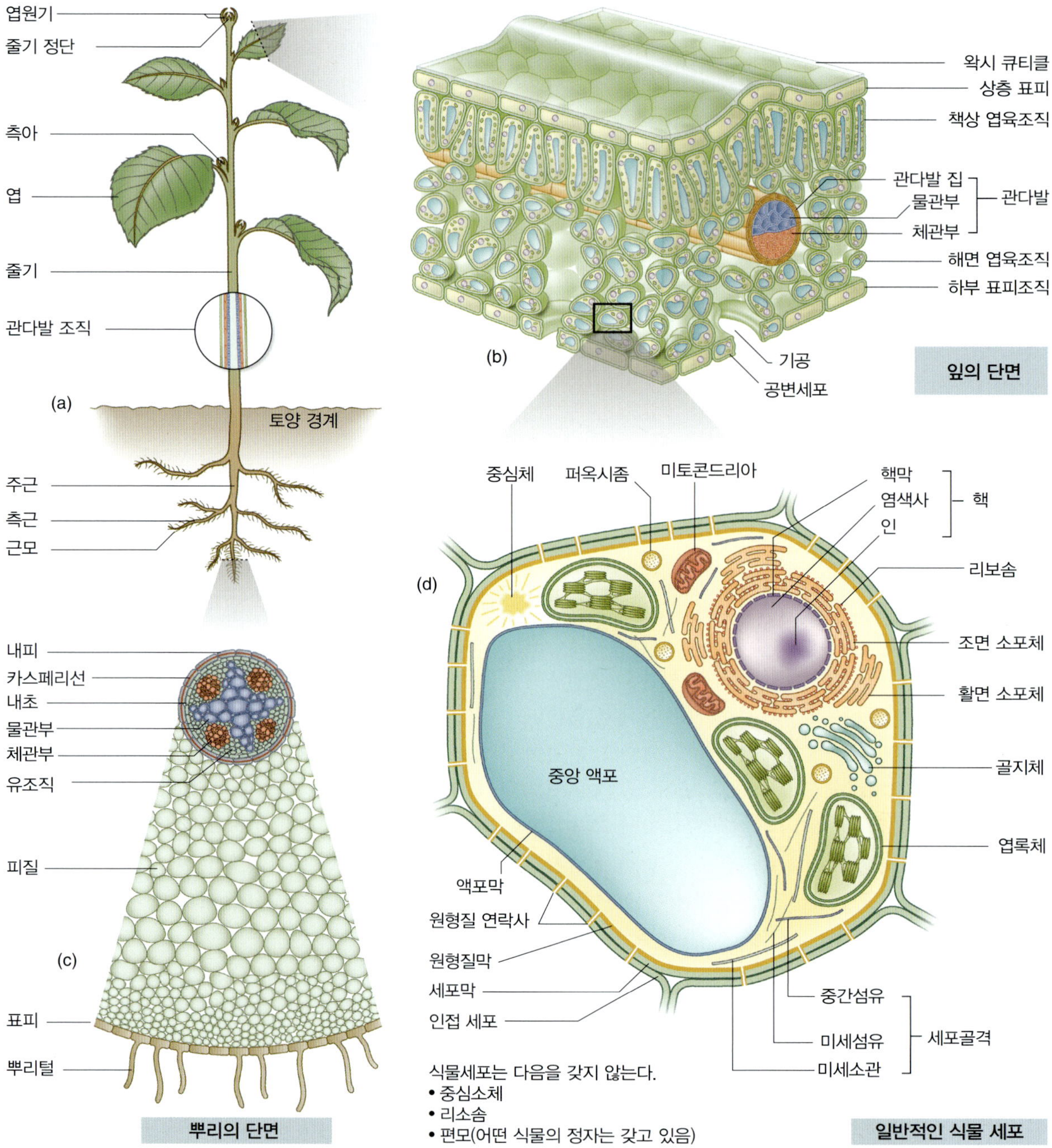

그림 2. 현화식물의 구조, 주요 기관, 조직, 그리고 세포 형태들. **(a)** Taiz and Zeigler(1991)의 자료를 허가 획득하여 변형함. **(b)** http://topology11student.wikispaces.com/Plants+-+Anatomy,+Growth,+and+Function. **(c)** Taiz and Zeigler(1991)의 자료를 허가 획득하여 변형함. **(d)** http://turfgrass.cas.psu.edu/education/turgeon/Modules/10_AnnualBluegrass/Annual_Module/1.71%20root%20cross%saection.html. A.J. Turgeon의 자료를 허가 후 사용함.

있다(*Mentha piperita*는 잎 표피의 선에 페퍼민트 오일을 가지고 있다).

뿌리의 표피는 **뿌리털(root hairs)**라고 알려진 작은 돌기들로 발달되는 세포들을 가지고 있다. 뿌리털은 얇은-껍질로 되어 있으며, 토양으로부터 물과 양분의 흡수에 중요하다. 첨언하면 뿌리털은 토양에 있는 *Rhizobium*이라는 토양 박테리아와 상호작용하는 부위로서 이러한 상호작용은 특정한 식물 종과 토양 박테리아 간에 공생을 하게 한다. 뿌리털을 형성하는 세포들은 비-뿌리털 세포들과 인접하여 혼재하는데, 뿌리털 세포와 비-뿌리털 세포들의 분포 패턴은 종마다 특이하지만 모델 식물인 애기장대의 분포 패턴은 정형화 되어 있어서 이러한 분포 패턴이 잘 연구되어 있다. 뿌리가 성장하여 토양으로 나가게 되면 폭이 굵어 지므로 겉 표피는 뿌리 내부층의 세포들로 대체되어 떨어져 나간다. 이러한 과정으로 인하여, 뿌리털은 뿌리 정단 분열 조직의 인접부위에만 존재하며 뿌리의 다른 부위에는 존재하지 않는다.

관다발 조직은 식물 전체에 퍼져 있는 통도 세포의 관다발로 배열되어 있다. 물이 이동하는 조직을 **물관(xylem)**이라 하는데—물관은 성숙하면 대부분 죽은 세포들로 구성되며—잎의 관다발에는 물관이 일반적으로 윗부분(향축, adaxial)에 존재한다. 물의 이동은 농도 구배에 의해 뿌리에서 줄기로 이동하므로, 물관 세포벽은 물의 압력을 견딜 수 있을 만큼 강력하여야 하며 성숙하면 통상 리그닌화된다. 탄수화물은 **체관(phloem)**이라는 조직을 통하여 이동하는데, 체관 세포들은 성숙하여도 살아 있으며 잎에서는 보통 관다발 조직의 아래 부위(배축, abaxial)에 있다. 장력(tension)에 의해 이동하는 물과는 달리, 체관 수액은 압력에 의해 이동한다. 체관 수액에는 많은 분자들이 녹아 있으므로 이것은 일반적으로 주변 세포들보다 높은 삼투압을 가지고 있어서 물을 흡수할 수 있다.

표피 내부와 관다발 바깥의 세포들은 기본 조직의 일부이다. 이들 세포들은 식물 전체를 통하여, 기관이나 식물 발달 단계에 따라, 모습이 상당히 다양하다. 그림 2는 잎의 횡단면이며 여기에는 **엽육조직(mesophyll)**이라고 불리는 기본 조직이 있다(mesophyll이라는 용어는 단순히 그리스어로 "잎의 중간층"이라는 의미이다. meso = 중간, phyll = 잎). 피자식물의 잎의 상층부 엽육조직은 긴 세포들이 직사각형으로 조밀하게 배열되어 있으며, 이러한 배열로 인한 단면 관찰 시 모습으로 인해 **책상층(palisade layer)**으로 불리게 되었다. 대조적으로 하층부위의 엽육세포들은 덜 조밀하며 폭이 같은 세포들로 되어 있어서 **해면 엽육세포(sponge mesophyll)**이라고 알려져 있으며 이들은 책상 엽육세포들보다 세포분열이 일찍 중단되어, 잎이 확장되면서 간격이 넓어지며 이들 간의 공간은 공기로 채워지게 된다.

뿌리 관다발은 중앙에 하나의 견고한 관을 형성한다. 뿌리 관다발은 **내피(endodermis)**라고 하는 원형의 한 층의 세포들로 쌓여 있어서 물의 흐름을 조절한다. 대부분의 뿌리들에서 물은 뿌리털과 같은 세포들의 세포질이나 세포 간의 간격을 통하여 들어 온다. 물은 **피질(cortex)**에 있는 세포들을 통하여 흐른다. 세포들을 통하여 이동하는 경로를 **심플라스틱 이동(symplastic pathway)**라고 하며 세포 주위를 통하여 이동하는 것을 **아포플라스틱 이동(apoplastic pathway)**이라고 한다. 물(물에 있는 이온 또는 다른 물질들)이 내피세포에 도달하면 세포를 통과해서 이동하여야 하므로 심플라스틱 이동을 한다. 내피 세포들은 수베린이라는 물질로 된 단단한 고리 구조로 묶여 있는데 이를 **카스페리선(Casperin strip)**이라고 한다. 수베린은 물이나 다른 물질들이 세포 주위에 있지 못하도록 하므로 카스페리선은 아포플라스틱 이동을 억제하게 된다. 세포 내부의 이동물질과 삼투압의 조절을 통해 내피세포들은 물질의 출입을 조절한다.

각각의 식물세포들은 다른 진핵생물의 세포들과 동일한 구조를 많이 가지고 있다(그림 2). 박테리아와 고세균을 포함하여 살아 있는 모든 세포들처럼 식물세포는 **원형질막(plasma membrane)**으로 둘러 쌓여 있고, 유전물질로 **DNA**를 가지며, **리보솜(ribosome)**에서 단백질을 합성한다. 다른 진핵생물들과 같이 식물세포도 **핵(nucleus)**이 **핵막(nuclear membrane)** 내에 있으며, 핵막은 연속적인 구조체인 **소포체(endoplasmic reticulum)**으로 되어 있고 **미토콘드리아(mitochondria)**, **퍼옥시좀(peroxisome)**, **골지체(Golgi apparatus)** 등을 가진다. 소포체는 리보솜의 부착 여부에 따라 리보솜이 부착된 활면소포체와 리보솜이 부착되지 않은 조면소포체로 나뉜다. 세포골격(cytoskeleton)은 **미세섬유(microfilaments)**(액틴 단백질로 구성됨), **중간섬유(intermediate filaments)**, **미세소관(microtubules)**(튜불린 단백질로 구성됨) 등으로 구성되어 있다.

이외의 세포 내 구조체들은 다른 진핵생물에 존재하지만 동물세포에는 없는 것들이다. 동물세포와는 달리 식물세포는 **셀룰로스(cellulose)**로 된 세포벽을 가지고 있다. 세포벽에는 원형질연락사(plasmodesmata)라는 특별한 터널들을 가지고 있는데, 원형질막은 이들 원형질연락사을 통하여 연속적으로 되어 있으며 원형질연락사의 직경은 막 내부에 존재하는 단백질들에 의해 조절된다. 식물세포에는 **엽록체(chloroplasts)**를 가지고 있으며 이것은 공생 박테리아로 광합성을 하는 곳이다. 식물세포는 또한 **액포막(tonoplast)**로 둘러 쌓인 커다란 **액포(vacuole)**을 가지고 있다. 엽육세포에 있는 액포가 종종 세포의 중앙 부위의 큰 부위를 차지하고 있어서 세포질과 세포 내 소기관들은 원형질막을 향하여 한쪽으로 몰려서 존재한다. 이러한 세포들과 비교할 때 그림 2에서 보여주는 액포는 비정상적으로 작은 것이다.

지금까지 간략하게 식물의 구조에 대하여 설명하였으며, 식물의 진화적 역사는 본 저서의 나머지 부분에 대하여 기초를 제공한다. 이어지는 장들에서는 많은 육상식물들을 특징짓는 면에 초점을 두고 생물학의 관점에서 설명할 것이다. 독자들은 아마도 포유동물을 대표하여 인간에 초점을 둔 교재를 접하였을 것이지만, 포유동물들에는 약 5,000 종이 있으며, 이들 중 인간은 유전적 다양성이 매우 적은 종이라는 것에 유념할 필요가 있다. 대조적으로 육상식물 종들은 정확한 숫자는 모르지만 포유동물들보다 약 70-100배 정도의 많은 육상식물 종들이 존재한다. 식물은 우리의 환경을 우점하며, 음식, 의복, 집 등을 제공하고 또한 우리가 숨쉬는 데 필요한 산소를 제공한다. 육상식물들이 없으면 육상동물도 없고 결과적으로 인간도 존재하지 못한다. 그러므로 식물은 육상의 모든 생명체들에게 필요하며, 이 책에서는 식물의 유전자, 유전체 그리고 유전학에 대해서 설명을 한다.

참고 문헌

Knoll, A.H.(2003) *Life on a Young Planet: The First Thee Billion Years*, Princeton University Press

제 I 부
식물 유전체 그리고 유전자

제1장

식물의 유전 물질

1.1 DNA는 식물을 포함한 모든 생물체들의 유전물질이다

다른 모든 생명체들처럼 식물들도 디옥시리보핵산(DNA)를 유전물질로 가진다. DNA는 당과 인산, 질소 염기들이 서로 교차되어 결합된 중합체이다. 더욱 특이적으로, DNA의 빌딩 블럭인 뉴클레오티드는 1개의 디옥시리보스가 인산그룹과 함께 리보스의 5번 탄소자리(C-5)에 결합하고 질소 염기는 1번 탄소(C-1)에 결합한다. 인산에스테르 결합이 한 염기의 C-5 인산기와 인접한 다른 염기의 C-3에 결합시켜서 DNA 분자의 교호적인 당-인산 뼈대구조를 만든다. DNA 사슬의 한쪽 끝은 항상 C-5 인산기로 되어 있어서 5′-말단이라고 부르며 다른 한쪽 끝은 C-3 수산기를 가지고 있어서 3′-말단이라고 부른다(그림 1.1a). DNA 분자가 극성을 가지고 있다는 내용은 본 저서에서 여러 번 언급되어질 것이다.

DNA 분자를 이루는 질소 염기에는 4가지가 있다. 이들 중 2개는 **사이토신(cytosine,** C)와 **티민(thymine,** T)인데 이들은 4개의 탄소로 된 1개의 방향고리와 두 질소 그룹으로 되어 있으며 이러한 염기들을 **피리미딘(pyrimidines)**이라고 한다. 나머지 다른 두 가지 염기는 **아데닌(adenine,** A)과 **구아닌(guanine,** G)인데, 이들은 피리미딘이 가지고 있는 방향고리에 5개의 탄소로 이루어진 헤테로고리가 결합되어 있는 이중 고리를 가지고 있으며 이들 두 염기를 **퓨린(purine)**이라고 한다.

2개의 DNA 중합체 또는 가닥이 결합하여 틀어진 사다리처럼 결합한 이중 나선 구조를 하고 있다(그림 1.1b). 많은 종류의 바이러스들은 유전물질을 외가닥으로 가지고 있는데 이들도 다음 세대로 유전 물질을 전달하기 위해서는 이중 나선 단계를 거쳐야 한다. 두 가닥은 서로 두 질소 염기들 간의 수소결합(H-bonds)에 의해 묶이며, 항상 A는 T와 2개의 수소결합을 하고, G는 C와 3개의 수소결합을 한다(그림 1.1c). A-T 염기쌍은 G-C 염기쌍보다 수소결합의 수가 적으므로 A-T 염기쌍이 많으면 G-C 염기쌍이 많은 DNA보다 수소결합이 끊어지는 변성이 쉽게 일어난다. DNA 가닥들 간의 염기쌍 법칙은 매우 엄격하여 A는 항상 T와 결합을 하고 G는 항상 C와 결합을 한다. 이중 나선은 항상 역평행성을 가지는데 이중 나선의 한쪽 끝은 3′-말단의 가닥이 항상 5′-말단의 가닥과 수소결합을 하고 또 다른 끝은 5′-말단 가닥과 3′-말단이 결합을 한 형태로 존재한다.

DNA 구조는 식물에만 특이적인 것은 아니고 세 가지의 생명계(진핵생물, 박테리아, 고세균)와 바이러스에서도 동일하다. 가닥 내의 염기들 간의 공유결합과 두 가닥의 염기들 간의 수소결합은 어느 생물체에서도 같으며, 현재 알려진 DNA 구조는 핵을 가지고 있지 않은 단세포인 원핵생물로부터 유래된 것이다.

네 가지의 염기들(A, C, G, T)은 항상 동량으로 존재하는 것은 아니고, 종 또는 유전체들마다 다르고 한 유전체 내에서도 단편들마다 다르다. 예를 들면, 5장에서 학습하게 되는 엽록체의 A+T 함량은 종별로 다르지만 일반적으로 50% 이상의 A+T 조성을 가진다. 대조적으로, 초본류들의 대부분의 핵 유전자들에는 G+C 함량이 많은 편이며, 특히 옥수수는 이러한 편향적인 분포가 높다.

식물에는 메틸기($-CH_3$)가 특정한 위치에 결합하여 변형된 염기들이 존재한다. DNA 메틸화는 일반적으로 C 염기의 C-5 위치에 메틸기가 부착되지만(그림 1.2), 아

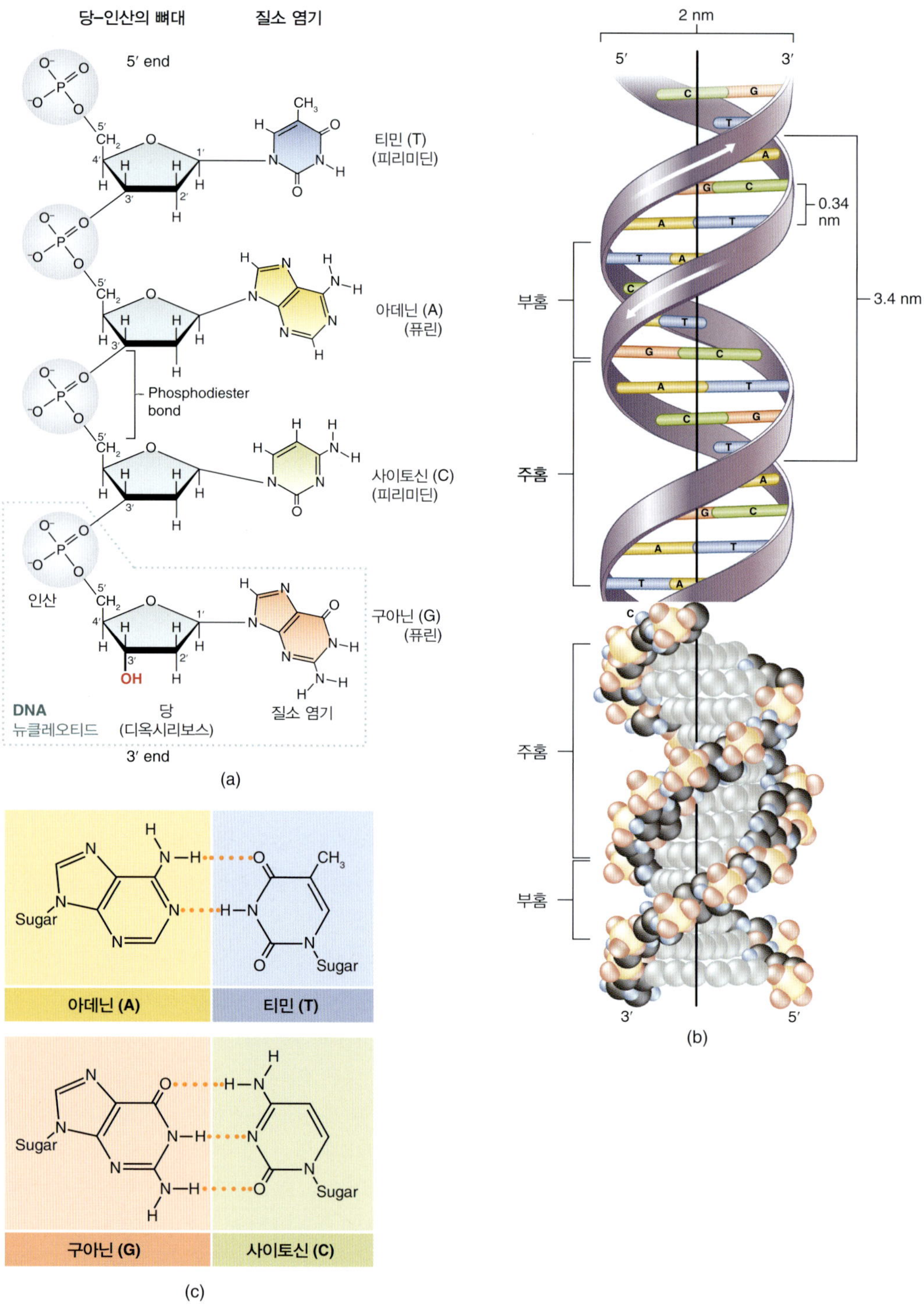

그림 1.1 DNA 구조. (a) 인산기와 리보스의 교차적인 연결이 DNA 가닥의 뼈대를 이룬다. 3′-말단의 C-3 수산기에 새로운 염기와 결합을 하므로 DNA는 항상 3′ 방향으로만 늘어난다. 질소 염기들은 항상 리보스의 C-1과 결합을 한다. **(b)** 서로 역평행성을 가진 두 가닥의 DNA 가닥으로 이루어진 이중 나선. **(c)** 네 가지의 염기들과 이들 간의 수소결합. (a)와 (c)는 Reece 등(2011)의 그림을, 그리고 **(b)**는 Roven 등(2011)의 그림을 참고함.

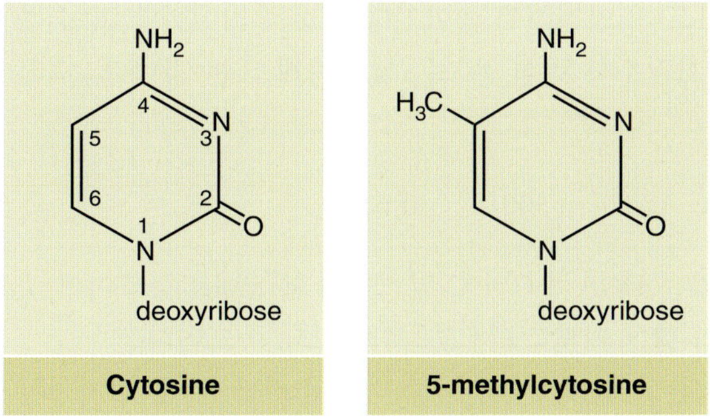

그림 1.2 Cytosine과 5-methylcytosine의 구조.
http://en.wikipedia.org/wiki/File:Cytosine_chemical_structure.svg. By Engineer gena (Own work) [Public domain], via Wikimedia Commons

데닌(A) 염기도 메틸화가 될 수도 있는데 특히 박테리아, 고세균, 단세포로 구성된 진핵생물에서 나타난다. DNA의 이러한 일반적인 변형은 유전자의 전사에 영향을 미치게 되는데 이에 대해서는 12장에서 다룬다. DNA 메틸화가 포유동물에서도 공통적으로 일어나지만, 효모나 초파리(*Drosophila melanogaster*) 등에서는 비교적 잘 일어나지 않는다. 그러나 꿀벌과 같은 다른 곤충들에서는 DNA 메틸화가 많이 일어난다. 생명공학의 많은 실험들이 DNA의 기본 구조를 이용하는데 이에 대해서는 "DNA를 이용한 실험"에서 자세하게 설명하도록 한다.

DNA를 이용한 실험: 생명공학은 DNA 분자들의 특성을 이용한다

DNA 연쇄 중합반응(PCR, polymerase chain reaction)은 생명공학에서 유사하거나 동일한 DNA 단편을 대량으로 만들어 내는 방법으로서, DNA를 고온에서 외가닥으로 변성시킨 후 짧은 프라이머를 외가닥에 결합시킨 다음, DNA를 중합시키는 사이클의 반복을 통해 특정한 DNA 단편을 증폭시킨다. 따라서 특정한 DNA 단편의 두 가닥 나선을 분리시킬 수 있는 온도를 아는 것이 중요한데, 1개의 두 가닥 DNA를 2개의 외가닥으로 분리시킬 수 있는 온도를 융해온도 또는 T_m으로 표시한다. 이것은 주어진 DNA 단편들 중 절반은 변성되어 외가닥으로 존재하고 나머지 절반은 아직 변성되지 않은 두 가닥 상태로 있게 되는 온도를 말한다. T_m은 여러 가지 요인에 의해 결정되는데, 가장 중요한 요인은 G+C 염기 함량이다. A-T 염기쌍은 2개의 수소결합에 의해 결합되어 있지만, G-C 염기쌍은 3개의 수소결합에 의해 결합되어 있으므로 이들을 끊기 위해서는 더 많은 에너지가 필요하게 되고 결국은 높은 온도가 요구되는 것이다. 길이가 20 bp 이하인 짧은 DNA 단편의 T_m 값은 다음과 같은 간단한 공식에 의해 구할 수 있다.

$$T_m = 2(A+T) + 4(G+C)$$

여기에서 T는 섭씨 온도이며, A+T는 A-T 염기쌍의 수이고, G+C는 G-C 염기쌍의 수이다.

염기들이 임의로 배열되어 있다고 가정하면, 위의 간단한 공식은 두 가지의 가정을 만든다. 첫째는 DNA 가닥 하나가 막에 부착되어 있다는 것으로, 예로 Southern blot의 경우 한 가닥이 막에 부착되어 있으며 여기에 짧은 올리고뉴클레티드 탐침자(primer)를 결합시키는 것이다(올리고뉴클레오티드는 통상 100개 이내의 염기로 된 외가닥 DNA를 일컫는 것으로, 그리스어인 '*oliogo*'라는 접두사는 'few'를 뜻한다). 한 가닥이 막에 부착하여 고정되어 있으므로 DNA는 수용액 상태에 있을 때보다 변성 온도가 낮게 된다(통상 8°C 정도 낮아짐). 두 번째 가정은 염 농도(예, NaCl)가 0.9M이라는 것으로, DNA 염기들 간의 H-결합 형성을 방해하는 화학물질(예로 formamide, $HCONH_2$)이 없다고 가정한다. DNA의 변성 온도는 염의 농도에 따라 $\log_{10}$의 값으로 증가한다. 이것은 염 농도가 높으면 DNA 이형이중가닥(heteroduplex)의 안정성이 높아진다는 것을 의미한다. 수소결합을 방해하는 포름아미드나 다른 작은 분자들의 농도가 높아질수록 변성 온도는 낮아지게 되는 것이다. 그러므로, 더 복잡한 공식은 다음과 같다.

$$T_m = 81.5 + 16.6 \log M + 41(XG + XC) - 500/L - 0.62F$$

여기에서 M은 양이온의 농도(여기에서는 Na^+)이며 *XG*와 *XC*는 DNA의 G와 C 염기들의 몰(mole) 농도이며, *L*은 DNA의 길이를 나타내고(실제로 혼성화 믹스에서 DNA의 짧은 가닥), *F*는 포름아미드의 농도이다.

또한 뼈대를 이루는 인산으로 인해 DNA의 높은 음이온화는(그림 1.1에서 이중 나선의 바깥 부위) 전기영동 시 DNA 단편들을 분리시키는 데 이용되기도 하는데 전기영동은 분자생물학에서 가장 많이 이용되는 방법이다. DNA를 겔의(보통 아가로스나 폴리아클릴아마이드)의 한쪽 끝에 위치시키고 전기를 겔 상에 통과시킨다. 음이온화 되어 있는 DNA는 양이온 쪽으로 이동을 하게 되는데, 겔이 분자적 체로 작용을 하므로 DNA의 이동 속도는 단편의 길이에 따른다(그림 1.3a). 작은 단편들은 긴 단편들보다 겔 상에서 이동이 빠르므로 보다 멀리 이동하며, 이동 거리는 분자량의 $\log_{10}$의 직선상의 거리 정도이다(1.3b).

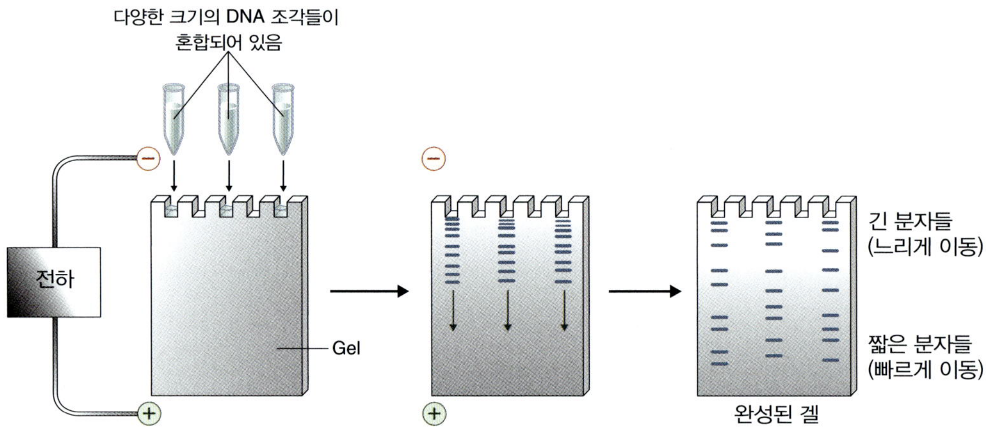

(a)

이동 거리(mm)	단편 크기 (bp)
10.0	10180
11.5	9162
12.5	8144
13.3	7126
16.0	6108
19.0	5090
22.0	4072
27.0	3054
35.0	2036
39.5	1636
49.5	1018
61.0	517

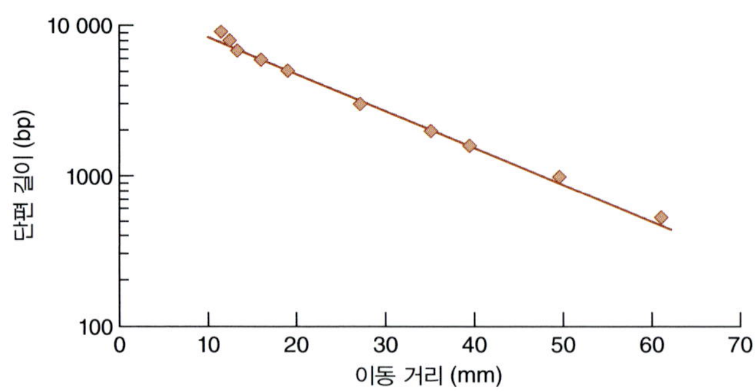

(b)

그림 1.3 분자생물학에서 가장 많이 이용되는 방법인 전기영동. **(a)** 용액에 용해되어 있는 DNA를 튜브에서 취하여 겔의 끝에 있는 슬롯에 넣는다. 전기장을 겔에 건다. DNA는 음이온화되어 있으므로 양이온 극쪽으로 이동을 하며, 작은 단편들은 긴 단편들보다 더 빨리 이동을 한다. **(b)** 겔 상에서 DNA 단편들의 이동 거리를 나타내는 표와 그림. 이때 단편의 크기와 이동 거리의 관계는 직선 상이 아님을 유념하라. 또한, 그래프의 Y축은 로그 값임을 유념하라. **(b)**는 http://depts.noctrl/edu/biology/resource/handbook.htm 자료를 변형한 것임.

어떤 화학물질들은 DNA에 결합하여 적정한 빛을 비추면 발광을 한다. 예를 들면, 에티디움 브로마이드(EtBr)는 DNA의 이중 나선에 끼어들어서 UV를 비추면 발광을 하기 때문에 많이 이용된다. 이때 DNA는 핑크 빛으로 발광을 한다(그림 1.4a). 그러나 불행하게도 EtBr은 모든 DNA에 무차별적으로 삽입 결합하기 때문에 실험자의 DNA에도 결합을 할 수 있다. 이것은 빛 에너지를 흡수하여 DNA에 손상을 주며, 이에 따라 돌연변이를 유발시킬 수 있다. EtBr은 이와 같은 독성 때문에 이용이 점점 줄고 있다.

또 다른 형광 시약으로는 프로피움 아이오다이(propium idodie, PI)가 있는데 이것도 EtBr과 같이 DNA 이중 나선에 끼어든다(그림 1.4b). PI의 DNA 결합은 양적으로 1개의 PI 분자는 4개에서 5개의 염기에 결합을 한다; 그러므로 DNA 양이 많으면 더 많은 양의 PI가 결합을 하므로, 더 많은 형광을 나타내게 되는 것이다. PI를 이용하여 형광 정도로 유전체의 크기를 측정하는 것은 비교적 신속하므로, 현화식물을 포함하여 많은 생물체들의 유전체 크기를 측정하는 데 이용된다.

메틸 사이토신은 여러 가지 방법으로 분석할 수 있다. 제한효소는 특정한 염기서열을 인식하여 절단시키는데 어떤 제한효소는 인식 DNA 부위의 사이토신이 메틸화되어 있으면 절단 못하는 것들도 있어서 이러한 제한효소를 이용하여 메틸화 부위를 쉽게 탐색할 수 있다. 이와 같은 메틸화 민감 제한효소가 인식하는 부위와 동일한 부위를 인식하는 메틸화 비민감 제한효소가 있다. 그러므로 두 제한효소를 동시에 순차적으로 이용하여 메틸화를 분석할 수 있다. 메틸화 비민감 제한효소에 의해서는 절단되지만 메틸화 민감 제한효소로는 절단이 되지 않으면 이 부위의 사이토신이 메틸화 된 것이다. 최근에는 유전체 상의 모든 메틸화된 사이토신을 분석할 수 있는 방법이 고안되었다. 이러한 방법 중 한 가지로는 바이설파이트 염기서열 결정(bisulfite sequencing)이 있는데 유전체 DNA를 sodium bisulfite로 처리하면 메틸화된 사이토신이 유라실로 변한다(그림 1.5a). 따라서 이 DNA를 PCR로 증폭을 하면 유라실은 티민으로 된다. 따라서 sodium bisulfite로 처리하기 전의 염기서열과 처리 후 염기서열을 비교하면 메틸화된 사이토신 잔기들을 찾아낼 수 있다. 비

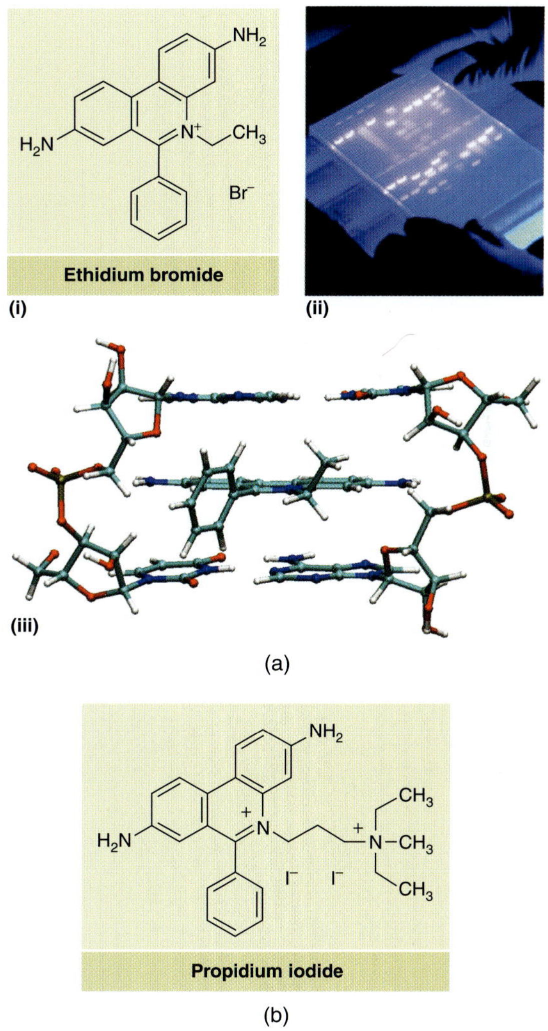

그림 1.4 DNA를 관찰하는 데 이용되는 화학약품들. (a) 에티디움 브로마이드(EtBr): (i) EtBr 구조; (ii) EtBr을 이용하여 염색한 아가로스 겔에서 UV선 조사 시 DNA 단편 조각들의 모습, (iii) DNA 분자에 삽입된 EtBr. 출처 (ai) http://www.sigmaaldrich.com, (aii) http://www.hamiltoncompany.com/products/syringes/c/893. Hamilton Co.로부터 허락 후 게재. (aiii) http://en.wikipedia.org/wiki/File:DNA_intercalation2.jpg. Wikipedia Commons로부터 Karol Langner에 의해 재생산됨. (b) 프로피움 아이오다이드, 출처 http://www.sigmaaldrich.com

메틸화된 사이토신은 sodium bisulfite에 의해 영향을 받지 않으므로 원래의 염기서열을 유지하는 것이다(그림 1.5b).

메틸화-민감 제한효소들을 이용하여 종종 유전체 유전자 도서관을 작성하기도 하는데, 메틸화-민감 제한효소에 의해 절단된 단편들을 회수하여 플라스미드, phage(박테리아 감염 바이러스), 또는 박테리아 인조 염색체(bacterial artificial chromosomes, BAC)에 클로닝한다.

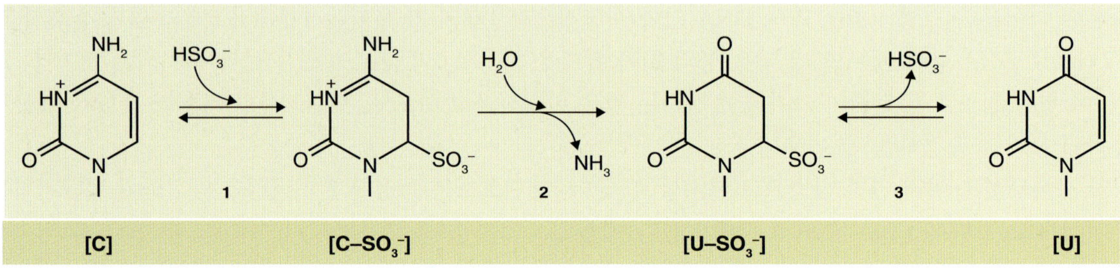

(a)

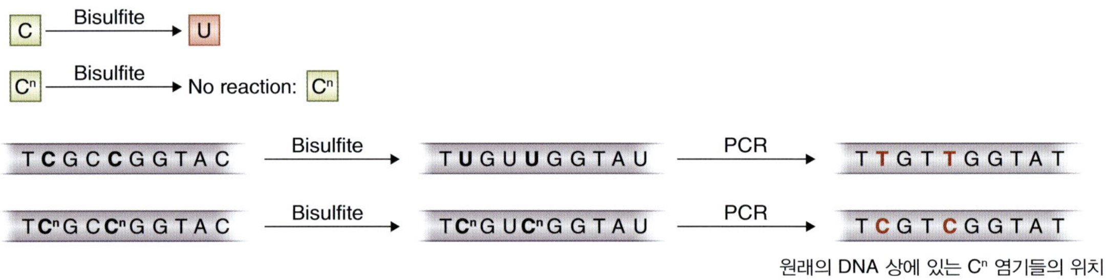

(b)

그림 1.5 염기서열 결정법. (a) 사이토신으로부터 아미노그룹을 제거하여 유라실로 전환시키는 화학 반응을 일으킨다. 이 반응은 사이토신이 메틸화되어 있으면 일어나지 않는다. http://www.mthylogix/genetics/bisulfite.shtml.htm. (b) DNA 염기서열에 5-메틸사이토신의 존재를 유추하는 법. DNA를 bisulfite로 처리하면 모든 비메틸화된 사이토신(C)은 유라실(U)로 전환되는 반면(위에 있는 염기서열), 메틸화된 사이토신들은 변하지 않는다(아래 염기서열). DNA를 PCR 증폭하면 U는 T로 전환되므로 생성되는 염기서열을 원래의 염기서열과 비교한다. 원래의 염기서열에 있는 C 염기가 증폭 후 T로 변하여 있으면 비메틸화된 것으로 본다; 대조적으로 원래의 염기서열이 증폭 후에도 모두 C로 있으면 이 부위는 메틸화된 것이다. Hayatu 등(2008)의 그림을 다시 그림. John Wiley & Sons로부터 허락을 취함.

1.2 식물세포는 세 가지 독립적인 유전체를 가지고 있다

식물세포 DNA는 핵, 미토콘드리아, 엽록체 등 세 곳에 존재한다. 미토콘드리아와 엽록체는 세포 내 소기관으로 박테리아에서 유래한 것인데 이들은 초기 진핵세포에 들어가서 내부 공생체가 된 것들이다; 조상 박테리아의 유전자들이 핵으로 이동을 하였으며, 이들 세포 내 소기관들은 다시 자유롭게 살 수 있는 박테리아로 돌아갈 수 없게 되었다. 이와 같은 박테리아 공생은 흔히 일어난다. 예를 들면, 시안화박테리아가 양치식물이나 소철과 같은 식물의 세포 내에 존재하기도 한다. 어떤 녹색 조류와 곰팡이들이 공생관계로 리켄(lichen)을 만들지만 이들은 공동적으로 생성된 것이다. 민달팽이가 색소체를 흡입한 예가 최근에 발표되기도 하였다(Rumpho 등 2008). 공생체들 간의 유전자 이동 정도는 많은 차이가 있으며, 따라서 박테리아 내부 공생균이 독자적으로 활동할 수 있는 기능의 차이가 나게 된다.

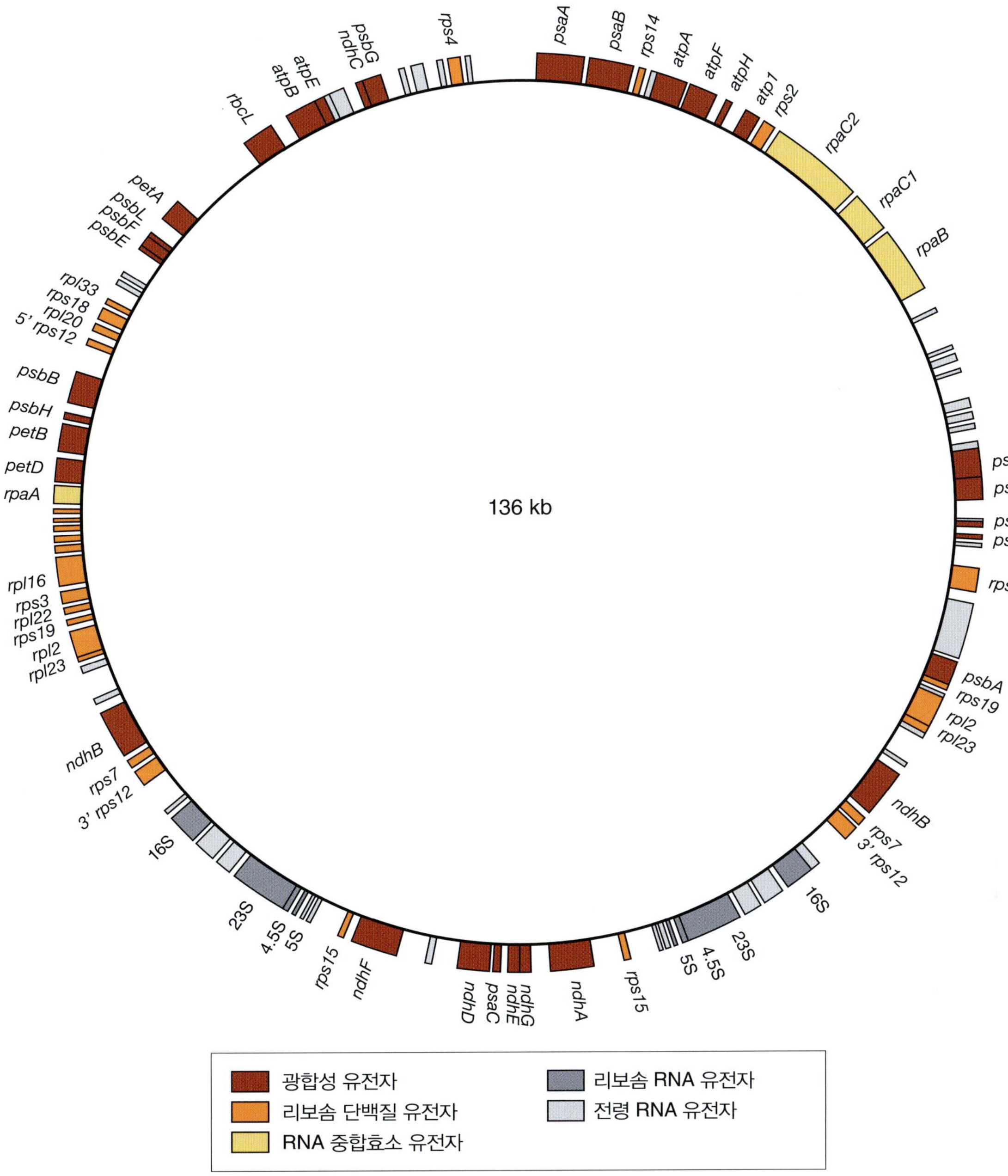

그림 1.6 벼의 엽록체 유전체. 유전자들은 색깔로 나타낸 박스에 표시하였다. *Rps15*부터 *rps23*까지의 일련의 유전자들이 쌍으로 존재하고 각각은 서로 반대 방향으로 존재하고, 이러한 부위를 역반복이라고 한다. 이러한 부위를 역반복이라고 한다. Brown (2002)의 자료를 참고함.

식물의 미토콘드리아와 엽록체는 박테리아나 고세균의 염색체처럼 원형의 유전체를 가지고 있다(그림 1.6). 이들의 유전자 번역 기구들은(리보솜 RNA와 단백질들) 식물의 핵 유전자에 암호화되어 있는 리보솜 RNA 유전자 서열보다 박테리아의 서열과 더 유사성을 가지고 있다. 이들 세포 내 소기관 유전체에 대해서는 5장에서 자세하게 다룬다.

식물 유전체의 광범위한 조직화는 대부분의 진핵생물의 조직화와 비슷하다는 결과를 여러 종의 식물들로부터 얻었다. 식물을 포함한 모든 진핵생물들에서 핵 DNA는

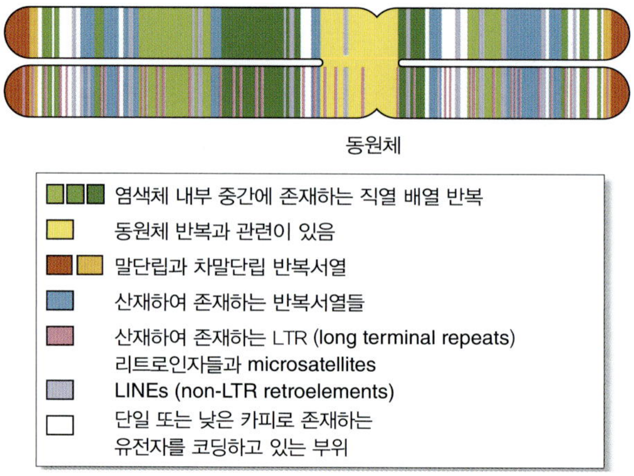

그림 1.7 염색 자매분체가 동원체에 붙어 있는 유사분열 중기 염색체. 이때 두 염색 자매분체의 염기서열은 동일하다. 여러 종류의 염기서열들을 각각 다른 색으로 표시하였다. Schimidt and Heslop-Harrison(1998). Elsevier의 허락 하에 게재.

선상의 염색체로 조직화되어 있다. 염색체의 양말단에는 말단소립이라는 특이한 구조가 있으며, 이곳의 DNA는 DNA 복제에서 중요한 역할을 한다. 이것에 대해서는 4장에서 자세하게 설명을 한다(그림 1.7).

진핵생물 염색체의 또 다른 중요한 곳으로 동원체(centromere)가 있다. 염색체를 현미경으로 보게 되면 동원체 부위는 잘록하게 보이는데 이곳을 중심으로 염색체를 장완(p arm)과 단완(q arm), 2개의 완으로 나눌 수 있다. 다른 진핵생물에서와 같이 식물 염색체의 동원체는세포분열 시 방추사가 부착되는 곳이다. 동원체에 대해서는 4장에서 자세하게 설명을 한다(그림 1.7).

1.3 하나의 유전자는 하나의 RNA 분자 생성을 위한 완전한 지침 세트이다

DNA는 RNA를 만들기 위한 정보를 암호화하고 있다. RNA의 운명은 매우 다른데 이 내용은 2장에서 설명할 것이다. 일반적으로 RNA는 독자적인 조절 분자이거나(예, micro RNA), 또는 세포 기구일 수도 있고(예, tRNA 또는 rRNA), 또는 단백질을 만드는 지침을 가지고 있거나(예, mRNA), 이들의 종합적인 기능을 가진다. 다른 말로 하면, RNA는 세포 생명의 중심적인 분자이며, DNA는 단순히 정보 저장 기능을 가지고 RNA의 정보를 보존하고 발현시키는 청사진 역할을 한다. 그러므로 유전체는 RNA를 만드는 지침을 가진 온전한 한 세트로서 이들이 언제(발생학적으로 또는 생태학적으로), 어디서 특정한 지침을 이용하는가에 대한 정보를 가지고 있다.

단백질을 생성하는 RNA들에는 두 가지가 있다. 첫 번째는 우리에게 친숙한 것들로서 효소, 구조 단백질, 전사 인자들과 같이 세포 내 기능을 수행하는 단백질을 만드는 것이다. 두 번째의 mRNA 종류는 전이인자로서의 기능을 가지고 있는데, 전이인자들은 유전체 내에서 위치를 이동할 수 있는 DNA 단편들이다. 모든 종류의 유전체들은 수천 종의 전이인자들을 가지고 있는데 이들 각각은 전이인자들의 이동을 매개하는 단백질 정보를 가진 mRNA를 생산한다. 전이인자들의 유전체 내 이동을 전위(transposition)이라고 한다.

유전체의 관점으로 볼 때, 비-암호 DNA를 포함한 특정 RNA가 언제, 어디서 전사되어 발현하는가에 대한 완전한 한 세트의 정보를 가진 것이 유전자라고 판단되어 질 수 있을 것이다. 이러한 광범위한 정의에서 어떤 유전체의 전체 유전자 수는 정확히 몇 개라고 특정할 수가 없다. 가장 흔하게 문헌에 보고되는 유전자 수는 전이인자들에 의해 생산되는 mRNA를 제외한 단백질을 암호화

표 1.1 유전체 DNA 서열 정보가 알려진 식물들 중 일부의 유전체 크기. 여기에 보여주는 식물들은 유전체 크기가 작은 식물들이 많은데 이것은 아마도 식물 유전체 크기와 기능을 일반화 시키는 데 영향을 미칠 수 있다는 것에 유념하라. 또한, 유전체 크기는 진화학적인 관계와는 명확한 관계가 없다는 것을 유념하여야 한다. 예를 들면, 실험실에서 현화식물의 모델로 많이 이용하는 애기장대의 유전체 크기는 애기장대가 나타나기 몇 억 년 전에 출현하여 현재까지 생존하고 있는 녹색 조류와 유사한 *Chlamydomonas*의 유전체 크기와 비슷하다.

종	분류	유전체 크기 (Mbp)	단백질을 암호화하고 있는 유전자 수
Selaginella moellendorffii (Banks et al., 2011)	석송류	106	22 285
Chlamydomonas reinhardtii (Merchant et al., 2007)	녹색 조류	121	15 143
Arabidopsis thaliana (Arabidopsis Genome Initiative, 2000)	현화식물	125	27 025
Oryza sativa (Goff et al., 2002; Yu et al., 2002)	현화식물	420	39 045
Physcomitrella patens (Rensing et al., 2008)	이끼	480	35 938
Populus trichocarpa (Tuskan et al., 2006)	현화식물	485	41 335
Vitis vinifera (Velasco et al., 2007)	현화식물	505	29 585
Sorghum bicolor (Paterson et al., 2009)	현화식물	800	33 032
Zea mays (Schnable et al., 2009)	현화식물	2300	39 475

하고 있는 mRNA 정보를 가진 유전자들 만을 나타낸다. 표 1.1은 몇 개의 선별된 식물 종들의 유전체의 특징을 보여주는데 모든 식물들이 2~4 × 10^4 정도의 유전자 수를 갖는 것으로 보고되고 있다. 그러나 이들은 유전체의 일부만을 나타내는 것으로 전이인자들이 암호화하고 있는 단백질 유전자들이나 비-암호화 RNA를 암호화한 유전자 수는 이보다 훨씬 많다. 비-전이인자들과 단백질을 암호화하고 있는 부위는 유전체 내에서 일부를 차지하지만 이들을 '문헌'에서는 유전자라고 지칭한다. 본 저서에서의 유전자는 따로 설명하지 않는 한 이러한 일반적인 정의의 유전자를 일컫는다.

1.4 유전자는 단백질 암호화 염기서열들과 조절 염기서열을 포함한다

식물의 핵 유전자들은 다른 진핵생물의 유전자들과 유사한 일반적인 구조를 가지고 있다. 유전자의 전체적인 구성은 두 가지의 일반적인 구성을 가지는데 하나는 조절 부위이며 다른 하나는 유전자의 구조적 부위 또는 암호화 부위이다(그림 1.8). 조절 부위는 유전자가 언제 RNA로 전사되는지를 조절하는 역할을 하고 있다. 이러한 조절 부위는 mRNA 염기서열에는 존재하지 않지만 조절 부위의 3′의 특정한 부위(항상 그렇지는 않지만)에서부터 RNA 합성(전사)를 개시하도록 전사 기구를 조절한다. RNA 전사는 유전자의 마지막 부위까지 지속되어 mRNA를 만들게 되는데 이 과정은 몇 가지 과정을 거쳐 진행된다. 이 과정은 몇 가지 방법에 의해 진행된다. 성숙된 mRNA를 만드는 부위들을 **엑손(exon)**이라고 하는 반면, RNA가 성숙되어 가는 과정에서 제거되는 부위들은 **인트론(intron)**이라 하며 또는 개재서열(intervening sequence)이라고도 한다. 단백질-암호화 부위의 상위 부위(5′)는 mRNA로 전사되기는 하지만 단백질로는 번역되지 않는데 이러한 부위를 5′ 비번역 부위(5′ UTR, 5′ untranslated region)이라고 한다. 유사하게 mRNA의 3′ 말단 부위에도 번역되지 않는 부위가 있는데 이 부위를 3′ UTR이라고 부른다. UTRs들은 성숙된 mRNA 상에 존재하고 비록 단백질로 번역이 되지는 않지만 엑손의 일부이다. mRNA의 UTR 부위는 번역 개시와 mRNA의 안정성에 있어서 중요한 기능을 한다. 전사 후에, 인트론들이 스플라이싱 되어 제거되고, 5′ 말단 부위는 5′ cap이 되며, 여러 개의 아데닌 서열이 3′ UTR에 붙어 polyA 구조를 가지게 된다. RNA 성숙 과정은 13장에서

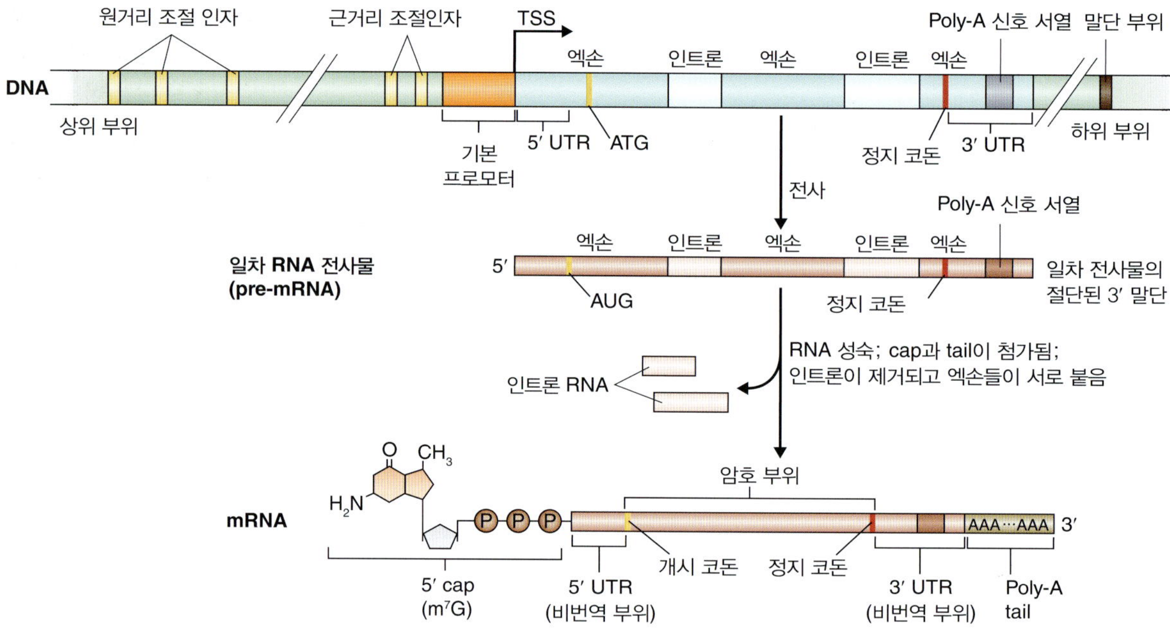

그림 1.8 DNA로부터 RNA가 생성되는 과정들. 유전자(단백질-암호화 부위와 조절 부위) DNA는 그림의 위에 보여준다. 단백질 암호화 부위 자체는 전체 유전자에서 상대적으로 적은 부위 만을 차지한다는 것에 유념한다. 일차 RNA 전사물(pre-mRNA)은 번역될 부위의 상위 부위와 하위 부위들도 포함하고 있다. 성숙된 mRNA가 인트론들을 제거하고 cap과 tail을 각각 5′과 3′에 부착시키면서 만들어진다. Campbell 등(2005)의 자료를 변형시킴. 여기에서 보여주는 구조는 일반적인 것인 반면, 조절 인자들은 유전자로부터 아주 멀리 떨어진 부위에 암호화되어 있을 수 있다. 또한 pre-mRNA는 간혹 여러 방법으로 인트론을 제거시키는데 이러한 과정을 대체 스플라이싱(alternate splicing)이라 하며, 이것은 13장에서 다룬다.

자세하게 다룬다.

1.5 식물들 간의 핵 유전체의 크기는 변이적이지만 단백질-암호화 부위, 비-전이인자 유전자들의 수는 대략 비슷하다

박테리아, 고세균, 그리고 미토콘드리아와 엽록체 유전체에서 대부분의 DNA는 RNA나 단백질을 암호화하고 있는 DNA들이며, 단백질 암호화 부위들은 서로 매우 가까이 밀접하게 존재한다. 대조적으로, 진핵생물의 핵 유전체에서 RNA를 암호화한 부위는 약 5% 정도 밖에 되지 않는다.

식물개체들이나 종들에 따라 유전체에 가지고 있는 DNA 양은 큰 차이를 보이고 있다. DNA 양은 세포당 DNA를 피코그램(pg) 또는 염기수(bp)로 나타낸다. 유전체의 크기는 차이가 많으며, 크기가 가장 큰 단자엽 식물인 *Paris japonica*(Melenchiaceae)(152.23 pg)에서부터 크기가 가장 작은 쌍자엽식물인 *Genlisea margaretae* (Lentibulariaceae)(0.063 pg)까지 변이차가 크다(표 1.1).

유전체 크기의 커다란 차이에도 불구하고, 단백질-암호화 유전자 수는 놀랍게도 일정하다; 육상식물에서 단백질-암호화 유전자 수는 석송류인 *Sellaginella*의 22,300개(Banks 등., 2011)부터 현화식물에 해당하는 옥수수의 35,900개(Schnable 등., 2009) 등에 이른다. 그러므로 유전체 크기의 차이는 유전자 수에 의해서 생기는 것이 아니라, 이들 단백질-암호화 유전자들 사이의 간격에 있는 스페이스 DNA들의 차이에 의해 생기는 것이다.

표 1.1에서 보는 것처럼, 유전체 내에서 단백질-암호화 유전자들과 비-전이인자 유전자들의 밀도는 종들 간

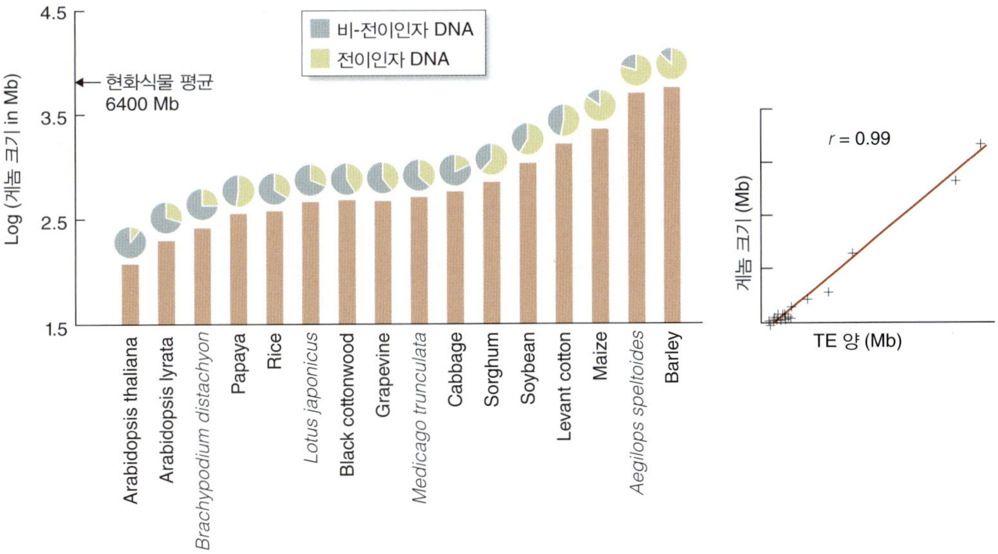

(a)

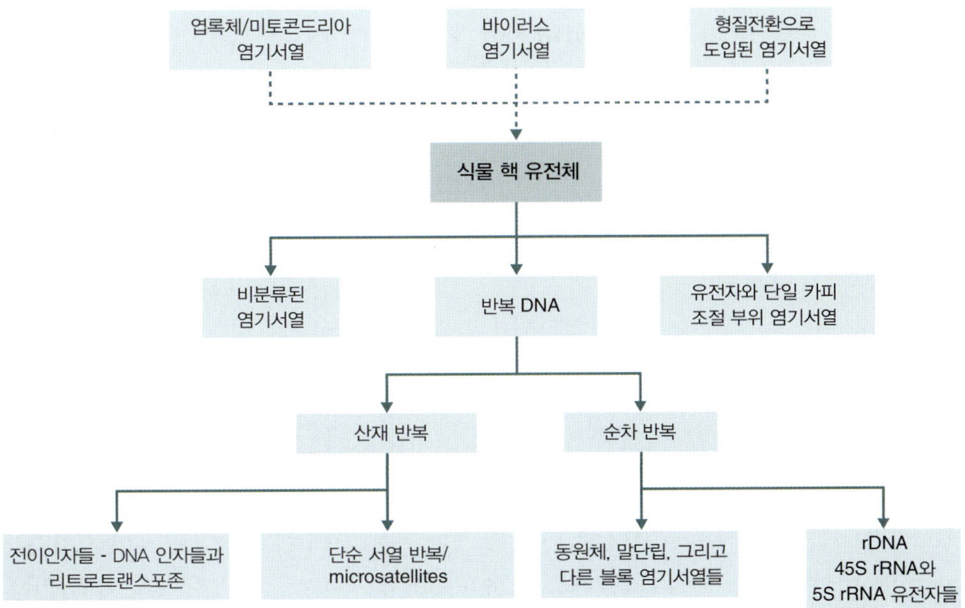

(b)

그림 1.9 핵 유전체에 있는 염기서열들의 종류. (a) 유전체 염기서열 분석이 완료된 현화식물들의 유전체 크기. 파이 그림은 전이인자 DNA와 비-전이인자 DNA들의 상대적 양을 보여준다. 왼쪽의 그래프는 유전체 크기와 전이인자 DNA 양의 직선적인 상관 관계로서 유전체 크기의 대부분은 전이인자 DNA들의 양에 따른다는 것을 보여준다. Tenallion 등(2010)의 자료를 Elsevier의 허가를 받음. (b) 핵 내의 DNA는 핵 유전자뿐 아니라 세포 내 소기관, 바이러스, 또는 인간에 의해 형질전환으로 주입된 DNA 등으로 구성되어져 있고, 핵 DNA는 여러 종류로 구별된다. (b)는 Heslop-Harrison and Schmidt(2007)의 자료를 변형함.

에 매우 큰 차이를 가지고 있다. 예를 들면, 벼(*Oryza sativa*)는 약 39,000개의 단백질-암호화 유전자들과 비-전이인자 유전자들이 400 Mbp의 유전체에 분포하고 있으며, 수수는 33,000개의 유전자들이 800 Mbp에 분포하고 있고, 옥수수는 39,000개의 유전자들이 2,300 Mbp의 유전체에 분포하고 있다. 이러한 사실들을 살펴볼 때 유전체 크기의 차이는 유전자들 사이의 공간에 있는 DNA에 의해 결정되어진다는것을 알 수 있다.

"공간(space)"이라는 단어를 강조한 것은 단백질-암호화 유전자들의 밖에 많은 양의 유전자들과 조절 염기서열들이 있기 때문이다(그림 1.7). 지난 십여 년 동안 이러한 DNA[이전에는 "쓰레기(junk)"라고 여겨지던 DNA]들은 매우 역동적이고 유전체의 활성적인 부분이라는 것이 밝혀졌으며 또한 이 부위들은 단백질-암호화 부위만큼이나 생물체들의 기능에 중요하다는 것이 밝혀졌다. 비-단백질-암호화 유전자 연구의 많은 부분이 식물 연구에 의해 밝혀졌다.

단백질-암호화 비-전이인자 유전자들 사이에 있는 공간의 많은 부위는 반복서열 DNA들과 전이인자들이다(그림 1.9a). 위에서 언급한 것처럼, 전이인자들은 유전체 내에서 이동을 하는 DNA들로서 DNA 단편을 반복성으로 만드는 경향이 있다. 전이인자들의 성격과 역동성은 다음 장에서 다룬다.

또 다른 반복 DNA들로 **위성 DNA(satellite DNA)**가 있는데 이들은 크기에 따라 몇 가지로 분류된다(그림 1.9b). 처음에 동정된 것처럼 위성 DNA는 반복되는 단편의 길이가 150에서 180 bp 정도되는 것으로 동원체 주위에 존재한다. Minisatellites는 반복되는 단편의 길이가 10에서 100 bp 정도되는 것들이고, microsatellites는 반복 단위가 2 또는 3 bp 정도되는 것들로서(예, ATATATATAT) 단순염기반복(simple sequence repeats, SSR)이라고도 알려져 있는데, SSR은 유전자 지도 작성이나 집단유전학 등의 연구에 많이 이용된다. 식물에서 가장 흔한 microsatellite는 A 또는 T 반복이며, 동물에

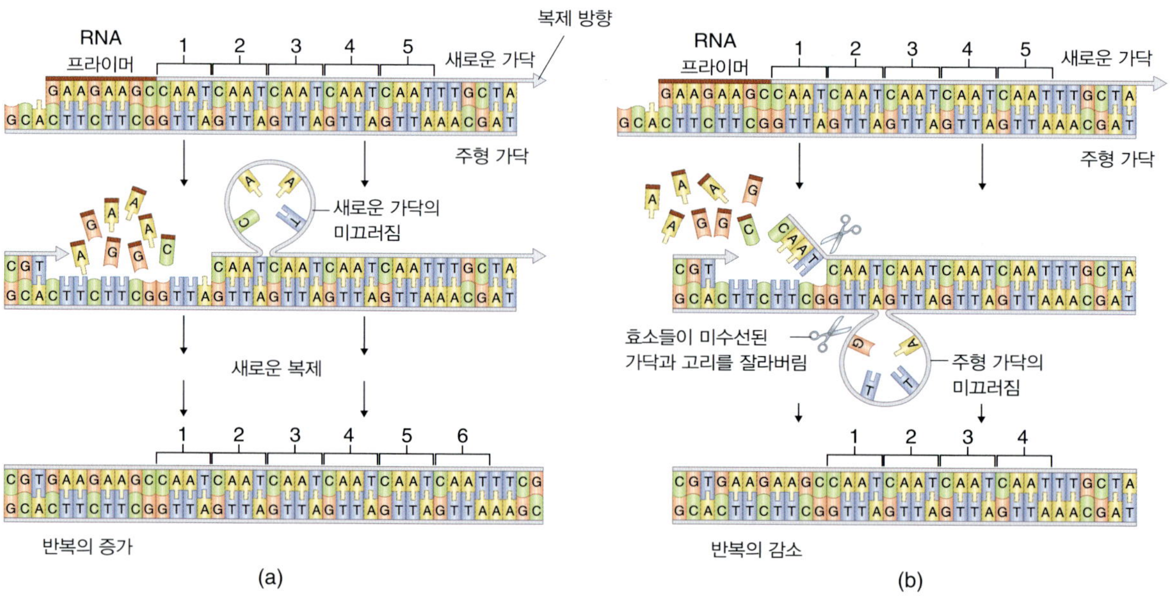

그림 1.10 복제 미끄럼 현상. 짧은 반복 염기서열로 이루어진 DNA 가닥들은 복제 시 종종 실수를 유발시킨다. 여기에서의 예는, GTTA 염기서열이 주형 가닥에서 5번 반복되어 있다. (a) 새로운 가닥이 분리되고 다시 재결합되면, 반복 1의 사본이 주형 가닥의 반복 2와 염기결합을 하게 되면 사본의 가닥에는 고리가 형성되고 주형 가닥의 반복 1은 복제가 되지 않는다. DNA 중합효소는 반복 1을 다시 복제하며 이에 따라 전체적인 반복 세트는 하나가 늘어나게 된다. (b) 만약 새로운 가닥이 미끄러짐 현상을 일으키고 다시 재염기 결합을 하고 반복 2의 사본이 주형의 반복 1과 결합을 하면 주형 가닥에 고리가 형성된다. 이것은 DNA 수선 기구에 의해 인지되고 제거되며 반복 단위에서는 하나의 반복이 줄어들게 된다. Moxon and Willis(1999)를 변형함.

서는 G 반복과 C 반복이 흔하다. 모든 반복서열 DNA들에서, 특히 microsatellites, 가장 흔한 돌연변이는 반복단위수의 차이이며 이것은 복제 과정에서의 미끄러짐 현상에 의해 일어난다(Bhargava and Fuentes, 2010) (그림 1.10). DNA 복제 과정에서 DNA 중합효소는 DNA 가닥을 외가닥으로 연속적으로 분리시키며 새로운 염기들을 붙여 가닥을 생성한다. 통상 이 복제 과정에서는 문제가 없으나, 반복 서열 부위에서는 중합효소가 때로는 실수를 하여 DNA 버블 또는 고리를 만든다. 이러한 고리의 수선에서 1개 또는 여러 개의 반복 단위의 탈락이나 첨가가 일어난다. 이러한 돌연변이 과정은 간단하지 않으며, 반복단위를 1개씩 첨가하거나 탈락시키기 보다는 한 번에 여러 개의 반복단위를 잃거나 첨가한다.

1.6 유전체 DNA는 염색체로 포장되어져 있다

식물 염색체는 19세기부터 연구되어 왔다. 그 당시 개발된 염색약은 세포유전학자들이 현미경을 이용하여 세포의 핵에 존재하는 염색되는 물체를 볼 수 있게 해 주었다. Chromosome(염색체)이라는 용어는 그리스어로 *chroma*(color)와 *soma*(body)의 합성어인데, 이들은 당시 새롭게 발견된 세포 내 구조체를 칭하게 되었다. 이렇게 염색되는 물체들의 수가 한 종의 개체들 간에 일정하다는 것이 알려지게 되면서 염색체 수 분석은 그 당시 생물학 정보의 중심이 되었다. 염색체 수는 반수체 배우체가 가지고 있는 수로 나타내게 되는데 이것을 n이라 하며, 이배체의 포자체는 $2n$을 갖게 된다. 예를 들어, 벼는 $n=12$이고 $2n=24$이다.

염색체 수는 종 내에서는 일정하지만 간혹 어떤 식물체들은 다른 식물체들에 비해 '여분'의 염색체를 가지는 수도 있다. 이러한 여분의 염색체를 **"B-염색체"** 또는 여분의 염색체라고 하는데, 이들 B-염색체들은 생장이나 발생에 특이한 효과를 주지는 않는다. B-염색체들은 정상의 염색체들에 비해 크기가 작으며, 염색체 전체가 완전히 이질염색질이라고 부르는 매우 조밀하게 포장된 구조로 되어 있다. B-염색체들은 감수분열 시 정상적으로 분리가 되지 않으며, 배우체가 되는 세포에 우선적으로 축척된다. 옥수수에서의 연구에서 단일 식물의 화분(花粉)에 B-염색체의 수가 0에서 20개까지 축적된다는 보고도 있다.

1.7 요약

식물 DNA의 구조는 모든 생명체들의 DNA와 유사하다. DNA 분자는 이중 나선 구조로 되어 있는데, 2개의 역평행 가닥이 수소결합에 의해 붙어 있다. 사이토신 잔기는 일반적으로 메틸화되어 있으며 이것은 유전체 기능에 영향을 미치는 구조적 특징이다. DNA 분자의 뉴클레오티드 조성은 융해 온도를 결정하는데 이것은 DNA의 생명공학 이용에 있어서 중요한 성질 중의 하나이다. DNA의 음이온성은 DNA 단편들을 겔 상에서 분리시키게 하며, DNA 이중 나선에 결합하는 형광 시약들은 DNA를 눈으로 관찰 가능하게 해 준다.

식물 DNA는 식물세포의 핵, 미토콘드리아, 엽록체에 있는데 미토콘드리아와 엽록체 DNA는 박테리아의 유전체와 비슷하다. 핵 DNA는 직선상의 염색체에 포장되어 있으며 중심립과 양 말단에 말단소립을 갖는다. 종에 따라 염색체 수가 다를 수 있으며, 염색체 수와 유전체의 크기는 서로 관련이 없다. DNA는 RNA를 만드는 모든 정보를 가지고 있으며, 언제 RNA가 만들어질지와 RNA의 성숙 과정과 완전히 성숙된 형태의 정보를 암호화하고 있다. 유전자는 특정한 RNA를 만드는 완전한 한 세트의 정보라고 정의할 수 있다. 많은 문헌들이 단백질-암호화 mRNA 암호화 유전자들에 초점을 두고 있는데, 이러한 부위는 핵 유전체의 일부에 지나지 않는다. 유전체의 대부분 부위는 전이인자들의 일부인 단백질을 생성하는 유전자들로 되어 있다.

유전체의 크기는 식물체들 간에 차이가 크지만 비-전이인자와 단백질-암호화 유전자의 수는 식물들 간에 일정하다. 유전체 크기 차이의 대부분은 전이인자의 수에 따라 다르다. 유전체의 크기는 진화적인 시대에 따라 크게 다르므로 밀접한 종들도 유전체 크기가 다를 수 있다.

1.8 문제

1.1 다음의 용어들을 정의하라: 염색체, 중심립, 전이인자, 엽록체, 미토콘드리아, 메틸화, 염기서열 결정, microsatellite

1.2 다음과 같은 염기서열을 가진 DNA의 융해온도를 계산하여라.

ATGGGCATAGCCGA

1.3 문제 1.2에서 계산된 값이 왜 과단순화된 값인가?

1.4 DNA에서 어느 부위가 메틸화되었는지를 결정하는 두 가지 방법을 설명하라.

1.5 유전자란 무엇인가? 단백질-암호화 유전자의 일반적인 구조를 그려 보아라.

1.6 한 가닥이 아데닌과 구아닌으로 된 이중 나선의 DNA를 그려 보아라.

1.7 DNA 메틸화는 어떻게 유전자 발현을 방해하는가? DNA 복제에서 메틸화는 어떻게 영향을 미치는가?

1.8 초기 RNA로부터 인트론의 제거는 매우 정교하게 조절되며 일어난다. 이러한 정교함을 결정하는 DNA의 고안을 제시할 수 있는가? 이러한 정교함에 필요한 특징은 무엇이라고 생각하는가?

참고문헌

Arabidopsis Genome Initiative. (2000) Analysis of the genome sequence of the flowering plant *Arabidopsis thaliana*. *Nature*, **408**, 796-815.

Banks, J.A.., Nishiyama, T., Hasebe, M. *et al.* (2011) The *Sellaginela* genome identifies genetic changes associated with the evolution of vascular plants. *Science*, **332**, 960-963.

Bhargava, A. and Fuentes, F.F. (2010) Mutational dynamics of microsatellites. *Molecular Biotechnology*, **44**, 250-266.

Brown, T.A. (2002) *Genome*, 2nd edn, Wiley-Liss.

Campbell, N.A. and Reece, J.B. (2007) *Biology*, 7th edn, Benjamin Cummings.

Goff, S.A., Ricke, D., Lan, T.-H. *et al.* (2002) A draft sequence of the rice genome (*Oryza sativa* L. ssp. *japonica*). *Science*, **296**, 92-100.

Heslop-Harrison, J.S.P. and Schimidt, T. (2012) *Plant Nuclear Genome Composition*, John Wiley & Sons, Ltd.

Hyatsu, H., Shiraishi, M., and Nehishi, K. (2008) Bisulfite modification for analysis of DNA methylation, in *Current Protocols in Nucleic Acid Chemistry*, John Wiley & Sons, Ltd, Unit 6.10.

Merchant, S.S., Prochnik, S.E., Vallon, O. *et al.* (2007) The *Chlamydomonas* genome reveals the evolution of key animal and plant functions. *Science*, **318**, 245-250.

Moxon, E.R. and Wills, C. (1999) DNA microsatellites: agents of evolution? *Scientific American*, **280**, 94-99.

Paterson, A.H., Bowers, J.E., Bruggman, R. *et al.* (2009) The *Sorghum bicolor* genome and the diversification of grasses. *Nature*, **457**, 551-556.

Raven, J.B., Johnson, G.B., Mason, K.A. *et al.* (2011) *Biology*, 9th edn, McGraw-Hill.

Reece, J.B., Urry, L.A., Cain, M.L. *et al.* (2011) *Campbell Biology*, Benjamin Cummings.

Rumpho, M.E., Worful, J.M., Lee, J. *et al.* (2008) Horizontal gene transfer of algal gene *Psbo* to the photosynthetic sea slug *Elysia chloritica*. *Proceedings of the National Academy of Sciences USA*, **105**, 17867-17871.

Schimidt, T. and Heslop-Harrison, J.S. (1998) Genomes, genes, and junk: the large-scale organization of plant chromosomes. *Trends in Plant Science*, **3**, 195-199.

Schnable, P.S., Ware, D., Fulton, R.S. *et al.* (2009) The B73 maize genome: complexity, diversity, and dynamics. *Science*, **326**, 1112-1115.

Tenallion, M.I., Hollister, J.D., and Gaut, B.S. (2010) A triptych of the evolution of plant transposable elements. *Trends in Plant Science*, **15**, 471-478.

Tuskan, G.A., Dfazio, S., Jansson, S. *et al.* (2006) The genome of black cottonwood, *Populus trichocarpa* (Torr. & Gray). *Science*, **313**, 1596-1604.

Velasco, R., Zharkikh, A., Troggio, M. *et al.* (2007) A high quality draft genome consensus sequence of the genome of a heterozygous grapevine variety. *PLoS One*, **2**, e1326.

Yu, J., Hu, S, Wang, J. *et al.* (2002) A draft sequence of the rice genome (*Oryza sativa* L. ssp. *indica*). *Science*, **296**, 79-92.

제2장
유전체의 변화

지구의 역사는 지각에 기록되어 있으며, 모든 생물체의 역사는 염색체에 기록되어 있다.

H. Kihara, 1946

유전체는 시간을 두고 변한다. 어떤 변화는 몇 세대 만에 급격히 일어나는 것들도 있지만, 어떤 변화는 느리게 진행되어 생태학적이고 진화적인 시간을 두고 일어난다. 급격히 변하는 범주의 것들로 유전체 크기, 반복서열 DNA의 습득/소실, 후성유전학적 변이 등이 있는데, 후성유전학적 변이에 대해서는 12장에서 다룬다. 느리게 일어나는 변화에는—적어도 빈번하게 일어나지 않는—염색체 변이로서 염색체 구조적 변이와 염색체 수의 변이 등이 있다. 이들 두 종류의 변이들은 유전체의 다른 부위에서 다른 비율로 축적되고 조환율이나 식물이 특정한 돌연변이에 견디는 능력 등에 따라 영향을 다르게 받는다.

본 장에서는 식물 유전체에서 일어나는 돌연변이의 종류들에 대해서 설명하고자 한다. 그리고, **유전체의 크기(genome size)**로 대변되는 핵 DNA 양에 대해서 논의한다. 유전체의 크기는 식물에 따라 많은 차이가 나는데 이것은 식물 진화에 있어서 DNA가 연속적으로 습득되거나 소실된다는 것을 의미한다. DNA 양이 늘어나는 기작으로는 작은 단편이나 큰 단편들의 중복과 전이인자들의 수가 늘어나는 것들을 들 수 있다. DNA는 또한 유전체에서 소실되기도 하는데 이것은 대부분 반복서열 DNA들 간의 교차(crossing-over)에 의하여 일어난다.

이러한 유전체 내의 모든 변이들은 유전자 발현에 영향을 준다. 세포의 기본적인 기구들의 변화에 의해 전사인자 결합 부위와 같은 조절 염기서열들이 증가하거나 소실되는데, DNA 분자의 삼차원적 변화와 히스톤 그리고 변형 패턴이 변화 및 전체 유전자들이 복제되거나 소실되게 된다.

2.1 개별적 식물들의 유전체는 여러 가지의 방법에 의해 달라질 수 있다

다른 진핵생물체와 마찬가지로 식물 유전체도 시간을 두고 돌연변이가 축적된다. 이러한 돌연변이들은 많은 요인들에 의해 일어나는데, 간단한 실례로, 세포가 물에 용해되어 있는 상태로서 임의적이지만 불규칙적으로 DNA에 물을 가하면 질소 염기에 손상을 주고 불완전한 수선을 일으켜 염기 치환을 초래하게 된다. 광합성 생물체가 빛에 장기적으로 노출되면 DNA가 손상된다. 유사분열 시 DNA 복제과정은 실수를 유발하며(4장 참조), 특히 반복서열 DNA가 있는 부위에서 중합효소가 DNA 가닥을 분리하고 다시 붙이는 과정에서 실수가 생길 수 있다. DNA 수선 효소들은 DNA 손상을 연속적으로 조사하는데 이때 실수도 필연적으로 발생한다. 배우체가 되는 세포에서 이러한 실수가 일어나면, 발생된 돌연변이는 다음 세대에게로 전달된다.

돌연변이에는 **염기쌍 치환(base pair substitutions)**, **길이의 변이(length variation)**(삽입/결실, insertions/deletions), **재배열(rearrangements)** 등이 있다. 염기쌍 치환은 비록 빈도는 다르지만 4개의 염기 A, T, G, C 중 어느 것에서도 일어날 수 있다(그림 2.1). 퓨린 염기가 다른 퓨린 염기로 그리고 피리미딘 염기가 다른 피리미딘 염기로 바뀌는 것을 **전이(transition) 돌변변이**

라 하며 퓨린과 피리미딘 간의 염기 변이를 **전환(transversion) 돌연변이**라고 한다. 네 종류(A-C, A-T, G-C, G-T)의 전환 돌연변이가 가능하며, 전이 돌연변이는 두 가지(A-G, C-T)가 가능한데 만약에 돌연변이가 완전히 무작위적으로 일어난다면, 전환 돌연변이가 전이 돌연변이보다 많아야 한다. 그러나 전이 돌연변이가 더욱 흔한데, 이것은 이들 변이의 구조적인 문제로서 만약에 퓨린이 피리미딘으로(혹은 피리미딘이 퓨린으로) 바뀌게 되면, 이중 나선의 두께가 바뀌게 되고 DNA 수선 기구에 노출이 되어 수선되는 것이다. 한 가지 특이하게 흔히 일어나는 염기 전이 돌연변이는 5-메틸사이토신의 탈아민화로 인해 우라실로 변하는 전이 돌연변이이다. 이것은 DNA 중합효소에 의해 티민으로 인식되므로 결과적으로는 C가 T로 바뀌는 전이 돌연변이이다.

돌연변이와 교차의 복합적인 효과는 전체적인 유전체의 염기 조성에 차이를 만들 수 있다. 비록 유전체의 염기조성이 절반은 A-T이고 절반은 G-C일 것이라고 예상하지만, 염기 조성은 유전체 부위에 따라 다를 수 있다. 이러한 염기 조성 변이의 예는 양귀비(Papaveraceae) 유전체 코돈들의 세 번째 염기에서 나타나는데, 이곳의 염기 조성은 36%가 G-C(곧 64% A-T)인데, 화본과 호밀에서는 이곳에서의 염기 조성의 68%가 G-C이다(Serres-Giardi 등., 2012). 이 이유에 대해서는 분명하지 않다. 돌연변이 과정 자체에는 A-T 염기쌍으로 이르게 하는 기작이 있다. 한편, 단백질 합성 기구들은 발현되는 유전자들의 대부분에서 코돈의 마지막 염기쌍이 G-C인 것을 이용하는데, 이러한 현상을 코돈 편중(codon bias)라고 한다. 그러나 단백질 암호 유전자들 내에서의 자료는 확실하지만, G-C 또는 A-T 편중이 암호화 유전자 인접부위에서도 발견되므로 코돈 편중화 외에 다른 현상들도 여기에 관여하는 것으로 보인다. 현재 가장 그럴듯한 가설은 교차가 G-C가 많은 곳에 편중되어 일어나고, 실제로 G-C 염기쌍의 빈도는 유전자 내에서와 염색체 전체에서의 교차와 관련되어져 있다. G-C 편중 유전자들은 메틸화에 표적이 더 잘되고 돌연변이도 더 높은 비율로 일어난다(Tanarnova 등., 2010). 고 G-C 함량 부위들은 포유동물 유전체에서 더욱 잘 알려져 있는데[이들은 G-C 섬(G-C islands)이라고 알려져 있다], 이들은 단백질-암호화 유전자의 프로모터 부위에 존재하는 경향이 있다(Fenouil 등., 2012). 포유동물에서는 G-C 섬이 유전자 조절에 중요한 것으로 알려져 있지만, 식물에서는 G-C 섬이 적거나 아예 존재하지 않는다.

여러 식물들에서 같은 것에 해당하는 유전체나 유전자들의 부위들이 길이가 서로 다른 경우가 있는데, 이것은 염기 삽입(예, 염기쌍 하나 또는 여러 개가 삽입된 것)이나 염기 결실(염기쌍 하나 또는 여러 개가 소실되는 경우)에 의해 생긴다. 두 유전체들을 비교할 때 이러한 길이의 차이가 염기 삽입에 의한 것인지 아니면 염기 결실에 의한 것인지 확실치 않은데 이럴 때에는 간단히 **삽입·결실(indels**, <u>in</u>sertion-<u>del</u>etion)이라고 부른다. 1장에서 기술한 바와 같이, 길이의 변이는—특히 반복서열 DNA로 이루어진 곳에서는—DNA 복제 시 미끄럼 현상으로 빈번하게 일어난다. 이외에도 역위(inversions)나 전좌(translocations) 등도 일어난다.

두 종류의 염기서열을 비교하는 일반적인 방법으로 한 서열의 5′말단부터 3′말단을 위에 쓰고 다른 서열의 5′말단부터 3′말단 서열을 아래에 적어서 서로 비교하는 것이다(그림 2.2). 삽입·결실이나 단일 염기 치환들은 이와 같은 **염기서열 정열** 비교를 통해 쉽게 찾아낼 수 있다. 단일 염기 치환을 **단일 염기 다형성(SNP, single nucleotide polymorphism)**이라고 한다.

염기서열들 간에 서로 일치하는 염기서열의 수를 **유사비율(percent similarity)**라고 하는데, 이것은 정열된 전체 염기들 중에서 일치되는 염기서열의 비율을 말한다. 물론 유사비율은 비유사도(non-similarity)를 나타내는 것이기도 하다. 염기서열들의 정열에서 '유사도(similarity)'와 '동일성(identity)'은 일반적으로 같은 의미로 쓰이지만 학자에 따라서는 둘을 구분하는 경우도 있다. 두 피리미딘 염기들은 서로 동일하지는 않지만 유사하다. 그러므로 그림 2.2에서 예로 보인 두 염기서열은 24/42%의 유사성을 가지지만 27/42% 동일성을 가지는 것은 아니다. 유사성과 동일성은 서로 동일하지는 않지만, 유사한 성질을 가지는 아미노산들을 유사하게 분류하기 때문에 단백질 서열 정렬에서 더 일반적으로 이용된다. 예를 들면, 그림 2.2에서 두 번째 아미노산은 수수에서는 아스파타민(aspartate)이며 옥수수와 *Miscanthus*

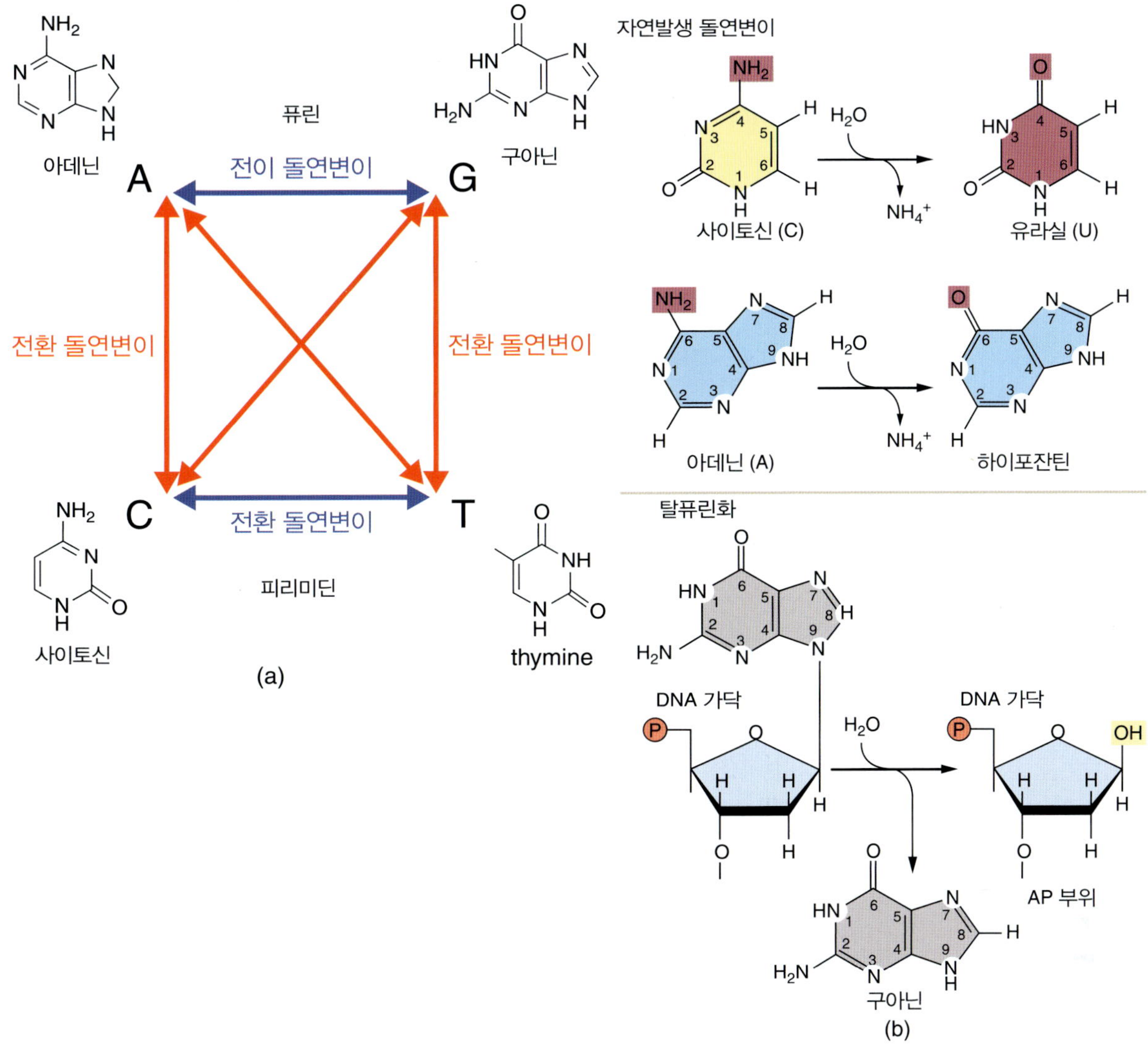

그림 2.1 **흔히 일어나는 염기쌍 돌연변이.** (a) 염기들의 구조와 전이 돌연변이 및 전환 돌연변이. http://commons.wikimedia.org/wiki/File:Transitions-Transversions-v3.png. Pedula(자신의 자료)임 [공적 도메인], Wikipedia Commons를 이용. (b) 탈아민화(위)와 탈퓨린화(아래), 두 종류 모두 자연발생 돌연변이임. Buchanan 등(2000). John Wiley & Sons Inc의 허락 후 게재.

에서는 글루타민(glutarmate)이다. 두 아미노산의 R 잔기는 서로 비슷하여 음전하를 가지므로 이들은 기능적으로 비슷한 성질을 나타내게 된다. 때문에 종종 이들 두 아미노산들은 정렬에서 같은 색깔로 표시되기도 한다.

염기서열이나 아미노산 서열 정렬은 데이터베이스에서 일치하는 서열을 찾는 데에도 이용된다. 예를 들면, 만약 옥수수에서 한 유전자를 클로닝하여 이 유전자와 유사한 유전자를 애기장대의 유전체에서 찾고자 할 때에, 클로닝한 옥수수 유전자 서열을 GenBank에 등록된 서열들과 **Basic Local Alignment Search Tool** 또는 **BLAST**라는 기법으로 이용하여 쉽게 찾을 수 있다. 가장 높은 유사성을 가지는 서열과의 정렬을 가장 적합한 BLAST hit라고 한다. 유전자 서열들의 계통유전 분석을 통해 애기장대의 유전자가 클로닝한 옥수수의 유전자와

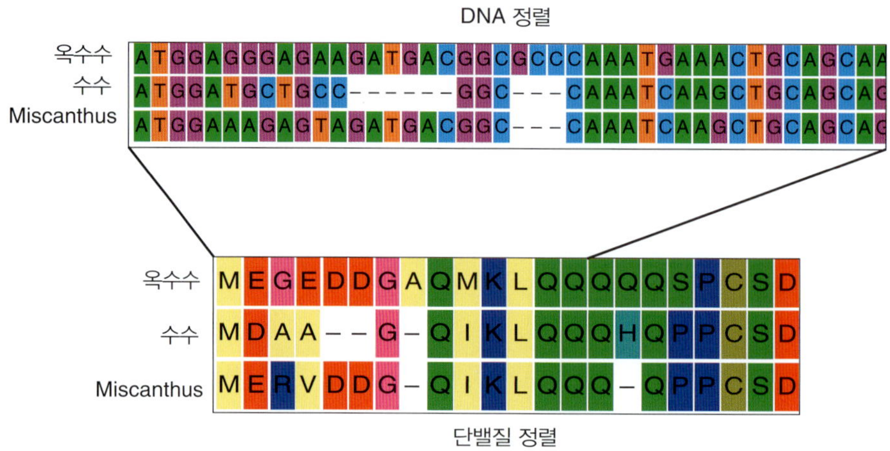

그림 2.2 옥수수, 수수, 그리고 화훼장식용 식물인 *Miscanthus sinensis*의 *ramose* 유전자 개시 부위의 염기서열들과 이에 상응하는 아미노산들의 비교 정렬. DNA 정렬에 있는 42개의 염기서열은 단백질의 14개의 아미노산으로 번역된다. 이들 42개의 염기서열에 2개의 삽입 · 결실이 있고, 9개의 단일 염기 다형성이 존재한다.

어느 정도의 상동성을 가지고 있는지를 결정한다.

2.2 식물들 간의 염기서열 차이는 유전자 기능에 대한 단서를 제공한다

마치 불안정한 동위원소들의 붕괴 과정과 같이 유전체의 모든 부위에서 염기들의 돌연변이는 완전히 무작위적으로 동일하게 일어난다고 추측된다. 그러나 돌연변이의 효과와 이 돌연변이의 유전은 유전체 내의 위치에 따라 다르다. 어떤 염기쌍의 돌연변이는 식물의 생식능력을 저하시키기도 하는데, 이러한 돌연변이는 결국 자연 선발에서 도태된다. 이러한 것의 가장 극명한 예로 치사 돌연변이가 있는데, 이러한 돌연변이를 가진 식물체는 살아남지 못하므로 다음 세대로 전달이 되지 않는다. 이러한 경우, 염기서열(종종 아주 중요한 단백질-암호화 부위)은 생존하는 식물체들에서 모두 같다. 그러므로, 즉각적인 치사로 이르는 돌연변이 유전자의 염기서열은 같은 집단, 종 또는 일군의 종들에서 모두 같으며 이러한 유전자 부위를 **보존적(conserved)**이라고 하는데, 왜냐하면 이 부위는 자연 선발에서 변하는 것을 허용하지 않기 때문이다. 유전체의 어떤 부위의 염기서열들이나 염기서열들 간의 조합은 돌연변이가 일어나도 효과가 덜한 경우가 있는데 이러한 부위는 염기서열 보존성이 낮다. 예를 들면, 인트론에서 일어나는 많은 변이들은 유전자 기능에 별로 영향을 미치지 않거나 전혀 관여하지 않으므로 이러한 부위는 식물의 생존과 생식에 영향을 미치지 않게 된다. 이러한 돌연변이들은 유전체에 축적이 되므로 집단의 개체들 간이나 진화적으로 가까운 종들을 비교하면 염기서열 차이를 볼 수 있다(그림 2.3).

진화생물학의 기본 법칙은 유전체의 다른 부위의 기능을 유추하는 데 이용하는 것이다. 예를 들면, 전사 개시부위의 바로 윗 부분의 염기서열(TSS, 6장 참조)은 훨씬 상위에 존재하는 서열들 보다 보존성이 높아서 이 부위를 **보존된 비-암호화 염기부위(conserved non-coding sequence, CNS)**라고 부른다. 이와 같은 보존된 염기서열들은 기본(종종 기본 또는 핵심이라고도 함) 프로모터라고 알려져 있으며, 이곳은 일반적 전사인자들과 RNA 전사 기구들이 결합하는 부위이다. 유전자 발현 조절에 관여하는 DNA 염기서열들이 인트론이나 유전자의 다른 부위에 존재하는 경우도 알려져 있다(7장, 8장).

식물들은 동물들에 비해 CNS들의 크기나 분포가 다르다. 포유동물의 유전체 CNS들은 길이가 몇 백만 bp 정도되는 경우도 있으며 유전자 발현 조절도 한다. 대조적으로, 식물의 CNS들은 길이가 작으며(몇 백 bp정도밖에 안됨) 유전자 부근에 종종 존재한다. 이것은 아래

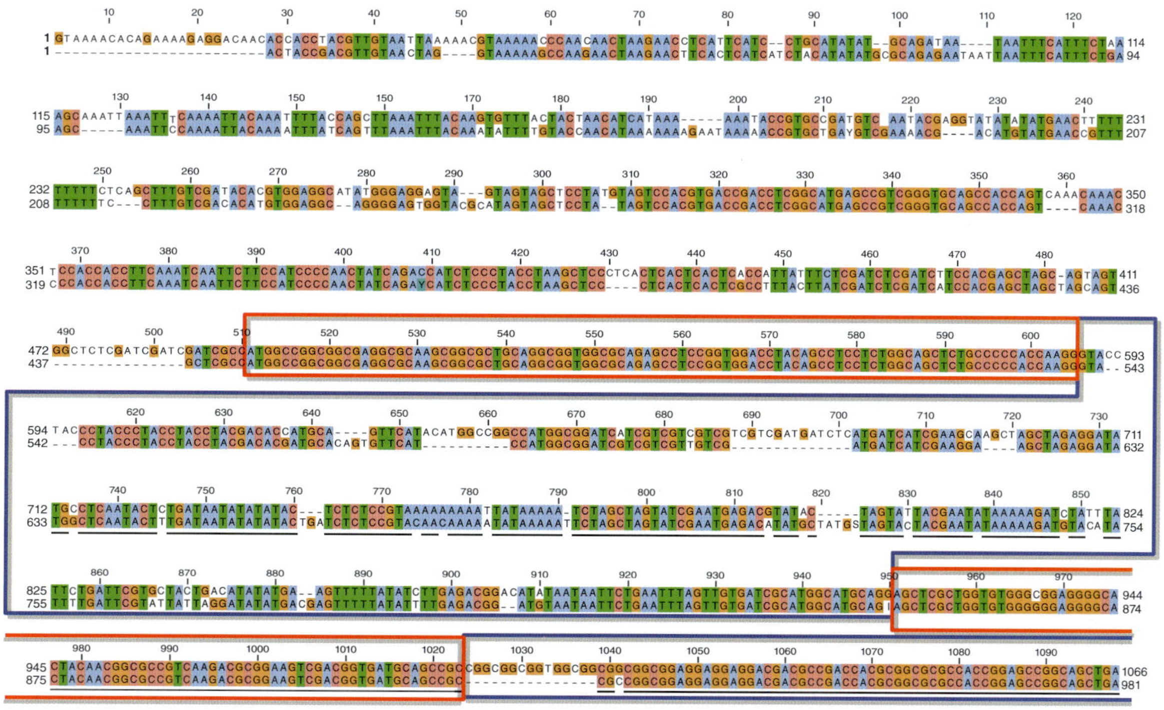

그림 2.3 ***Oryza*와 두 근연종의 *Rc* 유전자의 전사 부위 일부.** 여기에 보이는 모든 부위는 전사가 되는 부위이지만, 붉은색 박스가 된 부분만 번역이 된다. 파란색 박스로 된 부위는 mRNA에서 제거된다. 첫 번째 엑손은 5′UTR(박스로 표시 안함)과 번역 개시 부위(파란색 박스)을 포함하고 있다. 첫 번째 인트론(파란색 박스), 두 번째 엑손(붉은색 박스), 그리고 두 번째 인트론(파란색 박스) 등이 이어진다. 여러 부위에서 염기 서열 보존성의 차이를 유념하라. 5′ UTR의 특정한 부위는 두 종 간에 70%의 일치성(358/510 bp)를 가지며, 첫 번째 인트론은 79%의 일치성을 가진다. 첫 번째 엑손의 번역 부위는 100%의 일치성을 보이는 반면, 두 번째 엑손의 번역 부위는 99%의 일치성을 보인다. Gross 등(2010)의 자료임.

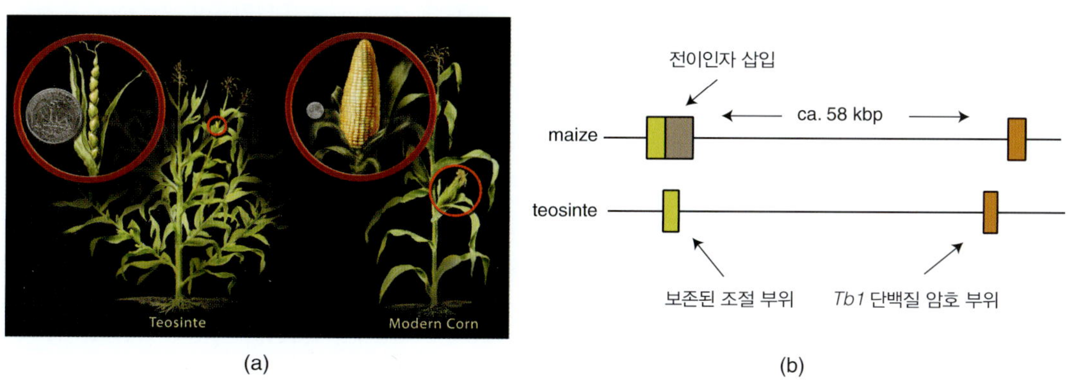

그림 2.4 옥수수와 테오신테. **(a)** 식물의 전체적인 표현형, 테오신테는 많은 줄기를 가진다; 그림 출처 http://nsf.gov/news/mmg/media/images/maize1_f.jpg. 그림 Nicolle Rager Fuller, 국립과학재단. **(b)** 옥수수와 테오신테의 *tb1* 유전자. 오렌지색 박스, *Tb1* 암호화 부위; 노란색 박스, 상위 조절 부위; 갈색 박스, 전이인자가 삽입된 재배 옥수수. 유전자의 대체적인 길이에 따라 그림을 조절함.

에서 설명하는 커다란 유전체 재배열에 식물이 왜 잘 견디는지에 대한 한 이유이기도 하다. 그러나 이러한 사실에도 예외가 있다. 옥수수의 보존적 조절 부위 중 하나인 *Teosinte branched1*은 전사 개시 부위의 상위 58 –69 kb에 존재한다(Clarke 등., 2006). 옥수수가 조상종인 teosinte와 다른 식물형태를 보이게 하는 돌연변이가 이 부위에 2개의 전이인자들이 삽입되면서 생기게 된 것이다(Zhou 등 2011; Studer 등 2012) (그림 2.4) (http://www.weedtowonder.org/).

한 종에서 두 식물체 간의 DNA의 차이가 상당히 높을 수도 있다. 순계의 옥수수 두 계통 간의 비교에서 한 계통에서는 존재하지만 다른 계통에서는 존재하지 않는 단일 사본 유전자들이 있으며 수백 개의 중복에 의해 두 계통 간에 사본수가 다를 수 있다(Schnable 등., 2009). 단백질-암호화 유전자 밖의 염기서열 중 절반 이상이 유전체의 특정 부위에서는 다를 수 있는데 이것은 전이인자 세트들의 차이에 의한 것임을 의미하고 있다(Brunner 등., 2005). 이와 비슷한 결과들이 보리 품종들과(Scherrer 등., 2005) 애기장대(Clark 등 2007; Zeller 등 2008) 등에서도 보고되는 것으로 보아, 옥수수에서 발견된 현상은 식물들에 공통으로 존재한다고 생각된다.

2.3 SNPs와 단순 염기서열 반복(SSRs)은 유전체 지도 작성과 표지인자 이용 선발에 유익한 도구이다

유전자 지도(genetic map)는 기초 연구뿐 아니라 식물 육종 연구에도 유용한 도구이다(Box, 연관지도 작성 참조). 여러 가지 다른 DNA-기반 다형성과 마찬가지로 SNPs와 SSRs는 유전자 지도 작성에 이용되고 관련 계통의 염색체 위치 측정에 이용될 수 있다(SSRs는 1장 참조). 일단 유전자 지도가 작성되면, 이것은 표현형적 변이의 유전적 기반을 결정하는 데 이용될 수 있다. 특정한 표현형에 관여하는 유전자들이 몇 개가 있는지, 그리고 이들의 유전자 좌위들이 어느 염색체의 부위에 분포하는지를 결정할 수 있으며, 어떤 경우에는 이 표현형에 관여하는 유전자(들)이 무엇인지를 결정할 수 있다.

연관지도 작성

연관지도는 염색체 상에서 어떤 유전자들이 서로 가깝게 존재하는지를 결정하는 것으로(유전적으로 '연관'되었다 함), 한 염색체 상에서 연관된 유전자들은 다음 세대로 같이 유전된다. 지금과 같은 유전체 염기서열 시대에서도, 연관지도는 유용한 도구이다. 염색체 상의 커다란 부위에 존재하는 유전자들이나 DNA 표지인자(마커, marker)들의 순서는 유전체 구성에 귀중한 자료를 제공한다. 더욱이, 연관지도는 한 식물의 유전자 서열에 대한 정보를 같은 종의 다른 식물체나 심지어는 다른 종의 식물체에 적용하여 유추할 수 있도록 하여 준다.

지도 작성은 두 양친 식물의 교배에서부터 시작된다. 교배를 하기 전에 양친의 각 식물체들은 여러 세대에 걸쳐서 자가-수정을 실시하는데 이러한 과정을 **동계교배(inbreeding)**이라고 한다. 여러 세대 동안 동계교배를 하면 생물체는 유전체 전체에 걸쳐서 유전자들이 동형접합으로 되므로 유전체 내의 어느 부위의 유전자나 염기서열도 상동염색체 쌍이 같게 되는 **순계(inbred)**가 된다. 될 수 있는 한 서로 다른 두 순계 식물을 선발하는데, 그 이유는 이들 양친들 간의 차이(다형성)만이 지도 작성에 이용되기 때문이다. 이러한 차이들은 과실 색깔이나 줄기에서의 가지 형성의 차이와 같은 표현형적인 차이일 수도 있지만, 이러한 표현형적인 차이는 양친 간에 보통 그리 많지 않다. 더 높은 빈도의 차이는 SNPs와 SSR과 같은 DNA-수준의 다형성이다. 이러한 다형성들은 유전체 내의 특정한 위치를 표지하므로 표지인자(마커)라고 한다.

두 식물체의 교배로 F_1 잡종(F는 세대라는 뜻의 filial을 나타냄)이 생성되는데, F_1은 유전자 쌍 중에서 하나의 대립유전자는 모친에서 유래하고 다른 대립유전자는 부친에서 유래하는 이형접합형의 유전자들을 가지게 된다. 대립유전자들은 특정한 SNPs들을 이용하여 동정할 수 있다. 예를 들면, 유전체의 특정한 위치의 염기가 모친이 A이고 부친이 C이면 잡종은 A와 C를 가지게 된다.

F_1 식물체를 자가수정시키거나 양친 중 하나와 여교배를 실시한다. 예를 들면, F_1 자신을 자신과 교배시키는 것은 간단한 방법이지만 어떤 식물체들은 자가수정이 간단하지 않다(타식성 식물). F_1을 자식시키면 F_2 세대가 만들어지는데, 이들은 원래의 "양친"에 대해서는 손주 세대인 것이다. 각 표지인자들에서(SNP, SSR, 표현형), F_2 식물체들은 멘델의 제1법칙인 분리의 법칙에 따라 세 가지로 — 모친 동형접합형, 부친 동형접합형, 이형접합형 — 나누어지게 된다(그림 2.5).

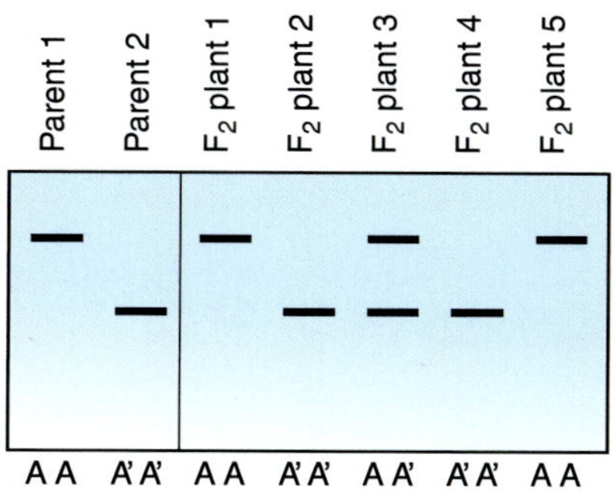

그림 2.5 양친과 이들의 F_2 세대에서 표지인자의 전기영동 분리 양상. 유전자형은 겔 그림 밑에 표시함. F_2는 긴 단편 하나만 가진 모친 동형접합형, 짧은 단편 하나만 가지는 부친 동형접합형, 또는 둘 다 가지는 이형접합형 등으로 분리된다.

2개의 표지인자를 동시에 생각하여 보자. 만약에 이들 두 표지인자가 완전히 비연관되어 있다면, 즉 완전히 다른 염색체들에 존재한다면, 한 표지인자의 모친형 대립유전자는 다른 표지인자의 모친형 대립유전자나 부친형 대립유전자와 같은 비율로 만나게 될 것이다. 이것은 멘델 유전의 독립의 법칙(멘델의 제2법칙)이다. 예로 한 곳의 SNP(A 또는 C)가 다른 위치에 있는 SNP(A 또는 G)와 비연관되어 있다면, 첫 번째 SNP의 A는 두 번째 SNP의 A 또는 G와 같은 비율로 조합을 이루고, 마찬가지로 첫 번째의 C는 두 번째의 A 또는 G와 같은 비율로 조합을 이루게 된다. 달리 말하면, 첫 번째 SNP의 염기의 분리는 두 번째 SNP의 염기들의 분리와는 관련이 없는 것이다(그림 2.6a).

그러나 두 표지인자가 연관되어 있다면, F_2에서 양친의 대립유전자들은 같이 분리될 가능성이 높다. 우리는 이러한 것을 각 조합의 개체 수를 계산하여 조사할 수 있다. 첫 번째 SNP에서 A를 가진 대부분의 식물체들이 두 번째의 SNP에서도 A를 가진다면 두 SNP들은 염색체에서 물리적으로 가까운 곳에 위치하고 이들은 종종 한 단위로 분리하는 것이다(그림 2.6b).

만약 두 대립유전자들이 예상하는 것보다 더 자주 같이 분리를 한다면, 이들 표지인자들은 유전적으로 연관이 된 것이다. 이들은 감수분열시 상동 염색체들 간에 키아스마(교차점)가 형성되어 교차가 일어나는데 두 표지인자들 사이에서 교차가 일어나면 두 표지인자들은 분리가 된다. 이러한 경우가 일어나는 빈도(퍼센트)를 **조환율(percent recombination)**이라 하는데, 이것은 두 표지인자들 사이의 거리를 측정하는 데 이용된다. 한 염색체 상에서 두 표지인자들이 가까이 존재하면 할수록 교차가 일어날 확률은 낮아진다.

많은 수의 표지인자들의 조환율을 계산하여 **연관군(linkage group)**에서 표지인자들의 순서를 결정할 수 있다(그림 2.7). 한 연관군 내의 표지인자들은 같은 염색체 내에 존재하는 것들이고, 다른 연관군에 속하는 유전자들은 다른 염색체에 있는 것들이다. 조환율은 통상 조환율에 100을 곱하여 나타내는데 연관에 대한 아이디어를 처음으로 개발한 Thomas Morgan을 기념하여 센티 몰간(cM)으로 표시한다.

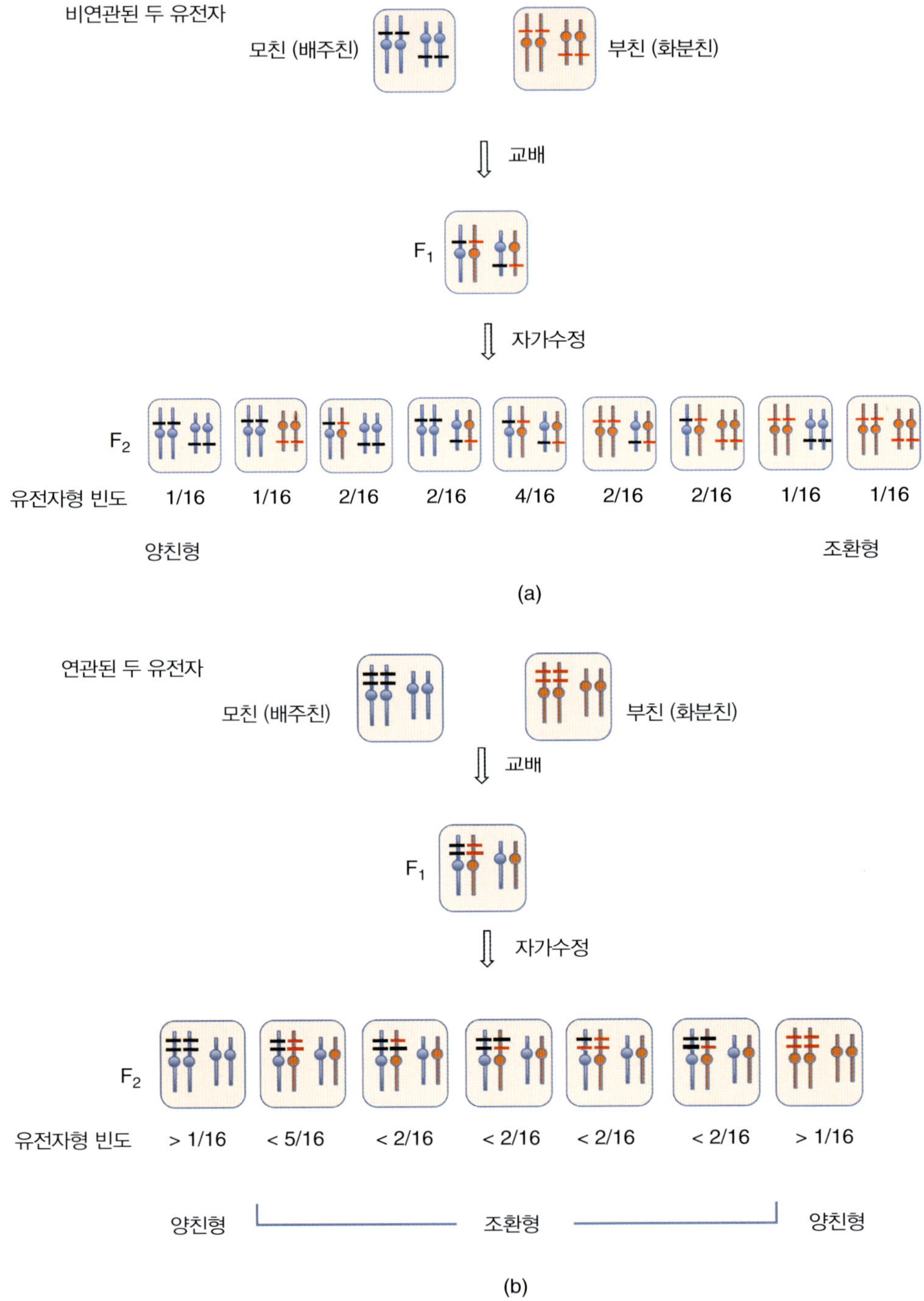

그림 2.6 연관된 유전자들과 비연관된 유전자들의 분리 양상. (a) 두 유전자가 비연관되어 있으면, 이들 유전자들은 F_2 세대에서 임의적으로 분리되어 유전자 빈도가 그림에서 보이는 것과 같다. (b) 두 유전자가 연관되어 있으면, F_2세대에서 양친형 유전자 조합이 임의적으로 분리될 때 예상되는 빈도보다 낮게 된다. 이때 정확한 빈도는 연관된 유전자들의 거리에 따른다.

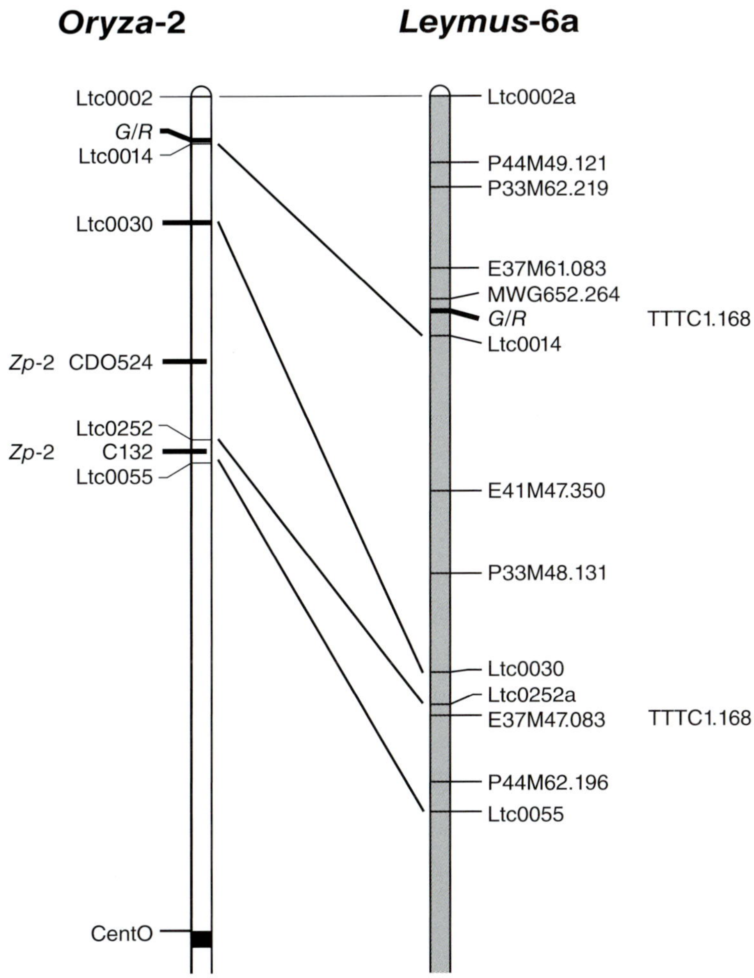

그림 2.7 **초본류인 *Leymus*의 한 염색체 일부의 연관 지도와 벼 유전체의 연관 지도 비교; 축약형 알파벳은 표지인자들의 이름임.** 유전자들로 예상되는 DNA 표지인자들의 순서가 두 종에서 비슷하다는 것을 유념하라. Larson and Kellog(2009)의 자료임.

표현형은 어떤 경우에는 판정을 내리기가 어렵거나 복잡한 경우도 있으므로 표현형과 유전적으로 연관된 DNA-기반 다형성을 찾는 것은 식물 육종에서 도움이 된다. 예로 벼에서 침수에 대한 저항성을 판정하기 위해 벼를 며칠 간 또는 몇주 간 침수 상태에서 재배하여 식물의 반응을 판정해야 한다. 하지만 만약 침수에 대한 저항성 유전자를 알고 있으면 저항성 대립유전자를 구별할 수 있는 특정한 염기 서열을 동정할 수 있으며, 이 대립유전자를 식물체가 어린 상태에서도 PCR 방법을 이용하여 찾아낼 수 있게 된다(Xu 등., 2006). 그러므로 육종실험에서 침수 저항성 대립유전자를 가진 식물체를 수확량이 높은 품종과 교배를 실시함으로써 원하는 식물체를 선발할 수 있다. 이러한 방법을 **분자 육종(molecular breeding)** 또는 **표지인자 이용 선발(marker assisted selection)**이라고 부르며 이 방법은 식물을 침수 하에 재배하여 선발하는 것보다 매우 효과적인 방법이다.

표현형 변이(phenotypic variation)를 가진 특정한 유전자좌에서 변이와 관련된 것들을 찾는 방법에는 여러 가지가 있다. 표현형 변이는 유전자형과는 별개로 생물체의 모든 면의 변이를 말하는데; 이것은 과실의 크기나 잎의 모양과 같은 식물체 외형적 형질 변이일 수도 있고 호흡률이나 기공의 전도도와 같은 생리적 형질 변이일수도 있으며, 이차대사산물의 양의 변이와 같은 생화학적 변이일 수도 있다. 표현형적 변이에 대한 유전적 변이를 판정하는 가장 중요한 방법이 **양적 유전자(quantitative trait locus, QTL) 지도 작성**과 **연관성 분석(association analysis)**이다.(**번역자 주**; *association analysis*를 나타내는 연관성 분석은 *linkage analysis*의 연관 분석과는 다른 개념임. 전자는 교배에 의해 이루어진 집단이 아닌 일반 집단을 분석하는 반면, 후자는 항상 교배에 의하여 만들어진 집단에서 교차를 이용하여 분석함). 이들 두 방법은 복잡한 통계적 분석이 요구되지만, 밑에 깔려 있는 논리는 비슷하며 상당히 간단하다. 어떤 한 집단에서 어떤 식물체들은 병에 강하고 어떤 식물체들은 그 병에 약하다고 할 때, 이 병에 강한 유전자 부위를 찾는다고 가정하자. 일단 이러한 유전자 부위를 동정하면 이 유전자 부위를 교배에 의해 이병성 품종에 도입시킬 수 있다. 이 집단의 모든 식물체들의 SNP와 SSR 변이들을 알고 있다고 가정하자. 예를 들면, 한 유전자 좌위의 SNP 변이를 집단의 모든 식물체들을 조사하여 보니, 어떤 식물체는 A 염기를 가지고 어떤 식물체들은 G 염기를 가지고 있다고 가정하자. 이때 A를 가진 식물체들이(유전자형) 특정한 병에 저항성(표현형)을 보인다고 하면, 이 SNP에 인접한 부위의 유전자가 저항성에 관련이 있다는 것을 나타내는 것이다. 역으로, 유전자형과 표현형이 서로 관련이 없으면, 그 특정한 SNP와 저항성 유전자형에 대한 증거를 찾을 수 없게 되는 것이다. 이와 같은 분석을 유전체 전체에 대해 실시한다(자세한 설명은 전문가 의견, QTL 분석과 연관성 분석을 참조).

앞의 문장의 예에서, 우리는 여러 가지를 가정할 수 있다. 첫 번째는 병 저항성이 질적 형질이라는 가정이다; 즉, 식물체는 완전히 저항성이거나 이병성으로서 저항성과 이병성의 중간은 없다고 하자. 이것은 종종 비현실적인 가정이며, 우리가 흥미를 가지는 많은 형질들이 **양적 형질(quantitative traits)**이다. 양적 형질들은 변이가 연속적으로서, 예를 들면 식물의 크기, 소출량, 광합성률 등과 같은 것으로서, 색깔과 같이 질적 형질과 같이 보이는 것도 사실은 색소 양의 연속적 차이에 의한 양적 형질인 것이다. 두 번째는 모든 식물체들이 완전히 서로서 독립적이라는 가정이다. 실제로 이 가정은 어떤 식물체들은 서로 관련이 있는 반면 어떤 식물체들은 그렇지 못하므로 틀린 가정이다. 이러한 관련성 정도를 집단 구조라고도 하는데, 식물체들 간의 유효한 비교를 위해서는 통계적인 평가가 필요하다.

전문가 의견

QTL 분석과 연관성 분석

자연상태에서 대부분의 식물체들이 가지고 있는 형질은 양적 형질들로 연속적인 차이를 보인다. 양적 형질들은 보통 여러 개의 유전자들과 환경, 유전자와 환경의 상호작용 등에 의해 조절된다. 양적 형질 유전자 좌위들은 양적 형질에 관련된 유전자들을 가진 긴 DNA 단편들이다. QTL 유전자 지도 작성의 목적은 이러한 형질에 몇 개의 QTL이 관련이 있으며, 이들의 염색체 위치, 유전적 효과(이들이 조절하는 표현형적 변이의 정도) 등을 동정하는 것이다. QTL 분석에는 두 가지 접근법이 있다: 하나는 조환에 의한 연관에 기초한 QTL 지도 작성이고, 다른 하나는 연관성에 기초한 연관성-지도 작성법이다. 어떤 방법이든 간에, 추정되는 QTL은 근동질 계통(near isogenic lines)이나 형질전환(transgenic) 방법 등에 의해 입증되어야 한다.

연관-기반 QTL 지도 작성은 집단에 존재하는 절반의 대립유전자들이 각각의 양친으로부터 전달받은 것들이므로 통계 분석에서 균형이 있기 때문에 매우 유용한 분석법이다. 통계적 분석력은 유전력(표현형 변이 중에서 환경적 변이에 대한 유전적 변이의 비율), 효과적 대립유전자 분포, 집단의 크기 등 여러 가지 요인에 달려 있다.

집단을 개발하는 데 있어서 조환이 일어나는 것은 제한적이므로(집단의 구조에 따라 보통 2번에서 6번 정도의 감수분열), 연관 지도의 해상력은 제한적이다. 종종, QTL들이 약 10 cM에 걸쳐서 동정되는데 이 부위에는 수천 개의 유전자들이 있을 수 있다. 연관-기반 QTL 지도 작성의 두 번째 약점은 유전자마다 오직 2개의 대립유전자만을 검증할 수 있으므로 연구에 이용되는 특정한 양친에 한정적일 수 밖에 없다.

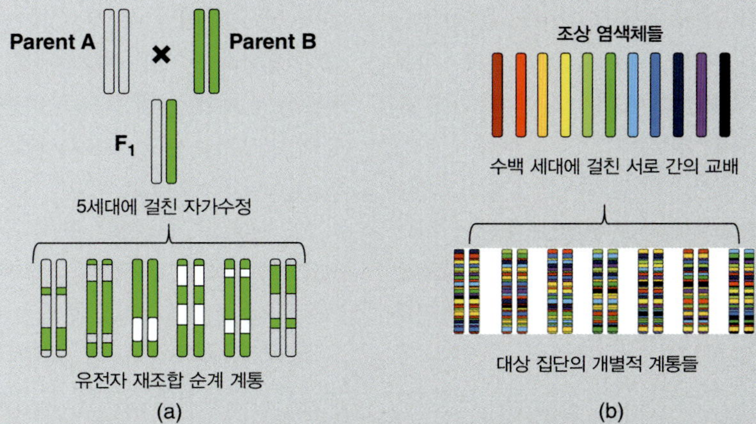

그림 2.8 (a) **연관지도 작성**. 두 동계교배들 사이의 교배를 하여 유전자 재조합 순계 계통(recombinant inbred lines)를 작성한다. 5세대 동안 5회의 감수분열 밖에 없었으므로 염색체 내의 연관 블록들의 크기가 크고, 따라서 QTL 지도의 해상도가 낮다. (b) **연관성 지도**. 연관성 작성의 집단은 서로 관련성이 있는 식물들일 수도 있고 서로 관련성이 없는 식물들일 수도 있다. 수 백 세대에 걸친 감수분열에서 일어난 교차들은 염색체 내의 연관 블록들을 짧게 나눌 수 있으므로, 결과적으로 QTL 지도의 해상력이 높다.

연관성 분석[연관 불균형, linkage disequilibrium, LD라고도 불림]은 인체 유전학에서 많이 이용되지만 식물에서는 상대적으로 새로운 방법이다. 연관성 분석은 특정한 후보 유전자를 찾거나 유전체 스캐닝을 하는데 유용하다. 연관성 분석은 관련성이 있는 개체들로 이루어진 집단이나 관련성이 먼 개체들로 이루어진 집단 모두를 이용하여 분석할 수 있으며, 오랜 기간 동안의 많은 세대에 걸친 감수분열의 교차에 의해 유전체 내의 연관 블록의 크기가 작은 수준으로 분석할 수 있다(그림 2.8b). 연관성 지도 작성은 LD, 집단 구조, 대립유전자 빈도 등의 세가지 이슈에 의해 분석을 하는 데 이용되는 집단이 중요하다.

LD는 보통 연관/유전적 거리 등과 관련된 집단 내의 다형성의 관계를 분석하며 종들 간에 상당히 변이가 높다. 일반적으로 LD는 타가수정 작물에서 쉽게 붕괴되므로 자가수정 식물의 분석에서 더욱 많이 이용된다. 옥수수와 같은 타가수정 식물에서는 LD가 수 kb 정도에서 붕괴되므로 높은 QTL 지도 작성이 가능하지만, 매우 많은 표지인자들을 이용한 조밀한 지도가 요구된다(i.e., 다양한 옥수수 계통들에서 1,000만에서 5,000만 개의 SNP들). LD가 긴 종에서는 적은 수의 표지인자들을 이용할 수 있지만 지도의 해상력에는 제한이 있다.

대상 집단 내의 집단 구조의 존재는 애매한 오류의 연관성(i.e., 긍정 오류) 결과를 만들 수 있는데, 이것은 어떤 유전자가 표현형을 야기하지 않지만 이들의 대립유전자들도 표현형에 관련이 있는 경우가 있기 때문이다. 집단 구조의 기원은 개화기, 육종 역사, 식물 생육 자원들, 지형 등등에서 차이를 가진다. 집단은 구조를 최소화하기 위해서 선택되어야 하며 통계학적 모델이 집단의 구조를 설명하는 데 이용된다.

연관성 분석에 미치는 마지막 요소는 대립유전자 빈도이다. 집단이 유전적으로 다양한 개체들로 이루어지면 이 집단에는 더욱 많은 희귀 대립유전자들이 존재하게 된다. 만약에 대립유전자 빈도가 심각한 불균형을 이루거나 모든 대립유전자들이 희귀한 것들이라면, 연관성을 찾기 위한 통계적 해석력은 낮아진다.

Sherry Flint-Garcia와 Michael McMullen의 자료

2.4 식물 종들은 유전체 크기와 염색체 수가 다르다

핵에 있는 DNA의 양은 식물들 간에 차이가 있는데 이러한 차이는 종간 또한 종 내의 식물들 간에도 존재한다. DNA 양은 세포 주기에 따라 다르므로 DNA 양을 비교하는 것은 주로 DNA 복제가 일어나기 전인 G1기에 측정한다. 이때의 DNA 양을 **2C 값**이라고 하는데 이곳은 체세포에 있는 DNA 양이며, 1C는 배우체에 있는 DNA의 양을 말하는데 이것은 배우체에서 DNA를 측정하기보다는 체세포의 DNA 양을 반으로 나눈 값이다. DNA 양을 측정하는 한 방법은 세포를 균일한 현탁 용액으로 만들고 핵 DNA를 형광 시약으로 염색을 한 후 표준 양과 비교하여 형광 정도를 측정하는 것이다. 결과는 DNA를 피코그램(pg)로 표시하는데, 1 pg은 대략 978 Mbp 또는 978 × 10^6 bp이다. 식물들의 유전체 DNA는 영국의 Kew 왕립식물원에서 운영하는 사이트의 데이터베이스에서 찾아볼 수 있다(http://data.kew.org/cvalues/). DNA 양과 염색체 수는 한 식물체 내에서도 변이가 있는데 특히 표피세포와 내배유(endosperm)의 세포들은 세포분열을 하지 않고 여러 번에 걸쳐서 DNA 복제를 한다. 이러한 조직의 세포들의 DNA 양은 형광 시약으로 세포를 염색한 후에 형광현미경으로 관찰하며, 형광 양을 측정하여 DNA 양을 산출하는데, 보통 기공세포와 같이 2C의 DNA를 갖는 인접세포와 비교하여 DNA 양을 추정한다.

1장에서 언급한 것과 같이, 식물 DNA는 막대기 모양의 염색체에 있으며, 현화식물의 염색체 수는 $2n=4$(예, 초본류 *Zingeria*와 *Colpodium*)에서부터 $2n=640$(*Sedum suaveolens*, 돌나무)까지 다양하다. 한 종의 염색체 수가 일정하지만, 예외적인 경우도 있다. 예로서, 영명으로 Spring beauty(*Claytonia virginica*)라는 식물은 한 집단 내에 $2n = 12$에서 $2n = 37$까지 여러 가지의 cytotype을 가지는 개체들이 존재한다(Lewis and Semple, 1977). 사탕수수(*Saccharum officinarum*)은 *Saccharum*속 식물 두 종의 잡종인데 이것의 염색체 수도 다양하다. 정상체와 다른 염색체 수를 가지는 식물들은 부분적인 불임을 보이는데 사탕수수는 줄기를 잘라서 번식하므로 염색체 변이들이 집단에서 계속 유지된다.

이배체 식물들 중에서 염색체 수는 유전체의 크기와는 무관하다. 그러므로, 두 식물이 같은 양의 DNA를 가지지만 이들 DNA들은 서로 다른 수의 염색체로 조직화되어 있어 존재할 수 있는 것이다. 예를 들어, 보리는 7쌍의 염색체를 가지며($2n=14$), 유전체의 크기는 1C가 5.5 pg인 데에 반해, 벼는 12쌍의 염색체를 가지지만 유전체의 크기는 1C가 0.45 pg에 불과하다. 비슷하게 수수(*Sorghum bicolor*)($2n=20$; 그림 2.9b)의 유전체 크기는 1C가 0.83pg이며 이와 아주 가까운 식물인 *Sarga aungusta*는 염색체수가 수수의 절반인 $2n=10$이지만 유전체 크기는 수수의 두 배로 1C가 1.85 pg이다.

염색체 수 감소로 잘 알려진 경우로, 한 염색체 전체가 다른 염색체의 동원체 부근으로 삽입된 경우가 있다(Luo 등., 2009). 그러므로 유전자나 삽입된 염색체의 염기 배열은 보존적인 반면, 삽입한 염색체의 두 개별적인 염색체의 장완과 단완은 새로운 염색체의 원거리 말단으로 위치하게 된다. 삽입된 염색체의 동원체는 기능을 가지는 반면, 삽입한 염색체의 동원체는 불활성화되어 있다. 예를 들면, 빵 밀의 조상 식물 중 하나인 *Aegilops tauchii*는 7개의 기본 염색체를 가지는 반면, 벼는 12개의 기본 염색체를 갖는다. *Aegilop*의 7번 염색체는 벼의 5번과 10번 염색체에 있는 유전자들을 가지는데 벼의 10번 염색체 유전자들은 *Aegilops* 7번 염색체의 중앙부위에 존재하는 반면, 벼의 5번 염색체의 한쪽 완에 존재하는 유전자들은 *Aegilops* 7번에 삽입된 벼의 10번 염색체 한쪽 끝에 부착되어 있고 5번 염색체의 다른 완에 존재하는 유전자들은 삽입된 벼의 10번 염색체의 다른 쪽 끝에 부착되어 있다(그림 2.10). 유사한 삽입 패턴이 *Aegilops*의 다른 염색체들에서도 발견된다. 비록 이와 같은 키메라 염색체들이 두 번에 걸친 전좌에 의해 형성되었을 지라도, 각각은 한번의 삽입 사건에 의해 형성되었을 것으로 보인다.

유전체 재배열의 다른 종류들이 발견된다. 애기장대(*Arabidopsis thaliana*) ($n=5$)와 근연종인 *Arabidospsis lyrata*($n=8$)가 있는데 *A. lyrata*의 1번과 2번 염색체들이 서로 연결되어 *A. thaliana*의 1번 염색체가 되었다(그림 2.11). *A. lyrata*의 7번 염색체에 있는 유전자들의 순서

(a)

(b)

그림 2.9 (a) ***Claytonia virginica***. 사용자에 의함: SB_Johnny(자신의 사진) [GFDL(http://www.gnu.org/copyleft/fdl.html), CC-BY-SA-3.0(http://ceativecommons.org/licenses/by-sa/3.0/) 또는 CC-BY-SA-2.5-2.0-1.0(http://crativecommons.org/licenses/by-s/2.5-2.0-1.0)], Wikipedia Commons. 삽입: Kaldari(자신의 사진) [공적 도메인], Wikipedia commons에 따름. (b) ***Sorghum bicolor***

는 *A. thaliana*의 4번 염색체에 유전자들이 역방향의 순서로 존재하는데 이러한 염색체의 재배열을 **역위(inversion)**이라 한다.

염색체 재배열의 다른 종류로서 **전좌(translocation)**가 있다. 전좌는 한 염색체의 일부분이 끊어져서 이중 나선 수선 기작에 의해 다른 염색체에 붙는 것이다. 이것은 자연 상태에서 자연적으로 일어나기도 하지만, 화분(pollen)에 X-선을 조사하여 인위적으로 유도할 수도 있다. 이러한 방사선 조사를 통해 염색체를 절단시키면, 절단된 염색체들이 새로운 조합으로 붙을 수 있다. 전좌는 해로우며, 경우에 따라서는 만약 전좌 과정에서 염색체 단편이 소실되거나 암호화 부위나 조절 부위 등의 염

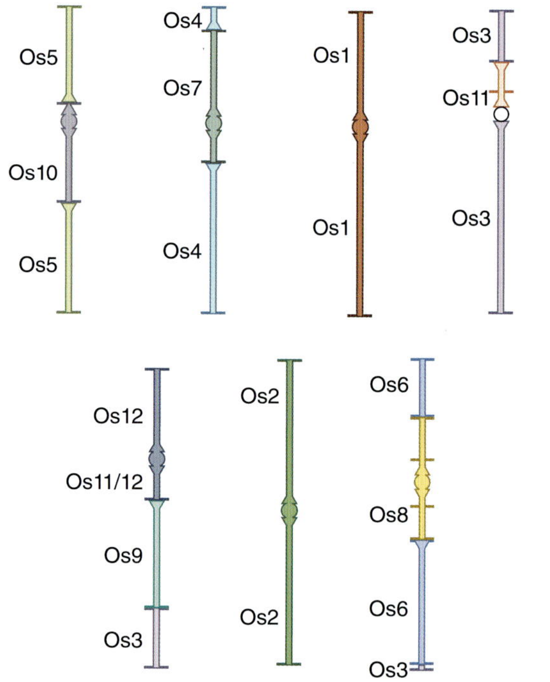

그림 2.10 벼 염색체(OS, Oryza sativa)와 *Aegilops tauchii*의 염색체 비교. *Aegilops*의 1, 2, 4, 7번 염색체들이 벼 염색체들의 삽입에 의해 생성되었다. *Aegilops* 5번 염색체에는 3개의 벼 염색체가 존재하는 반면, 3번과 6번 염색체들은 크게 재배열되지 않았다. Luo 등(2009)의 결과를 변형하여 게재.

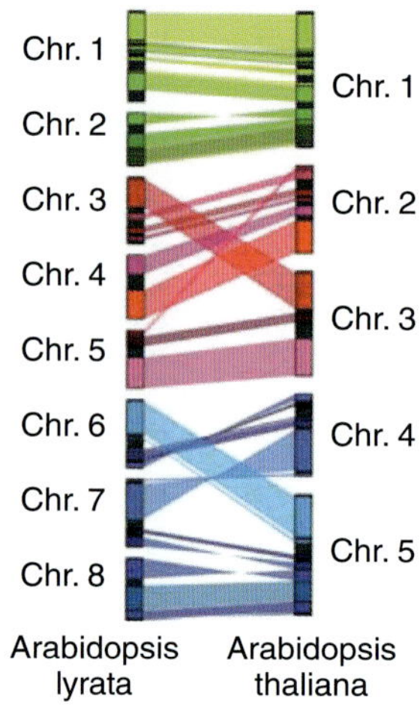

그림 2.11 *A. thaliana*와 *A. lyrata*의 핵형 비교. *A. lyrata*의 8개 염색체와 *A. thaliana*의 5개 염색체들 간에 서로 일치하는 부위를 보여줌. Hu 등(2011). MacMillan 출판사의 허락 후 게재.

기서열이 망가지게 되면 치사로 이르게 된다. 예를 들면, 이와 같은 파괴적인 전좌가 인간의 암세포에서 많이 발견된다. 그러나 전좌된 염색체들이 간단히 염색체를 주고 받는 경우라면 표현형적으로는 약한 표현형 변이를 보인다. 만약 유전물질 소실이 없다면, 그 결과는 **균형 전좌(balanced translocation)**가 된다.

균형 전좌는 종 간의 비교에서 일반적으로 보고되는데, DNA 블럭들의 세세한 재배열에서 종종 다르게 나타난다. 염색체 재배열이 많이 발견된다는 것은 전좌는 자연 상태에서 상당히 자주 일어나며 경우에 따라서는 전좌가 적응도의 향상에 기여한다. 전좌는 식물 육종에서도 이용되는데, 특히 밀에서 밀과 근연종들 간의 교배에 의해 야생 근연종의 염색체 단편들이 도입된 계통들을 선발한다. 그림 2.12는 밀과 밀의 근연종으로 가뭄 저항성을 가진 *Thynopyrum elongatum* 간의 전좌를 보여 주는데, 이 식물은 뿌리의 바이오매스가 증가되었으며 가뭄에 강한 성질을 가진다(Placido 등., 2013).

2.5 DNA 단편들은 종종 중복되고 재조합된다

유전체 염기서열은 중복된 서열이나 반복 서열 등으로 가득 차 있지만, 염기서열 중복의 역동성과 결과는 문제가 되는 DNA의 기능에 따라 다르다. 중복된 DNA는 단일 염기의 중복으로부터 전체 유전체의 중복에 이르기까지 다양하다. 2개의 동일한 염기서열은 어느 염기이건 길이가 어느 정도이건 간에 서로서로 조환이 일어날 수 있다. 그 결과는 염색체의 절단으로 이르게 되고 이들이 수선되는 과정에 결실(deletions), 삽입(insertions), 또는 이전에는 없던 염기서열이 두 염기서열이 연결되면서 키메라 서열이 생성될 수 있다. 재조합이 일어나는 이러한 능력은 1장의 6절에서 설명한 1-2 bp와 같이 짧은 염기서열뿐 아니라 본 장에서 설명하는 여러 가지의 중복에도 적용이 된다.

유전체 내에서 소위 "낮은 복잡성 부위"라고 불리는 부위들은 **부수체(satellite)**, **미소부수체(minisatellite)**,

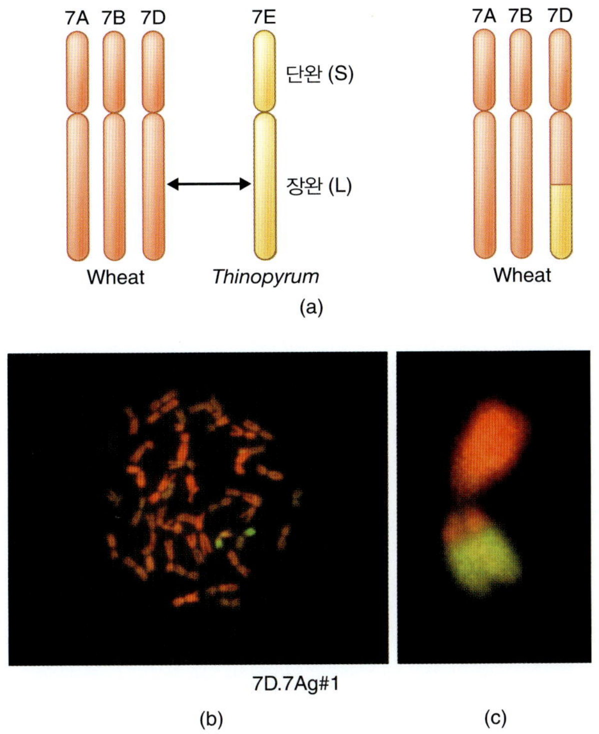

그림 2.12 (a) 밀 7D 염색체 장완과 야생 근연종인 ***Thynopyrum elongatum***의 7E 염색체 장완과의 전좌 그림. (b) 전좌에 의해 밀의 유전체 내로 삽입된 2개의 ***Thynopyrum*** 염색체 부분을 보여줌. Placido 등 (2013). Copy Right American Society of Plant Biogists. 허락 후 게재. (c) 전좌된 염색체를 확대한 사진. *Thynopyrum* 염색체는 녹색으로 보임. Placido 등(2013).

미세위성(microsatellite) DNA(SSR이라고도 불림)으로 구성되어 있다. 이러한 부위의 반복단위들은 복제 미끄러짐 현상이나 비정통적(illegitimate) 재조환 등에 의해 중복되거나 결실이 항상 일어난다. 이러한 사본수의 변이가 암호화 부위 외에서 일어나면, 이들은 진화적으로 선발에 중립적으로서 표현형에 영향을 미치지 않는데, 이러한 중립적 효과는 사실 측정하기가 어렵다. 암호화 부위 내의 SSR 변이는 표현형과 선발에 영향을 준다. 전이인자들의 중복과 결실도 상당히 많은데 이에 대해서는 3장에서 자세하게 설명한다. 낮은 복잡성 부위의 복제와 같이 전이인자들의 수의 변화는 종종 생물체의 표현형에 영향을 주지 않는다.

유전자와 유전체 중복에 대한 대부분의 자료들은 식물과 발효 효모인 *Saccharomyces cerevisiae*으로부터 왔다. 중복에 의한 사본수의 증가가 감소보다 더 많은 연구가 되어 있다. 동물에 대한 자료들도 식물이나 효모에서 발견된 것들과 일치한다.

유전자 중복은 유전자의 수와 중복된 유전체의 부위에 따라 일반적으로 분류된다(그림 2.13). 1개 또는 수개 정도의 유전자가 중복된 것은 작은-규모 중복이라고 한다. 어떤 경우에는 이러한 중복은 단일 유전자 중복이 한 염색체 내에서 연속적으로 일어난 경우가 있는데 이러한 것을 **순차 중복(tandem duplication)** 또는 **순차 배열(tandem arrays)**라고 한다. 유전체의 커다란 부위가 중복된 경우는(예, 염색체 한 완) **부분 중복(segmental duplication)**이라고 한다. 가장 큰 규모의 중복으로 **전체 유전체 중복(whole genome duplication)**이 있는데 이것은 배수성이라고도 한다. 이러한 중복에 대해서는 다음 이어지는 절에서 더욱 자세하게 다룬다.

2.6 어떤 유전자들은 유전체 내에서 인접한 부위에 복사된다

2.6.1 순차 중복-리보솜 RNA 유전자

리보솜 RNA 유전자들은 수백에서 수천 개의 사본이 식물 유전체 내에 존재하는데(대조적으로 동물은 수백 사본 정도), 이들은 모두 각 사본이 머리-꼬리식 배열로 긴 배열을 이룬다(Rogers and Bendrich, 1987)(7장에서 이들의 전자에 대해서 설명함). 식물에서는 이러한 리보솜 RNA 유전자 배열이 1개 이상씩 있다. 이러한 배열들은 rRNA 유전자 수에 의한 변이가 있는데 이들 중 한 배열이 주요한 rRNA 유전자 좌위이고 나머지들은 minor한 배열들이다. 유전자 사본수는 시간에 따라 변하는데 어떤 경우에는 급격하게 변하여 주요한 배열 부위가 minor 배열 부위로 되거나 이와 반대의 경우가 발생하기도 한다. 그러므로 리보솜 RNA 배열의 위치는 유전체 내에서 시간을 두고 바뀌게 되는 경우가 있다(Alvarez and Wendel, 2003).

모든 육상식물과 윤조식물 조류(육상식물과 가장 가까운 녹색 '조류'; 1장 참조)에서 리보솜 RNA 유전자

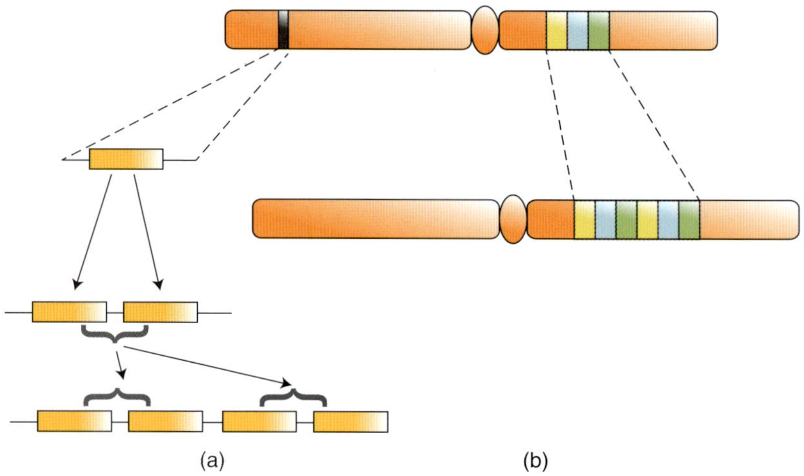

그림 2.13 (a) **순차 중복**. 유전체 내에서 한 유전자 사본이 바로 인접한 부위에 하나 또는 그 이상으로 복사된다. (b) **부분 중복**. 일련의 유전자들이 블록으로 중복됨.

들은 18S, 5.8S, 26S 리보솜 subunits들이 하나의 전사 단위이며, 이러한 전사단위들 간의 스페이서에는 내부 전사 스페이서(internal transcribed spacer, ITS)라고 불리는 부위들이 있다. 18S 유전자의 상위 부위와 26S 하위 부위에 비교적 짧은 전사 부위가 있는데, 이 부위들은 5′- 및 3′-외부 전사 스페이서(external transcribed spacer, ETS)라고 한다. ETS는 ITS의 일부이며, 중앙 부위는 전사가 되지 않는 부위이다(그림 7.3에서 이 부위의 그림 참조). 이러한 기본 단위는 순차 배열로 여러 번 반복되어 있다. 조류, 이끼, 우산이끼, 뿔이끼, 석송류, 대부분의 양치 식물들에서는 또 다른 리보솜 유전자인 5S 리보솜 유전자가 3′-ETS의 바로 하위 부위에 존재한다(Wicker 등., 2011). 대조적으로, 물고사리와 육상식물들의 5S 리보솜 유전자들은 상당히 큰 순차 배열을 이루어 다른 rRNA 유전자와는 별개의 염색체 위치에 존재한다.

유전자 사본들이 서로 상호작용하는 성질이 있기 때문에 리보솜 RNA 유전자들의 긴 순차 배열은 자신들의 독특한 역동성을 가진다. 리보솜 RNA 유전자의 암호화 부위의 배열은 **동조 진화(concerted evolution)**라는 자기-교정 과정을 가진다(그림 2.14). 협조 진화는 배열 내에서 거의 동일한 염기서열을 가진 유전자들 간에 빈번하게 일어나는 비적합 조환(illegitimate recombination)에 의해 발생한다. 두 유전자 사본이 서로 상호작용하면 서로 맞지 않는 염기결합들은 수선하여야 하는 DNA 오류로 인식한다. 이들이 수선되면 유전자 사본들은 서로 유사한 서열을 갖게 되어, 이들 두 사본이 서로 독립적으로 돌연변이를 축적하는 것보다 서로 간에 염기 서열이 더욱 유사해지는 것이다. 그러나 이러한 배열은 너무 길기 때문에 교정으로 모든 부위의 염기서열을 동일하게 하지 못하므로 배열 부위 내에 많은 변이들을 가지게 된다(Kellog and Appels, 1995). 어떤 사본은 리보솜 RNA 배열내의 어느 부위 내에서도 비-기능을 가지게 되므로 이것은 많은 유전자 사본들이 잉여 사본이며 이들은 하나 또는 그 이상의 사본들이 불활성화되면 이를 대체할 수 있게 된다.

2.6.2 순차 중복–방어 단백질, 수용체-비슷한 키나아제, 종자 저장 단백질 유전자들

길이가 길고 다중-사본인 리보솜 RNA 유전자 외에도, 작은 크기의 반복 배열들이 유전체 전체에 존재하는데, 이들은 일반적으로 단백질-암호화 부위, 비-전이인자 유전자 등에 존재한다. 1개의 단백질-암호화 유전자가 중복되어 염색체의 인접한 부위에 삽입될 수 있다. 이러한 과정은 감수분열 중 교차와 복제과정에서의 과오로 일어나며 한 염색체는 유전자 사본을 1개 얻는 반면, 다른 염색체는 이 사본을 잃게 된다. 염색체 내의 한 유전

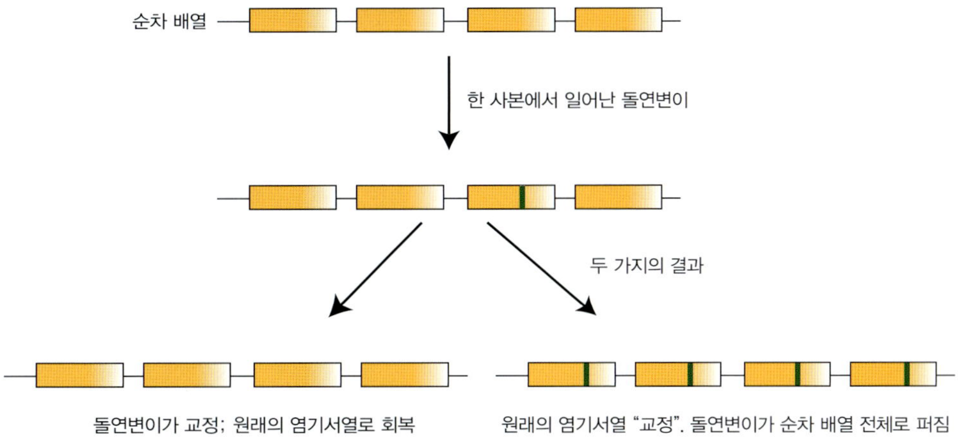

그림 2.14 협조 진화. 만약에 돌연변이가 순차 배열을 하고 있는 한 유전자에서 일어난다면 두 가지의 결과가 생긴다. 각 돌연변이는 교정되고 유전자는 원래의 서열로 되돌아 가던가, 순차 배열된 다른 유전자가 돌연변이 염기에 결합을 하도록 돌연변이되면 변이가 모든 배열이나 일부에 퍼진다.

자가 인접하여 존재하면 후에 비정상적인 복제나 교차 때문에 복제 과정 중에서 과오가 일어날 가능성이 높아진다. 최종적으로 이것은 순차 중복을 야기하며, 염색체의 한 위치에 한 유전자의 여러 사본이 인접하여 배열한다. 유전체 염기서열 분석 결과 이와 같은 작은 크기의 중복이 종종 수용체-비슷한 키나아제와 저항성 관련 유전자(*R* 유전자)에서 일어난다는 것이 밝혀졌다(Rogers and Bendich 1987). 한 유전자가 여러 사본으로 존재하거나 일련의 세트로 존재하는 것은 이들이 만들어 내는 mRNA들이 많으므로 결국은 만들어지는 단백질의 양이 많게 된다. 그러므로, 유전자 중복은 단일 유전자가 내는 표현형에 비해 더 많은 효과를 줄 수 있다. 예를 들면, 콩의 선충 저항성은 유전체 내에서 밀접하게 근접하여 존재하는 3개의 별개의 유전자 세트에 의해 영향을 받는다. 세 유전자 세트가 유전체에서 10개 사본으로 존재하면 콩 식물은 포낭 선충병(cyst nematode)에 저항성을 보인다(Cook 등., 2012). 하지만 각 유전자를 한 사본만 가지고 있으면 식물은 포낭 선충에 공격을 받는다.

유전자 사본수가 많으면 더 많은 양의 mRNA를 만드는 반면, 어떤 유전자들은 자신의 발현 정도를 조절하여 유전자 사본수와는 별개로 유전자 발현이 된다. 이러한 현상을 **유전자량 보정(dosage compensation)**이라 한다. 이것의 가장 잘 알려진 예가 포유동물의 X 염색체로서; 수컷은 1개의 X 염색체를 갖는 반면 암컷은 2개의 X 염색체를 갖는다. 만약에 유전자 사본수가 유일한 mRNA 조절 기작이라면, 암컷은 수컷에 비해 X 염색체에 있는 유전자 발현이 두 배가 되어야 한다. 하지만 포유동물의 암컷에서 X 염색체 중 1개는 염색체 전체가 불활성화되므로 유전자량 증가를 보상한다. 초파리(*Drosophila*)는 수컷의 X 염색체에 있는 유전자 발현이 두 배로 늘어난다. 그러므로 유전자량 보정은 이들 두 그룹의 생물체들에게는 다른 기작으로 일어난다.

유전자량 보정이 식물에서도 알려져 있는데, 특히 성 염색체가 아닌 상염색체에서 더욱 그렇다(일부 식물은 성 염색체를 가지고 있다). 한 가지 특별한 예는 옥수수의 *alcohol dehydrogenase* 유전자이다(Birchler 2007). 옥수수 식물체들이 다른 수의 *adh* 유전자를 갖도록 하면, ADH 단백질의 양은 *adh* 유전자 수가 늘어나는 것에 비례하여 늘어나지 않는다. *adh* 유전자 사본이 1, 2, 4개 사본을 가지고 있어도 ADH 단백질의 양은 일정량으로 존재하도록 식물이 조절한다.

종자 저장 단백질 유전자들은 순차 배열을 하고 있는 것으로 알려져 있다(Sabelli and Larkins 2009). 곡류 작물들이 가지고 있는 종자 저장 단백질 중 중요한 것으로 prolamin이 있는데 이 단백질은 밀이나 옥수수 종자의 배유 단백질의 절반을 차지한다. Prolamin은 화학적 성질, 아미노산 서열, 그리고 진화적 역사 등에 의해 두 가지로 나누어진다. 옥수수와 수수 유전체에는 beta, gamma, delta prolamin을 각각 암호화 유전자들을 1~3개 사본 가지고 있다. 그러나 alpha prolamin 유전자는 커다란 순차 배열을 하고 있다. 비록 alpha prolamin이 prolamin 유전자들 중 가장 활발하게 발현되는 유전자이지만, 대부분의 alpha prolamin mRNA는 순차 배열 유전자들 중 오직 몇 개 정도에서만 이루어진다(Woo 등., 2001). Alpha prolamin 유전자 순차 배열은 배열 내의 유전자 수가 시간에 따라 늘어나고 줄어드는 역동적인 역사를 가지고 있는 것으로 알려져 있으며, 각 배열은 유전체 내에서 안정적인 위치에 있지 않는다(Xu and Messing, 2008).

순차 배열 내의 유전자들 간의 재조환이 빈번하게 일어난다. 각각 유전자는 자신들의 돌연변이를 가지고 있으므로 재조환은 각 유전자들의 다른 구성분을 섞고 조합을 만들면서 대립유전자 다양성을 초래한다. 식물에서 이러한 과정은 동물의 면역계 유전자들의 유전자 재조합과 유사하다. 식물이 다양한 병원균에 반응을 하여야 하므로 이와 같은 뒤섞임에 의한 조합은 자연 선발은에 유리하다.

2.6.3 부분 중복 (Segmental duplications)

여러 개의 인접한 유전자들이나 염색체 완의 일부가 부분 중복으로 중복될 수 있다. 이러한 부분 중복이 벼의 11번과 12번 염색체에 있는데 이들은 단완의 말단 부위의 염기서열이 예외적으로 유사하다. 이것은 최근에 벼에서만 일어난 중복인 것으로 생각되었지만, 비슷한 중복 부위가 수수와 조(*Setaria*)에서도 발견되었다(그림 2.15). 따라서 이 부위들은 특히 중복이 잘 일어나는 것으로 보여진다. 또 다른 가능성으로 세 식물들의 공동 조상 식물에서 중복이 한번 일어났지만, 중복된 유전자들 간의 비적합적 염기 결합이 이들이 원래 유래하였던 서열들보다 더욱 유사하게 된 것일지도 모른다. 이들 부위에 대한 자세한 연구 결과 후자의 가설이 더욱 많은 지지를 받고 있다(Wang 등., 2011).

2.7 식물에서 전체 유전체의 중복은 흔하다

전체 유전체 중복에서, 세포 내의 모든 염색체 세트가 복제된다. 전체 유전체 중복은 감수분열의 결함으로 인한 비감수 배우체(unreduced gametes)들의 융합이나 화아분열조직이 되는 체세포에서 염색체가 자연적으로 배가가 되면서 발생한다. 두 가지 경우 중에 어느 것이든, 생기는 자손은 모친에 비해 염색체 수가 배가 된다. 이러한 중복의 결과는 부분적으로 양친이 얼마나 유전적으로 떨어져 있는 가에 따른다. 한 가지의 특이한 경우로서 염색체 배가가 1개체의 식물체에서 일어나거나 한 종 내에서 일어나는 경우가 있는데, 이를 **동질배수성(autoploy-ploidy)**이라고 한다. 생성되는 식물체는 결과적으로 4쌍의 염색체 세트를 갖게 되나, 이는 자연계에서 흔하지 않은 경우이다; 감수분열에서 이가(bivalent)의 염색체 접합을 보이기 보다는 사가(tetravalent)의 염색체 접합을

그림 2.15 ***Setaria italica***. http://upload.wikipedia.org/wikipedia/commons/f/ff/Japanese_Foxtail_millet_01.jpg. STRONGlk7(자신의 사진) [cc-BY-SA-3.0(http://vreative commons.org/licenses/by-sa/3.0)] Wikipedia Commons.

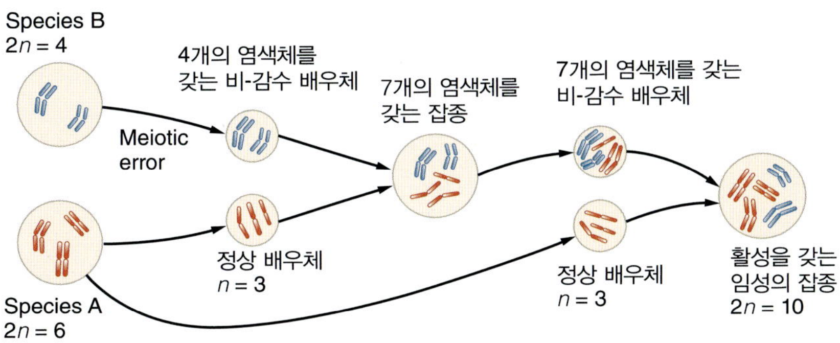

그림 2.16 **이질배수성.** Reece 등(2010)의 자료.

갖는다. 그러나 동질배수성을 탐지하는 것은 쉽지 않으므로 우리가 추정하는 것보다 자연에 더 많이 존재할 지도 모른다.

이질배수성(allopolyploidy)은 **동질배수성**과는 반대이다; 양친이 같은 속의 다른 종에 속하는 식물이거나 드물지만 다른 속의 식물일 수도 있다. 이러한 경우, 배수성은 잡종 생성을 수반한다. 두 원연종의 식물들이 서로 교배가 되어 자손을 만들지만 이 자손은 양친의 염색체들이 다르므로 감수분열에서 상동염색체 접합을 못하기 때문에 부분적으로 불임이거나 완전 불임이다(비슷한 문제가 말과 당나귀의 교배로 태어난 노새에서 볼 수 있다). 비록 잡종 식물들은 불임이지만 가끔 자연상태에서 배우체를 생성하는 세포에서 염색체가 자연적으로 배가가 되어 영속될 수 있다. 한 가지 흔한 돌연변이로 비-감수 배우체(이배체)를 만드는 것이다. 이배체 배우체들이 접합자를 만들면 결과적으로 생성되는 식물체는 원래의 것 보다 염색체 수가 2배로 많아진다. 모든 염색체들이 배가가 되었으므로, 감수분열에서 상동염색체 접합이 정상적으로 일어나고 임성을 갖는다(그림 2.16).

이질배수체에서 양친 중 하나로부터 온 한 염색체 쌍을 **상동염색체(homologues)**라고 하며, 다른 양친으로부터 유래한 염색체 세트를 **상이염색체(homeologues)**라고 한다. 상동염색체 쌍은 서로 정상적으로 염색체 대합을 하며, 상이염색체들과는 대합을 하지 않는다. 그러므로 이질배수체는 세포유전학적으로는 이배체처럼 행동을 하므로 때로는 이들을 **복이배체(amphidiploid)**라고 한다.

무엇이 상이염색체들 간에 접합을 못하게 하는지는 확실치 않다. 결국 종들은 일반적으로 서로 유연적으로 충분히 가까워서 염색체들의 유전자 배열이 전체적으로 서로 유사하고 매우 비슷한 염기서열 배열을 가진다. 이질배수체로 잘 알려진 경우로서 파스타를 만드는 데 사용되는 더럼밀(durm wheat)인 *Triticum durum*과 빵밀인 *Triticum aestivum*이 있다(그림 2.17). *T. durum*은 이질사배체로서 Einkorn 밀(*T. monococcum*)과 근연종인

그림 2.17 **밀의 역사.** 밀 이배체 종들이 *T. monococcum*과 비슷한 야생종으로부터 순화되었으며, *T. monococcum*은 현재에도 Einkorn 밀이라고 알려져서 일부 지역에서 재배되고 있다. *T. monococcum*은 같은 지역에 살고 있던 근연종인 *Aegilops speltoides*와 야생에서 교배되어 사배체인 *T. turgidum*을 생성하였다. *T. turgidum*의 고대 순화된 형태의 식물을 Emmer 밀이라고 하고, 근대의 농업적으로 순화된 것을 더럼밀이라고 하는데, 이 밀은 파스타를 만드는 밀가루를 생산한다. *T. turgidum*이 야생 염소 밀인 *A. tauchii*와 자연상태에서 교배가 되어 6배체인 빵밀을 생성하였다. http://upload.wikipedia.org/wikipedia/commons/5/53/Aegilops_tauchii_ARS-1.jpg. Mamarkenesbi Wikipedia(January 2006). 후에 Jennot12에 의해 fr.wikipedia(December 2006)에 게재됨. [Public domain], Wikipedia Commons.

*T. uratu*가 교배되고, 이 잡종 식물에 다시 야생 밀인 *Aegilops speltoides*가 교배되었다. Einkorn 밀은 아직도 터키의 일부 지역에서 재배되고 있으며, 더럼밀은 이보다 훨씬 많이 재배되고 있다. 지난 10,000여 년 전에 *T. durum*은 다시 야생 식물인 *Aegilops tauchii*와 교배되었는데, 이 경우에는 이배체와 사배체 간의 교배에 의해 6배체인 *T. aestivum*이 생성되었다.

*T. aestivum*에서 상이염색체들 간의 접합의 조절은 *Pairing homeoloous1*으로 알려진 *Ph1* 유전자에 의해 조절된다. *Ph1*이 돌연변이가 되면, 상이염색체 쌍들 간에 접합을 하고 교차가 일어난다. 시간을 두고 염색체들이 재배열되고 식물들은 임성을 잃는다. *Ph1* 유전자는 cyclin-의존 키나제 유전자의 순차 배열로 이루어진 것으로 알려졌는데, 이것은 DNA 복제와 히스톤 인산화 등에 영향을 미쳐서 염색체 접합을 조절하는 것으로 알려져 있다(Giffths 등 2006; Greer 등 2012).

이질배수체 중 잘 알려진 것으로 면화 *Gossypium hirsutum*과 이의 근연종으로 Pima 면화라는 이름으로 팔리는 *G. barbadense*가 있다(그림 2.18). 이들 두 종은 이질사배체로서 비슷한 이배체 종인 페루산 *G. raimondii*와 아프리카산 *G. arboreum* 또는 *G. herbaceum* 간의 교배로 생성되었다. *G. hirsutum*으로 이르게 된 이질배수성 사건은 아마도 수백 만 년 전에 일어났는데, 이것은 빵밀보다도 오래 된 것이다.

Tragopogon 속(서양우엉)에는 지난 백 년 이전에 형성된 몇 개의 자연발생 배수체들이 있다(그림 2.19). 이배체 *Tragopogon*은 유럽으로부터 북아메리카로 도입된 것으로 잡초화된 것이다. 태평양 연안 북서부 일부 지역에서 이배체들 간에 연속적으로 교배가 일어나서 이질배수체들이 형성되었다. 이들은 워싱턴 주의 Pullman 지역에 좁게 분포하고 있는 것으로 발견되었는데, 이들의 생육 지역은 점차 늘어나고 있다(Soltis 등., 2004).

세포유전학 및 유전체 연구는 현화식물들이 여러 번에 걸친 배수화 과정을 거쳤으며 이들은 점진적으로 이배체화하였다는 것을 보여준다. 전체 유전체 중복 패턴은 단자엽, 쌍자엽 식물의 기원과 일치하며 또한 Brassicaeae(십자화과)나 Poaceae(화본과) 등의 기원과도 일치한다(Jiao 등., 2011)(그림 2.20). 배수성은 또한 양치식물들과(Wood 등., 2009) 이끼류(Sastad 2005) 등에서 일반적으로 발견되지만, 놀랍게도 나자식물에서는 매우 드물다(Khoshoo 1959; Murray 1998).

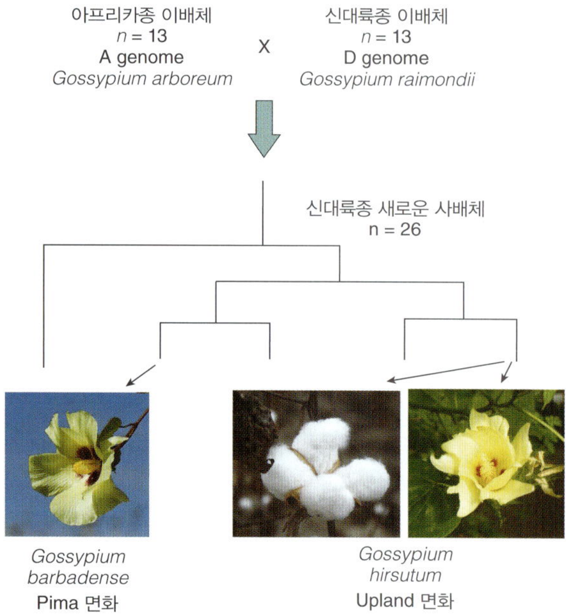

그림 2.18 면화의 역사. 면화(*Gossypium*) 속의 진화적 역사는 Cronn and Wendel(2004)와 Flagel and Wendel(2010)에 의해 보고되었다. 아프리카의 현재 재배종인 *G. arboreum*과 가장 유사한 이배체가 현재 신대륙 종 *G. raimondii*와 가장 가까운 이배체 종과 교배가 되었다. 교잡이 약 100~200년 전에 일어난 것으로 추정되며 어떻게 아프리카 식물이 신대륙에 왔는지는 불분명하다. 생성된 사배체는 중앙 아메리카와 남아메리카에서 종 분화가 일어나 5종의 근대 종이 탄생하였다; 이들 중 두 종, *G. hirsutum*과 *G. barbadense*가 농업적 면화종이 되었으며, 이들은 의복, 종이, 지폐 등을 만드는 데 이용된다. 모든 사배체 종들을 나타내지 않음. 왼쪽 사진: http://upload.wikipedia.org/wikipedia/commons/2/2c/Gossypium_barbadense.jpg. Brian Gratwicke [CC BY 2.0(http://creativecommons.org/licenses/by/2.0)]. Wikipedia Common. 중앙 사진: http://uplod.wikipedia.org/wikipedia/commons/thumb/6/68/CottonPlant.JPG/1280px-CottonPlant.JPG. 오른쪽 사진. http://common.wikipedia.org/Wiki/File:Gossypium_hirsutum_BotGardBln1105FlowerLeaves.JPG. CC by SA 3.0(http://creativecommons. Org/licenses/by-sa/3.0/deed.en).

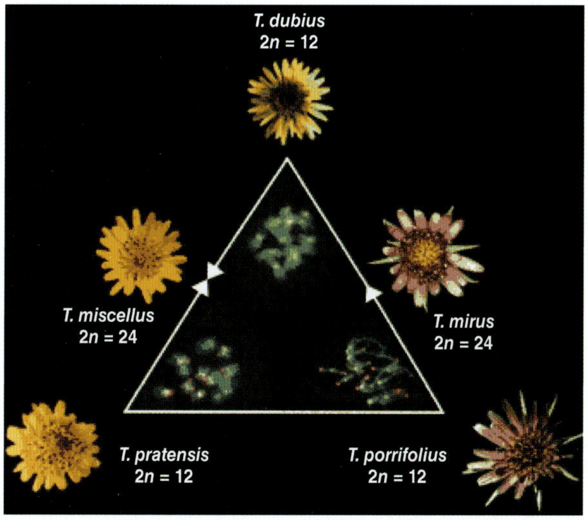

그림 2.19 최근에 생성된 *Trapogogon* 속 식물(서양우엉 또는 눈개승마)들의 배수체. 삼각형 그림의 모퉁이에 있는 서양우엉 식물들은 이배체로 $n = 6$이다; 이들은 20세기 초에 미국에 도입되었다. 그 이후 이들은 서로 교배가 되어 $n = 12$인 2개의 새로운 종, 즉 *T. miscellus*와 *T. mirus*로 생성되었다. 이들 종들은 양친들과는 형태적으로 많이 다르다. Pires 등(2004).

2.8 전체 유전체 중복은 유전체와 유전자 기능에 많은 영향을 미친다

전체 유전체 중복 직후, 식물의 모든 세포는 유전자, 전이인자, 조절 DNA 등 모든 DNA가 중복된 사본을 가지고 있다. 그러나 이와 같이 완전히 중복된 상태는 오래 가지 않고, 한 세대 또는 몇 세대 내에 DNA를 소실하게 되어 배수체의 유전체 크기는 원래의 유전체 크기 보다 약간 크게 된다. 비록 이와 같은 결과가 여러 번 보고되었지만(Leitch and Bennett 2004), 몇몇 이질배수체들은 양친의 유전체를 합한 것 보다 크다(Anssour 등., 2009).

배수성은 유전자 발현에도 영향을 미친다. 새롭게 형성된 배수체에서 유전자 발현은 양친 이배체들의 유전자 발현의 단순한 합이 아니며, 비록 유전체의 모든 유전자들이 중복되어 있지만 이들은 배수화 이전의 이배체 양친의 유전자 발현 양상을 그대로 가지고 있지 않다. 밀, *Gossypium*, *Brassica*, *Tragopogon* 등 인위적으로 합성한 배수체들의 연구에서 유전자 발현은 배수체가 된 직후부터 달라진다. 어떤 유전자들은 과발현 조절되고, 어떤 유전자들은 소발현 조절된다. 종종, 양친 중 하나의 유전체가 다른 유전체보다 우세하여 한 유전체의 유전자들이 우선적으로 과발현 조절된다.

전체 유전체 중복의 또 다른 즉시 효과로 모든 유전자 사본이 중복된 것이다(Haldane 1933). 모든 세포 기능이 하나의 유전자에 의하던 것이 이제는 2개의 유전자들에 의하므로, 유전자 사본 1개를 여분으로 갖게 된 것이다. 만약에 돌연변이가 유전자 사본 하나를 훼손하여도 자연 선발하게 다른 유전자 사본에는 돌연변이가 일어나지 않아 온전하게 기능을 하므로 이 식물체를 제거시키지 않는다. 이렇게 돌연변이가 일어난 사본을 **위유전자(pseudogenes)**라고 하며, 위유전자의 염기서열은 원래의 유전자 서열과 비슷하지만 전사나 번역이 제대로 일어나지 않는다. 시간을 두고, 위유전자에 더 많은 돌연변이가 축적되어 결국에는 다른 임의적 염기서열과 같게 된다. 그러므로, 배수체가 가지는 유전자 수는 점차적으로 이배체 양친 식물이 가지고 있던 수와 비슷하게 되며 중복된 유전자 사본들은 단일 사본 유전자가 된다.

하지만 모든 엑스트라 사본 유전자들이 위유전자가 되는 것은 아니다. 어떤 것들은 중복을 유지하고, 유전자 사본들은 돌연변이가 축적되어 선발에 적응하면서 자신의 독자적인 기능을 갖는 진화적 단계를 갖는다. 유전체 염기서열이 계속 밝혀지게 되면서 전체 유전체 중복 후 유전자 기능 보전과 상실에 대한 특정한 패턴을 분석할 수 있게 되었다. 다른 말로 하면, 어떤 유전자들이 중복된 채로 보존되어야 하고, 어떤 유전자들이 단일 사본으로 되어야 하는지를 관장하는 법칙이 있는가 하는 것이다. 확실히 넓은 범위의 유전자들이 중복된 사본으로 보존되는데, 다른 종류의 유전자들은 단일 사본으로 돌아간다. 일반적으로 전사인자, 단백질 키나제, 리보솜 유전자들은 중복된 사본을 보존하고, 대사에 관련된 유전자들은 단일 사본으로 돌아가므로 이들의 중복된 사본은 중복된 후 소실되는 것을 의미한다(또는 적어도 소실되어도 된다).

중복된 사본 보존에 대해서 여러 가지 설이 제시되었다(그림 2.21); Innan과 Kondrashov(2010)은 이들 유전자들을 네 가지로 카테고리로 분류하였다. 첫 번째 카테고리는 유전자들의 중복은 초기에 그 생물체의 적응

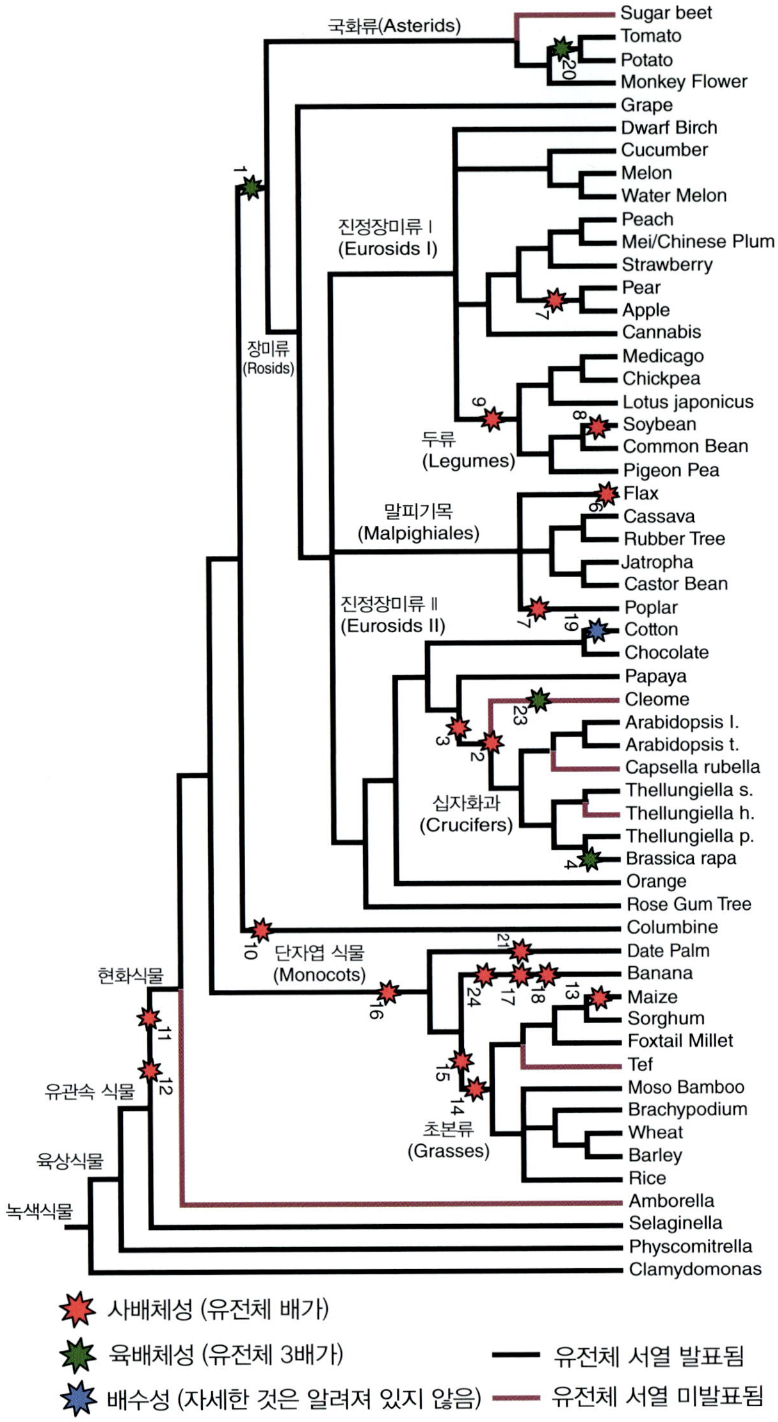

그림 2.20 현재 유전체 염기서열을 기본으로 유추한 육상식물의 계통발생; 주요한 전체 유전체 중복을 보여줌. http://genomeevolution.org/wiki/index.phb/Plant_paleopolyploidy. 허락 후 게재.

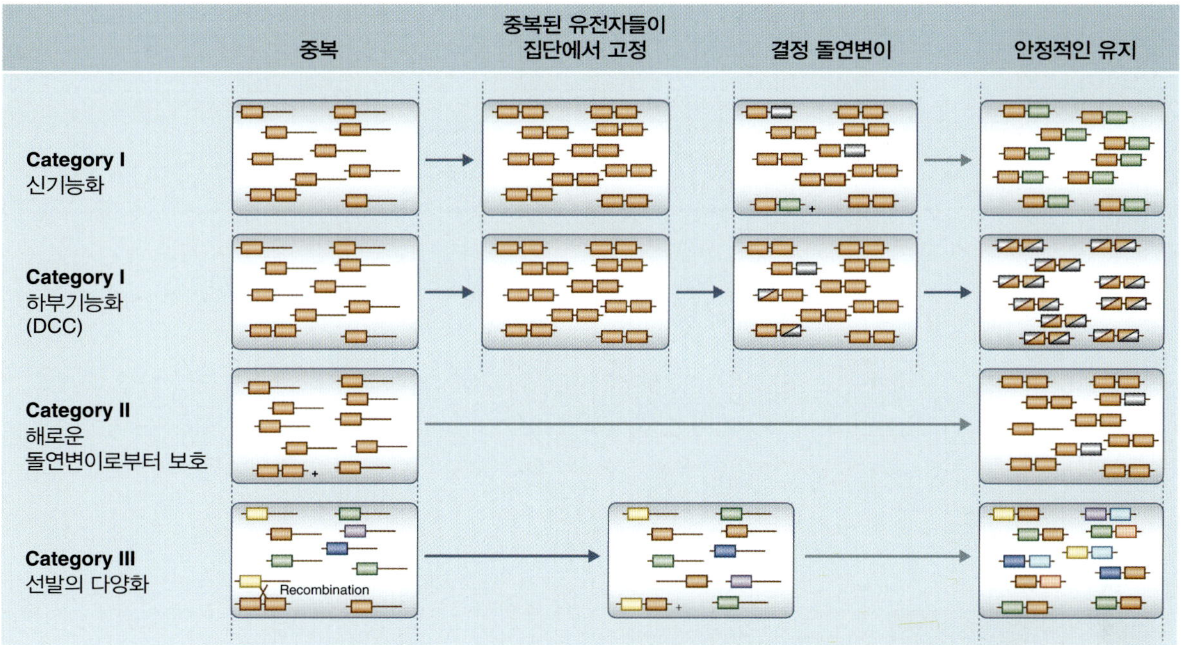

그림 2.21 **집단에서 중복된 유전자 사본이 보존되는 네 가지 카테고리 중 세 모델.** 1번 카테고리 모델에서는 중복이 자연적으로 일어나서 어떠한 선발적 효과 없이 집단으로 퍼지는 것이다. 결국 집단의 식물들은 2개의 유전자 사본을 갖게 되며 하나 또는 여러 개의 돌연변이들이 일어난다. 신기능화에서 돌연변이 사본은(녹색) 새로운 기능을 제공하므로 이득을 가지며; 자연 선발은 이것을 집단에 퍼뜨린다. 하부기능화에서는 돌연변이가 두 사본에 모두 일어나고(흰 부분); 이러한 변이는 두 사본의 원래 기능을 분할하여 갖게 되는 것이다. 2번 카테고리 모델에서는, 중복이 즉각적인 이점을 가지는 것으로, 여기에 보이는 예는 중복이 유전자의 예비 사본을 제공하여 돌연변이가 한 유전자를 훼손하여도(흰 것) 생물체가 기능을 하도록 하는 것이다. 3번 카테고리 모델에서는 집단의 다른 식물체들이 이미 유전자의 다른 형태를 가지고 있다는 것을 가정한다. 이 예에서는, 두 중복된 유전자들 간의 재조합과 집단에서의 다른 형태의 유전자들이 더욱 다른 유전자 형태를 제공하는 것이다. Innan and Kondrashov(2010)의 자료를 MacMillan 출판사의 허락 후 게재

에 영향을 안 미치는 모델을 포함한다. 시간을 두고 한 사본에서 돌연변이가 일어나 새로운 도메인을 획득하게 되어, 만들어지는 단백질은 다른 결합 파트너나 기질을 갖게 되는 것으로 이러한 것을 **신기능화(neofunctionalization)**라 하는데, Ohno(1970)에 의해 처음 주장되었다. 또 다른 가능성으로 두 중복 사본들이 원래의 조상 유전자 기능을 분할하여 갖는 것으로, 두 유전자들이 함께 원래의 유전자가 가기고 있던 동일한 생화학적 기능과 발생학적 기능을 갖는 이러한 과정을 **하부기능화(subfunctionalization)**라 한다. 하부기능화에 대한 여러 가지 기작들이 제시되었다. 예로 **중복-퇴화-보완(duplication-degeneration-complementation, DDC)** 모델과 **적응 충돌의 회피(Escape from Adaptive Conflict, EAC)** 모델이 있는데, 이 두 모델은 조상 유전자와 중복 유전자가 자연선발에서 추정되는 역할이 다르다. 두 번째 카테고리는 중복이 식물에 즉각적인 이득을 주는 것이며, 세 번째 카테고리는 중복 유전자에 원래의 다형성이 있다고 가정하는 것이다(Innan and Kondrashov, 2010). 중복된 유전자들의 좋은 예들이 안토시아닌 유전자 중복에 대한 "전문가 의견"에 설명되어 있다.

전문가 의견

안토시아닌 유전자 중복

*Clarkia gracilis*는 캘리포니아, 오레곤, 워싱턴 주에 서식하는 야생화이다. 어떤 집단의 꽃은 커다란 꽃잎에 진한 붉은색 반점이 있는 반면, 다른 집단의 꽃은 검정 바탕에 밝은 보라색이다. 이러한 꽃 색깔의 차이는 다른 안토시아닌 색소가 꽃잎 배경과 반점에 집적하면서 생기게 된다(그림 2.2 a). 이의 근연종은 꽃잎에 반점이 없는데, 이것이 조상종의 꽃으로 생각된다(그리 2.22b). 유전자 중복은 이들 반점의 진화에 중요한 역할을 하였다(Martins 등., 2013).

*C. gracilis*는 이질사배체이다. 두 양친은 이배체이며 **dihydroflavonol reductase** 효소를 암호화한 *Dfr* 유전자가 중복되어 있다. 이 효소는 안토시아닌 생합성 과정에서 중간 반응을 촉매한다. 이들 사본들은 Dfr_1과 Dfr_2으로 불린다. 이것은 *C. gracilis*는 이 유전자 각각을 사본 두 개씩 갖고 있다는 것을 의미한다. 두 사본의 Dfr_1 유전자는 두 사본의 Dfr_2와는 다른 발현 양상을 가지는데, Dfr_2 두 사본은 꽃잎의 반점에 해당되는 곳에서 발현을 하며, Dfr_1 두 사본은 꽃잎 전체에서 발현을 한다(그림 2.22).

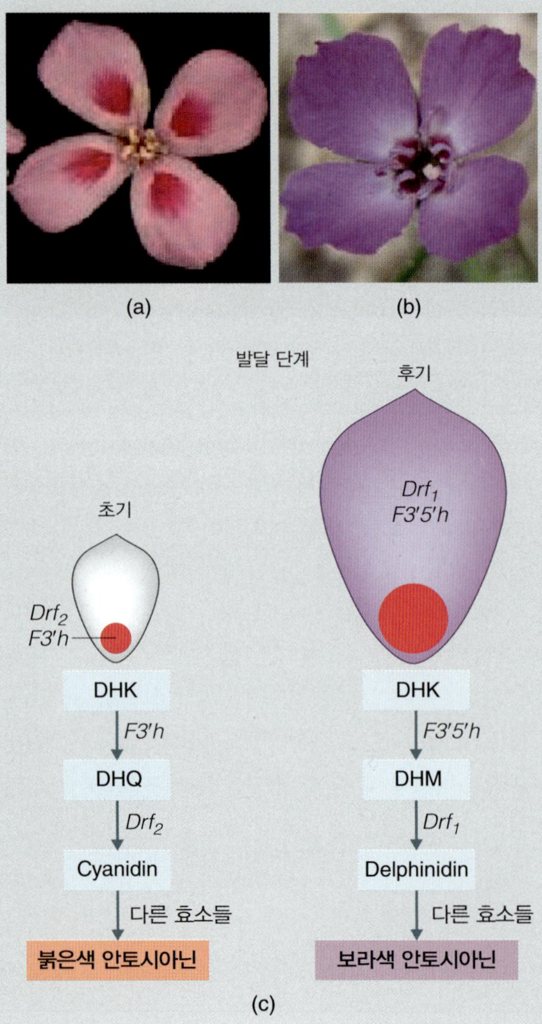

그림 2.22 **(a) *Clarkia gracilis* 꽃 색깔. (b) 꽃 반점을 가지지 않는 *Clarkia dudleyana*(조상 종).** http://www.rahul.net/raithel/Plumas/html/clarkiaDydleyana_FarewellToSpring00015.html. John Raithel과 Linda Herbert의 허락을 받아 게재. **(c) 반점과 배경색 발달 단계.** 반점이 초기 발달 단계에서 생긴다. 각 꽃잎의 밑에 반점과 배경색의 특징을 지우는 안토시아닌 생합성 과정의 일부를 보여주고 있다. 각 반점에서 붉은색은 dihydrokaempferol(DHK)가 F3′h 효소에 의해 dihydromyricetin(DHQ)로 전환되어 생긴다. DHQ는 Dfr 효소에 의해 cyanidin으로 전환되며, 이것은 다른 효소들에 의해 붉은색 안토시아닌으로 된다. 발달 후기에 Dfr1과 F3′5′h의 활성은 배경에 보라색 색소를 생성시킨다. F3′5′h는 DHK를 dihydromyricetin(DHM)으로 전환시킨다. 결과적으로 Dfr2는 DHM을 dlpjinidin으로 전화시킨다. 최종적으로, 다른 안토시아닌 효소들이 delphinidin을 보라색 안토시아닌으로 전환시킨다.

*Dfr*₁ 사본들은 *Dfr*₂ 사본들과는 다른 시기에 발현을 한다. *Dfr*₂는 꽃잎 발달 초기에 발현을 하고, *Dfr1*은 후에 발현을 한다. 이러한 발현시기는 다른 안토시아닌 효소-암호화 유전자들의 두 가지 발현 양상과 일치하는데, 이것은 꽃잎의 반점은 배경색보다 일찍 발생한다는 것을 보여주는 것이다(그림 2.22c).

*G. gracilis*의 어떤 개체는 꽃잎에 점이 없고 꽃잎 전체가 자주색이 것들이 있는데, 이러한 개체들은 *Dfr*₂ 발현이 없으며 *Dfr*₁ 유전자 발현이 꽃잎 전반에 걸쳐서 있다. 이러한 관찰은 *Dfr*₂가 반점 생성에 관여한다는 것을 보여준다. 그러나 이 유전자 발현이 왜 반점이 배경과 다른 색소를 갖는가에 대해서는 설명하지 못한다. 이것은 *F3′h* 유전자가 반점 발달 시 발현되지만, *F3′5′h*가 반점 발달 동안 발현되지 않다가 후에 발현이 되기 때문이다. *F3′h*는 전구물질인 dihydrokaempferol(DHK)를 dihydroquercitin(DHQ)로 전환시키는데 이것은 결국 붉은색 안토시아닌으로 전환된다. 대조적으로, *F3′5′h*는 DHK를 dihydromyricetin(DHM)으로 전환시키는데 이것은 보라색 안토시아닌으로 전환된다(그림 2.23c).

반점과 배경색 형성에서 *Dfr*의 두 사본의 차별적 참여는 이 유전자의 중복이 꽃잎 반점 진화를 촉진시켰다는 것을 보여주는 것이다. 이것은 유전자 중복이 어떻게 새로운 형질의 진화에 기여하는지를 보여주는 예이다.

Mark Rausher가 씀

1번 카테고리의 모델은 문헌에 잘 나와 있다. 예를 들면, MADX 박스 전사인자인 AGAMOUS(10장 참조)는 대부분의 피자식물에서 화아 원기를 수술과 암술로 전환시킨다(MADS는 *Mcm1*, *Agamous*, *Defeciens*, *Srf*의 앞자이며, 이들은 전사인자 중에서 처음으로 동정된 유전자들이다). 그러나 AGAMOUS는 초본류 식물에서 중복되어 있으며 한 사본은 수술 발달에 관여하고 다른 한 사본은 암술 발달에 관여한다.

1번에서 3번까지 카테고리의 모델은 자연선발을 동반한 돌연변이 집적이 중복된 유전자들이 시간을 두고 기능을 형성시킨다는 것이다. 비록, 얼마나 많은 시간이 걸리는지는 명확하지 않지만, 이러한 과정이 단시간에 일어나는 것은 아니고 초기의 중복 사본 유지를 설명하기에는 너무 느리게 일어난다. 달리 말하면, 어떤 요인이 중복된 유전자 사본들을 돌연변이와 자연선발이 이들의 기능을 변형시킬 만큼 오랫동안 유지시키는 것이다. 4번 카테고리 모델은 **유전자량 가설(Dosage balance hypothesis, DBH)**으로서 이러한 문제점을 부각시키고 많은 지지를 받고 있는 설이다. 이 모델에서는 유전자들은 만약에 이들의 양적관계(stoichiometry)가 특히 생물체에 중요하다면 중복된 유전자들이 유지된다는 것이다. 이 설은 유전자 산물이 물리적 복합체에서 기능을 하거나 대사 네트워크의 밀접하게 연결된 구성분들로서 기능을 한다는 점에서 이해된다. 만약 복합체나 네트워크가 서브유니트들의 특정한 비율을 요구한다면 복합체의 모든 구성분들이 단일 사본으로 있거나 모든 것들이 중복되어 있어야 하며 이들의 혼합은 선발에 불리하게 된다. 이 가설은 물론 유전자 산물의 양이 유전자 사본수와 직접적으로 관련되어 있어야만 한다.

DHB 가설 자체는 다른 결과들이 예측된다. 유전자 산물이 세포 내에서 상대적으로 같은 비율로 존재하여야만 가능하며, 세포는 모든 유전자 산물이 함께 증가하거나 감소하여야 정확히 기능을 한다. 대안적으로 다른 유전자 산물과는 독립적으로 유전자 산물의 절대적 양에 대한 선발이 있을지도 모른다. 확실히, 상대적이거나 절대적인 유전자량은 중요하다. 애기장대 진화에서 두 번째와 세 번째의 유전체 중복은 상대적인 유전자량을 유지하는 영향을 미쳤지만 오랜 시간 동안 절대적인 양에 대한 요구가 중요하게 되었다(Bekaert 등., 2011).

DHB에 일관적인 것으로 일주기성을 조절하는 유전자들은 *Brassica rapa*의 유전체에서 세 번의 중복을 하는 동안에도 일반적으로 유지되었다(Lou 등., 2012). 애기장대 실험결과는 유전자량은 일주기성에서 중요하며 배수화 후에 유전자 유지 패턴은 이러한 결과와 완전히 일치한다.

유전체 중복 후 중복된 사본들이 유지되는 유전자들의 염색체 위치는 진화적 시간을 두고 안정되는 경향이 있다. 대조적으로, 순차 배열을 하고 있는 유전자군에 중복된 유전자들이 속한 유전자들은(예, F-box 단백질 유전자, 질병 저항성 단백질 유전자 등)은 중복이 일어난 후 염색체 위치가 종종 바뀌는데 이것은 아마도 교차에 의해 바뀌게 된 것으로 보인다(Woodhouse 등., 2011).

2.9 요약

식물 유전체는 멈추지 않고 끊임 없이 변해 왔다. DNA는 염기서열의 대체 등으로 변형되어졌다. 삽입과 결실이 작게는 1 bp 정도의 수준에서 일어났으며 크게는 전이인자 배열의 변이 등과 같은 수준에서도 일어나므로 해서 유전체의 크기가 빈번하게 변하였다. 염색체들은 분열하고 연결된다. 배수성, 또는 전체 유전체 중복이 흔하게 일어났다. 배수성이 일어나는 한 유전체는 재구성되고 이것은 다시 이배체 상태로 점차적으로 변해간다. 배수성은 주기적인 사이클을 가지고 생기며 유전자들의 새로운 조합을 생성시킨다. 비록 이러한 사건들의 많은 방법들을 이해하는 데 시작에 불과하지만 이러한 지속적인 활성은 유전자 전사에 변화를 야기한다. 유전체의 변이는 연관지도 작성과 표현형과 유전자형의 연관성 분석, 작물 육종에서 선발 과정을 촉진시키는 등과 같이 실제적으로 여러 면에서 이용된다.

2.10 문제

2.1 전이와 전환 돌연변이의 차이는 무엇인가?

2.2 (a) in-del, (b) SNP, (c) 염기일치성(percent similarity)를 정의하라.

2.3 GenBank에서 accession 번호 AY260164.1의 염기서열을 찾아라. 어떤 생물체에서 유래한 것인가? BLAST 프로그램을 이용하여 벼에서 이와 가장 유사한 유전자를 찾고 무엇인지 설명하라.

2.4 돌연변이는 무작위적이며 염색체의 모든 부위에서 계속적으로 일어난다. 그러나 단백질 암호화 유전자 염기서열들을 종 간에 비교하여 보면(예, 애기장대와 Brassica, 또는 벼와 수수), 이들은 매우 유사하여 이러한 것을 '보존적(conserved)'이라고 한다. 돌연변이는 항상 모든 부위에서 일어나고 있는데 이들 부위의 염기서열은 왜 보존적인가?

2.5 단백질 서열을 비교하여 보면 첫 번째 아미노산은 항상 methionine(M)으로 보존적이다. 왜일까? 다른 말로 하면, 만약에 M 코돈이 다른 코돈으로 바뀌면 어떤 일이 일어날까?

2.6 분자육종이라는 단어는 무엇을 의미하는가? 이것은 어떻게 육종 효율을 높일 수 있는가?

2.7 연관지도는 무엇이고 지도상에서 유전자 간의 거리는 무엇을 나타내는가?

2.8 유전체 크기는 무엇이며 어떻게 측정하는가?

2.9 (a) 전좌는 무엇이며, (b) 역위는 무엇인가?

2.10 순차중복, 부분중복, 유전체 전체 중복을 구별하라.

2.11 이질배수체 중에서 아는 종들을 나열하여라.

2.12 중복된 후 유전자 사본은 어떻게 되는가?

심화 학습 문헌

Conant, G.C. and Wolfe, K.(2008) Turning a hobby into a job: how duplicated genes find new functions. *Nature Review Genetics* **9**, 938-950.

참고문헌

Alvarez, I. and Wendel, J.E.(2003) Ribosomal ITS sequences and plant phylogenetic inference. *Molecular Phylogenetics and Evolution*, **29**, 417-434.

Abssour, S., Krugel, T., Sharbel, T.E. *et al.*(2009) Phenotypic, genetic, and genomic consequences of natural and synthetic polyploidization of *Nicotiana attenuate* and *Nicotiana obtusifolia*. *Annals of Botany*, **103**, 1207-1217.

Bekaert, M., Edger, P.P., Piers, J.C., and Conant, G.C.(2011) Two-phase resolution of polyploidy in the *Arabidopsis* metabolic network gives rise to relative and absolute dosage constraints. *Plant Cell*, **23**, 1719-1728.

Birchler, J.A.(2007) The gene balance hypothesis: from classical genetics to modern genetics. *Plant Cell*, **19**, 395-402.

Brunner, S., Fengler, K., Morgante, M. *et al.*(2005) Evolution of DNA sequence nonhomologies among maize inbred. *Plant Cell*, **17**, 343-360.

Buchnan, B.B., Gruissem, W., and Jones, R.L.(2002) *Biochemistry and Molecular Biology of Plants.*(Rockville, MD; American Society of Plant Biology).

Clark, R.M., Schweikert, G, Toomajian, C. *et al.*(2007) Common sequence polymorphisms shaping genetic diversity in *Arabidopsis thaliana*. *Science*, **317**, 338-342.

Clark, R.M., Wagler, T.N., Quijada, P. and Doebley, J.(2006) A distant upstream enhancer at the maize domestication gene *Tb1* has pleiotropic effects on plant inflorescence architecture. *Nature Genetics*, **38**, 594-597.

Cook, D.E., Lee, T.G., Guo, X. *et al.*(2012) Copy number variation of multiple genes at Rhg1 mediates nematode resistance in soybean. *Science*, **338**, 1206-1209.

Cronn, R. and Wendel, J.F.(2004) Cryptic trysts, genomic mergers, and plant speciation. *New Phytologists*, **161**, 133-142.

Fenouil, R., Cauchy, P., Koch, F. *et al.*(2012) CpG islands and GC content dictate nucleosome depletion in a transcription-independent manner at mammalian promoters. *Genome Research*, **22**, 2399-2408.

Flagel, L.E. and Wendel, J.E.(2010) Evolutionary rate variation, genomic dominance and duplicate gene expression evolution during allotetraploid cotton speciation. *New Phytologists*, **186**, 184-193.

Greeer, E., Martin, A.C., Pendle, A. *et al.*(2012) The *Ph1* locus suppresses Cdk2-type activity during premeiosis and meiosis in wheat. *Plant* Cell, **24**, 152-162.

Griffths, S., Sharp, R., Foote, T.N. *et al.*(2006) Molecular characterization of *Ph1* as a major chromosome pairing locus in polyploidy wheat. *Nature*, **439**, 749-752.

Gross, B.L., Steffen, F.T. and Olsen, K.M.(2010) The molecular basis of white pericarps in African domesticated rice: Novel mutations at the *Rc* gene. *Journal of Evolutionary Biology*, **23**, 2747-2753.

Haldane, J.B.S.(19330 The part played by recurrent mutation in evolution. *American Naturalist*, **69**, 446-455.

Hu, T.T., Pattyn, P., Bakker, E.G. *et al.*(2011) The *Arabidopsis lyrata* genome sequence and the basis of rapid genome size change. *Nature Genetics*, **43**, 476-481.

Inman, H. and Kondrashov, F.(2010) The evolution of gene duplications: classifying and distinguishing between models. *Nature Review Genetics*, **11**, 97-108.

Jiao, Y., Wickett, N., Ayyampalaym, S, *et al.*(2011) Ancestral polyploidy in seed plants and angiosperms. *Nature*, **473**, 97-102.

Kellogg, E.A. and Appels, R.(1995) Intraspecific and interspecific variation in 5S RNA genes are decoupled in diploid wheat relatives. *Genetics*, **140**, 325-343.

Khoshoo, T.N.(1959) Polyploidy in gymnosperms. *Evolution*, **13**, 24-39.

Larson, S.R. and Kellogg, E.A.(2009) Genetic dissection of seed production traits and identification of a major-effect seed retention QTL in hybrid *Leymus*(Triticeae) wildryes. *Crop Science*, **49**, 29-40.

Leitch, I.J., Beaulieu, J.M., Chase, M.W. *et al.*(2010) Genome size dynamics and evolution in monocots. *Journal of Botany*, article ID 862516, 1-18.

Lewis, W.H. and Semple, J.C.(1977) Geography of *Claytonia virginica* cytotypes. *American journal of Botany*, **64**, 1078-1082.

Lou, P., Wu, J., Cheng, F. *et al.*(2012) Preferential retention of circadian clock genes during diploidization following whole genome triplication in *Brassica rapa*. *Plant Cell*, **24**, 2415-2416.

Luo, M.C., Deal, K.R., Akhunov, E.D. *et al.*(2009) Genome comparison reveal a dominant mechanism of chromosome number reduction in grasses and accelerated genome evolution in Triticeae. *Proceedings of the National Academy of Sciences USA*, **106**, 15780-15785.

Martins, T.R., Berg, J.J., Blinka, S. *et al.*(2013) Precise spatio-temporal regulation of the anthocyanin biosynthetic pathway leads to petal spot formation in *Cllarkia gracilis*(Ongraceae). *New Phytologist*, **197**, 958-969.

Murray, B,G.(1998) Nuclear DNA amounts in gymnosperms. *Annals of Botany*, **82**, 3-15.

Phno, S.(1970) *Evolution by Gene Duplication*, *Springer*.

Pires, J.C., Lim, K.Y., Kovarik, A. *et al.*(2004) Molecular cytogenetic analysis of recently evolved *Tragopogon* (Asteraceae) allopolyploids reveal a karyotype that is additive of the diploid progenitors. *American journal of Botany*, **9**, 1022-1035.

Placido, D.F., Campbell, M.T., Folsom, J.J. *et al.*(2013) Introgression of novel traits from a wild wheat relative improves drought adaptation in wheat. *Plant Physiology*, **161**, 1806-1819.

Reece, J.B., Urry, L.A., Cain, M.L. *et al.*(2011) *Campbell Biology*, Benjamin Cummings.

Rogers, S.O. and Bendich, A.J.(1987) Ribosomal RNA genes in plants: variability in copy number and in the intergenic spacer. *Plant Molecular Biology*, **9**, 509-520.

Sabelli, P.A. and Larkins, B.A.(2009) The development of endosperm in grasses. *Plant Physiology*, **149**, 14-26.

Såstad, S.M.(2005) Patterns and mechanisms of polyploidy formation in bryophytes. *Regnum Vegetabile*, **143**, 317-334.

Scherrer, B., Isidore, E., Klein, P. *et al.*(2005) Large intraspecific haplotype variability at the Rph7 locus results from rapid and recent divergence in the barley genome. *Plant Cell*, **17**, 361-374.

Schnable, P.S., Ware, D., Fulton, R.S *et al.*(2009) The B73 maize genome: complexity, diversity, and dynamics. *Science*, **326**, 1112-1115.

Serres-Gardi, L., Belkhir, K., David, J. and Glemin, S.(2012) Patterns and evolution of nucleotide landscapes in seed plants. *Plant cell*, **24**, 485-501.

Soltis, D.E., Soltis, P.S., Pires, J.C. *et al.*(2004) Recent and recurrent polyploidy in *Tragopogon*(Asteraceae): cytogenetic, genomic, and genetic comparisons. *Biological Journal of the Linnean Society*, **82**, 485-501.

Studer, A., Zhao, Q., Ross-Ibarra, J. and Doebley, J.(20112) Identification of a functional transposon insertion in the maize domestication gene *Tb1*. *Nature Genetics*, **43**, 1160-1163.

Tatarinova, T.V., Alexandrov, N.N.m Bouck, J.B., and Feldman, K.A.(2010) CG3 biology in corn, rice, sorghum, and other grasses. *BMC Genomics*, **11**, 308.

Wang, X., Tang, H. and Paterson, A.H.(2011) Seventy million years of concerted evolution of a homeologous chromosome pair, in parallel, in major Poaceae lineages. *Plant Cell*, **23**, 27-37.

Wicke, S., Costa, A., Munoz, J. and Quandt, D.(2011) Restless 5S: the re-arrangement(s) and evolution of the nuclear ribosomal DNA in land plants. *Molecular Phylogenetics and Evolution*, **61**, 321-332.

Woo, Y-M., Hu, D.W., Larkins, B.A. and Jung, R.(2001) Genomics analysis of genes expressed in maize endosperm identifies novel seed proteins and clarifies patterns of zein gene expression. *Plant Cell*, 13, 2297-2317.

Wood, T.E., Takebayashi, N., Barker, M.S. *et al.*(2009) The frequency of polyploidy speciation in vascular plants. *Proceedings of the National Academy of Science USA*, **106**, 13875-13879.

Woodhouse, M.R., Tang, H. and Freeling, M.(2011) Different gene families in Arabidopsis thaliana transposed in different epochs and at different frequencies throughout the rosids. *Plant Cell*, **23**, 4211-4253.

Xu, J-H., and Messing, J.(2008) Organization of the prolamin gene family and gene duplication insight into the evolution of the maize genome and gene duplications in grass species. *Proceedings of the National Academy of Sciences USA*, **105**, 14330-14335.

Xu, K., Xu, X., Fukao, T. *et al.*(2006) Sun1A is an ethylene-response-factor-like gene that confers submergence tolerance to rice. *Nature*, **442**, 705-708.

Zeller, G., Clark, R.M., Schneenberger, K. *et al.*(2008) Detecting polymorphic regions in *Arabidopsis thaliana* with resequencing microarrays. *Genome Research*, **18**, 918-929.

Zhou, L., Zhang, K., Yan, J., and Song, R.(2011) Two transposable element insertions are causative mutations for the major domestication gene *Teosinte branched 1* in modern maize. *Cell Research*, **21**, 1267-1270.

제3장
전이인자

3.1 전이인자들은 일반적으로 모든 생물체의 유전체에 존재한다

기초 생물학을 수강한 학생은 누구나 멘델의 완두 실험과 유전의 기본 법칙들에 대해서 알고 있을 것이다. 멘델이 연구한 형질 중의 하나로 종자가 둥그런 것과 주름진 것이 있다. 멘델의 실험에서 사용된 주름진 종자는 전분합성에 결함이 있는 것이다. 특히 전분 가지 형성 효소 유전자에 전이인자가 삽입되어 이 효소를 만들지 못하는 것이다.

1장과 2장에서 언급한 것처럼, **전이인자(트랜스포존이라고도 함)**는 식물 유전체의 주요한 구성분이다. 이들 전이인자 DNA들은 유전체 내의 한 위치에서 다른 위치로 이동을 할 수 있다. 엄밀히 말하여 전이인자들은 식물 유전체의 생태계와 세포 내에서 반-독립적인 존재로 행동하여 유전체 내에서 재생식을 하고 또한 사라진다. 이러한 점에서 전이인자들은 기생체와 비슷하며, 기주 생물체는 단순히 기생체가 생활을 영위하게 하는 도구이다. 전이인자는 자신의 사본을 만들 수 있고 이들 사본들이 지속적으로 존재하면 성공한 것이다. 전이인자는 자신이 존재하는 세포에 이득을 주든 주지 않든 간에 자신의 진화적 궤적을 따라가므로, 작은 DNA 단편을 묘사하는 데 있어서 인간의 관점이기는 하지만 전이인자를 "이기적"이라고도 한다. 성공적인 기생체처럼 전이인자가 기주 생물이 전이인자를 가지고 있는 것을 견딜 수 있도록 진화한다면 영속적으로 존재할 수 있다. 기주 생물이 전이인자들의 활성에 의해 죽으면 전이인자들도 집단에서 소멸되는 것이다. 그러므로, 자연선발은 전이인자가 영속할 수 있도록 작용하고 재생식을 하지만, 동시에 유전체를 훼손시켜 세포가 죽음에 이르지 않도록 작용한다. 다른 진핵생물들과 마찬가지로 식물 유전체는 전이인자들의 높은 수적 변이에 견딜 수 있다; 전이인자들은 대부분의 경우 식물의 적응에 관찰될 수 있을 정도의 효과를 주지 않는다. 그러나 생물체가 이동이 가능한 전이인자들을 많이 가지고 있는 경우, 가끔 이들 전이인자가 유전자 내로 이동을 하고 눈에 띄는 표현형적 효과를 보인다는 것이 그리 놀라운 일이 아닌데, 좋은 예로 멘델이 실험에 이용한 주름진 종자를 들 수 있다.

전이인자들은 네 가지의 방법으로 식물 유전체에 영향을 미친다. 첫 번째로 전이인자들은 유전체 DNA의 대부분을 차지하며(예, 옥수수, 인간) 유전체 크기에 직접적으로 영향을 미친다. 두 번째로 전이인자들은 이들이 삽입하거나 원 위치에서 방출될 때 돌연변이를 유발할 수 있다. 세 번째로 유전자와 유전자 단편이 유전체 내의 한 장소에서 다른 장소로 이동할 때 전이인자들은 유전자 배열에 영향을 미친다. 네 번째 효과는 전이인자들이 유전자 발현에 영향을 미칠 수 있다는 것이다. 이러한 일반적인 전이인자들의 효과가 있는 반면, 전이인자들의 다른 형태들이 종종 특이한 효과와 관련이 있는 경우도 있다.

본 장의 개요에서 전이인자들의 효과를 살펴 봄에 있어서, 식물의 **체세포**(soma=body) **돌연변이**와 **생식세포 돌연변이**를 구별하는 것은 중요하다. 체세포 돌연변이는 식물의 영양생장기관에서 일어나는 돌연변이로서 자손에게 전달되지 않는 반면, 생식세포 돌연변이는 다음 세대로 전달된다. 동물에서는 배우자-생성 조직이 발생 초기에 따로 형성되므로, 발생 후기에 일어나는 돌연변이들과 생식기관 이외의 기관에서 생기는 돌연변이들은 체

세포 돌연변이이다. 예를 들면, 우리 얼굴의 피부 조직은 다음 세대에게 전달되지 않는다.

식물에서는 경우가 약간 복잡하다. 식물의 기관 발달은 척추 동물과는 달리 배(胚)에서 결정되지 않는다. 전형성능을 가진 식물세포군(동물에서는 줄기세포라고 함)이 대부분의 식물 기관을 만든다. 이러한 전능성 세포군들 중의 하나가 **정단 분열조직(apical meristem)**이다. 정단 분열조직은 잎, 줄기, 그리고 일단 생식기로 전환이 되면 꽃을 만든다. 만약에 꽃 전구 세포에서 돌연변이가 일어나면 이 돌연변이는 배주와 화분의 일부 또는 모든 세포에서 나타나며 다음 세대에게 전달된다. 이러한 관점에서 전이인자들에 의한 돌연변이들은 다른 돌연변이들과 다르지 않아서 체세포성 돌연변이일 수도 있고 생식세포 돌연변이 일 수도 있다.

전이인자들은 전이 시 DNA나 RNA 매개 방법과 이들이 전이된 후 남기게 되는 반복 염기서열 등에 따라 RNA 인자, DNA 인자, 그리고 *Helitrons* 등 세 가지 그룹으로 나눌 수 있다. **RNA 인자(RNA elements)**는 **리트로트랜스포존(retrotransposon)**이라고도 알려져 있는데, 이들은 RNA로 전사가 된 후 다시 DNA에 역전사가 되어 새 위치에 삽입된다(그림 3.1). 대조적으로, **DNA 인자(DNA elements)**들은 자기 자신의 염기서열을 있던 위치에서 탈립되어 유전체 내의 다른 곳으로 이동을 한다. 다른 형태의 인자들은 유전체 내의 어느 곳에 우선적으로 삽입이 되는 지와 DNA 가닥이 삽입 과정에서 어떻게 변형이 되며, 전이인자 자신들이 시간을 두고 변하는 경향 등이 다르다. 모든 전이인자 그룹들은 이동할 수 있는 능력을 가진 것들과 자신의 능력으로는 이동할 수 없는 것들로 구성되어 있는데, 전자의 인자들을 **자가인자(autonomous elements)**라 하고, 후자의 인자들을 **비자가인자(non-autonomous elements)**라 한다. 대부분의 경우, 비자가인자들은 자가인자들의 내부 서열 일부 또는 모두를 소실함으로써 생긴다. 유전학자들은 자가인자와 비자가인자의 조합을 만들어서 전이인자들의 활동을 조절하는데 이에 대해서는 아래의 절에서 자세하게 설명한다.

유전체 크기의 증가는 대부분 리트로트랜스포존에 의해 영향을 받는데, 왜냐하면 리트로트랜스포존은 RNA-

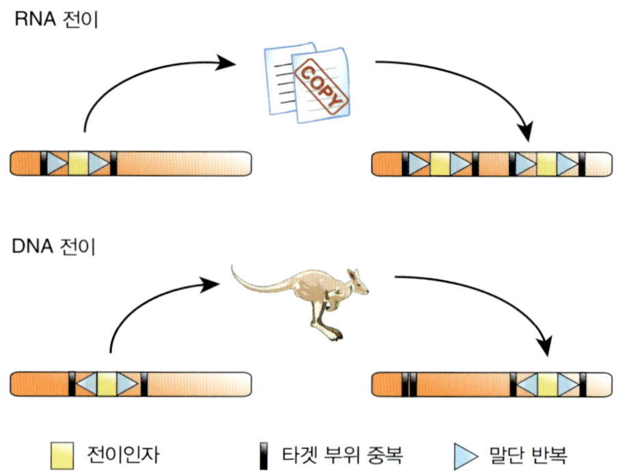

그림 3.1 **DNA 인자들은 RNA 인자들과 전이 모드가 다르다.** DNA 인자들은 원래의 위치에서 DNA 상태로 탈립하여 새로운 위치로 들어가며, 이때 원래의 위치에 몇 bp 정도의 중복을 남긴다(검은색 선). RNA 인자들은 자신을 전사시켜 RNA 매개체를 만들고 다시 DNA로 역전사하여 새로운 위치로 이동을 한다. 그러므로 원래의 위치에도 사본이 남아있게 된다. 말단 반복(청색 삼각형)들이 DNA 인자들은 역 방향으로 되어 있으나 RNA 인자들은 같은 방향으로(직열) 되어 있음을 유념하라. 클립 아트 1: http://all-free-download.com/free-vector/vector-clip-art/kangaroo_clip_art_5892.html. Cliker.com 제공. 클립 아트 2: http://www.dreamstime.com/royalty-free-stock-photo-copy-icon-image66555585ID 6655585.

기반 전이 방식인 '**복사-이어붙이기(copy-and-paste)**로 전이하여 전이 시마다 자신의 서열을 중복시키기 때문이다. 이러한 RNA 인자들은 유전자들 사이의 공간에 축적되는 경향이 있으므로 유전체의 전체 구조에 영향을 미치는 것이다(그림 3.2a). 대조적으로 DNA 인자들은 DNA 상태로 직접 전이를 하는 '**절단-이어붙이기(cut-and-paste)**' 방식으로 이동하며 유전자 내부나 근처로 삽입한다(그림 3.2b). 유전자들과 유전자 단편들의 함입과 이들의 유전체 내의 이동 등은 특히 DNA 인자들에서 잘 알려져 있으며 최근에 ***Helitrons*** 인자들이 발견되었다(그림 3.2c).

3.2 유전체 크기는 주로 리트로트랜스포존에 의해서 일어난다

1장에서 언급한 것과 같이, 식물의 유전체 크기는 상당

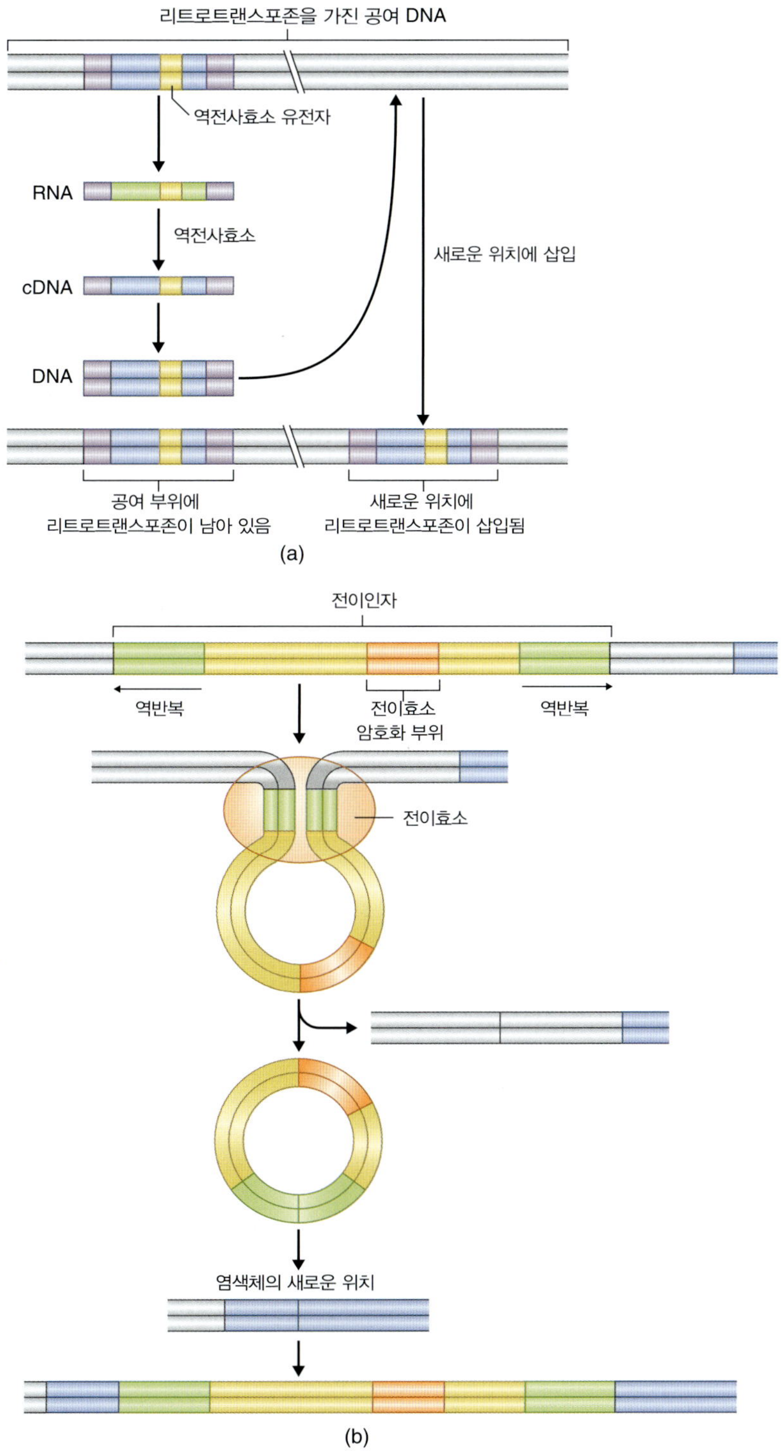

그림 3.2 세 가지 전이인자들의 전이 기작의 상세한 모식도. (a) RNA 인자. RNA 중합효소 II가 인자를 RNA로 전사시킨다. 역전사효소가 RNA를 DNA로 전환시키고 역전사된 DNA가 새로운 위치로 삽입되며 이때 작은 크기의 표적 부위 중복을 만든다. **(b) DNA 인자.** 전이인자 자체가 암호화하고 있는 전이효소(transposase)가 트랜스포존을 원래의 위치에서 잘라내고 이것을 새로운 위치로 전이시킨다. RNA 인자처럼 표적 부위 중복이 만들어진다. 원래의 위치에서는 절단점이 수선된다. **(a – c)** Buchanan 등(2002)의 자료를 참고함.

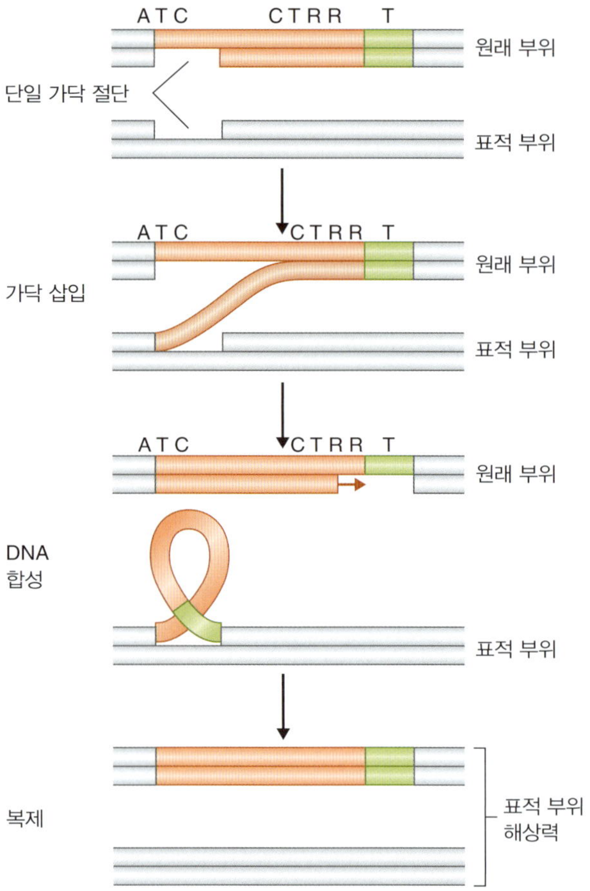

그림 3.2(계속) (c) ***Helitrons***. 전이효소가 *Helitron*의 5′ 근처에 있는 ATC의 A와 TC를 단일-가닥 절단시켜 틈을 만든다. 상응되는 단일 가닥 절단을 표적 부위에 생성시키고 이곳에 원래 위치에 있던 DNA의 단일 가닥이 침입하여 표적 부위로 들어간다. 그러고 나서 DNA가 회전환 모형(rolling circle model)으로 합성되고 원래의 자리는 수선된다. 표적 부위는 DNA 복제를 통하여 수선된다. 보통 DNA 합성이 원래의 전이인자의 말단을 지나서 진행되므로 인접한 부위의 작은 DNA 단편(녹색)이 인자(붉은색)와 함께 전이된다. CTRR은 *helitron* 인자의 3′ 말단에 있는 염기로서 R은 퓨린 염기(A 또는 G)를 나타낸다. T가 인접한 DNA에 있다. Lisch(2013)의 자료를 참고함.

한 변이가 있으며 유전체 크기는 전체 식물의 모습과는(예, 단백질-암호화 유전자들) 명백한 관련성이 없다. 대신에, 유전체 크기는 유전체 내의 전이인자의 빈도, 특히 리트로트랜스포존의 양과 관련이 있다. 리트로트랜스포존은 RNA로 전사가 된 후 다시 DNA로 역전사가 되고 이것이 유전체 내로 삽입된다(그림 3.2a). 원래의 위치에 리트로트랜스포존이 남아 있으므로 사본수가 증가하게 된다.

리트로트랜스포존은 구조적으로 리트로바이러스와 비슷하고 이들은 유연적으로도 근연관계이다. 리트로바이러스처럼 리트로트랜스포존은 복제에 필요한 역전사효소와 RNase H를 암호화하고 있으며 이들은 전이에 필요하다. 또한 마찬가지로 리트로바이러스와 비슷하게 리트로트랜스포존은 *gag*(glycosaminegIycan의 준말)을 암호화하고 있는데, 이것은 리트로트랜스포존의 RNA를 유전체 내에 삽입시키는 데 단백질들과 함께 캡슐에 포장하여 바이러스-입자와 같은 구조를 만드는 단백질들이다. 그러나 바이러스들과 달리 리트로트랜스포존은 그들이 있는 세포를 떠날 수는 없다.

리트로트랜스포존은 그들의 말단에 있는 DNA 서열에 따라 두 그룹으로 나뉘어진다. 한 그룹은 양 말단에 **long terminal repeats(LTR)** 100 bp에서 수천 bp 정도 되는 서열이 같은 리트로트랜스포존들이다. 그리고 다른 한 그룹은 LTR을 가지지 않는 Non-LTR 리트로트랜스포존들이다.

3.2.1 LTR 리트로트랜스포존

LTR 리트로트랜스포존은 특히 동물보다는 식물에 많이 존재하며 잘 연구되어 있다. 각 LTR 리트로트랜스포존은 하나의 전사 단위로서 전사가 첫 번째 LTR의 하위 부위부터 개시되어 두 번째 LTR 상위 부위에서 끝난다. 이 전사 단위 내에 *gag*와 *pol*이라는 2개의 다-기능 유전자를 가지고 있다. *pol*은 Pol 전구 단백질을 암호화하고 있는데 이 단백질은 여러 가지 기능의 단백질들로 구성되어 있다. 첫 번째는 Pol 내의 전구 단백질을 기능별 도메인으로 절단하는 단백질분해효소인 protease가 있다. Pol은 또한 RT, RNase H, 그리고 integrase(INT) 등으로 구성되어 있다. 이들 단백질들은 LTR 전체 전사체를 DNA로 역전사시키고(RT와 RNase의 기능), 유전체 내로 삽입시킨다(INT의 기능)(그림 3.3). 어떤 리트로트랜스포존들은 모든 유전자들을 같은 해독틀 내에 가지고 있으며, 어떤 것들에서는 해독틀이 중첩되어 있어서 번역이 중단되고 다시 시작되어야 한다.

핵 내에서 리트로트랜스포존의 전사가 일어나 mRNA

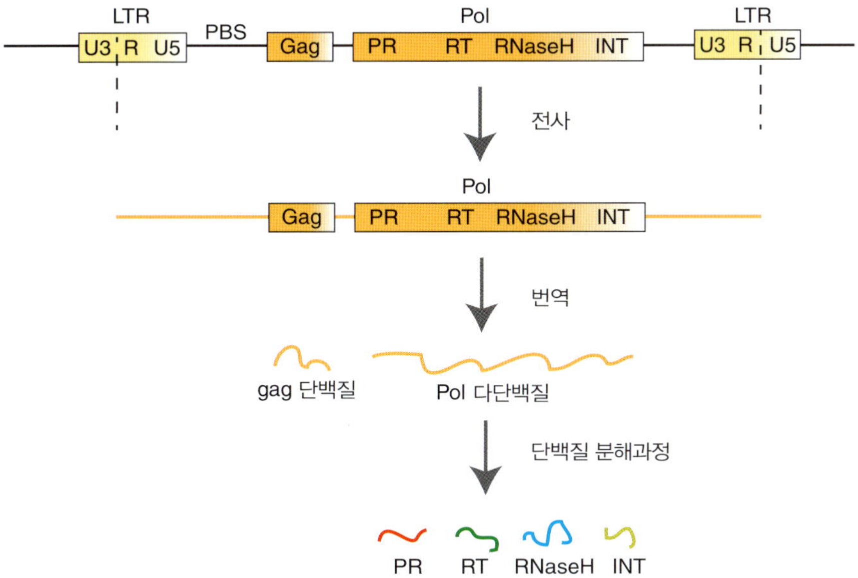

그림 3.3 ***Copia*** **리트로트랜스포존의 구조.** *Copia* 리트로트랜스포존 전체가 하나의 단위체로 전사되고 번역되어 2개의 단백질, gag와 pol 다단백질을 생성한다. pol 다단백질은 4개의 구성 단백질로 분할된다. LTR, long terminal repeat; R, 전사 개시 부위; U3, U5, LTR에 있는 특징적인 염기서열; Gag, gag 단백질을 암호화한 부위; PR, 단백질 분해효소(protease); RT, 역전사 효소(reverse transcriptase); RNAseH, RNase; INT, 삽입효소(integrase); Pol, 중합효소(polymerase); PBS, 프라이머 결합 부위(primer binding site, PBS). Kumar and Nennetzen(1999)의 자료를 참고함.

를 만든 후에 세포질로 이동시키면 세포질에서 번역이 일어난다. gag 단백질은 바이러스와 같은 입자를 만들어서 입자 내에서 역전사가 일어난다. 만들어진 cDNA는 삽입효소(integrase)와 함께 입자를 떠나 핵 내로 들어와 유전체 안에 삽입된다(Siomi 등., 2011).

각 LTR은 U3, R, U5와 같은 3개의 부위 또는 도메인으로 되어 있는데, 이 부위들은 전사와 역전사에 필요하다. DNA는 전사되어 mRNA를 한쪽의 R 부위부터 다른 쪽의 R 부위까지 만든다. 이 mRNA는 DNA로 역전사되어 유전체 내로 삽입된다. 역전사되는 과정은 복잡하다. RT는 이중 나선의 주형을 필요로 하므로 첫 번째 과정은 mRNA에 프라이머가 결합되는 일이다(그림 3.4a). 프라이머는 리트로트랜스포존에 암호화되어 있지 않으므로 세포가 자체적으로 제공을 하는데 일반적으로 tRNA의 3′ 말단 부위가 이에 해당한다. 프라이머가 프라이머-결합 부위(primer-binding site, PBS)에 결합하고 5′의 U5와 R 서열을 통과하며 역전사가 진행된다(그림 3.4b). 이 지점에서 RNase H(리트로트랜스포존이 암호화하고 있음)가 5′ 끝에 있는 단일-가닥의 RNA를 분해하여 R 염기서열로 끝나 있는 단일 가닥의 DNA를 남긴다(그림 3.4c). 이 DNA는 mRNA의 다른 끝에 있는 R 염기서열과 상보적이다; 그러므로 두 R 염기서열들은 서로 결합하여 원형이 되므로 전체 서열도 원형이 된다. 일단 mRNA가 원형이 되면 역전사가 진행되어 상보적 DNA(complementary DNA, cDNA)가 완성될 때까지 진행된다(그림 3.4e). RNase H는 RNA를 제거시키고 두 번째 DNA 가닥이 합성된다(그림 3.4f, g). 새롭게 만들어진 DNA 분자는 리트로트랜스포존에 암호화되어 있는 삽입효소(integrase)의 도움으로 유전체 내로 삽입된다.

LTR 리트로트랜스포존들의 유전체 내 삽입은 다른 리트로트랜스포존 내로 우선적으로 일어나므로 삽입되는 리트로트랜스포존의 구조를 훼손하게 하여 이것의 LTR 부위를 더욱 멀리 떨어뜨리며 순차 중복서열을 생성시킨다(그림 3.5). 이러한 삽입 후, 원래 LTR 쌍의 기능을 유지하도록 하는 선발이 이루어지지 않으므로 원래의 5′ LTR은 3′ LTR과 염기서열에 약간의 차이를 갖게 된다. 여러 번에 걸친 이러한 삽입으로 원래의 리트로트랜스포존의 LTR 쌍은 더욱 거리가 멀어지게 되고, 두 번째로 오래된 리트로트랜스포존이 LTR 쌍 사이에 존재하며, 이러한 사이클은 가장 최근에 삽입되는 리트로트랜

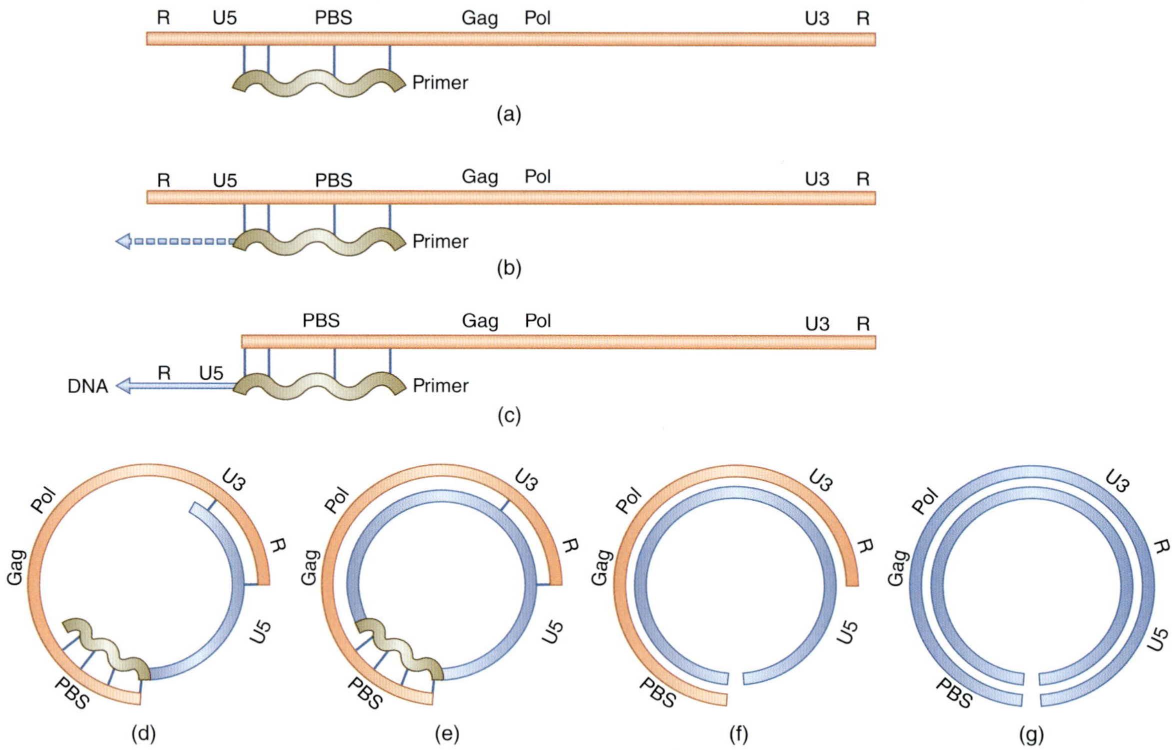

그림 3.4 리트로트랜스포존의 역전사. (a) 물결형 선으로 표시한 프라이머가 RNA(붉은색)에 결합. (b) DNA(파란색)가 RNA에 상보적으로 합성됨. (c) RNase가 RNA의 R 부위와 U5 염기서열을 제거함. (d) 새롭게 합성된 DNA가 mRNA의 다른 쪽 말단에 있는 RNA의 U5와 R과 결합함. (e) DNA가 RNA에 상보적으로 합성됨. (f) RNA가 분해됨. (g) DNA 이차가닥이 합성되고 유전체 내로 재삽입이 준비됨.

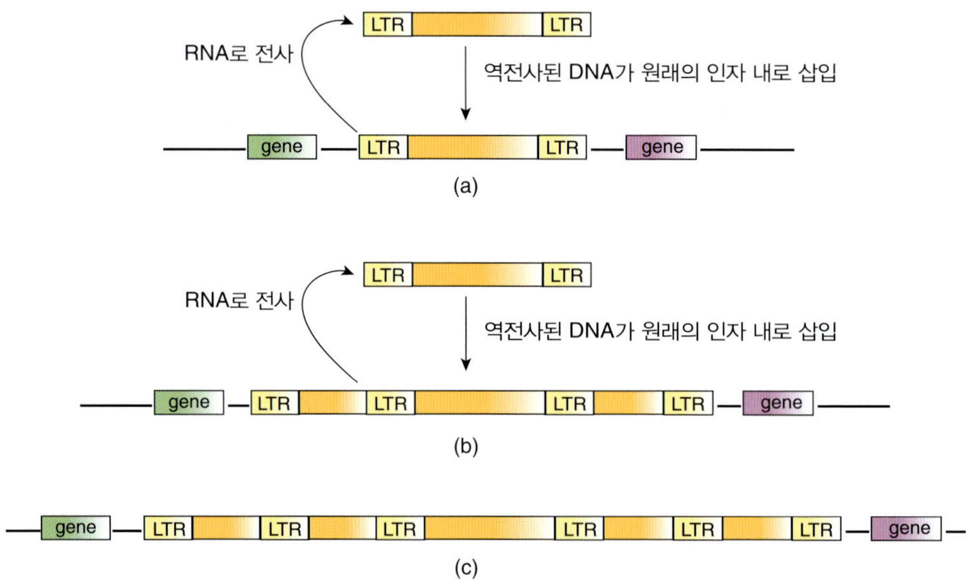

그림 3.5 내재 리트로트랜스포존들. (a) 리트로트랜스포존이 RNA로 전사되고 이것은 다시 역전사되어 리트로트랜스포존 내로 삽입된다. (b) 새롭게 삽입된 리트로트랜스포존에 전사가 이루어지고 이것은 다시 자신의 위치로 삽입된다. (c) 리트로트랜스포존 삽입이 두 번 이루어진 리트로트랜스포존의 구조. 그림에서 원래의 리트로트랜스포존 LTRs 쌍은 가장 왼쪽과 오른쪽에 각각 위치하여 가장 멀리 위치한다.

스포존까지 이어진다. 원래의 리트로트랜스포존이 가장 오래된 것이므로 이것의 LTRs가 가장 많은 돌연변이들이 축척되며 두 번째 리트로트랜스포존들의 LTRs 간의 차이보다 원래의 리트로트랜스포존의 LTRs 쌍에서 차이가 크다. 이런 사이클이 가장 최근에 삽입되는 리트로트랜스포존의 LTRs에 까지 이어진다. LTRs 쌍들 간의 돌연변이 개수를 세면 리트로트랜스포존 배열의 대략의 삽입 시기를 측정할 수 있다.

리트로트랜스포존의 증폭은 유전체 크기를 확실히 증가 시킨다. 그러나, 리트로트랜스포존들은 또한 유전체 크기를 감소시키기도 한다. LTRs 간의 교차가 일어나서 큰 DNA 단편의 탈립을 발생시킬 수 있다. LTRs들의 교차는 결국 단일 LTR 서열만을 남기게 된다(그림 3.6).

LTR 리트로트랜스포존에는 Ty1-*copia*와 Ty3-*gypsy*

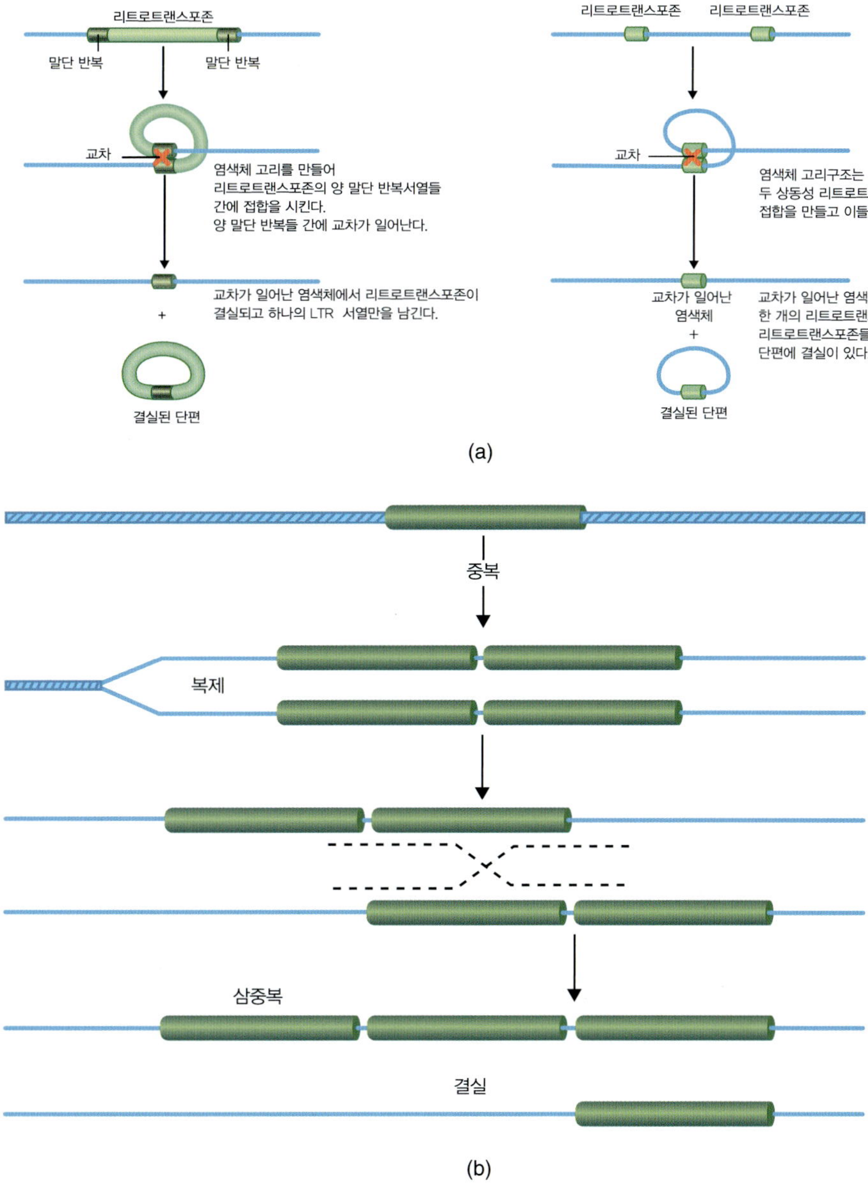

그림 3.6 트랜스포존과 같은 순차 중복 서열들 간의 교차가 야기하는 유전체 재배열 메커니즘. (a) 말단 반복 간의 교차(왼쪽)와 전체 트랜스포존들 간의 교차(오른쪽)는 DNA 단편의 소실을 야기한다. (b) 트랜스포존과 같은 순차 반복 서열들 간의 불균형 교차는 한 가닥에서는 유전자 중복을 일으키고 다른 가닥에서는 결실이 발생한다. Fedoroff, 2012.

등 두 종류가 있는데 이들은 염기서열이 다르며 암호화하고 있는 유전자들의 순서가 다르다. Ty3-*gypsy*는 삽입효소(integrase) 유전자 *INT*가 RNAse H(*RH*) 유전자의 3′에 존재한다(그림 3.3). 그러나 Ty1-*copia*에서는 *INT*가 *PR*과 *RT* 사이에 존재한다. 다른 LTR 리트로트랜스포존들과 마찬가지로 Ty3-*gypsy* 인자들은 동원체 인접 부위처럼 유전자들과는 거리가 먼 곳에 위치한다. 반대로, Ty1-*copia* 인자들은 유전자 부근에 우선적으로 존재한다.

3.2.2 Non-LTR 리트로트랜스포존

LTR을 가지지 않는 리트로트랜스포존들로 **long interspersed nuclear elements(LINEs)**와 **short interspersed nuclear elements(SINEs)** 등이 있다. 이들은 동물 특히 척추동물에 일반적으로 많으며 식물에서도 존재한다. 이름에서 보여주는 것처럼, LINEs는 크기가 커서 내부에 RT를 암호화 유전자를 가지고 있다. LINEs의 비자기전이인자가 SINEs인데, SINEs는 크기가 500 bp 미만이다. LINEs과 SINEs 모두 polyA, polyT, 그리고 다른 단순 반복서열들을 가진다. 이들이 DNA 내로 삽입될 때, 짧은 서열의 중복을 만든다. SINEs는 tRNAs와 유사한데(Yoshioka 등., 1993) tRNAs처럼 RNA 중합효소 III(RNA Pol III)에 의해 전사된다(7장). LINEs과 SINEs의 사본수는 많다. SINEs의 염기서열은 변이가 높기 때문에 이들을 유전체 내에서 동정하기가 쉽지 않지만, 새로운 컴퓨터 기술의 발달로 이들이 유전체 내에서 얼마나 만연한가를 분석할 수 있다(Wenke 등., 2011).

LINEs 인자들의 활성에 대한 지식의 대부분이 포유동물 연구에서 이루어졌다. 예를 들면, 인간 유전체의 전이인자들 중에서 유일하게 활성을 가진 LINE 인자에는 LINE-1 또는 L1이 있다(Beck 등., 2011). 그러므로, 식물에서 LINE 인자의 기능은 인간의 연구로부터 유추할 수 있다. 일반적으로, LINE 인자는 5′ UTR 뒤에 ORF1과 ORF2와 같은 2개의 ORFs를 가지며 이들의 뒤에 3′ UTR이 있다. ORF2는 RT를 암호화하고 있다. LINE 인자는 핵 내에서 전사가 일어나 세포질로 이동하여 번역된다. ORF1과 2에 암호화된 단백질들은 자신의 mRNAs를 만들어 RNA와 단백질들로 구성된 유니트를 만든다. RNA-단백질 복합체는 핵으로 다시 들어와 역전사가 일어나고 cDNA가 만들어진다. ORF2는 표적 DNA의 한 가닥을 절단시키는 endonuclease를 암호화하고 있으며, RT에 의해 cDNA가 유전체 내로 삽입된다. 포유동물과 식물의 SINE 인자들의 염기서열은 대부분의 인자들이 5′ 말단 부위가 절단되어 불활성화된 것으로 보인다(Kumar and Bennetszen, 1999; Beck 등., 2011).

3.3 DNA 트랜스포존들이 삽입되고 탈립될 때 작은 돌연변이를 만든다

DNA 트랜스포존들은 자신이 있던 위치에서 이중 나선 상태로 탈립되어 다른 위치에 삽입한다. 이러한 과정에서 트랜스포존은 2개 또는 몇 개 bp의 중복을 흔적으로 남긴다(그림 3.1b). 이러한 흔적을 **표적-부위 중복(TSD, target-site duplication)**이라고 하며 TSD는 트랜스포존에 따라 다르다. 이러한 중복은 보통 단백질-암호화 유전자의 배부나 인접 부위 또는 비-전이인자 부위에 만들어지며 돌연변이를 유발한다; 트랜스포존의 삽입은 유전자 구조나 기능을 잠재적으로 더 좋게(가끔) 변경시키거나 나쁘게(대부분) 변경시킨다. 세포의 DNA 수선 기작은 자신이 있던 부위로 트랜스포존을 재삽입하는 경우도 있는데 이런 경우에는 사본수가 증가한다.

절단-이어붙이기 전이인자들은 모든 진핵생물에서 발견되는 것으로 보아 기원이 오래된 것이다. 이들 모두는 **전이효소(TPase, transposase)**와 **말단 역반복(TIR, terminal inverted repeat)**를 갖는다(말단 반복이 리트로트랜스포존은 직열 반복인데 반해 DNA 트랜스포존은 역반복인 것에 유념하라). 모든 DNA 전이인자들의 전이효소는 DDE/D라는 보존적인 아미노산 도메인을 가지고 있는데 이 도메인은 전이 반응을 촉매하는데 중요하다(Yuan and Wessler, 2011). Class II 전이인자들은 전이효소 서열의 유사성에 따라 분류를 하는데, 각 초군(superfamiliy)은 특징적인 TSD와 전이 기작을 가진다. 식물이 가지고 있는 Class II 전이인자에는 다음과 같은 초군의 전이인자들이 있다; *Tc1/mariner*,

PIF/Harbinger, *Mutator*-like elements(MULEs), *hATs*, *CACTA*.

3.3.1 hAT 전이인자

전이인자들 중 첫 번째로 발견된 인자이다. 이것들은 1940년대에 Babara McClitock의 옥수수 연구에서 발견되었다. McClintock는 그 당시 특정한 염색체 절단과 염색체 단편 소실이 일어나는 옥수수 식물체들을 발견하였는데 이들 식물들의 특정한 염색체 단편이 다른 염색체들로부터 계속적으로 "분리(dissociated)"되는 것을 발견하였다. McClintock는 이 염색체의 분리가 절단되는 부위에 있는 유전자에(그녀는 이것을 처음에는 *D*라 하다가 후에 *Ds*로 명명함) 의해 일어난다고 추측하였다. *Ds* 유전자를 가지는 여러 개의 옥수수 계통들을 비교하여, 그녀는 *Ds*는 염색체 절단을 시키지만 혼자서는 불충분하며 절단을 위해서는 다른 유전자가 필요하다는 결론을 얻었다. 이 두 번째 유전자를 *Ac* 또는 *Activator*라고 명명하였으며, *Ac*가 존재하면 *Ds*는 염색체 절단을 시키게 된다.

1940년대의 유전학에서 일반적으로 행하여지던 것처럼 McClintock도 이들 유전자들을 그 당시에 알려진 다른 유전자들과 함께 염색체 지도를 만들고자 하였다. 하지만 그녀는 반대의 결과를 얻었으며, 1948년에 *Ds*와 *Ac*는 유전체 내에서 이동을 하는 인자들이라고 결론을 내렸다. 초기의 결과로부터 다음과 같은 사실이 명백하여졌다; (a) 어떤 유전자들은 이동할 수 있으며, (b) 이들 중 어떤 것은 자신이 이동하는 것도 있지만, (c) 어떤 것들은 근처에 다른 유전자의 도움을 받아야만 이동한다. 그녀는 자신의 능력으로 이동하는 인자들인 자가인자(autonomous elements) *Ac*와 *Ac*로부터 유래한 비자가인자(nonautonomous elements) *Ds*를 발견하였다. 그녀가 발견한 인자들이 현재에는 트랜스포존으로 불리지만, McClintock는 이들이 식물 발달에 영향을 미치는 것을 보고 이들을 "조절 인자(controlling element)"라고 불렀다(Comfort, 2001).

옥수수에서 *Ac/Ds* 인자들이 발견된 후, 비슷한 인자들인 금어초(*Antirrhinum majus*)의 *Tam*3와 초파리(*Drosophila*)의 *hobo* 등이 발견되었다. 그러므로, *h*AT 인자는 *hobo*, *Ac*, *Tam*의 머리글자를 딴 것이다. 이들의 말단 역반복 서열은 길이가 짧은데, *Ac/Ds*는 11 bp이고 *Tam3*는 12 bp이다. *Ac*와 *Tam3*는 전이효소 유전자 하나만을 갖는데, 비록 이들 두 식물들이 유연적으로 상당히 먼 식물들이므로 이들이 암호화한 단백질에서 예상하는 것처럼 전이효소들의 서열은 다를지라도, 아미노산 서열의 유사성은 높아서 이들이 같은 전이인자 군에 속한다는 것을 보여준다.

hAT 인자가 유전체 내의 원래의 위치에서 탈립될 때, 전이효소는 말단 역반복 서열과 여기에 인접한 부위와 결합한다. 그러므로, 말단 역반복 서열에 돌연변이가 일어나면 전이가 일어나지 않으므로 전이효소의 결합은 확실히 염기서열-특이성을 갖고 있는 것이다. 전이효소는 전이인자의 양말단을 함께 인접하도록 끌어 당겨서 반복서열들이 접합하여 머리핀 이차구조를 만들도록 한다. 그러면 전이인자는 DNA 상태로 탈립이 된다. DNA에 대한 전이효소 결합은 일반적으로 DNA가 메틸화되어 있으면 일어나지 않는데, 이것은 전이인자 전이를 억제하는 전이인자 조절 기작의 하나로 생각된다.

McClintock의 발견 중 또 다른 하나로 옥수수의 *Ac*

그림 3.7 금어초(snapdragon)(***Antihirrnum majus***). 금어초에서 *h*AT 전이인자인 *Tam*(Transposon of *Antihirrnum majus*)이 많이 연구되어져 있다. 출처 http://commons.wikipedia.org/wiki/File:Antirrhinum_aka_Snap_at_lalbagh_7118.jpg.

인자는 사본수에 반비례적으로 조절된다는 것으로 유전체 내에 *Ac* 사본수가 많으면 전이가 덜 되는 것이다. 전이인자가 붉은 색소인 anthocyanin 합성을 조절하는 유전자 내로 삽입되어 있으므로 McClintock는 옥수수 알갱이의 색깔을 관찰하여 *Ac*/*Ds*의 이동을 추적하였다. 한 사본의 *Ac* 인자가 존재하면 전이인자는 어떤 세포에서는 이동하여 약한 노란색 배경에 붉은 반점을 일으킨다. *Ac* 사본이 2개 있으면, 이러한 반점이 늘어나지만 이들 반점의 크기는 줄어든다. 사본이 3개 있으면, 반점이 나타나지 않으므로 McClintock는 *Ac*의 사본수가 색소 유전자로부터 *Ac* 인자가 이동하는 시기를 조절한다고 추정하였다. 두 사본에서는 전이가 일어나는데 반점 형성 시기가 늦게 나타나서 크기가 작게 된다는 것이다. 3개 사본을 가질 경우 이동이 너무 늦게 일어나 대부분의 종자 발달이 끝났으므로 색소 형성을 거의 볼 수가 없다. 이와 같이 사본수에 발현이 의존적이므로 *Ac*의 사본수는 옥수수 유전체에서 여러 개로 존재하지 않는다. 흥미롭게도 *Ac*를 담배나 애기장대에 도입하면 이러한 부정적 사본수 효과가 상실되어 Ac 사본수가 많으면 전이가 많이 생긴다(Kunze and Weil, 2002). *Tam 3*는 이러한 사본수 효과에 민감하지 않다. *Ac*/*Ds*는 인접한 지역에 우선적으로 전이가 되는데 일반적으로 전이된 거리가 5 cM 이내이며(cM은 두 유전자들 간의 조환 비율을 나타내는 단위임; 2장 참조); 물리적인 거리는 통상 15 kb 이내이고 이보다 짧을 수 있다.

Ac/*Ds*의 전이에 의해 야기되는 정확한 표현형은 전이에 의해 방해를 받는 유전자에 달려 있다. 예를 들면, *P* 유전자는 옥수수 종자의 가장 바깥층 세포인 종피의 색소 형성에 관여한다. 전이인자가 이 *P* 유전자에 발달 초기에 삽입되면, 이 종피의 모든 색깔이 색소가 없는 정상 색깔이 된다(그림 3.8, 위 그림과 종자). 종피에서 세포는 종적으로 분열하므로 색깔을 띠는 세포들이 띠를 이룬다. *C*라고 알려진 또 다른 유전자는 곡류에서는 호분층(aleyrone)으로 알려진 배유의 바깥층의 세포들에서 발현한다. 만약 전이인자가 *C* 유전자에 삽입하면 색소 형성이 억제되지만 이 경우에는 색소 결핍 부분이 불규칙적이다(그림 3.8의 아래 그림과 종자). 이것은 세포분열 패턴이 호분층에서는 방향성을 가지지 않기 때문이다.

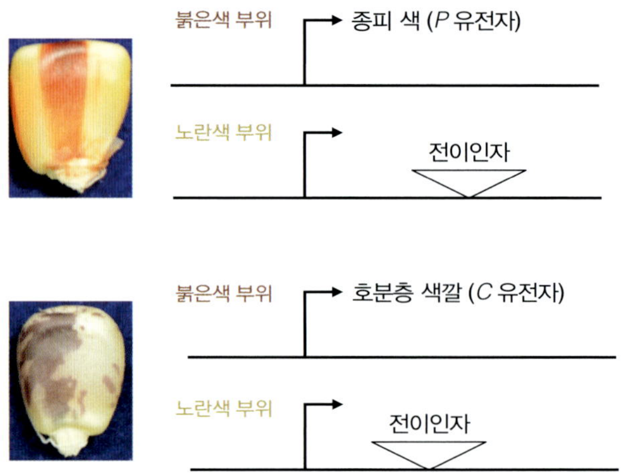

그림 3.8 두 다른 유전자 내로 전이인자가 삽입된 표현을 보이는 옥수수 종자. 두 경우 모두, 유전자가 색소 형성에 관여하므로 전이인자가 이들 유전자 내로 삽입되면 세포는 노란색을 띤다. 위의 종자에서는 전이인자가 종피에서 발현하여 색깔을 내게 하는 *P* 유전자로 삽입된 것이다. 아래 종자에서는 전이인자가 호분층에서 발현하여 색소를 형성시키는 *C* 유전자 내로 삽입된 것이다. 종자 색깔 패턴의 차이는 종피와 호분층의 세포분열 패턴이 다르기 때문이다. Athma 등(1992).

3.3.2 Mutator-like 전이인자

1978년에 D.S. Rhoades는 비정상적으로 높은 돌연변이율을 보이는 옥수수 식물체들에 대한 논문을 발표하였는데, 그는 정상적인 옥수수들 보다 약 30배 정도로 높은 돌연변이를 보이는 이들 식물체들의 변이는 유전적 인자에(그는 McClintock를 따라서 이들을 "조절인자"라고 하였음) 의한 것이라고 결론을 내렸다(Robertson, 1978). 후에 이 유전자 인자는 새로운 전이인자로서 *Mutator* 또는 *Mu*라고 명명되었다. 옥수수에서 *Mu* 전이인자는 자가인자도 있고 비-자가인자들도 있으며 자가인자는 현재 Don Robertson의 이름을 따 *MuDR*이라고 한다. *MuDR*는 2개의 유전자 *mudrA*와 *mudrB*를 가지고 있는데, *MuDR*은 옥수수 유전체에 많은 사본(>20 사본)로 존재한다. *mudrA*와 *mudrB* mRNA의 발현은 사본수에 비례하지만 MUDR과 MUCB 단백질은 유전체 내에 *MuDR* 사본의 수에 관계 없이 일정하므로, 이것은 아마도 전사 후 조절 기작이 있는 것으로 보이며 또한 옥수수가 이 전이인자를 많은 사본으로 가지고 있는 것도 견딜 수 있는 한 방법일 것이라는 것을 암시한다.

비-자가인자들은 옥수수 유전체에 많이 존재한다. 이렇게 많은 사본이 존재하므로 활성을 갖는 자가인자 *MuDR*을 가지는 식물은 *MuDR* 전이가 많이 일어나서 많은 돌연변이가 생기는데 이때 각 변이 자리에는 9 bp의 중복이 생긴다. 체세포에서 *Mu* 전이인자는 세포분열의 마지막 단계에서 탈립하여 새로운 장소로 삽입하므로 작은 회복 부위가 생긴다. 그러나 배우체에서는 *Mu* 인자가 삽입은 되지만 탈립은 일어나지 않는다. 왜 이러한 다른 조절이 있는지는 알려져 있지 않다.

비-자가 전이인자 *Mu* 인자의 내부 염기서열은 서로 비슷하지 않고 *MuDR*과도 같지 않은 경우가 있으며 종종 기주의 유전자 단편을 가지고 DT는 경우가 있다. *Mu* 인자는 *Ac/Ds*와는 여러 면에서 상이하다. 첫 번째로 *Mu*는 연관되어 있지 않은 장소에 삽입이 되어 유전체의 먼 부위에 영향을 미친다. 두 번째로 *Ac/Ds*는 기주의 중복 부위를 온전하게 남기지만 *Mu*는 종종 있던 장소에서 탈립되어 떠나면서 상당한 손상을 입히는데, 길게는 500 bp 정도되는 단편의 삽입이나 결실을 일으킨다. 그러나 *Mu* 탈립은 일반적으로 체세포에서 일어나지만, 종종 배우체가 되는 세포에서도 일어나기도 한다. 이것은 *Mu*에 의해 생기는 유전되는 돌연변이는 대개 전이인자의 존재에 의한 것이며, *Mu* 인자가 떠나면서 남기는 특징적인 흔적에 의한 돌연변이는 아니다. 세 번째로 단일 식물의 유전체에는 *Ac/Ds*보다 *Mu* 인자가 일반적으로 더 많다.

Mu 인자는 옥수수에서 가장 많이 연구되었으며, 다른 현화식물들과 선태류 식물들에는 존재하지만, 석송류에서는 발견되지 않았다(Yuan and Wessler, 2011). 옥수수 외의 식물들이 가지고 있는 *Mutator*는 ***Mu*-like elements(MULEs)**라고 한다. 이들은 이들이 가지고 있는 약 200 bp 정도의 TIRs과 *mudrA*에 의해 동정된다. *mudrB*는 옥수수 외의 식물에서는 발견되지 않는다.

3.3.3 CACTA 인자

En-Spm(*CACTA*) 인자들은 특징적으로 *CACTA*의 5개 염기를 말단 역반복에 갖는 인자들이다. 이들은 *Mirage*와 *Chapaev* 인자들과 비슷하므로 때로는 *CMC*(*CACTA-Mirage-Chapaev*) 초군(superfamily)이라고도 한다(Yuan and Wessler, 2011). 말단 역반복은 길이가 13 bp이며 이들이 삽입될 때 3 bp의 중복을 만든다. *Mu*나 *h*AT 인자들과는 달리 *CACTA* 인자들은 여러 개의 유전자를 암호화하고 있다. 이들이 만드는 전사체는 대체적 스플라이싱에 의해 절단되어(13장) 여러 개의 mRNA로 되므로, 이에 따라 여러 개의 단백질을 만든다. 주요 단백질은 2.4 kb 전사체로부터 만들어지는 TNPA 단백질과 중첩 부위를 가지는 6 kb 전사체로부터 만들어지는 TNPD가 있다. Mu 인자의 전이효소와 같이 TNPA는 인자의 역반복에 결합하여 이들을 묶는다. 이러한 결합은 메틸화에 의해 저하된다. TNPD는 TNPA에 결합하여 DNA의 절단을 담당한다.

3.3.4 MITES

식물, 동물, 곰팡이의 유전체에는 천에서 수십만 개 사본의 미니 역반복 전이인자(miniature inverted-repeat transposable elements, MITEs)가 존재한다(Feschotte 등., 2002). 이름에서 느껴지는 것처럼, 이들은 길이가 짧아서 보통 600 bp 이하이며 양 끝에 역반복을 가지고 있다. 이들은 단백질을 암호화하지 않으며, 이들이 발견된 후 몇 년 동안 이들이 유전체 내에서 이동하는지 모르고 있었다. 따라서 어떻게 수십만 개의 사본으로 증가하는지에 대한 의문이 있었다. 이들의 표적 부위와 말단 역반복 부위의 염기들을 분석한 결과, MITEs들이 특정한 DNA 전이인자들과 연결되어 있는 것이 발견되었다. 예를 들면, 식물에 많이 존재하는 MITEs의 하나인 *Stowaway* 인자들은 식물에 많은 사본으로 존재하는 *Tc1/Mariner* 클래스 인자들과 표적 부위 및 말단 역반복의 염기서열의 유사성이 발견되었다. 이 경우, *Mariner* 인자는 전이효소를 암호화하고 있으므로 이 인자는 *Mariner*뿐 아니라 관련된 MITEs들도 활성화시킨다.

MITEs로 잘 알려진 다른 클래스로는 *Tourist*가 있는데 이것은 *Harbinger*나 *PIF* 인자들에 의해 활성화된다. *PIF/Harbinger* 인자들은 ORF1과 전이효소 등 2개의 ORFs를 가지고 있으며 삽입 시 3 bp의 중복을 일으킨다. 다른 class II 인자들과 달리, 이들은 원래의 자리에서 탈립될 때 중복의 한 사본을 제거하므로 이들이 떠나고 난 후에는 이들의 존재에 대한 흔적을 남기지 않고 DNA 상에 영구적인 변이를 만들지 않는다. *Ping*과 *Pong*이라는 2개의 *PIF/Harbinger* 인자들이 벼 유전체에서 잘 연구가 되어 있는데, 이들은 *Ping* 인자가 결실에 의해 만들어진 *Tourist*-like MITE인 *mPing*의 활성적인 전이를 일으키게 된다.

정 유전학(forward genetics)과 역 유전학(reverse genetics)에서의 DNA 전이인자

유전학 연구는 유전자를 조작하고 표현형 변화 및 유전자 변화와의 관계를 분석하는 것이다. 유전자를 조작하는 한 가지 방법은 단순히 돌연변이를 유발시키는 것이다. 이러한 작업은 꽃가루나 종자에 돌연변이원을 처리하고 자손을 길러서 나타나는 표현형을 분석하는 방법이다. 이러한 방법을 정 유전학(forward genetics)(집단 → 표현형 → 유전자 동정)이라 하는데; 이 방법은 유전자 발견에 많은 공헌을 하고 있으며 특정한 대사 과정이나 특정한 표현형에 영향을 미치는 유전자들을 찾아내는 데 아주 탁월한 방법이다. 반면에 이 방법은 특정한 방향의 연구는 아니므로 어떤 문제를 푸는 데에는 적절치 못한 경우가 있다. 이와는 반대로 특정한 유전자를 선택하는 것이 가능하여 집단에서 특정한 유전자 돌연변이를 선발하고 이것의 표현형을 분석할 수 있는데 이러한 방법을 역 유전학(reverse genetics)(유전자→ 집단 → 유전자 돌연변이)이라고 한다. 역 유전학적인 접근은 한 과정에 연루된 것으로 알려진 유전자 좌위에 관한 문제에 대하여 해답을 찾는 고도의 방향성 있는 분석법이지만, 이 과정에서 다른 예상하지 못한 것들을 발견할 가능성은 높지 않다.

전이인자들은 정 유전학과 역 유전학 분석에 유용한 도구로 이용될 수 있다. 이들은 삽입하거나 탈립할 때 돌연변이를 야기하므로, 전이인자들은 정 유전학 분석에 널리 이용되며 특히 옥수수에서 많이 이용된다. *MuDR/Mu*를 갖는 옥수수 계통들은 전이율이 높으므로 이러한 관점에서는 특히 유리한데, 전이인자가 유전체 내의 거의 모든 부위로 이동 가능하며 엑손 내에 높은 빈도로 삽입된다. 여러 옥수수 계통들이 개발되었는데 이들은 각각 하나 혹은 여러 개의 *Mu* 삽입을 다른 유전자들이나 유전체의 다른 부위에 삽입한 것들이다. 이들 계통들의 돌연변이 대립유전자의 효과적인 원천이 된다. 훼손된 유전자를 클로닝하고 *Mu* 삽입 부위를 동정하는 등의 과정이 이전에는 많은 시간을 소요로 하는 분석이었지만, 비용이 저렴한 고효율 자동 염기서열분석법의 출현은 식물 집단에서 어느 식물체의 어느 유전자에 삽입되었는지를 쉽게 동정할 수 있으며, 흥미로운 유전자를 쉽게 찾을 수 있는 인덱스-계통들을 만들 수 있다.

Ac/Ds 인자를 가진 옥수수 계통들은 약간 다른 방법으로 이용된다. *Ac/Ds* 인자는 인접 부위로 삽입이 잘 되므로 이 인자는 단일유전자나 인근 유전자의 대립유전자들을 만드는 데 유리하다. 예를 들면, *Ac/Ds*이 흥미로운 유전자 안에 또는 인접한 곳에 위치할 때, 이 인자를 갖는 식물체를 활성 전이효소를 갖고 있는 식물과 교배를 한다. 그러면 *Ac/Ds* 인자가 여러 곳으로 삽입이 되는데 이때의 삽입은 항상 표적 유전자 근처나 안에서 일어난다. 이것은 다양한 삽입 변이체들과 이들이 보이는 다양한 표현형과의 관계를 분석 가능하게 한다. 예를 들면, 첫 번째 엑손에 삽입되면 전사를 완전히 방해하여 비-기능 유전자(영 돌연변이, null mutation)를 만드는 반면, 정지 코돈 근처에 삽입되면 단순히 단백질 길이를 짧게 하여 표현형에 약간의 영향을 줄 수 있다. 이들 각각 돌연변이들의 표현형을 야생형과 비교함으로써 단백질의 기능에 대해 많은 정보를 알아낼 수 있다. 식물 형태를 조절하는 주요 유전자의 영 돌연변이는 식물 발달을 매우 심각하게 훼손함에 따라, 어떤 과정이 영향을 받았는지 결정하지 못할 수도 있고 식물이 쉽게 죽을 수도 있다. 다른 한편으로는 약한 돌연변이는 식물 발달을 어떤 면에서는 진행시킬 수 있다.

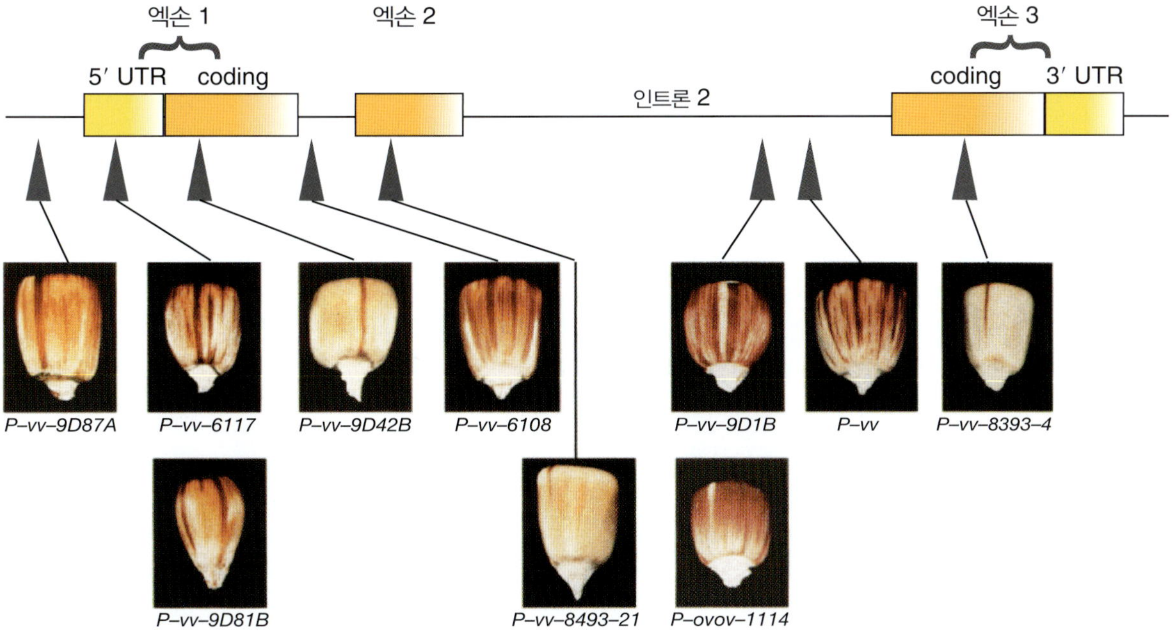

그림 3.9 **옥수수 종자의 색소를 조절하는 *P* 유전자 좌위.** 화살표들은 상응되는 종자의 *P* 유전자에 *Ac* 인자가 삽입된 곳을 표시한다. 유전자의 다른 부위들로 *Ac* 인자의 삽입은 종자 색깔의 패턴으로 이르게 한다. 밑의 열에 있는 종자들에서, *Ac* 삽입이 윗 열에 있는 종자들의 *Ac* 삽입과는 반대 방향을 되어 있다. Athma 등(1992). Genetics Society of America의 허락 후 게재; 허락은 Copyright Clearance Center 를 통하여 이루어짐.

대립유전자 시리즈의 한 예가 그림 3.9에서 보여주는 것처럼 *Ac* 삽입으로 생성되었다. 이 예에서, 그림 3.8에서 보여 준 것과 유사하게, 1개의 *Ac* 인자가 *P* 유전자 좌위로 삽입함으로써 근처의 다른 부위의 많은 곳으로 하는 것을 허락한다. 인자가 *P* 유전자의 다른 곳으로 이동함으로써 종자는 여러 가지 표현형을 보인다. 엑손으로 삽입은 이 단백질의 생성을 방해하여 색소 형성을 못하게 함으로써, 흰 종자를 유도하게 된다(Athma 등., 1992).

전이인자들은 옥수수 연구에서 자주 이용되는 도구이며, 유전 연구에 항상 이용된다. 자연적으로 존재하는 전이인자들의 다른 시스템들로는 페츄니아, 벼, 금어초 등이 있다. 전이인자들은 또한 서로 다른 종으로도 삽입이 가능하다. 옥수수의 *Ac*/*Ds*와 *En*/*Spm*이 애기장대, 페츄니아, 담배 등에 도입되었다. 이들이 전이하는 빈도와 이동하는 거리들은 기주 식물들마다 다르다. 이것은 기주의 전이인자들의 감지와 이들의 이동을 조절하는 침묵 기작의 능력(일반적으로 DNA 메틸화)이 다르다는 것을 의미한다.

3.4 전이인자들은 유전자를 이동시키고 유전자 조절을 변형시킨다

순화된 작물에서는 거의 모든 전이인자들이 동정되어 잘 연구되어 있는 데 반하여, 자연상태에서 전이인자들의 효과에 대해서는 알려져 있는 정보가 별로 없다. 그러므로 자연 상태에서 전이인자들의 장기간에 걸친 효과는 순화된 식물에서 밝혀진 기작들을 참고하여 추측하게 된다. 전이인자들은 돌연변이를 일으키고 돌연변이는 진화의 직접적인 소재가 되므로 전이인자들이 진화과정에서 중요한 역할을 한 것은 분명하다. 그럼에도 불구하고 다른 돌연변이 유발인자들에 비해 전이인자들의 중요성과 어떤 조건에서 전이인자들이 이러한 중요성을 갖게 되는지 등에 대해서는 상대적으로 많이 알려져 있지 않다. 전이인자들의 활성은 모든 식물들이 많은 기간 동안 겪게 되는 환경적 스트레스에 의해 발생하게 된다. 서로 상이한 두 식물들 간의 교배는 (예로, 서로 다른 종들 간의) 전이인자의 이동을 촉발하는데 이것은 아마도 DNA 메틸화의 차이 때문일 것이다. 실험실에서는, 돌연변이 물질 처리, 조직배양, 식물 형질 전환 등에 의해 전이인자들의 이동이 일어나게 된다. 본 저서에서 다루는 것이 이상할 수도 있지만, 이러한 전이인자들의 이동은 유전 연구에서 많이 이용된다(Box 참조). 그러므로 전이인자들이 유전자나 유전자 단편들을 이동시킬 수 있는 능력으로서 볼 수 있는 것과 함께, 전이인자들이 유전자 발현을 조절하는 능력, 그리고 새로운 유전자를 창성할 수 있는 능력 등은 유전적 개량의 이용뿐 아니라 식물의 기본적인 생리적, 생화학적, 그리고 유전적 성질을 연구하는 도구로서 보아야 한다.

3.4.1 유전자와 조절 부위의 훼손

전이인자의 일반적인 효과 중의 하나는 그림 3.7에서 보여주는 것처럼 삽입되는 유전자를 불활성화 시키는 것으로 전이인자가 유전자의 어느 위치에 삽입되는가에 따라 여러 가지 효과를 보인다. 멘델의 실험재료였던 주름진 완두콩은 전분합성효소 유전자에 전이인자가 삽입되어 생긴 것이다. 이것과 다른 전분 합성 효소로는 granule-bound starch synthase 1(GBSS1) 효소가 있는데 이것은 곡류 종자의 배유에서 아밀로스 합성을 유도하는 효소이다. GBSS1도 종종 전이인자의 삽입으로 불활성화되어 아밀로스 합성에 방해를 받아 곡물을 요리시 찰성을 띠게 한다. 인간들은 찰벼와 차조와 같은 특정한 목적으로 이 돌연변이를 선별하였는데 이것들은 아시아에서 특히 많이 재배되며 특별한 목적의 요리에 이용된다.

다른 예로 붉은 와인을 만드는 데 이용되는 진한 자주색인 Carbonet 포도의 색소 유전자 안에 리트로트랜스포존을 삽입하여 자주색 포도를 청포도인 Chardonnay로 변환시켜서 백색 와인 제조에 이용한다. Chardonnay 자손 중 일부에서는 리트로트랜스포존이 색소 유전자에서 탈립된 후에도 색소 유전자가 완전히 회복되지 않아 자주색으로 회복되지 않고 부분적으로 발현됨으로써 약한 붉은빛의 포도 품종이 생성되었다(그림 3.10). 왜 색

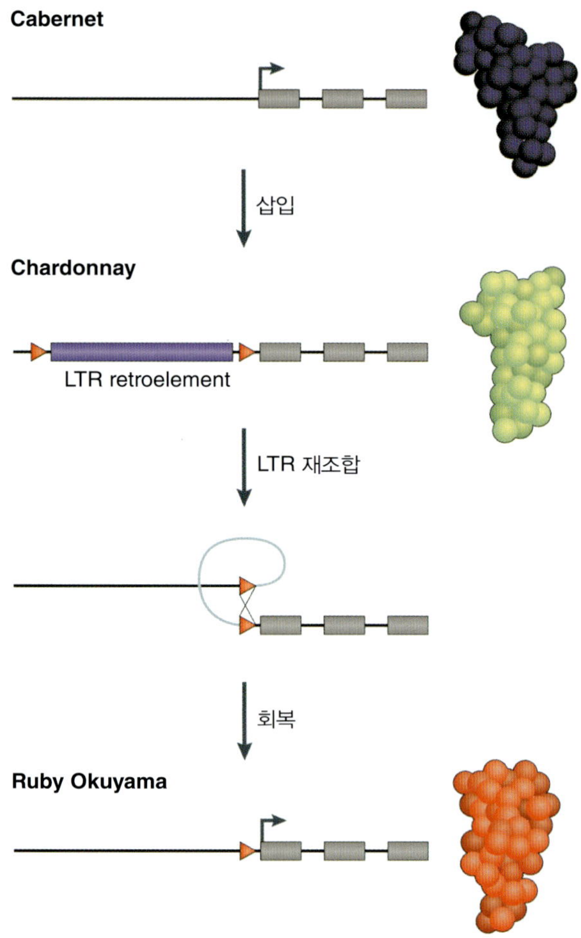

그림 3.10 리트로트랜스포존에 의한 포도 과실 색깔의 조절. Carbonet 포도 품종은 완전한 기능의 색소 유전자를 가진다(엑손은 회색 박스로 표시). 색소 유전자의 상위 부근에 리트로트랜스포존이 삽입되어 색소 생산을 정지시킴으로해서 자주색 포도를 청색 포도인 Chardonnay가 만들어졌다. 이 삽입인자의 LTR들끼리의 재조합은 대부분의 리트로트랜스포존 서열을 제거하지만 단일의 LTR 서열은 남기게 되어 색소 유전자 전사를 낮게 함으로써 Ruby Okoyama 포도가 되었다. Lisch(2013). MacMillan Publishing Co.의 허락 후 게재.

소가 진한 자주색으로 회복되지 않았을까? 모든 인자들은 삽입 후 이 자리에서 이동을 할 때 일부 염기들의 중복을 남긴다는 것을 기억하라. 리트로트랜스포존은 재조합에 의해 머물던 자리에서 제거되면 단일 LTR 서열을 남긴다. 그러므로, 전이인자가 떠난 후에도 이들은 몇 bp의 흔적을 남기며 이들 흔적 bp들은 전사를 방해하고 전사물의 양이나 성격을 변환시킨다. 다른 말로 하면, 전이인자가 더 이상 존재하지 않아도 훼손은 남아 있게 된다.

3.4.2 유전자나 유전자 단편의 이동

어떤 경우에는 전이인자가 유전체에서 탈립될 때 유전체 내의 다른 곳에 있는 다른 DNA 단편이 복제되어 끊어진 가닥 내로 삽입되는 경우도 있다. 만약 이동하는 DNA 단편이 유전자를 가지고 있다면, 이러한 전이과정은 어떤 유전자의 원래 위치 외의 장소에 유전자 중복을 초래한다(Puchata 2005; Wicker 등 2010). 일반적으로 밀과 같이 많은 전이인자들을 가진 식물체들은 적게 가지고 있는 식물들보다 “다른 위치(out of place)” 유전자들을 더 많이 가지고 있다. 예상하는 것처럼, 대부분의 이러한 “다른 위치” 유전자들은 기능을 가지고 있지 않는데; 이들은 길이가 짧아져 있거나 조절 부위 서열들이 존재하지 않거나 또는 이들의 암호화 서열에 돌연변이를 가지고 있기 때문이다. 그러나 어떤 “다른 위치” 유전자들은 새로운 유전체 환경에서도 계속 기능을 갖는 것들이 있다. 이러한 것의 좋은 예가 토마토 과실 모양에 대한 표현형이다. 야생 토마토들과 재배 토마토들의 과실 모양은 대부분 구형이지만 어떤 재배 토마토들은 과실이 길쭉한 모양을 하고 있는데, 이것은 *SUN*이라고 알려진 유전자 발현이 증가하였기 때문이다(Xiao 등., 2008). 길쭉한 과실에서 이 유전자 발현의 증가는 SUN 유전자의 복잡한 중복에 의한 것으로 이것은 리트로트랜스포존으로부터 개시되는 비정상적인 전사체의 때문이다(그림 3.11). *SUN*과 여러 개 다른 유전자들을 포함한 이러한 비정상적인 전사체가 *DEFL1* 유전자의 인트론으로 삽입되면, *SUN*이 *DEFL1*의 프로모터에 의해 조절되어 정상보다 높은 수준의 발현이 된다.

MULEs는 종종 유전자나 유전자 단편을 이동시키는데 이러한 MULE 인자들을 **Pack-MULEs**라고 한다. 벼에서는 Pack-MULE에 의해 이동되는 유전자들의 22% 정도가 전사되며 이 중에 어떤 것들은 번역된다. 이러한 사건은 Pack-MULE이 여러 개의 유전자들을 가지고 있을 때 더욱 자주 일어난다. 자연 선발은 돌연변이를 제거하는데[이들은 정제선택(purifying selection)되는 것이다], 유전자들이 세포 기능을 수행하면 일어난다는 증거가 있다.

최근에 발견된 *Helitrons*는 비-전이인자 단편을 유전체 내에서 한 곳에서 다른 곳으로 이동시키는 역할을 하기에 특히 중요하다(그림 3.2C). *Helitrons*는 전장-유전체 서열이 알려져야만 동정이 가능하며 이들은 유전체 내에서 이들의 말단 부위 서열이 보존되어 있으며, 유전체 내에 많은 수가 존재하므로 유전체 내 위치를 찾을 수 있다. 다른 종류의 전이인자들처럼 *Helitrons*도 자가인자와 비-자가인자를 가지고 있다. 다른 전이인자들과 비교하여 *Helitrons*의 자가인자들은 길이가 5-15 kb 정도로 길며, 이들은 DNA 헬리케이스(helicase)와 다른 1개의 단백질을 암호화하고 있는데, 두 번째 단백질은 플라스미드나 단일가닥 바이러스의 회전환 복제(rolling circle replication)에서 기능을 하는 복제 개시 단백질과 비슷한 단백질이다. *Helitrons*는 말단 반복을 가지지 않으며 표적 부위 중복(TSD)를 만들지 않는다.

비-자가 *Helitrons*는 유전자나 유전자 단편을 유전체 내에 이동시키는데 옥수수 유전체에 있는 *Helitrons*의 약 60%가 유전자들을 가지고 있다. 이들은 확실히 이들 유전자들의 위치를 바꾸게 하거나, 유전자 발현, 유전자를 한 곳에서 다른 곳으로 이동시켜서, 다른 유전자와 키메라 구조를 만들고 유전자 구조를 변형시킬 수도 있다 (Bargalia 등., 2012).

3.4.3 유전자 발현 변경

어떤 경우에는 전이인자의 삽입이 유전자 발현을 억제하기 보다는 높이기도 한다. 이것은 전이인자들이 자신의 전이에 요구되는 프로모터 서열을 가지고 있고, 이러한 프로모터들이 인접한 유전자들의 프로모터로 작용하는 경우도 있기 때문이다. 예를 들어, 리트로트랜스포존의 LTR 서열에는 프로모터가 있는데, 3′ LTR은 기주의 인접한 하위 부위의 서열의 전사를 개시한다. 그러므로, 리트로트랜스포존의 이동은 결과적으로 프로모터 염기서열의 이동과 같다.

리트로트랜스포존의 유전자 발현에 대한 영향의 예는 밀의 알루미늄 저항성에 대한 것이다. 토양 알루미늄 (Al^{3+} 이온) 저항성은 품종들에 따라 다르다. 다른 환경조건이 밀 재배에 적당하여도 토양 내의 고농도 Al^{+} 이온은 밀 재배에 장애가 된다. 밀이 Al^{3+}와 같은 양이온에

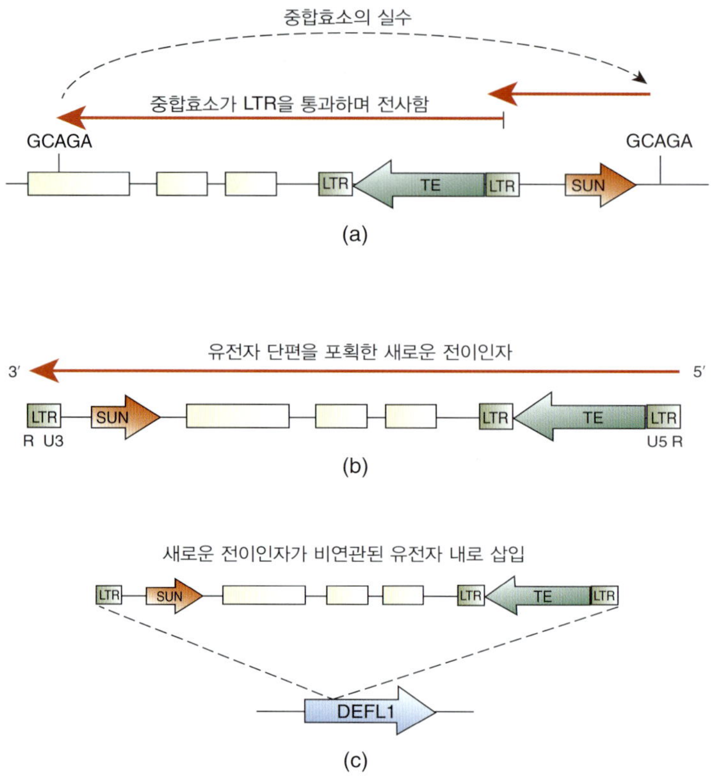

그림 3.11 토마토의 *SUN* 유전자의 복잡한 구조. (a) 전이인자의 5′ LTR로부터 전사가 개시되어 3′ LTR을 거쳐서 하위 부위에 있는 GCAGA 염기가 있는 곳까지 진행한다. 복제효소가 떨어져 나가고 전사가 개시된 부위의 상위 부위에 있는 GCAGA로부터 전사된 전사체를 선택한다. (b) *SUN*을 포함하여 "획득한(captured)" 유전자를 가진 새로운 리트로트랜스포존. (c) 유전자 DEFL1 내로 새로운 복합 트랜스포손의 삽입; DEFL1이 전사될 때 마다 *SUN*은 전사가 된다. (a – c) Xiao 등(2008)의 자료를 참고함.

견디는 한 방법은 뿌리로부터 말린산이나 구연산과 같은 작은 유기산을 방출하는 것이다. 이러한 유기산들은 토양내에서 양이온을 띠고 있는 이온들과 결합하여 이들을 효과적으로 붙들어 놓는 것이다. 결과적으로 밀 육종가들은 식물이 양이온을 배출하는 능력을 높이도록 노력하였다. 최근에 뿌리에서 구연산 이동인자의 활성이 높은 밀 품종을 발견하였다(Tovach 등., 2013). 이 품종에서 전이인자가 유전자의 상위부위에 삽입되어 다른 품종에 비해 구연산 이동을 20배 높이는 것으로 확인되었다. 즉, 전이인자의 이동과 특정한 작물 품종의 농업적 가치의 향성은 직접적으로 연관되어 있다.

3.5 전이인자들은 어떻게 조절되는가?

전이인자들은 모든 살아 있는 생물체들에 존재하지만, 오직 진핵생물에서만 많은 사본으로 축적되며, 위에서 예를 들은 전이인자들의 여러 유전학적인 효과들을 가진다. 재조합은 진핵생물에서도 일어나며, 박테리아에서는 전이인자들을 제거한다. 그러므로 모든 생물체들이 전이인자들을 제거시킬 능력을 가지고 있다고 가정할 경우, 이들은 어떻게 계속 유전체 내에 존속하게 되는가? 최근에 Fedoroff(2012)는 진핵생물이 메틸레이션, 히스톤 꼬리의 변형, 크로마틴 구조 변형 등의 후성유전학적인 기작을 통해 전이인자들을 억제하는 기능을 효과적으로 갖추었기 때문에 전이인자들이 축적되는 것이라고 주장하였다(12장 참조)(Slokin and Martienssen, 2007); 그녀는 이러한 후성유전학 기작은 원래 유전체 내의 반복 서열들 간의 상동재조합을 억제하기 위해서 생긴 것이라고 주장하였다. 일단 전이인자들이 진핵생물 유전체에 축적되기 시작하면서 진화의 잠재력이 높아졌다는 것이다. 이를 다른 말로 하면, 전이인자들이 "진화력(evolovability)"를 향상시켰다는 것이다. 진화력의 개념은 약간은 오해하기 쉬운 개념으로 어떤 환경에서 적절히 충분한 변이를 가지지 못하는 개체들은 경쟁에서 불리하여 변이는 선택적으로 유리하거나 적어도 변이가 나타난 당시 불리하지는 않다는 것이다. 그러나 전이인자 활성, 상동 서열 간의 재조합, 그리고 이들 두 기작에 의해 조절하는 기작 등은 높은 관련이 있다.

이러한 메카니즘들이 효과적으로 유전체 내의 전이인자들을 침묵화시키지만 전이인자들은 주기적으로 침묵을 벗어나 사본수를 증폭시키는데 특히 리트로트랜스포존의 경우가 그러하다. 다시 말하면, 전이인자들이 때로는 유전체를 점령한다. 후성유전학적 조절로부터 벗어나는 이러한 사건들은 잘 이해되지 않고 있다. 약 반세기 전 McClintock는 전이인자들은 스트레스 환경하에서 이동을 하며, 이러한 이동은 다양성을 유발하고 여기에 자연 선발이 작용하다고 주장하였다. 전이인자들을 억제하고 있는 후성유전학적인 기작들이 고온이나 건조와 같은 환경적 스트레스를 느슨하게 하여 전이인자들의 사본수를 증가시킬 수 있다. 2개의 상이한 유전체가 한 세포에 모여 있는 배수성은 전이인자의 활성을 높일 수 있다(Slokin and Martienssen, 2007). 후성유전학 조절의 저하는 전이인자들의 이동을 유발하는데, 종종 한 종류의 전이인자가 선택적으로 영향을 받아서 특정한 개체나 식물 종이 한 종류의 전이인자들을 매우 많은 사본수로 가질 수 있다. 일반적으로 후성유전학적 기작은 특정한 DNA 서열에 특이적이다. 그러므로 한 인자가 유전체에서 나타나면(예로 잡종에 의해), 이 인자는 조절되지 않으므로 복제되어 사본수를 늘리는데, 온전한 사본과 결함을 가진 사본들이 다른 새로운 인자들의 유전체 내 축적을 제어한다.

불활성화되고 나면 전이인자들은 재조합과 선발에 의해 점차적으로 소실된다. DNA의 소실은 부분적으로 비적합 재조합(illegitimate recombination)에 의하므로 전이인자 소실은 재조합이 낮은 중심립 부위나 말단소립 부위에서는 적게 일어난다. 이러한 부위들은 때로 유전체의 **"안전한 천국(safe havens)"**이라고 하는데, 이 부위에서는 전이인자들이 불활성화 상태로 오랫동안 제거되지 않고 계속하여 존속한다.

전이인자의 제거는 자연선발에 의해 행해진다. DNA 메틸화나 염색질 상태의 변형 등으로 전이인자가 침묵화되면 인접한 유전자들도 침묵화된다. 그러므로 침묵화된 전이인자에 인접한 유전자 또한 침묵된다. 만약에 어떤 유전자의 침묵이 식물의 적응에 불리하면, 전이인자를 제거시키는 선택적 압력이 행하여진다. 이러한 선발의 결과로 유전자 근처의 전이인자들이 제거되게 된다.

후성유전학 기작은 12장에서 자세하게 다룰 것이다. 후성유전학적 기작들이 전이인자들을 조절하기 위하여 진화하였는지 또는 전이인자들이 후성유전학적 조절에 반응하여 축적되었는지(또는 둘 다), 후성유전학과 전이인자들은 식물세포의 역사에서 밀접하게 연관되어 있다.

3.6 요약

전이인자들은 모든 식물들이 가지고 있으며 식물 유전체 구성에 막대한 영향을 끼쳤다. 이들은 매우 강력한 돌연변이 유발원이며 이들이 삽입하거나 이들이 머물던 장소에서 이동할 때 남기는 특징적인 흔적들은 파괴적인 능력을 가진다. 전이인자들은 유전자를 유전체 내의 다른 장소로 이동시킬 수 있으며, 새로운 조절 환경을 만들고, 때로는 새로운 단백질을 생성시키기도 한다. 모든 종류의 전이인자들은 자가인자와 비-자가인자를 갖는데, 자가인자는 자신이 이동하는 데 필요한 유전자인 전이효소를 갖추고 있으며, 비-자기인자는 자가인자들로부터 내부 서열 결실로 유래한 것으로 유전체 내에 자가인자가 있으면 이동이 가능하다. 전이인자들의 주요한 클래스로는 리트로트랜스포존(RNA 인자들), 절단-이어붙이기 트랜스포손(DNA 인자들), 그리고 *Helitrons*가 있다. 리트로트랜스포존은 복제에 의해 전이하므로 이들은 유전체 내에 신속히 사본수를 늘릴 수 있으며, 이들의 사본수는 유전체 크기와 관련이 있다. DNA 인자들은 구조, 전이 기작, 유전체에 미치는 영향 등이 다양하다. 이들 전이인자들은 유전학 연구에 유용한 도구로 이용된다. *Helitrons*는 다른 전이인자들에 비해 많이 알려져 있지 않지만, 이들은 회전환 모형으로 복제를 하고, 다른 인자들과는 달리 삽입될 때 염기 중복을 일으키지 않으며 말단 반복 서열을 갖지도 않는다. 전이인자-유기 돌연변이는 전분 합성 대사와 색소 합성에 대해서 알려져 있다. 여기에 더하여 전이인자들은 원래의 위치에서 다른 위치의 유전자로 이동하여 새로운 유전자에서 새로운 조절 기작의 조절을 받는다. 전이인자가 삽입된 유전자들이 종종 발현이 되는데, 표현형의 효과는 알려져 있지 않다.

3.7 문제

3.1 전이인자에는 어떤 주요한 것들이 있으며 이들은 어떻게 구별되는가?

3.2 어떤 생물체에서 전이인자들이 많이 연구되어져 있는가?

3.3 체세포 돌연변이와 정세포 돌연변이의 차이점을 설명하라.

3.4 한 트랜스포존이 다른 트랜스포존에 삽입되는 것을 도해로 그려라. 이러한 삽입의 결과는 무엇이라고 생각하는가?

3.5 전이인자의 어떤 성질이 유전자 가능을 결정하는 데 효과적인 도구로 사용되는지 설명하라.

3.6 식물이 가지고 있는 전이인자들이 항상 이동할 수 있다고 생각하는가? 왜 그런가? 왜 그렇지 않는가?

3.7 전이인자의 체세포 탈립과 정세포 탈립의 차이는 무엇인가?

3.8 전이인자 삽입이 식물에 해로운 효과를 준 예와 이로운 효과의 예를 들어라. 식물 전이인자 삽입이 이로운 효과를 준 예를 하나만 들어라.

3.9 아래의 설명이 맞는지 또는 틀리는지를 설명하라.

(a) 모든 식물 전이인자들은 말단에 LTR을 가지고 있다.

(b) 모든 전이인자들은 RNA 매개를 통하여 이동한다.

(c) 식물은 DNA 메틸화와 같은 기작으로 전이인자 수를 조절한다.

(d) 모든 전이인자들은 정유전학과 역유전학 연구에 있어서 유용하다.

참고문헌

Athma, P., Grotewold, E., and Peterson, T.(1992) Insertional mutagenesis of the maize P gene by intragenic transposition of *Ac*. *Genetics*, **131**, 199-209

Barbaglia, A.M., Klusman, K.M., Higgins, J. et al.(2012) Gene capture by *Helitron* transposons reshuffles the transciptome of maize. *Genetics*, **190**, 965-975

Beck, C.R., Garcia-Pewrez, J.L., Badge, R.M., and Moran, J.V.(2011) LINE-1 elements in structural variation and disease. *Annual Review of Genomics and Human Genetics*, **12**, 187-215

Buchanan, B.B., Gruissem, W., and Jones, R.L.(2002) Biochemistry and Molecular Biology of Plants, American Society of Plant Biologists

Comfort, N.C.(2001) *The Tangled Field: Barbara McClintock's Search for the Pattern of Genetic Control*, Harvard University Press

Fedoroff, N.V.(2012) Transposable elements, epigenetics, and genome evolution. *Science*, **338**, 758-767

Feschotte, C., Zhang, X., and Wessler, S.R.(2002) Miniature inverted-repeat transposable elements and their relationship to established DNA transposons. In *Mobile DNA II*(eds N.L. Craig, R. Cragie, M. Gellert and A.M. Lambowitz), ASM Press, pp 1147-1158

Hanada, K., Vallejo, V., Nobita, K. et al.(1999) The functional role of Pack-MULEs in rice inferred from purifying selection and expression profile. *Pant Cell*, **21**, 25-38

Kumar, A. and Bennetzen(1999) Plant retrotransposons. *Annual Review of genetics*, **33**, 479-532

Kunze, R. and Weil, C.F(2002) The *h*AT and CACTA superfamilies' of plant transposons, In *Mobile DNA II*(eds N.L. Craig, R. Cragie, M. Gellert and A.M. Lambowitz), ASM Press, pp 565-610

Lisch, D.(2013) How important are transposons for plant evolution? *Nature Review Genetics*, **14**, 49-61

Puchta, H.(2005) The repair of double stranded breaks in plants: mechanisms and consequences for genome evolution. *Journal of Experimental Botany*, **56**, 1-14

Robertson, D.R.(1978) Characterization of a mutator system in maize. *Mutation Research*, **51**, 21-28

Siomi, M.C., Sato, K., Pezic, D., and Aravin, A.A.(2011) PIWI-interacting small RNAs: the vanguard pf genome defence. *Nature Review Molecular Cell Biology*, **12**, 246-258

Slotkin, R.K., and Martienssen, R.(2007) Transposable elements and the epigenetic regulation of the genome. *Nature Review Genetics*, **8**, 272-285

Sun, F.J., Fleurdepine, S., Bousquet-Antonelli, C. et al.(2007) TYransposon-mediated alteration of Tamate 1b expression in wheat confers constitutive citrate efflux from root apices. *Plant Physiology*, **161**, 880-892

Walbot, V. and Rudenko, G.N.(2002) Mudr/Mu transposable elements of maize, In *Mobile DNA II*(eds N.L. Craig, R. Cragie, M. Gellert and A.M. Lambowitz), ASM Press, pp 533-564

Wenke, T., Dobel, T., Sorenson, T.R. et al.(2011) Targeted identification of short interspersed nuclear element families shows their widespread existence and extreme heterogenous in plant genome. *Plant Cell*, **23**, 3117-3128

Wicker, T., Buchmann, J.P., and Keller, B.(2010) Patching gaps in plant genomes results in gene movement and crosion of colllinearity. *Genome Research*, **20**, 1229-1237

Wicker, T., Mayerm K.E.X., Gundlach, H. et al.(2011) Frequent gene movement and pseudogene evolution is common to the large and complex genomes of wheat, barley, and their relatives. *Plant Cell*, **23**, 1706-1718

Xiao, H., Jiang, N., Schaffner, F. et al.(2008) A retrotransposon-mediated gene duplication underlies morphological variation in tomato fruit. *Science*, **319**, 1527-1530

Yoshioka, Y., Matsumoto, S., Kojima, S. et al.(1993) Molecular characterization of a short interspersed repetitive element from tobacco that exhibits sequence homology to specific tRNAs. *Proceedings of the National Academy of Sciences USA*, **90**, 6562-6566

Yuan, Y-W, and Wessler, S.R.(2011) The catalytic domain of all eukaryotic cut-and-paste transposase superfamilies'. *Proceedings of the National Academy of Sciences USA*, **108**, 7884-7889.

제4장

염색질, 동원체, 말단소립

4.1 염색체는 DNA와 단백질 복합체인 염색질 구조를 이루어져 있다

진핵생물 세포에서 DNA는 염색체라고 알려진 막대기 형태의 구조체로 조직화되어 있는데, 염색체의 구조는 유전정보 저장, 유전정보의 충실한 복제, 전사의 정확한 조절 등과 같은 염색체 기능과 관련이 있다. 유사분열 중 염색체 복제와 분리과정의 중요점들이 염색체의 동원체(centromere)에 달려 있는데, 동원체는 항상 염색체의 중간에 있는 것은 아니라 중앙에서 말단 부위 어느 곳이나 염색체에 있을 수도 있지만, 말단소립(telomere)은 항상 염색체 말단에 위치한다.

세포에서 DNA는 항상 많은 수의 단백질들과 결합하고 있다. DNA와 염색체 단백질이 결합된 구조체를 **염색질(chromatin)**이라고 한다. 광학현미경으로 관찰하면, 염색체들은 감수분열이나 유사분열 시 응축되어 있을 때만 관찰이 가능한데, 간기(interphase) 동안에는 너무 길게 늘어진 구조로 가늘어져 있으므로 관찰되지 않는다. 염색체들은 일반적으로 염색 자매분체들이 동원체에 붙어 있는 유사분열 기간 동안 관찰되는데, 이때 염색체는 우리에게 익숙한 X-형태로 나타난다. 염색 자매분체들이 분리되고 난 후에 염색체는 X 형태에서 한쪽 만을 갖게 된다.

염색체 행동에 대한 지식은 일차적으로 광학현미경을 이용하여 알게 되었다. 활발하게 분열하는 세포를 염색약으로 처리하여 현미경 검경 슬라이드에 놓고 커버글라스로 덮고 나서 누르면 염색체들이 퍼진 상태로 되어 관찰 가능하다(이러한 분석은 단순히 손으로 행하며; 숙련된 세포유전학자들은 엄지손가락으로 얼마 만한 압력을 가해야 하는지를 알고 있다). 이와 같은 간단한 기술을 이용하여 각 개별적 염색체들의 모습을 동원체의 위치와 크기 등의 형태를 이용하여 동정한다. 동원체가 염색체 중앙부위에 있으면 중부동원체성(metacentric)이라 하고, 동원체가 염색체 말단이나 말단 근처에 있으면 각각 단부동원체성(telocentric), 차단부동원체성(acrocentric) 염색체라고 한다(그림 4.1a). 동원체의 위치가 염색체 동정에 있어서 중요하지만, 동원체 위치 만으로는 식물세포 내의 모든 염색체를 구별하기는 어렵다. 각 개별 염색체들을 염색 시약으로 처리하면 염색이 다르게 되는데, 어떤 부위는 진하게 염색되는가 하면 어떤 부위는 약하게 염색된다(그림 4.1b). 진하게 염색되는 부위를 **이질염색질(heterochromatin)**이라 하고 약하게 염색되는 부위를 **진정염색질(euchromatin)**이라고 한다.

염색체의 분자 구조는 **형광물질 혼성화(FISH, fluorescent in situ hybridization)** 방법으로 더욱 잘 연구되어졌는데, FISH는 개별적인 염기서열을 형광 물질로 표지한 후(반복서열 DNA를 많이 이용) 염색체 DNA와 분자 교잡시키는 방법이다. 개별적 DNA를 분리하고 형광물질로 표지한다. 표지된 DNA는 전통적인 세포유전학적 염색과 동일한 방법으로 이용한다. 표지된 DNA는 염색체 상의 상동 DNA와 분자 교잡을 하므로 이들이 결합하는 부위는 형광을 띄게 된다. 적절한 DNA 단편들과 다른 색깔의 형광 표지 조합으로 각 개별적인 염색체들을 구별할 수 있다(그림 4.2). 염색체 검경과 FISH는 인간 유전학 검사에서 여러 종류의 중심적인 염색체 분석 방법인데, 한 예로 태아가 유전적 이상을 갖고 있는 지에 대한 검사를 들 수 있다.

1장에서 기술한 것과 같이, 염색체를 구성하고 있는

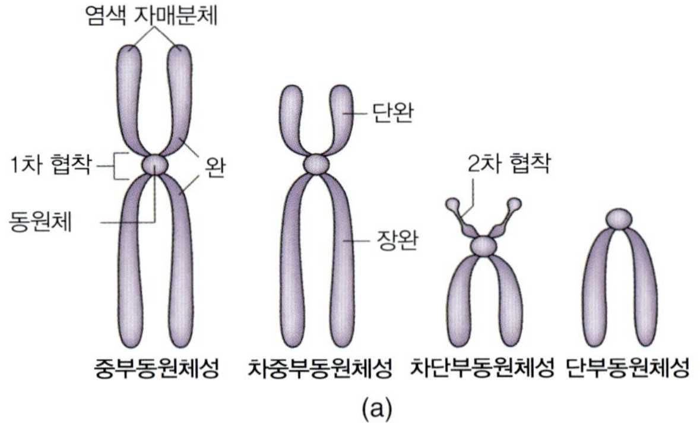

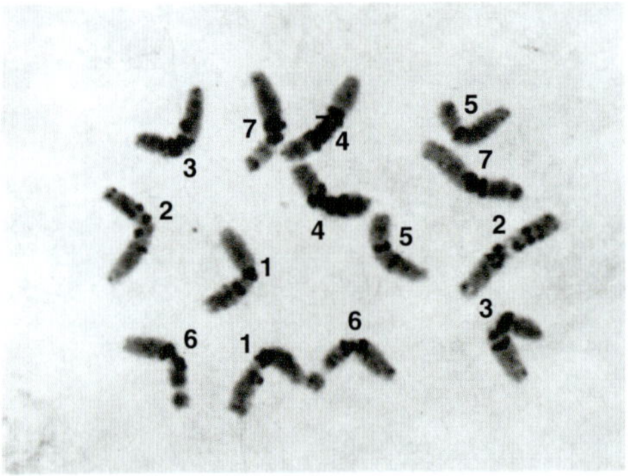

그림 4.1 (a) 중부동원체성(metacentroc), 차중부동원체성(submetacentric), 차단부동원체성(acrocentric), 단부동원체성(telocentric) 염색체. Jones 등(2012)의 그림임. (b) 염색체 분염에 의해 이질염색질과 진정염색질이 보인다. Barley Genetics News Letter, Colorado State University, 1982, 겉 표지, Singh and Tsuchiya 1981.

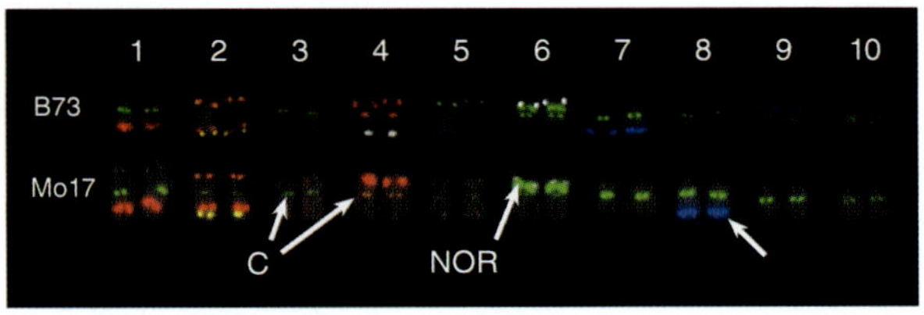

그림 4.2 옥수수 연구에서 가장 흔하게 이용되는 두 순계 계통 B73와 **Mo17의 핵형.** 염색체 상단의 숫자는 염색체 번호를 나타낸다. 염색체들은 여러 가지 조합으로 형광 표지된 반복서열 DNA 탐침자들과 교잡되어 있다. 예를 들면, 동원체(C)는 4번 염색체를 제외하고는 모두 녹색으로 표지되어 있는데, 4번 염색체의 동원체에는 다른 종류의 반복서열 DNA들로 되어 있어서 빨간색으로 나타났다. 리보솜 RNA를 암호화하고 있는 인 형성 부위(nucleolus organizing region, NOR)는 6번 염색체에 있으며 역시 녹색으로 표지되어 있고, 5S rRNA 유전자는 2번 염색체 있는데 노란색으로 표지되어 있다. 핵형이 두 계통에서 전체적으로는 비슷하지만, 각 계통은 특정한 반복서열의 위치나 숫자에서 약간씩 차이를 보인다. 표지 안된 화살표는 Mo17에는 존재하지만 B73에는 없는 반복서열 DNA를 나타낸다. Kato 등(2004)의 결과를 허락 후 게재. Copyright(2004) National Academy of Sciences, USA.

염색질은 DNA와 염색체 단백질들로 구성되어 있다. 각 DNA 분자는 길고, 뼈대 구조를 이루는 인산기로 인하여 음이온을 띠고 있다. 음이온은 양이온을 띠고 있는 단백질들과 결합하는 데 있어서 중요하다. DNA는 접힘 상태로 있어야 핵 내로 포장되어 들어가서 복제와 전사를 위한 단백질들과 결합할 수 있다. 예를 들면, 대장균의 유전체은 염기수가 4.6×10^6 bp이고 길이는 약 1.5미터에 달하는데 이것이 직경 0.5 μm 그리고 길이 1 μm 정도의 원통형 세포에 포장되어 들어가야 한다. 이것은 적어도 1,000배 정도로 압축되어야 가능하다. 진핵생물에서는 문제가 더욱 심각하여 훨씬 긴 DNA 분자들이 작은 세포 내의 기관인 핵으로 포장되어 들어가야 한다.

첫 번째 포장 단계는 **히스톤(histones)** 단백질을 DNA가 휘감는 것이다. 히스톤 단백질들은 아미노산 서열이 매우 보존적이며 크기가 약 11–21 kDa 정도의 작은 염기성 단백질들이다. 히스톤 단백질들은 양이온을 띄는 라이신(lysine)과 아르기닌(arginine) 잔기를 많이 가지고 있으며, 이러한 양이온화는 음이온성인 DNA와 결합하여 이온성을 중화시키는 데 도움을 준다. 세포 내의 염색질에는 H1, H2A, H2B, H3, H4와 같은 5가지의 히스톤 단백질들이 있으며, 이외에 덜 알려 있지만 특별한 기능을 가지는 히스톤 변형체(예, H2X, H2Z, CENH3 등)들이 있다. H2A, H2B, H3, H4들은 서로 결합하여 4량체를 만들며, 4량체 2개가 모여서 히스톤 8량체를 만드는데 이것의 모습은 정육방체형이다. 히스톤 8량체를 약 146 bp 정도되는 DNA가 2회 정도 감싸며, 이러한 구조를 **뉴클레오좀(nucleosome)**이라고 한다. 히스톤 H1 단백질은 뉴클레오좀 입자 사이의 약 10 bp 정도되는 DNA와 결합하여 [이 구조를 크로마토솜(chromatosome)이라고도 함] 뉴클레오좀을 감싸고 있는 DNA들을 안정화 시키는 "클립(clip)" 역할을 한다. 뉴클레오좀 핵심부위의 구조는 1997년 스위스 Zurich 공대의 Timorthy J. Richimond가 X-선 결정체로 분석하는 데에 성공하였다.

1개 뉴클레오좀의 양면 중 하나에는 히스톤과 결합하지 않은 20–200 bp의 DNA가 뻗쳐 나와 있다. 결과적인 구조는 뉴클레오좀 각각이 비-코일링된 짧은 DNA 단편

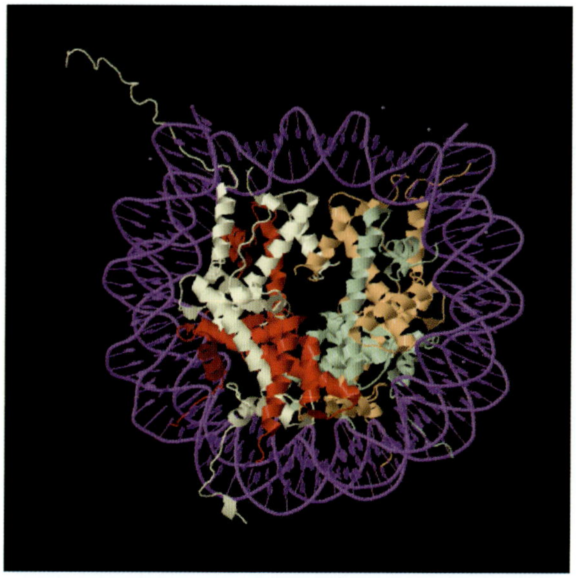

그림 4.3 **뉴클레오좀 구조.** 히스톤 단백질들이 히스톤 중심부를 형성하는데, H2A, H2B, H3, H4 히스톤 단백질들이 결합하여 4량체를 만들고 이것이 2개가 결합하여 8량체를 이룬다; 히스톤들의 α-헬릭스는 색칠한 리본 모양이며, N-말단과 C-말단 꼬리가 선으로 표시되어 있음. DNA는 자주색으로 나타냄. 원래의 3D 이미지는 http://www.rcsb.org/pdb/explore/jmol.do?structureId=1AOI&bionumber=1에서 볼 수 있음.

으로 분리되어 있는데 이것을 전자현미경으로 관찰하여 보면 염주알이 실에 꿰어져 연결된 것 같은 구조를 하고 있다. "**beads on a string**" 구조는 폭이 10 nm이다(그림 4.4). 이러한 염색질 구조의 레벨을 종종 10 nm 섬유라고 부르거나 또는 뉴클레오좀 배열이라고 부른다. 히스톤과 DNA 상호작용에 대한 더 자세한 설명은 12장에서 다룬다.

유전체 내에서 뉴클레오좀들은 임의적으로 배치되지 않으며 DNA의 일차적 서열과 히스톤의 구조에 의해 조절된다. 뉴클레오좀 위치화는 핵산분해효소(nuclease)[박테리아 *Ataphylococcus aurens*로부터 분리한 핵산내부 분해효소인 micrococcal nuclease(MNase)을 이용]을 이용하여 염색질을 절단한 후 분리하여 연구하는데, 이 MNase는 뉴클레오좀 사이의 간격에 있는 DNA는 절단할 수 있지만, 히스톤을 감싸고 있는 DNA는 절단하지 못한다. 따라서 염색질을 MNase로 처리하면 뉴클레오좀을 분리할 수 있다. 분리된 뉴클레오좀으로부터 DNA와 단백질을 따로 분리함으로써 DNA의 염기서열을 결정한다. 이와 같은 방법으로 수천 개의 뉴클레오좀인 "footprint"를 분석하여 뉴클레오좀인 결합 패턴을 결정할 수 있었다.

지금까지 연구된 모든 생물체들에서 단백질 암호화 유전자의 전사 개시 부위로부터 수백 bp 정도의 상위 부위에는 뉴클레오좀이 없는 뉴클레오좀 자유지역인 것으로 나타났다. 이것은 아마도 전사기구들이 DNA로의 접근을 용이하게 하기 위해서인 것으로 보인다. 유전자의 3′ 끝 부위도 뉴클레오좀 자유지역이다. 첨언하면, 모든 생물체들에는 전사개시 하위 부위에 뉴클레오좀들이 존재한다. 이와 같은 뉴클레오좀 하위 부위를 +1 뉴클레오좀(+1은 뉴클레오좀 넘버이며, 염기쌍을 나타내는 것은 아니다)이라고 하는데 이 부위는 일반적으로 변형되어 있어서 전사 개시 복합체를 위치시키는 데 필요한 듯하다(Jiang and Pugh 2009). 동물과 곰팡이에서는 전사개시 상위 지역인 −300에서 −150 bp 지역에 뉴클레오좀이 있지만, 식물에는 없다(Fincher 등., 2013). 왜 이들 다른 생물계들이 이러한 차이를 보이는지는 확실치 않다. 여러 종류의 전이인자들도 자신의 특이적인 뉴클레오좀 위치화를 보이는데, 전이인자들이 말단 부위에 있는 반복서열들에는 뉴클레오좀이 존재한다(Fincher 등., 2013).

뉴클레오좀들은 DNA에 작용하는 단백질 기구에 방해가 된다; 뉴클레오좀은 유전자 전사나 DNA 복제에 문제를 발생시킨다. 전사되는 동안, 뉴클레오좀들은 미끌어져서 자신들의 위치를 수 개의 염기 정도로 이동하거나, 뉴클레오좀들이 변형되어 DNA와 덜 밀접하게 결합하거나, DNA 가닥으로부터 완전히 떨어질 수도 있다. DNA가 복제될 때에는, 뉴클레오좀이 반드시 제거되어야 하고 복제 후에는 다시 결합하여야 한다. DNA로의 뉴클레오좀 접근을 조절하기 위하여, 작용기들이 히스톤들에 공유적으로 결합하여 DNA-히스톤 결합력을 강화시키거나 약화시킨다. 히스톤 변형에 대해서는 12장에서 자세하게 다룬다.

10 nm 염색사는 뉴클레오좀들이 결합하지 않은 DNA에 비하여 응축된 구조이지만 아직 핵 안으로 포장되어 들어가기에는 너무 길다. 염색사 길이가 더욱 응축되기

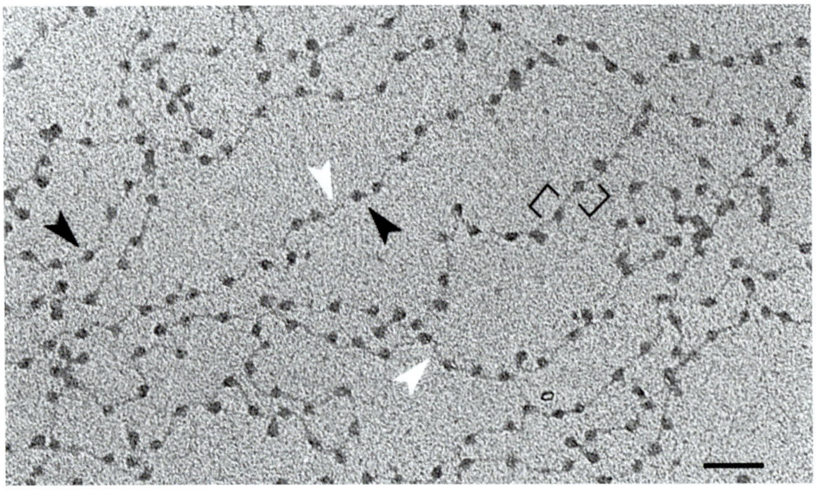

그림 4.4 **뉴클레오좀을 DNA가 감싸고 있는 구조인 10 nm 염색사의 전자현미경 사진.** 검은색 괄호와 검정 화살표들은 각 뉴클레오좀 중심 파티클들을 보여주고 있으며, 흰 화살표는 연결 DNA를 나타낸다. http://commons.wikipedia.org/wiki/File:Chromatin_nulceofilaments_%28etail%29.png. Chromatin_nucleofilaments.png: Chris Woodcock derivative work: Gouttegd(Chromatin-nucleofilaments.png) [CC-By-SA-3.0(http://creativecommons.org/license/by-sa/3.0), Wikipedia Commons.

위해서, DNA는 6개의 뉴클레오좀들이 H1 히스톤에(연결 히스톤이라고도 함) 의해 묶여서 고리 구조를 이루고 접혀서 더욱 응축된 구조를 이뤄야 한다. 이러한 구조를 30 nm 염색사라 하는데 이것의 정확한 구조는 알려져 있지 않으며 지그재그와 **솔레노이드(solenoid)** 모델이 제시되었다(그림 4.5). 여러 솔레노이드들이 뭉쳐서 감겨진 구조는 폭이 30 nm이므로 30 nm 염색사라고 부른다. 30 nm 염색사는 세포분열 간기의 DNA 구조로 이것은 너무 가늘어서 광학현미경으로는 관찰되지 않는다.

비록 책에서는 염색체들이 핵 내에서 자유롭게 떠 다니는 것으로 그려져 있지만, 실제로는 DNA가 핵기질(nuclear matrix)에 붙어 있는데, 핵기질은 핵막과 연결된 염색사의 그물망이다. 단백질들이 핵기질에 결합하고 DNA에 있는 특정한 핵기질 결합 부위(matrix attchement regions, MARs)에 결합한다. 각 MARs는 보통 수만에서 수십만 염기쌍 정도 떨어져 있으므로 DNA는 핵기질과 연결된 긴 고리구조를 형성하게 되는 것이다(그림 4.6). 어떻게 핵기질 결합단백질이 MAR를 인식하는지는 모르며, MARs들은 비록 몇 가지의 일반적인 특징은 있지만 특정한 염기서열을 가지지는 않는다(이 부위는 A-T 염기쌍이 풍부하고 반복서열 염기서열을 가지고 있는데 이 부위는 아마도 휘어지고 구부러지는 DNA로 되어 있는 듯하다)(Ottaviani 등., 2008). MARs는 서로 간에 DNA 고리로 떨어져 있으므로 고리 내에 존재하는 유전자들은 인접한 고리에 존재하는 유전자들과는 다르게 조절되며, MAR 자신은 전사 조절자들이 정박할 수 있는 부두(dock)로 작용하는 것 같다.

MARs의 고립적 능력은 생명공학에서 형질전환으로 도입하는 유전자의 임의적 삽입 문제를 해결하는 데 유용하다(Singer 등., 2011). 일반적으로 유전공학에서 외래 유전자는 유전자 전사를 크게 향상시키는 강력한 프로모터를 가지고 도입된다. 이렇게 강력한 프로모터를 가진 유전자가 유전체에 무작위적으로 삽입된다. 이들이 삽입된 위치에 따라, 도입된 프로모터는 인접한 유전자들의 발현에 영향을 미치게 되고 mRNA의 과잉 생산은 유전자 침묵에 이르게 된다. 이러한 위치효과는 11장에서 자세히 다룬다. MARs를 도입하고자 하는 유전자 카세트의 앞 뒤로 위치시켜, 형질전환 도입된 유전자가 유전체 내에서 고립되도록 함으로써 무작위적 삽입 시의 해로운 효과를 경감시킨다. 그러나 이러한 실험의 결과는 특정한 MAR에 따라서 MAR의 고립 효과가 섞여 나타난다. 이것은 MARs가 DNA 서열이 상당히 이질적인 것처럼 기능에서도 이질적이라는 것을 나타낸다.

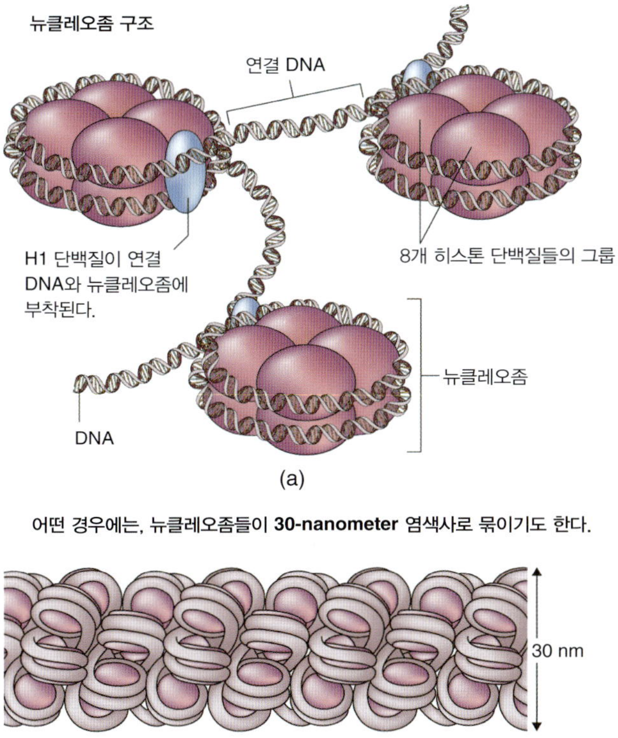

그림 4.5 10 nm와 30 nm 염색사의 구조. (a) DNA가 히스톤 8량체를 감싸고 있는 10 nm 염색사; 히스톤 H1이 뉴클레오좀 바깥에 붙어있다. (b) 30nm 염색사 솔레노이드. 6개의 뉴클레오좀이 나선식으로 H1에 의해 묶여서 안정화된다. Jones 등(2012). John Wiley & Sons의 하락 후 게재.

4.2 말단소립들은 염색체 끝에 존재한다

각 염색체의 맨 끝 말단부위에는 유전자가 존재하지 않으며 말단소립(telomere)이라고 알려진 구조로 되어 있다(그림 4.7a). 말단소립은 짧은 염기서열의 반복으로 되어 있는데, 식물의 말단소립은 대부분 TTTAGGG의 7 bp를 수백 번 반복하여 가지고 있다. 반복의 수는 세포 형태와 기관에 따라 다르다. Asparagales(아스파라가스목)과 같은 어떤 식물그룹들은 반복 염기가 TTAGGG와 같은 6 염기의 반복으로서 척추동물의 말단소립 반복과 같지만 이들의 기원은 서로 다른 것이다.

염색체를 구성하는 DNA 분자들의 길이가 동일한 것은 아니다. 3′ 말단이 5′ 말단 보다 길어서 G 염기의 거의 절반에 해당하는 돌출 염기를 만든다. G 돌출 염기는 접혀져서 이중 나선으로 되어 새로운 3′ 말단을 형성하여 핵산분해효소로부터 3′-말단 부위를 보호한다(그림 4.7b). 말단소립은 일련의 단백질들에 둘러 싸여서 쉘터린(shelterin)이라고 알려진 복합체로 되어 있다. 쉘터린에 대한 대부분의 연구는 동물과 곰팡이에서 이루어졌지만, 식물에서는 소수의 단백질이 알려져 있다(Watson and Riha, 2010). 여기에는 PROTECTION OF TELOMERES1(POT1) 단백질이 있는데, 애기장대에는 이 단백질을 POT1A, POT1B, POT1C와 같이 3개의 사본을 가지고 있다. POT1C는 말단소립에 결합하여 이 부분이 염색체의 끝이라는 것을 효과적으로 표시함으로써, 말단소립 부위가 손상된 DNA로 인식되어 분해 효소들에 의해 분해되거나 변형되는 것을 방지하며, POT1A는 말단소립에 결합하여 말단소립과 함께 기능을 한다(Watson and Riha 2010). 포유동물 단백질 TRF와 비슷한 단백질들이 식물에서도 발견되었는데, 이들이 동물이나 곰팡이에서와 같은 역할을 하는지는 확실

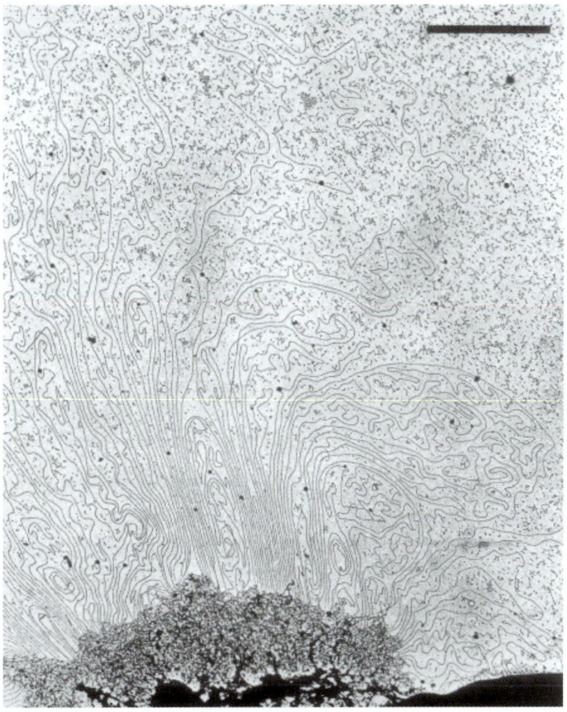

그림 4.6 DNA 고리들이 핵의 주위에 연결되어 있는 전자현미경 사진. 부착은 DNA의 핵기질 부착부위(MARs)와 핵 뼈대 단백질들의 상호작용에 의해 생성된다. Paulson and Laemmli(1997). Elsevier의 허락 후 게재.

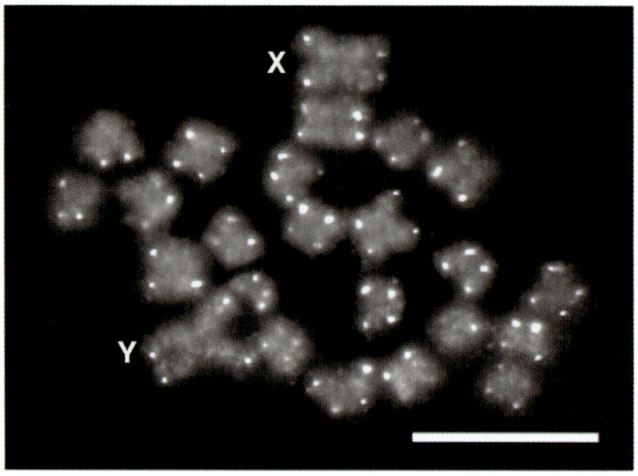

(a)

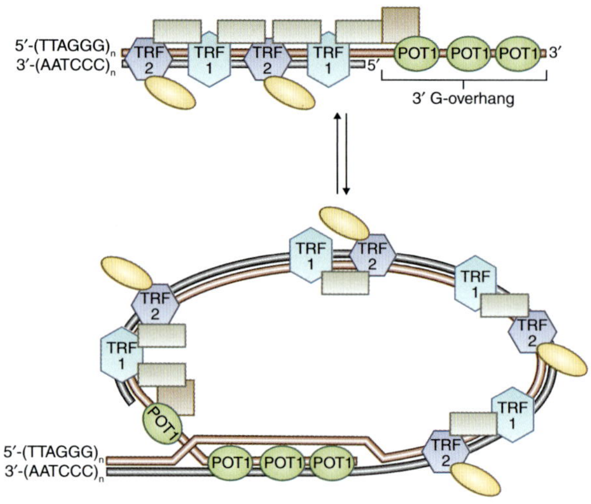

(b)

그림 4.7 말단소립. **(a)** 형광 표지된 말단소립 반복서열 TTTAGGG에서 탐침자와 결합되어 형광을 나타내는 표지된 *Melandrium album* (= *Silene latifolia*) 염색체. *M. album*은 성염색체를 가지고 있는 몇 안되는 식물들 중의 하나로서 X와 Y 염색체들이 표지되어 있다. Riha 등(1998). Copyright 1998 American Society of Plant Biologists. 허락 후 게재. **(b)** G-돌출과 T-고리(접힘 고리)를 보여주는 말단소립 모델. Lamarche 등(2010)을 변형함. Elsevier의 허락 후 게재.

하지 않다. G-가닥-특이적 단일-가닥 말단소립 결합 단백질(G-strand-specific single-stranded telomere binding proteins, GTBPs)이 G 돌출 염기에 결합하여 길이를 조절하고, 상위 부위 염기들의 접힘 과정을 조절한다(Lee and Kim, 2013).

말단소립의 중요한 역할을 이해하기 위해서는 세포 주기의 S기에 일어나는 DNA 복제를 잘 알아야 한다(그

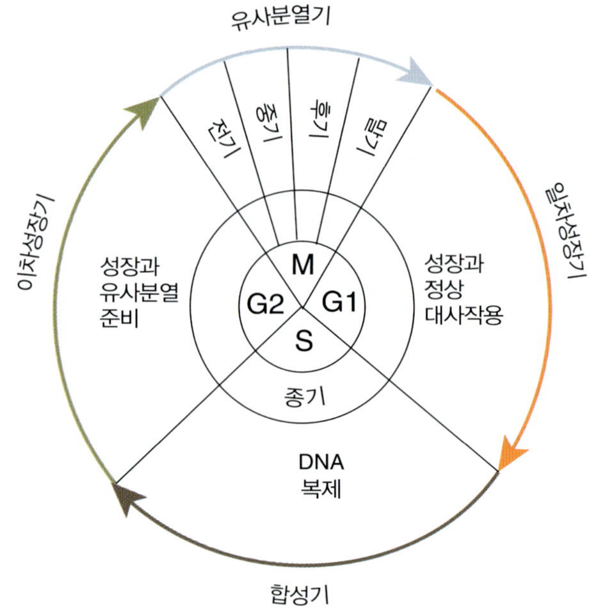

그림 4.8 세포 주기. 세포 성장은 기본적으로 G1이나 Gap1기부터 개시된다. 세포는 DNA가 복제되고 G2기 또는 Gap2기 동안 분열에 필요한 기구들을 합성한다. 염색체 분열은 유사분열에서 일어나는데 유사분열 후에는 세포분열이 이어져서 세포질분열(cytokinesis)로 진행될 수도 있고 휴지기로 있을 수도 있다.

림 4.8). 복제는 복제 시발점(origins of replication)이라고 알려진 특정한 부위부터 DNA 가닥을 따라서 시작된다(그림 4.9). DNA 헬리케이스(helicase)가 이중 나선의 DNA에 결합하여 나선 구조를 풀어 놓으면, 단일-가닥 결합 단백질들이 결합하여 열린 구조를 만드는데, 나선이 풀리는 지점을 복제 분기점(replication fork)이라고 한다. 복제 분기점의 형성은 나선에 장력을 유발하는데(전화선의 꼬여짐을 푼다고 생각하여 보아라), 이것은 DNA 가닥을 끊고 다시 이어 붙이는 효소인 토포아이소머레이즈(topoisomerase)에 의해 해결된다. 일단 복제 분기점이 만들어지면, DNA 중합효소 III가 상보적인 DNA를 만들기 시작한다. 그러나 DNA 중합효소 III는 단일 가닥 DNA에는 결합을 하지 못한다. 중합효소가 결합할 수 있도록 이중-가닥 DNA 구조를 만들기 위해 primase라는 효소가 DNA 상보적인 짧은 RNA 프라이머를 만든다. DNA 중합효소 III은 이제 결합하여 주형 가닥에 상보적인 염기들을 5′에서 3 방향으로 붙여 나간다.

DNA 복제는 DNA 가닥들의 방향이 역평행하므로

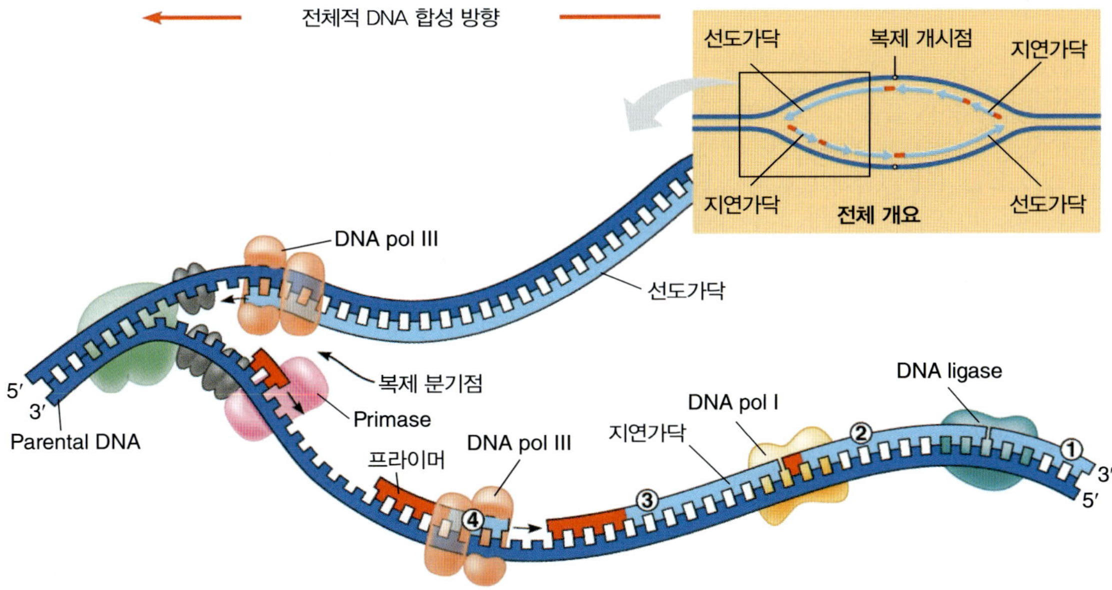

그림 4.9 **DNA 복제.** 복제는 염색체의 여러 곳에 있는 복제 시발점들로부터 개시되어 한번에 양 방향으로 진행된다(내부 확대 그림 참조). DNA의 두 가닥을 복제하기 위해, DNA는 helicase(밝은 녹색)에 의해 나선이 풀리고 단일-가닥 결합 단백질들(회색)에 의해 열린 구조로 된다. Primase(분홍색)이 RNA 프라이머(붉은색)을 만들어서 결합시키고 DNA 중합효소 III(주황색)이 여기에 결합을 하여 상보적인 DNA를 합성한다. 지연가닥에서 DNA 중합효소 I(밝은 주황색)이 RNA 프라이머를 제거한 후에 DNA로 대체시키고, 최종으로 DNA ligase(진한 녹색)가 Okazaki 단편들을 이어 붙이기한다. Reece 등(2011).

문제가 발생한다. **선도가닥(leading strand)**으로 알려진 가닥의 DNA 합성은 복제 분기점 방향으로 향한다. Helicase가 DNA를 계속 풀어나가므로 DNA 합성은 선도가닥에서는 연속적으로 진행되어 염색체 끝까지 갈 수 있다. 그러나 **지연가닥(lagging strand)**로 알려진 또 다른 가닥은 복제 분기점에서 바깥 방향으로 복제한다. 이것은 DNA 중합효소 III가 단일-가닥의 주형 DNA에서 한 방향으로만 DNA 합성을 한다는 것을 의미한다. 그러므로 DNA 중합효소 III는 DNA에 결합하여 DNA 합성을 오랫동안 진행하다가 DNA로부터 분리된 후에, 다시 복제 분기점 부근에 결합하여야 하며 primase는 각 라운드마다 새로운 프라이머를 만들어 내야 한다. 그 결과 DNA 합성은 지연가닥에서 조각으로 합성되게 되는데 이러한 조각을 Okazaki 단편이라고 한다. Okazaki 단편들이 만들어지고 난 후 DNA 중합효소 I이 RNA 프라이머 바로 상위 부위의 새로운 이중-가닥 DNA에 결합을 하여 RNA 프라이머의 RNA를 제거한 후에 DNA로 대체시킨다. 최종적으로 ligase가 단편들의 조각을 이어 붙이기를 하여 하나의 연속적인 분자를 완성한다. 뉴클레오좀은 다시 재조립되어 딸가닥 DNA의 새로운 가닥에 결합하는데 H3/H4 복합체가 먼저 오고 나중에 H2A/H2B 복합체가 와서 결합한다(Annuziato 2005).

지연가닥의 마지막 끝은 복제될 수 없다(여기는 지연가닥의 3′ 말단으로서 새로 합성된 가닥의 5′ 말단에 상보적인 부위이다.) Primase는 DNA 가닥의 끝에 RNA 프라이머를 붙이고 DNA 중합효소 III는 끝에서부터 DNA를 합성하여 나가는데 이 마지막 단편은 앞에 있는 단편과 보통의 방법으로 이어 붙이기를 한다. 그러나 DNA 중합효소가 결합할 상위 부위 DNA가 없으므로 프라이머 부위에 상보적인 DNA를 채워 넣을 수 없다(그림 4.10).

위에서 설명한 기작으로 인해 진핵생물의 염색체들은 복제할 때마다 염색체 길이가 짧아진다. 그러나 말단소립의 반복서열 DNA들이 복제때 마다 일부의 반복(보통 50–100 bp 정도)을 잃게 함으로써 이러한 염색체 길이 짧아짐의 문제를 경감한다. 유전자들은 잃지 않는

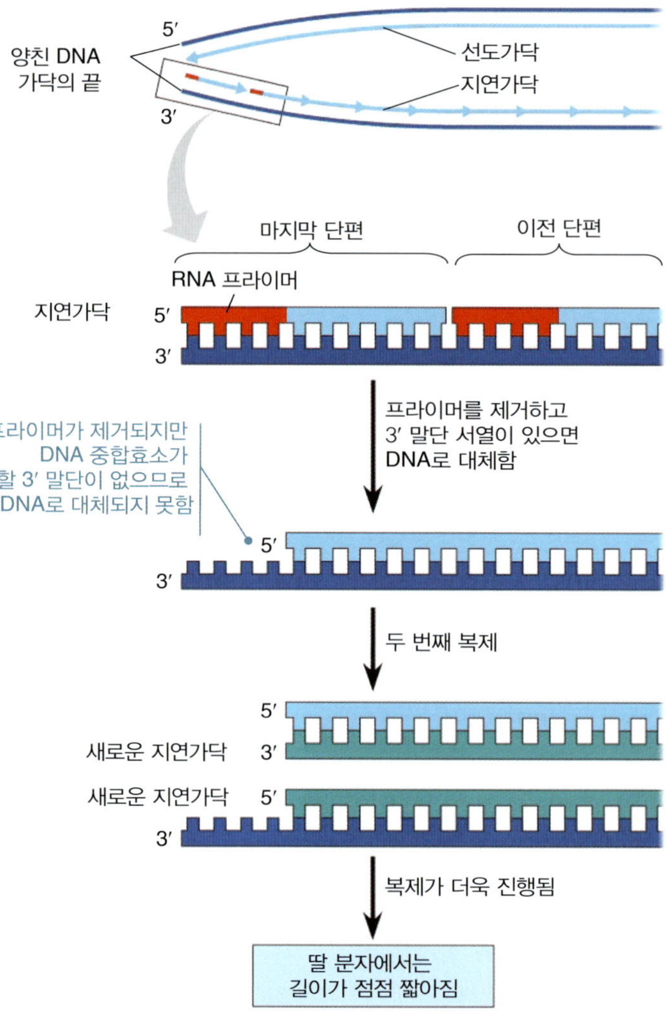

그림 4.10 복제 시에 말단소립의 짧아짐. Reece 등(2011).

다. 여러 번 분열을 하면, 동물세포들은 너무 많은 말단소립 서열들을 잃게 되어 세포분열을 더 이상 하지 못하는데 이러한 현상들은 인간-유래 세포들에서 잘 연구되어 있다. 그러나 식물세포에서는 분열의 중단이 이처럼 갑자기 일어나지 않지만, 염색체 이상의 증가가 선행된다. 세포가 계속해서 분열하기 위해서는 말단소립을 계속 재보충해야 한다. 말단소립 재보충은 1980년대에 Elizabeth Blackburn과 Carol Greider에 의해 발견된 텔로머레이즈(telomerase)라는 효소가 담당한다. Blackburn과 Greider는 다른 말단소립 연구자인 Jack Szostak과 함께 2009년에 노벨상을 수상하였다.

텔로머레이즈는 단백질과 RNA를 동시에 가지고 있는 효소로 ribonucleoprotein이라고 알려져 있다. 이것은 **텔로머레이즈 역전사 효소(telomerase reverse tanscriptase, TERT)**와 말단소립 반복서열(애기장대는 5′-CUAAACCUUA-3′)에 주형 상보적인 서열로 구성되어 있다. TERT는 DNA의 말단에 있는 돌출 염기에 결합을 하고 복제 시에 소실된 반복들을 다시 붙인다. RNA 분자는 반복서열보다 훨씬 길며, 염색체 말단에 텔로머레이즈 복합체를 위치시키는 다른 단백질에 결합하는 서열을 포함하고 있다. 식물들 간에는 텔로머레이즈 RNA가 상당히 보존적일 것으로 예상하였지만, 이것은 진화하는 동안 매우 신속히 변하였다; 이것은 우리가 애기장대에서 알고 있는 텔로머레이즈에 대한 지식이 다른 식물 종에 적용할 때에 변형될 수도 있다는 것을 의미한다(Belistein 등., 2012).

식물에서 텔로머레이즈는 여러 종류의 세포 형태에서 활성을 갖지만 분열 조직과 정세포(sex cells)에서 중요한 기능을 한다. 식물과 비교할 때 동물은 오직 줄기 세포에서만 텔로머레이즈가 활성을 가지고 있다. 식물이 발달되는 동안 정말로 말단소립이 짧아지는지 여부는 불분명한데 여러 식물에서 서로 상반되는 보고들이 있다. 식물세포를 배양하고 역분화 후 다시 재분화하면 말단소립 길이는 길어진다.

텔로머레이즈를 애기장대에서 녹-아웃 시키면 각 세대 마다 말단소립이 500 bp 정도가 짧아짐에도 불구하고

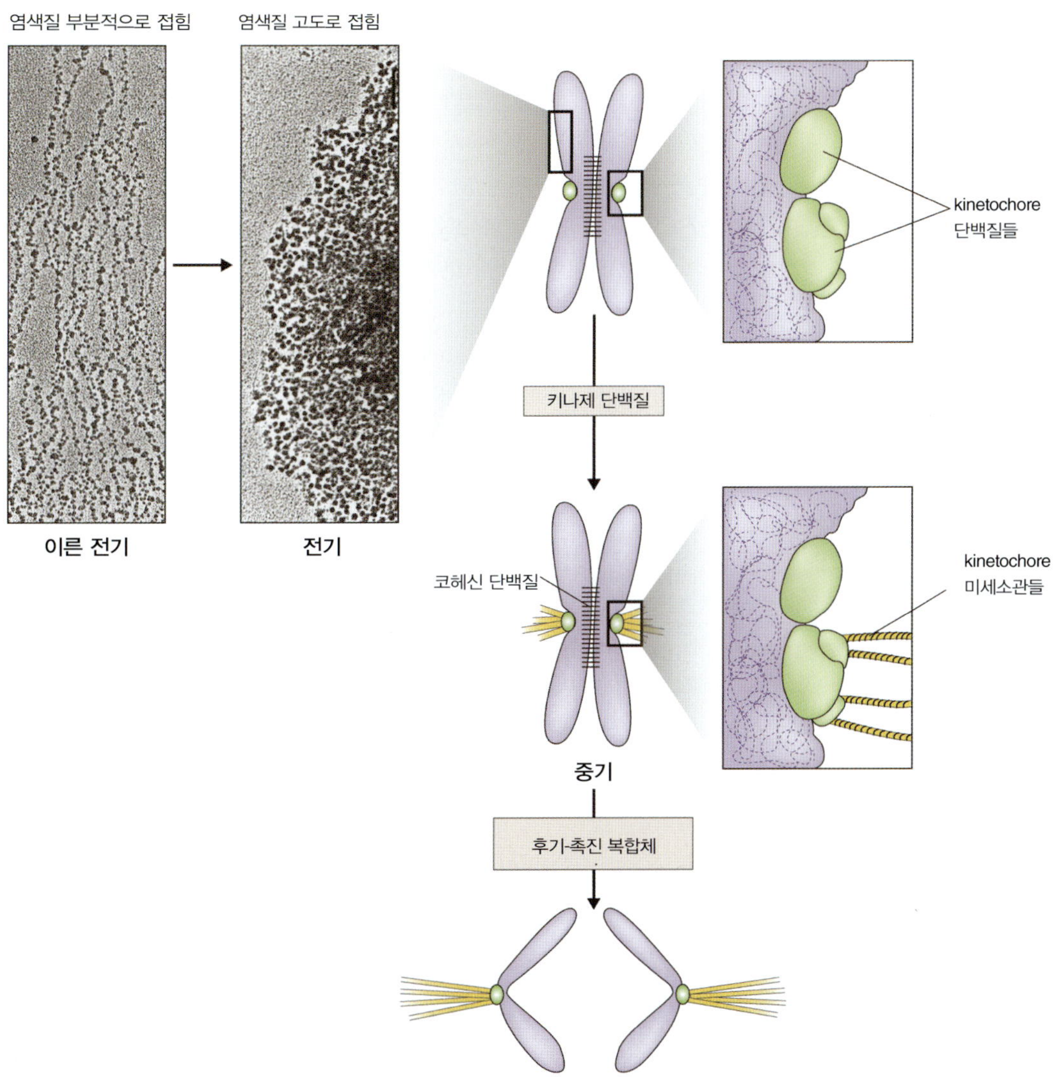

그림 4.11 동원체의 기능과 구조. 세포가 분열을 준비하면서, 염색체들은 서로 뒤섞이지 않고 분리될 수 있도록 응축된다. 이러한 응축은 전기에 일어난다. 동원체 단백질들은 동원체에 모여 결합하지만, 염색 자매분체들은 코헤신 단백질에 의해 결합되어 있으므로 분리되지 않는다. 중기에 미세소관들이 동원체 단백질에 부착된다. 후기 촉진 복합체는 코헤신 단백질을 분해하고 염색 자매분체들을 양극으로 이동시킨다. Jones 등., 2012. John Wiley와 Sons의 허락 후 게재.

식물체는 2세대 동안 생존하며 번식할 수 있다(Riha 등., 2001). 그러나 5세대 정도가 지나면 식물체들은 발달 이상을 보인다. 염색체 말단은 모자 구조를 잃어버리고 염색체들이 융합하여 비정상적인 세포분열에 이르게 한다. 10세대 후에는 식물체들이 정상적인 기관을 만들지 못하고 영구적인 영양체로 된다.

동원체 역설

식물, 동물, 곰팡이 등의 연구는 동원체의 기능은 상당히 보존적이지만, 동원체 DNA의 염기서열은 변이가 있으며 동원체와 관련된 단백질의 수에도 차이가 있다. 이것을 "**동원체 역설(centromere paradox)**"라고 하는데(Henikoff 등., 2001); 어떻게 종들 마다 DNA 서열이 다르고 결합하는 단백질의 수와 종류가 다른 것들로 되어져 있으면서도 필수적이고 상당히 선택적 구조(중심립)을 가질 수 있을까?

한 가지 답은 배주(모친)의 감수분열 양상에서 찾을 수 있다. 배주의(대포자 모세포) 감수분열은 약(約)(소포자 모세포)에서처럼 4개의 반수체 세포를 생산한다. 꽃밥에서 이들 반수체 각각은 화분으로 된다. 그러나 대부분의 현화식물 배주에서는 4개의 반수체 세포들 중 3개는 퇴화되고 1개 만이 남아서 대배우체(megagametophyte)로 된다. 세포 내 물질들이 살아 남는 세포로 편중된 분포는 대배우체까지 전달되어 종자가 된다. 이러한 편중 분리는 각 세대마다 증가한다. 이러한 일반적인 현상은 한쪽 방향으로 특정한 염기의 축척을 야기시키므로 **감수분열 부등(meiotic drive)**이라고 한다.

동원체와 관련하여 미세소관 결합 유도에 더욱 효과적인 kinetochore 구성분은 감수분열 부등에 의해 더욱 축적되는 경향이 있다(그림 4.12). 감수분열 부등 기작으로 인해 각 세대마다 더욱 "강력한" 동원체 염기들이 축척되고 새로운 염기서열이 집단에 신속히 퍼지게 된다. 이러한 기작이 물꽈리 아재비(monkey flower, *Minulus guttatus*)에서 잘 알려져 있는데, 이 식물에서는 동원체 관련 반복서열 DNA가 한 교배에서 자손에게 높은

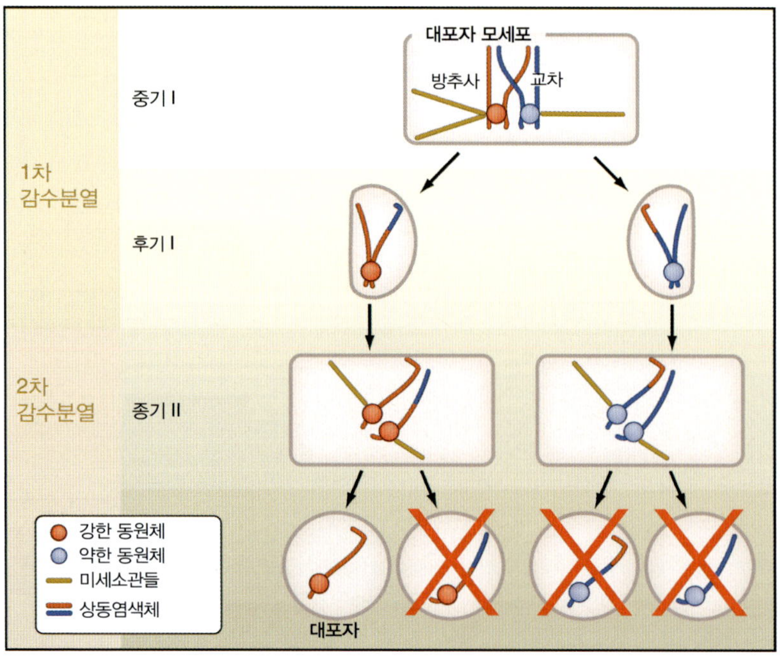

그림 4.12 감수분열 부등 모델. 1차 감수분열에서 상동염색체 쌍은 접합을 하고 서로 교차하며 미세소관들이 kinetochore에 부착된다. 만약에 동원체 하나에 돌연변이가 생겨서 여기에 부착되는 미세소관이 더욱 효과적으로 된다면, 이 염색체는 대배우체가 생성되는 세포로 우선적으로 이동하므로 배우체로 살아남는다. 대부분의 식물에서 이 세포는 주공(珠孔, micropyle)으로부터 멀리 떨어진 세포이다. 다른 대포자들은 퇴화되므로 결국 오직 "강력한" 동원체를 가진 것들만 후대로 전달된다. Maik and Henikoff(2009). Elsevier의 허락 후 게재.

빈도로 전달된다(Fishman and Saunders, 2008). 이러한 특수한 경우에서 동원체 반복서열은 이 반복서열을 동형접합으로 가지는 식물들이 이형접합형들이나 이 특정한 반복서열을 갖지 않는 식물에 비해 화분 임성이 떨어지므로 집단으로의 신속한 전파가 방해된다. 비슷한 기작이 B 염색체의 축적과도 관련이 있다.

동원체 역설의 두 번째 해답은 **유전자 변환(gene conversion)**에서 오는데 유전자 전환에 의해 상동 염색체 쌍의 동원체를 이루는 염기서열이 상동염색체 동원체에 의해 복사된다. 이 과정은 드물게 일어나고 관찰하기도 쉽지 않지만, 옥수수에서는 이에 대한 보고가 있다(Shi 등., 2010). 그러므로 감수분열 부등과 유전자 변환은 새로운 동원체 반복의 신속한 진화로 이르게 한다.

4.3 염색체의 중앙 – 동원체

동원체(centromere)는 유사분열과 감수분열 동안 미세소관(microtubules)이 결합하는 방추사부착점(kinetochore)를 형성하는 염색체의 부위이다(그림 4.11). 유사분열 염색체와 감수분열 염색체에서 이 부위는 염색 자매분체가 붙어서 염색체가 X-형태로 보이도록 하는 염색체 중앙의 잘록한 일차 협착으로 나타난다. 지금까지 연구된 대부분의 생물체들에서 동원체는 이질염색질 부위에 나타난다. 이질염색질 부위는 진정염색질 부위보다 복제가 늦으며, 전사되는 유전자를 아주 적게 가지고 있고, 감수분열에서는 교차가 일어나지 않고 히스톤 단백질의 변형체들과 특정한 단백질들이 결합한다. 동원체 이질염색질 부위는 비교적 빽빽하여 세포 분열하는 동안 자매분체를 kinetochore에 의해 끌고 가는 힘을 견디게 하는 데 필요하다. 또한, 제1차 감수분열에서 동원체에 붙들고 있는 단백질들은 이질염색질에 부착된다.

주요한 진화적 전환이 박테리아의 원형 염색체와 진핵생물의 선형 염색체 간에 일어났다. 박테리아 염색체들의 분리는 DNA 서열에 의하는 반면(예, 유전적 결정론), 대부분의 진핵생물 세포에서 분리지점의 결정은 염기서열과 무관하다(예, 후성유전학적 결정론)(Malik and Henikoff., 2009). 출아 효모(*Saccharomyces cerevisiae*) 및 이와 유연적으로 가까운 종들은 예외적으로 동원체 유전적 결정론으로 회귀하였는데, 이들의 동원체는 일반적 진핵생물 동원체 기구들 중에서 많은 구성분들이 결핍되어 있다.

4.3.1 동원체는 동원체-특이적 히스톤을 가지고 있다.

염색체의 다른 부위와 마찬가지로 동원체에 있는 주요한 단백질은 **히스톤**들이다. 그러나 동원체 뉴클레오좀들은 histone 3(H3) 대신에 동원체-특이적 히스톤 CENH3를 가지고 있다. 진핵생물에서 CENH3는 동원체의 표지자로서 염색체 어느 곳이든 CENH3가 존재하면 kinetochore를 구성한다. 흥미롭게도, CENH3를 감고 있는 DNA는 오른손 나선으로 되어 있는데, 다른 부위의 뉴클레오좀은 왼손 나선으로 DNA가 뉴클레오좀을 감고 있다. 나선의 방향은 DNA의 구조에 영향을 미친다. CENH3 뉴클레오좀 블록은 H3 뉴클레오좀 블록과 상호적으로 존재하는데 H3 히스톤 블록은 전사적으로 활성화한 부위이다. 이것은 뉴클레오좀 블록들이 CENH3 부위는 유사분열이나 감수분열시 염색질의 외부에 존재하여 다른 kinetochore 단백질들과 상호작용하는 위치에 존재한다는 모델을 제시한다(Wu 등., 2012). 대조적으로 H3 뉴클레오좀은 염색질의 내부에 위치한다(그림 4.13). CENH3 뉴클레오좀이 동원체 특이적 H2A, H2B, H4 등을 가지고 있는지는 불분명하며, 이들 변이체 히스톤들에 대해 효모의 연구에서 보고된 적은 있다(Henikoff and Furuyama, 2012).

H3와 CENH3 모두 N-말단 "꼬리"를 가지고 있는데 이 꼬리는 유사분열 시에 염색체의 정확한 분열에 필요하다(Ravi 등., 2010). CENH3의 히스톤 접힘 서열이 진핵생물들에서 상당히 보존적인 반면, N-말단 꼬리의 서열은 많은 차이가 난다(그림 4.14). 현화식물들에

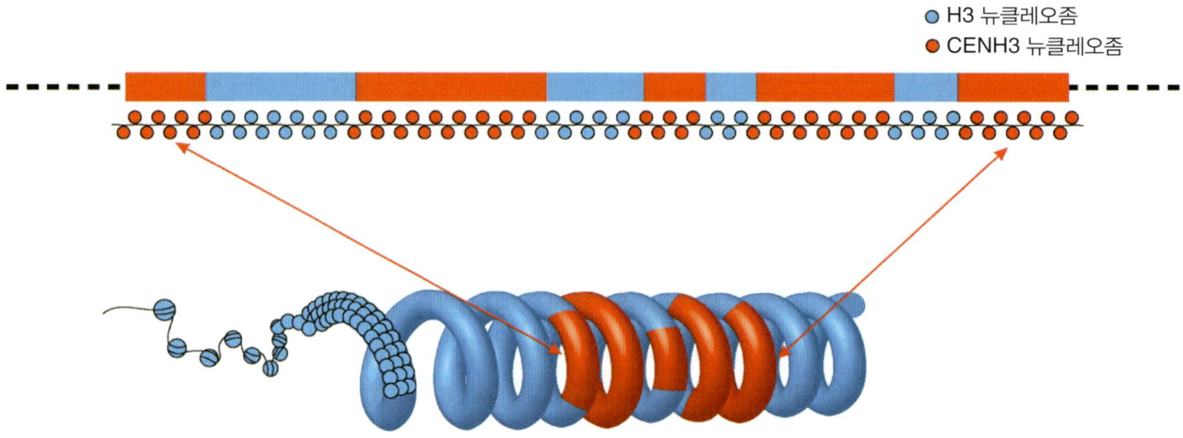

그림 4.13 벼 동원체의 가상적인 삼차원 구조. 정상 뉴클레오좀 블럭(H3, 청색)은 동원체 뉴클레오좀(CENH3, 붉은색) 블럭과 교호적으로 위치한다. 염색질이 CENH3 부위 나선이 한 쪽에 위치하면 여기에 kinetochore가 결합을 하는 반면, H3 부위는 안 쪽에 위치한다. Wu 등(2012). Copyright 2012 American Society of Plant Biologists. 허락 후 사용.

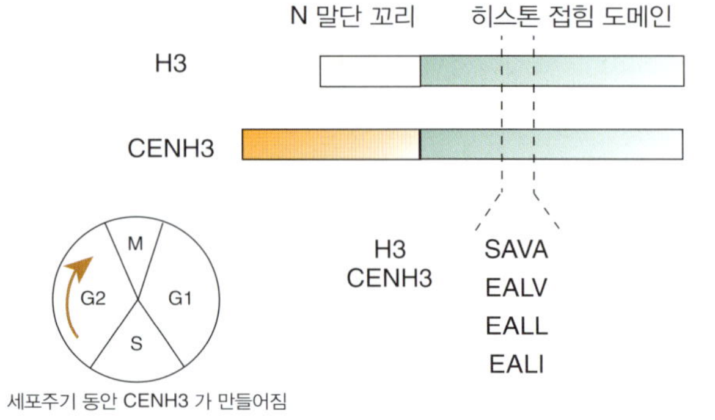

그림 4.14 식물 히스톤 H3와 CENH3의 비교. 모든 히스톤들은 보존적인 접힘 도메인을 가지고 있다(녹색). 히스톤 H3에서 N-말단 꼬리(크림색)은 진핵생물에서 보존적인 반면, CENH3 의 N-말단 꼬리는 길이와 서열이 생물마다 다르다(주황색). 히스톤 접힘 도메인의 네 잔기들이 CENH3와 H3에서 차이가 난다. CENH3에서는 4번째 잔기가 다르다. CENH3 히스톤들은 세포 주기에서 G2기에서 DNA와 결합하는 반면, 히스톤 H3는 항상 S기에서 결합한다. Malik and Henikoff(2009).

서 조차, CENH3 서열은 종-특이적으로서 *Arabidopsis arenosa*의 CENH3은 *A. thaliana*의 *cnh3* 돌연변이를 대체 보완할 수 있지만, *Brassica rapa*(*Arabidopsis*와 같은 과에 속함)의 CENH3는 *cnh3* 돌연변이를 대체할 수 없다(Ravi 등., 2010). *Brassica*의 CENH3는 동원체 부위에 위치하지만, 유사분열이 적절히 진행되도록 하는 데에는 역할을 하지 않는다.

CENH3 서열의 차이는 유사분열과 감수분열에서 kinetochore 형성에 영향을 미쳐서 염색체 분리를 조절한다(Henikoff and Chan, 2010). CENH3 영 돌연변이(null mutation)를 가진 *Arabidopsis* 식물체를 야생형 식물체와 교배하면 수정은 정상적으로 이루어지지만 접합자에서 처음 몇 번의 유사분열 후, 돌연변이 CENH3 뉴클레오좀을 가진 염색체들은 제거된다(그림 4.15). 이것은 식물들이 오직 한 벌의 염색체 만을 가지기에 반수체가 된다는 것을 의미한다. 배우체만 반수체이고 이외의 세포가 반수체일 경우에 치사하는 동물과는 달리, 식물은 반수성을 견디는데, 반수체 식물들은 이배체 양친에 비해 식물형이 작지만 건강하다. 그러나 감수분열이 일어나지 않으므로 불임이 된다. 때때로 반수체 식물이 정상적인 배우체를 생산하는 경우가 있는데 이는 감수분열에서 한 벌의 염색체들이 모두 한쪽으로 이동을 하여 딸 세포로 들어가는 경우이다. 이런 식물을 자가 수분시키면 모든 유전자형이 동형접합인 **이중 반수체(doubled haploid)**가 만들어다(Ravi and Chan 2010).

CENH3 서열의 특이성은 식물 육종에서 실용적으로 적용된다. 많은 작물들이 배수체인데(예, 밀), 배수체에서 각 유전자들은 사본을 2개 이상을 가지기 때문에 전통 육종과 유전 분석이 느리고 어렵다. 그러나 만약에 배수체 유전체가 한 세대 만에 이배체로 돌아간다면, 유전학은 한층 간단해진다. 이러한 방법이 일부 곡류에서 사용되었지만, 이것은 특정한 반수체-생성 양친 계통을 찾

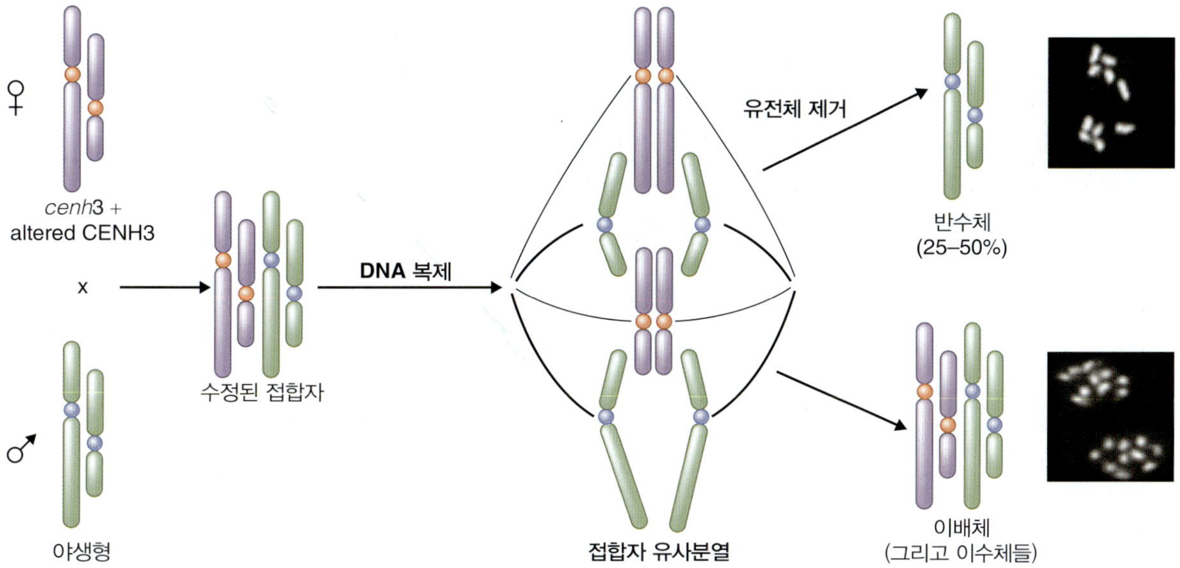

그림 4.15 염색체 제거에 의한 반수체 형성. 변형된 CENH3(자주색 염색체)를 생성하도록 식물을 변형시킨다. 이들을 야생 식물(녹색)과 교배한다. 변형된 CENH3를 가지는 염색체들은 kinetochore 형성에 비효과적이며 따라서 후기에서 효율적으로 분리되지 못한다. 여러 가지 결과들이 예상되지만 약 25~50%의 경우 생성되는 식물들은 변형된 염색체(자주색)을 완전히 잃고 반수체가 된다. Chan(2010)을 변형함. Elsevier의 허락 후 게재.

아내야만 한다. CENH3 서열을 변형시켜서 반수체 계통 생산이 가능해진다.

일부 식물들은 분산된 동원체들을 가지는데, 이러한 식물들은 kinetochore가 염색체의 한 곳에 형성되지 않고 염색체 전체에 걸쳐서 형성된다. 이렇게 분산된 동원체를 갖는 것을 **분산동원체성(holocentric)**이라고 한다(예쁜꼬마선충도 분산된 동원체를 갖는다). 분산된 동원체를 갖는 것으로 잘 알려진 식물군으로 Cyperaceae(사초과)/Juncaceae(골풀과) 식물들이다. *Luzura nivea*(꿩의밥풀, 골풀과)에서 분산된 동원체의 구조와 기능이 연구되었다(그림 4.16). 이러한 식물들에서는, CENH3는 중앙의 "개시점(starting point)"로 표지되는데, 염색체 응축이 진행되고 CENH3는 염색체를 따라서 여러 곳에 위치한다(Nagaki 등., 2005).

4.3.2 동원체 DNA에는 보통 반복서열과 몇 개의 유전자가 있다.

대부분의 진핵생물에서 다수의 동원체 DNA 서열에는 길이가 대략 150–180 bp 정도되는 한 세트의 반복서열 단위가 우점하여 존재한다; 이러한 반복은 동원체에는 있고 염색체의 다른 부위에는 존재하지 않는다. 반복서열은 종종 한 세포의 모든 동원체가 동일한데 이것은 단일 염기서열이 증폭되었거나 다른 동원체들과 일치하도록 돌연변이 서열을 교정해 주는 기작을 암시한다. 이러한 반복서열 DNA 서열을 지금도 **부수체 DNA(satellite DNA)**라고 하는데, 이와 같은 역사적인 용어는 생물체의 DNA를 밀도에 따라 분리하는 농도 구배에 의해 DNA를 특성화한 초기 실험에 기초하여 명명되었다. 세포의 대부분 DNA를 농도 구배 원심분리로 분리하면 한 지점으로 분리가 되지만 고도로 반복된 서열은 별개의 '부수적'인 밴드를 형성한다.

동원체 반복과 함께, 동원체 전이인자들을 가지고 있다(3장 참조). 리트로트랜스포존과 퇴화된 바이러스들은 교차가 적게 일어나는 부위에 축적되는 경향이 있다. 동원체 주위에서는 교차가 낮게 일어나므로 트랜스포존을 포함한 반복서열 인자들이 동원체 내부와 동원체 주위에 축적된다.

동원체 히스톤처럼, 동원체 반복서열도 종-특이적이다. 동원체 기능이 강한 선발압 하에 있으므로 종-특이적

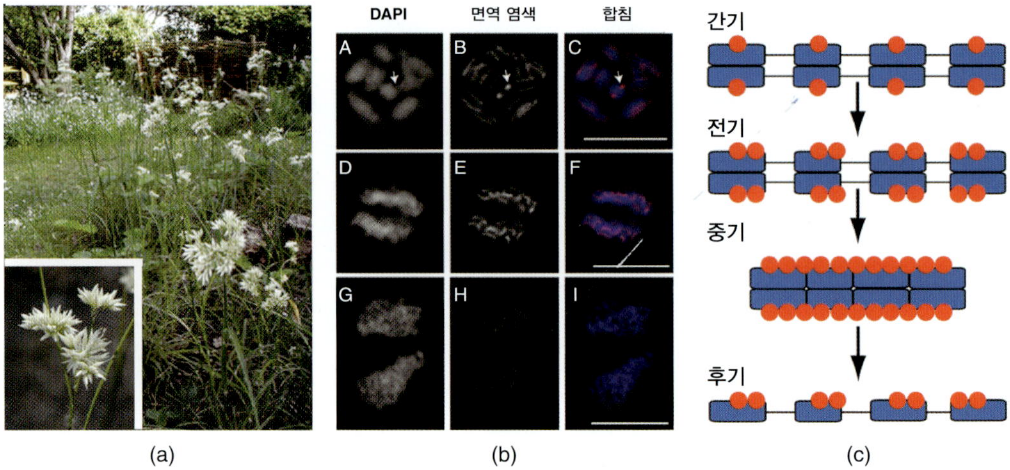

그림 4.16 (a) *Luzula nivea*. (b) DNA에 결합하는 DAPI로 염색한 *Luzula nivea*의 염색체(왼쪽), CENH3 항체로 염색(가운데), 두 사진을 겹침(오른쪽). A–C, 중기 염색체; D–F, 후기; G–I, 종기. 화살표는 말단소립으로부터 보여지는 염색체 형태를 나타냄. (c) 세포분열의 여러 시기에서 염색체에 CENH3의 보충 모델, 분산동원체성 염색체를 형성함; 이질염색질 부위는 청색 박스로 나타내고 CENH3는 붉은색 원으로 나타냄. (a) http://upload.wikipedia.org/wikipedia/commons/9/9b/Luzula-nivea-total.JPG. Sten Porse(Sten Porse가 만든 그림 [GFDL(http://www.gnu.org/coyright/fdl.html) 또는 CC-BY-SA-3.0.(http://cerativecommons.org/licenses/by-sa/3.0)]. Wikimedia Commons Inset: http://www.floealpes.com/finche_luzuleneige.php. Franck Le Driant의 허락 후 게재. (b) Nagaki 등(2005). Copyright 2005 American Society of Plant Biologists. 허락 후 사용. (c) Nagaki 등(2005). Copyright 2005 American Plant Biologists. 허락 후 사용.

반복서열은 놀라운 일이다. 이것은 반복서열 DNA가 어떻게 진화하였으며 동원체가 어떻게 생겨났는가에 대한 물음을 야기시킨다(Box 참조). 지금까지 연구된 대부분의 식물들에서 반복서열들은 동원체-특이적 반복서열들과 많은 사본의 동원체-특이적 리트로트랜스포존들이다. 모든 반복서열들과 같이, 동원체 반복 배열은 반복 단위들 간의 교차로 인해 반복 단위 수가 늘어나거나 줄어든다. 또한, 커다란 중복과 역위들이 이러한 반복 배열에서 일어날 수 있다. 기능적 동원체를 동정하기 위해서 9장에서 기술하는 염색질 면역 침강법(**chromatin immunoprecipitation, ChiP**)을 이용한다. CENH3에 결합하는 DNA 단편을 침강시킨 후 염기서열을 결정하면, 어떤 DNA 서열이 동원체의 일부인가를 알 수 있다(Nagaki 등., 2004).

이질 염색질은 전사가 대체로 일어나지 않으므로, 동원체 지역은 유전자가 존재하지 않아 전사적으로 불활성화 지역이라고 생각되었다. 하지만, 벼의 8번 염색체의 동원체에는 16개의 전사가 일어나는 유전자들이 존재한다(Nagaki 등., 2004). 놀랍게도 이들 중 7개의 유전자는 *Oryza* 속 이외의 식물들에서도 발견되었다. 일반적으로 유전자들이 하나 혹은 더 많은 종들에서 비-기능적이라면, 종 간 비교에서 여러 개의 돌연변이들이 축적된 것을 볼 수 있어야 한다. 그러나 위의 유전자들에는 예상되는 것보다 훨씬 적은 수의 돌연변이가 존재하며 이들 변이들은 단백질 기능을 훼손하지도 않으므로 이 유전자들은 가능을 가지는 것들이다(Fan 등., 2011). 8번 염색체의 핵심 동원체는 같은 밀도의 유전자와 리트로트랜스포존을 가지고 있으며, 인접한 부위와 비슷하게 히스톤 변형을 가지고 있는데, 이러한 것들은 동원체의 DNA 서열이 특별히 다르지 않다는 것을 의미한다(Yan 등., 2005). 벼와 대조적으로, 애기장대의 5개 동원체들 중 어느 것도 유전자를 가지지 않는다.

수년 동안 길게 늘어진 반복서열들이 동원체 기능에 필요하다고 여겨졌다. 그러나 **신동원체(neocentromere)**가 유전체의 비-동원체 지역에 생길 수 있다. 신동원체들은 완전한 기능을 가지지만, 이들은 반복서열을 가지고 있지 않는다. 이로 인해, 신동원체들이 어떻게 형성되었는지에 대한 의문이 생긴다. 닭과 감자의 동

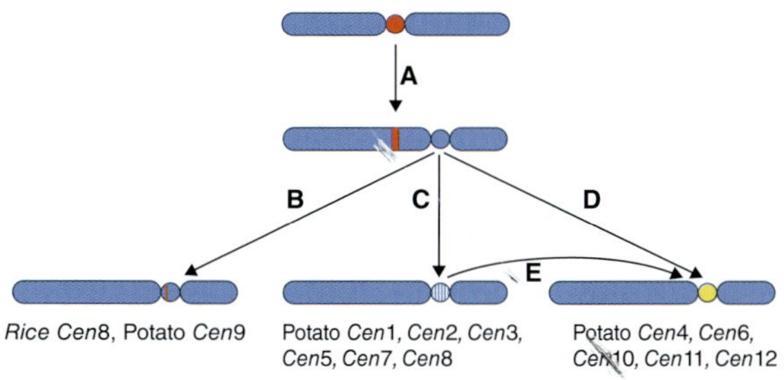

그림 4.17 감자 동원체 진화 모델. (A) 신동원체가 새로운 장소에서 활성화된다. (B – D) 신동원체가 반복서열을 획득한다. (B) 다른 동원체로부터 유래한 반복서열, 여기서는 벼의 Cen8과 감자의 Cen9. (C) 반복서열이 확장되고 수백만 년간 존속되며, 돌연변이와 새로운 반복서열들이 축적된다. (D, E) 새로운 반복이 침입하고 퍼져서 다른 조율의 반복서열을 가지는 반복서열-기반 동원체를 만든다. Gong *et al.* (2012). Copyright 2012 American Society of Plant Biologists. 허락 후 사용.

원체들 중 어느 것은 반복을 가지고 있지 않지만 완전한 기능을 하는 것으로 알려져 있다(Gong 등., 2013). 동원체 서열이 몇 종 안 되는 종들에서 밝혀졌으므로, 이들 두 순화된 생물체들 외에도 비-반복서열 동원체을 갖는 종들이 있을 수 있다. 벼의 8번 염색체 동원체는 비교적 반복서열 DNA 길이가 짧으며, 유전자도 몇 개 있는데, 이것은 신동원체와 완전히 발달된 반복서열 동원체의 중간으로 해석된다.

동원체 구조의 변형들은 동원체 기원과 진화에 모델을 제시한다(Nagaki 등., 2004; Malik and Henikoff 2009; Gong 등., 2013). CENH3가 한 세트의 뉴클레오좀에 도입됨에 따라 정상적인 DNA 염기서열에서 짧은 신동원체들이 생성된다. 아마도 이러한 신동원체들은 집단에서 빠르게 제거되었지만(이로 인해, 불임 식물로 이르게 되었을 것임), 이들은 드물게 집단에서 살아 남아 존속하였을 것이다. 새롭게 형성된 동원체 주위에서 교차가 억제되면서 반복서열 블록들이 축적되고, 리트로트랜스포존들도 같이 축적된다. 연속적인 교차 억제와 함께 감수분열 부등으로 반복서열 지역은 많은 식물에서 발견되는 수백만 염기쌍 길이의 동원체로 확장되어 퍼졌다. 이 가설은 지금까지는 추측이지만 진화과정의 모든 단계를 나타내는 동원체 서열의 연구 등을 통해 인정받고 있다(그림 4.17).

4.4 요약

식물 유전체의 구성은 염색체 말단의 말단소립과 내부의 동원체로 표식된다. 이들 중간은 MARs들에 의해 경계가 구분된다. 유전체의 주요한 표지는 부분적으로 DNA 서열에 의해 결정되는데 여기에는 비-유전자 서열도 포함된다. 예를 들면, 말단소립은 짧은 반복서열(통상 7 bp)들이 많은 수의 반목으로 이루어져 있지만, 특정한 염기서열 특별히 중요하지는 않으며 G-풍부 염기들로 구성되어야 한다. MARs는 특별한 공통적인 염기서열은 없으며, 이들이 어떻게 핵 부착 단백질들에 의해 인식되는지는 확실치 않다. 동원체는 보통 이질염색질로 구성되어 있지만, 반복서열은 동원체 기능에서 중요하지 않은 것으로 밝혀졌으며, 모든 생물종들의 염색체들이 반복서열을 갖는 것도 아니다. 대신에 동원체로 표지시키는 것은 특별한 히스톤인 CENH3에 의해 결정된다.

4.5 문제

4.1 만약에 염색체에 말단소립이 없다면 어떻게 될까?

4.2 원형의 염색체에서도 동원체와 말단소립이 필요할까?

4.3 뉴클레오좀들은 왜 DNA 복제와 전사에서 제거되어야 하는가? 뉴클레오좀들은 어디에서 다시 재구성되어야 하는지 아는가?

4.4 동원체가 기능을 가지는 데 필요한 구조는 무엇인가? DNA의 어떤 면이 공통적이지만 기능에 요구되지는 않는가?

4.5 인조 염색체는 식물에 도입이 가능하고 재조합에 의해 제가가 가능하므로 식물 육종에서 유용한 도구이다. 인조 염색체를 작성하려면:

(a) 한 세대에서 다음 세대로 인조 염색체를 충실히 전달시키기 위해서는 어떤 구성분이 필요한가?

(b) 이들 구성분들을 작성하려면 어떠한 기술적 어려움이 있는가?

(c) 구성분들 중 어느 정도를 다른 종에 의존할 수 있

으며, 이때 발생하는 문제들을 어떻게 다룰 수 있는가? 예를 들면, 옥수수에서의 인조 염색체를 작성하기 위해서는 애기장대의 염색체 구조로부터의 어떤 자료, 염기서열, 단백질 자료 등이 필요한가?

심화 학습 문헌

Jiang, C, and Pugh, B.F(2009) Nucleosome positioning and gene regulation: advances through genomics. *Nature Review Genetics*, **10**, 161-172.

Jiang, J., Birchler, J.A., Parrott, W.A. and Dawe, R.K. (2003) A molecular view of plant centromeres. *Trends in Plant Science*, **8**, 570-575.

참고문헌

Annuzianto, A.T.(2005) Split decision: what happens to nucleosomes during DNA replication? *Journal of Biochemistry*, **280**, 12065-12068.

Belistein, M.A., Bringegar, A.E., and Shippen, D.E.(2012) Evolution of the Arabidopsis telomerase RNA. *Frontiers in Genetics*, **3**, Article 188.

Chan, S.W.L.(2010) Chromosome engineering: power tools for plant genetics. *Trends in Biotechnology*, **28**, 605-610.

Fan, C., Walling, J.G., Zhang, J. *et al.*(2011) Conservation and purifying selection of transcribed genes located in a rice centromere. *Plant Cell*, **23**, 2821-2830.

Fincher, J.A., Vera, D.L., Hughes, D.D. *et al.*(2013) Genome-wide prediction of nucleosome occupancy in maize reveals plant chromatin structural features at genes and other elements at multiple scales. *Plant Physiology*, **162**, 1127-1141.

Fishman, L. and Saunders, A.(2008) Centromere-associated female meiotic drive entails male fitness costs in monkeyflowers, *Science*, **332**, 1559-1562.

Gong, Z., Wu, Y., Koblizkova, A, *et al.*(2013) Repeatless and repeat-based centromeres in potato: implications for centromere evolution. *Plant Cell*, **24**, 3559-3574.

Henikoff, S., Ahmad, K., and Mlik, H.S.(2001) The centromere paradox: stable inheritance with rapidly evolving DNA. *Science*, **293**, 1098-1102.

Henikoff, S. and Furuyama, T.(2012) The unconventional structure of centromeric nucleosomes. *Chromosoma*, **121**, 341-352.

Jiang, C. and Pugh, B.F.(2009) Nucleosome positioning and gene regulation: advances through genomics. *Nature review Genetics*, **10**, 161-172.

Jones, R., Ougham, H., Thmas, H., and Waasland, S.(2012) *The Molecular Life of Plants*, Wiley-Blackwell

Kato, A., Lamb, J.C., and Birchler, J.A.(2004) Chromosome pairing using repetitive sequences as probes for somatic chromosome identification in maize. *Proceeding of the National Academy of Sciences USA*, **101**, 13554-13559.

Lamarche, B.J., Orazio, N.I., and Weitzaman, M.D.(2010) The MRN complex in double-strand break and telomere maintenance. *FEBS Letters*, **584**, 3682-3695

Lee, Y.W. and Kim, W.T.(2013) Telomerase-dependent 3'G-strand overhang maintenance facilitates GTBP1-mediated telomere protection from misplaced homologous recombination. *Plant Cell*, **25**, 1329-1342

Malik, H.S. and Henikoff, S.(2009) Major evolutionary transitions in centromere complexity. *Cell*, **138**, 1067-1082.

Nagaki, K., Cheng, Z., Ouyang, S. *et al.*(2004) Sequencing of a rice centromere uncovers active genes. *Nature Genetics*, **36**, 138-145.

Nagaki, K., Kashihara, K., and Murata, M.(2005) Visualization of diffuse centromere with centromere-specific histone H3 in holocentric plant *Luzula nivea*. *Plant cell*, **17**, 1886-1893

Ottaviani, D., Lever, E., Takousis, P., and Sheer, D.(2008) Anchoring the Genome. *Genome Biology*, **9**, 201.

Paulson, J.R. and Laemmli, U.K.(1977) The structure of histone-depleted metaphase chromosome. *Cell*, **12**, 817-828.

Ravi, M. and Chan, S.W.L〉(2010) Haploid plants produced by centromere-mediated genome elimination. *Nature*, **464**, 615-619.

Ravi, M., Kwong, .N., Menorca, R.M.C. *et al.*(20101) The rapidly evolving centromere-specific histone has stringent functional requirements in Arabidopsis thaliana. Genetics, **186**, 461-471.

Reece, J.B., Urrym L.A., Cain, M.L. *et al.*(2011) *Campbell Biology*, Benjamin Cummings.

Rhia, K., Fajikus, J., Siroky, J. and Vyskot, B.(1998) Developmental control of telomere length and telomerase activity in plants. *Plant Cell*, **10**, 1691-1698.

Riha, K., McKinight, T.D., Griffing, L.R., and Shippen, D.E.(2001) Living with genome instability: plant responses to telomere dysfunction. *Science*, **291**, 1797-1800.

Shi, J., Wolf, S.E., Burke, J.M. *et al.*(2010) Widespread gene conversion in centromere cores. *PLoS Biology*, **8**, e1000327.

Singer, S.D., iu, Z. and Cox, K.D.(2011) Minimizing the unpredictability of transgene expression in plants: the role of genetic insulators. *Plant Cell Reporter*, **31**, 13-25.

Singh, R.J. and Tsuchiya, T.(1981) Identification and designation of barley chromosomes by Giemsa banding technique: a reconsideration. *Zeitschrift fur Pflanzensuchtung*, **86**, 336-340.

Watson, J.M. and Riha, K.(2010) Comparative biology of telomerase: where plants stand. *FEBS Letters*, **584**, 3752-3759.

Wu, Y., Kikichi, S., Yan, H. *et al.*(2012) Euchromatic subdomains in rice centromeres are associated with genes and transcription. *Plant Cell*, **23**, 4054-4064.

Yan, H.m Jin, W., Nagaki, K. *et al.*(2005) Transcription and histone modifications in the recombination-free region spanning a rice centromere. *Plant Cell*, **17**, 3227-3238.

제5장

세포내 소기관 유전체

5.1 색소체와 미토콘드리아는 독립적 세균으로부터 유래하였다

식물세포 구성분들 중 가장 놀라운 것은 엽록체와 미토콘드리아이다. 이들은 육상식물들이 지구에서 우점하게 만들었고, 지상의 다른 생명체들이 생명을 영위할 수 있도록 하는 기본을 제공하는 데 있어서 필수적인 것들이다.

색소체들과 미토콘드리아는 특정한 종류의 세균들과 공생 관계를 만들기 위한 고대 세포의 함입의 결과이다. 미토콘드리아의 경우, 이러한 사건이 한 번 일어나서 현재 진핵생물이라고 불리는 모든 생물체로 퍼져 나갔다. 엽록체의 경우는 함입 사건이 몇 번에 걸쳐서 일어났는지 분명치 않지만, 많은 증거들이 단일 공생기원설을 뒷받침해 주고 있다. 미토콘드리아와 엽록체는 태양으로부터 에너지를 흡수한 후, 이를 이용하여 ATP를 만든다.

두 세포내 소기관들이 세균으로부터 유래하였다는 증거는 많이 있는데, 이들 소기관의 염기서열과 이들이 유래한 세균군들의 염기서열이 이를 증명한다. 또한, 이들은 생리학과 구조적인 면에서 진핵세포보다는 확실히 세균과 더욱 비슷하다. 예를 들면, 둘 다 이중 막을 갖고 있으며, 이들의 리보솜 기능이 세균에는 영향을 미치지만 진핵세포 리보솜에는 영향을 미치지 않는 화학 약품(항생제)에 영향을 받으며, 이들의 DNA는 한정된 지역에 있어서 세포내 소기관에 있거나 핵양체 상태로 존재하며, 진핵생물의 막대기 모양 염색체가 아닌 원형의 염색체를 가지고 있다.

1장에서 기술한 것과 같이, 색소체들과 미토콘드리아는 자신들만의 유전체(박테리아와 비슷함)를 가지고 있다. 본 장에서는 이들 세포내 소기관 유전체들에 대해서 자세히 다루고, 이들의 특이한 생물학적 면에 대한 내용을 설명하겠다.

식물의 각 세포는 많은 수의 색소체들과 미토콘드리아를 가지고 있다. 줄기 정단 분열조직 세포 각각에는 약 20여 개의 미발달된 색소체(또는 전색소체)들이 존재하며, 엽육세포에서 색소체가 엽록체로 분화되는 시기에는 이 숫자는 100개까지 증가한다. 미토콘드리아의 수는 이보다 더 많아서 세포의 크기나 에너지 요구에 따라 미토콘드리아를 수백 개에서 수천 개를 가진다. 박테리아 조상과 같이 색소체와 미토콘드리아는 분할에 의해 분열하며 이들은 자신들이 존재하는 세포의 분열과 연계되어 분열하지 않는다. 그러므로, 세포가 분열할 때, 이들 소기관의 수는 약 절반 수준으로 줄어들었다가 딸 세포들이 커지고 분열함에 따라 수가 점차적으로 늘어난다.

세포내 소기관 유전체의 복제는 핵 유전체의 복제와는 별개로 조절된다(그림 1.6). 분열 세포에서 각 엽록체는 50에서 100여 개의 유전체 사본을 가지며 미토콘드리아는 20에서 100여 개의 유전체 사본을 가지고 있다. 그러나 세포가 분열하면서 소기관들이 계속 분열하는 동안 세포내 소기관의 DNA는 복제가 느려져서 결국 정지된다. 이들 소기관들의 연속적인 분리와 DNA 복제의 결핍은 분화된 세포에서 색소체와 미토콘드리아가 오직 몇 개의 유전체 사본만을 가지게 됨을 의미하고 있다.

육상식물에서는 엽록체와 미토콘드리아는 거의 항상 모계 유전을 한다(그림 5.1). 그러나 양친 유전이 *Pelargonium*(양아욱 속, 제라늄), *Plumbago*(갯길경이), *Oenothera*(달맞이꽃 속)와 같은 현화식물에서 보고되었다. 그러므로 이와 같은 식물들의 세포는 유전적으로 다른 세포내 소기관을 갖는 **이질성세포질(heteroplasmy)**

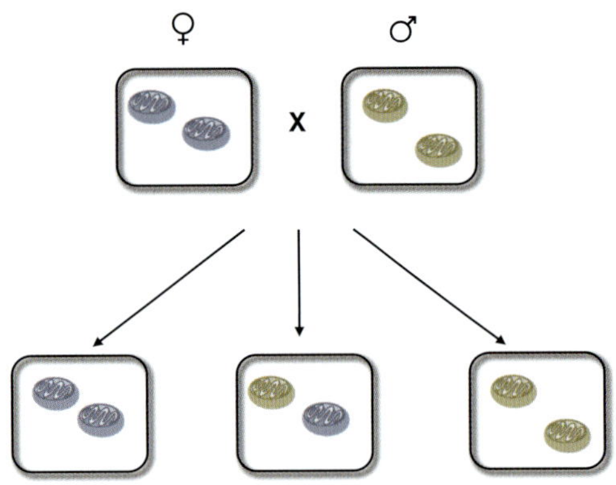

그림 5.1 **세포 소기관들은 모계유전, 부계유전, 또는 양친 유전을 한다.** 유전적으로 다른 소기관을 갖는 세포를 이질성세포질(heteroplasmic)라고 한다.

을 갖는다. 소나무와 같은 구과식물들에서, 미토콘드리아는 자성 배우자를 통하여 전달되는 반면, 엽록체는 웅성 배우자(화분)을 통하여 전달된다.

5.2 세포내 소기관 유전자들이 핵 유전체로 이동하였다

원시 미토콘드리아와 엽록체들을 획득한 초기세포에서는 새롭게 획득한 공생체들이 다시 자유롭게 독립적으로 살아가지 못하도록 큰 변동을 주었다. 한 가지의 특별한 반응으로 유전자들이 소기관으로부터 기주 세포의 핵으로 이전하였다. 평균적으로 박테리아 유전체가 수천 개의 유전자를 암호화하고 있는 반면, 엽록체는 약 130개의 유전자를 그리고 미토콘드리아는 오직 30-40개 정도의 유전자만을 가진다. 이것은 이전의 세균 유전자 수천 개가 핵으로 이동했다는 것을 의미하며, 이들 이전된 유전자들은 핵에서 전사되고 번역된다; 이러한 측정은 식물의 핵 유전체와 시안화박테리아의 엽록체 유전체의 비교에서 증거된다(Martin 등., 2002)(그림 5.2). 예를 들면, 육상식물에서 ribulose 1,5-bisphosphate carobylase (Rubisco) 작은 단위체는 현재 핵에 암호화되어 있는데, 이것은 기능적으로 완전한 효소역할을 하기 위해서는 엽록체로 이동하여야 한다. 엽록체 ATP 합성효소 서브유니트의 어떤 것과 캘빈 사이클에 있는 모든 효소들은 핵 유전체에 암호화되어 있다(Klein 등., 2009).

세포 소기관에서 핵으로의 유전자 이동이 한번에 일어난 것은 아니다. 대신에 이동이 한 번에 1개씩 오랜 기간 동안 일어 났으며, 놀라울 정도의 비율로 계속적으로 일어났다. Huang 등의 보고에 의하면, 16,000개 화분마다 1개의 유전자 이동이 일어났다는 것이다(Huang 등., 2003). 한 식물이 일생 동안 무수히 많은 화분을 생산한다는 것을 생각하면, 이것은 매우 높은 비율로 이동이 일어난다는 것을 뜻한다.

대부분의 경우, 핵으로 이동하는 소기관의 DNA 단편은 기능을 가지지 않는다. 이동 과정에서, 소기관 유전자는(만약, 이것이 유전자 전체가 아니라면) 세균의 조절 염기서열을 소실하고 핵에서 조절 염기서열 획득이 쉽게 이루어지지 않는다. 그러므로, DNA 이동의 가장 흔한 결과는 단순히 이동된 염기서열이 소기관의 염기서열의 중복된 사본으로 핵에 존재하게 되는 것이다. 결국 이들은 돌연변이가 축적되기 시작하여 소기관 유전체와의 유사성을 소실한다.

간혹 완전한 기능적 유전자 세트가 핵으로 이동을 하고 프로모터와 polyadenylation과 같은 진핵세포의 적절한 조절 서열을 얻게 된다(그림 1.8). 소기관에서는 아직도 단백질들이 필요하므로, 단백질을 소기관으로 돌려주기 위한 세포내 이동 기구로서 이동된 유전자는 색소체 이동 표적 서열을 획득하여야 한다(그림 5.3). 소기관에 일단 들어오면, 색소체 표적 서열은 분리되고 단백질은 원래 조상 세균에서처럼 기능을 한다. 대부분의 표적 서열이 색소체나 미토콘드리아에 특이적이지만, 핵에서 암호화하고 있는 대략 100여 개의 단백질들이 표적 서열을 가지고 있어서 두 소기관(또는 미토콘드리아와 퍼옥시좀)으로 이동을 한다; 이와 같은 대부분의 중-표적 서열은 육상식물에서 서열을 공유한다(Xu 등., 2013).

이동과정이 잘 알려진 예로 엽록체 유전자 Acetyl-CoA carboxylase(*accD*)의 서브유니트 유전자가 있는데, 이것은 현화식물에서 여러 번에 걸쳐서 독립적으로 핵으로 이동하였다(Rousseau-Guetin 등., 2013). Bluebell 과(科)(Campanulaceae) 식물들에는 *accD*는 우연히 이미-존재하는 엽록체에 의해 잃어 버린 표적 단백질을 포함

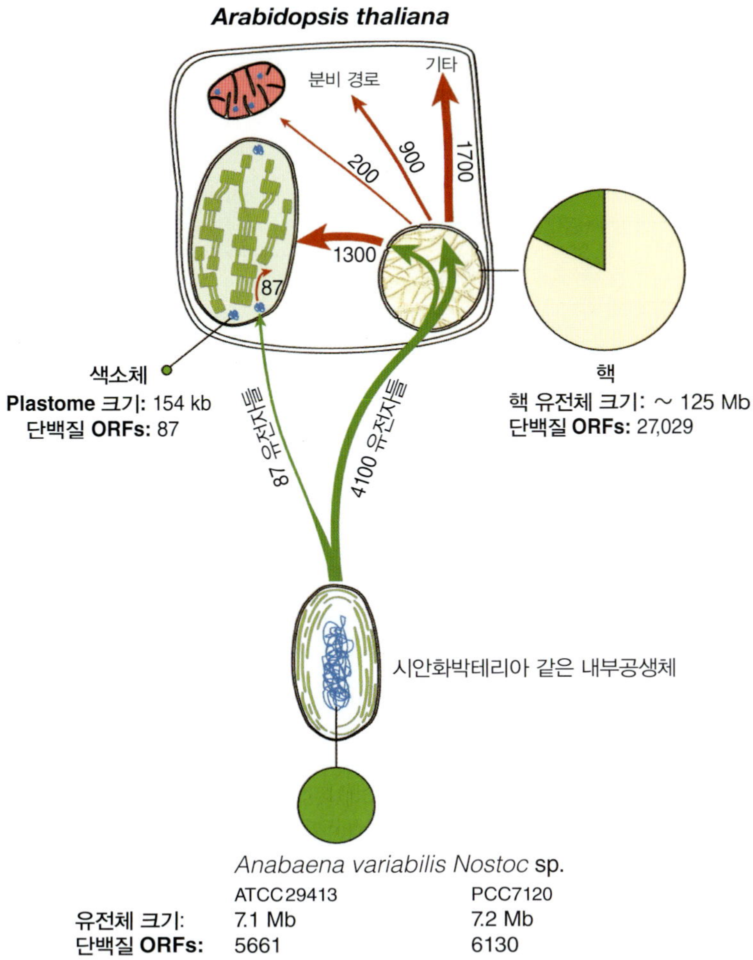

그림 5.2 시안화박테리아(*Anabaena variabilis*)와 애기장대(*Arabidopsis thaliana*)의 유전자 컨텐츠 비교. *A. variabilis*는 엽록체 조상 세균과 유사한 것으로 생각되어진다. 원래의 세포내공생의 유전체에서부터 존재한 것이긴 하지만, 약 4,100개의 시안화박테리아 유전자들이 핵 내에 존재한다; 이들 유전자들은 진화적 시간을 두고 이동하였음이 분명하다. 적색 화살표는 다른 세포 구성분들에 비해 엽록체로 이동 하는 유전자의 수를 나타낸다. 파이 그림의 녹색 부분은 시안화박테리아 유래로 여겨지는 핵 내 유전자 부분을 나타낸다. Klein 등(2009). Annual Review of Plant Biology Vol 60의 자료를 허락 후 게재. http://www.annualreviews.org.

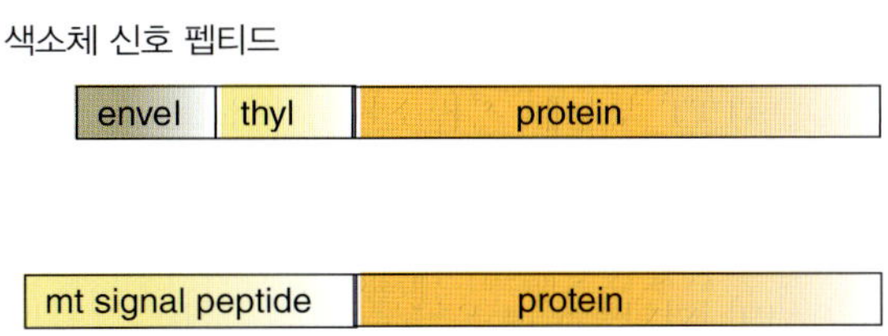

그림 5.3 표적 서열을 가진 두 가지 박테리아. 위 그림은 2개의 표적 서열을 갖는데, 하나는 엽록체 막이고 다른 하나는 틸라코이드 막이다. 아래 그림은 미토콘드리아 표적 서열을 가진 단백질이다. 일단 단백질이 목적지에 도착하면, 표적 서열은 제거된다.

하는 암호화 부위의 하위 부위로 삽입되었다(그림 5.4). 이와 같은 새로운 핵 내 암호화 유전자는 핵 유전자와 엽록체 유전자가 서로 연결된 키메라이다.

5.3 세포내 소기관 유전자들은 간혹 인트론을 가지기도 한다

비록 세균의 유전자들은 인트론을 가지기 않지만, 미토콘드리아와 엽록체 유전체에는 인트론들이 있다. 인트론

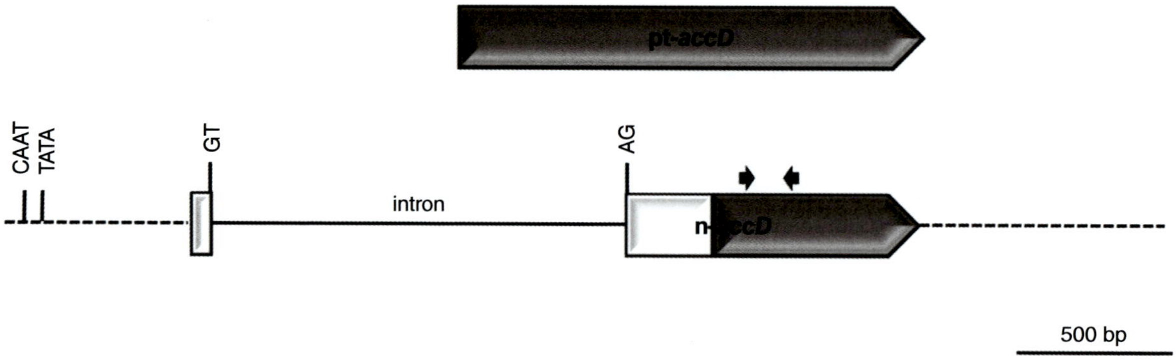

그림 5.4 **정상적인 accD 유전자(위)와 *Trachelium caeruleum*(Campanulaceae)로부터 분리한 핵-암호화 키메라 유전자(아래) 비교.** 색소체 유전자는 인트론 없이 하나의 열린 해독 틀(open reading frame)을 가지며 인트론이 없다. 대조적으로, 핵 유전자는 하위 부위에 색소체 유전자와 높은 유사성을 보이는 지역(회색)과 상위지역의 핵 기원 유전자(흰색)을 가지고 있다. CAAT와 TATA 박스로 추정되는 부위를 나타내었고, 하나의 커다란 인트론의 절단 부위를 표시하였다. 엽록체 유전자와 일치하는 핵 유전자 부위는 아주 짧지만, 단백질은 기능을 하며 정확히 엽록체로 이동한다. Rousseau-Gueutin et al.(2013). Copyright 2013 American Society of Plant Biologists. 허락 후 사용.

과 **엑손 이어붙이기(splicing)**에 대해서는 13장에서 자세하게 다루므로, 여기에서는 세포 소기관 유전체의 특이한 인트론에 대해서 설명을 한다. 핵 유전자의 인트론들은 스플라세오좀(spliceosome)이라는 단백질 복합체에 의해 제거되지만, 미토콘드리아와 엽록체 유전체는 mRNA 자신을 이용하여 제거하는 인트론을 암호화하고 있다. 이러한 인트론들을 "**자가-이어붙이기(self-splicing)**" 또는 "**그룹 II 인트론(group II introns)**"이라고 한다. 예를 들면, 라이신 tRNA(*trnK*)를 암호화한 엽록체 유전자는 커다란 인트론으로 잘려 나오는데, 이는 내부에 인트론이 성숙효소(maturase)를 암호화한 유전자이다(그림 5.5). 성숙효소는 인트론이 자신을 제거하고 난 후 남는 *trnK* 유전자의 두 단편을 연결하는 효소이다. mRNA에는 인트론 제거와 엑손 연결에 필요한 6개의 영역을 가진 2차 구조를 이룬다. 식물세포 소기관의 group II 인트론들이 자신을 제거(splicing)할 수 있지만, 실제 이들의 이러한 행동은 핵에 암호화되어 있는 유전자들의 도움을 받는다. 그러므로, 이들은 보이는 것처럼 자가-스플라이싱은 아니다. 또한, 일부 몇 개의 소기관 유전자들은 또 다른 종류의 자가-스플라이싱 인트론인 group I 인트론들을 가지고 있다.

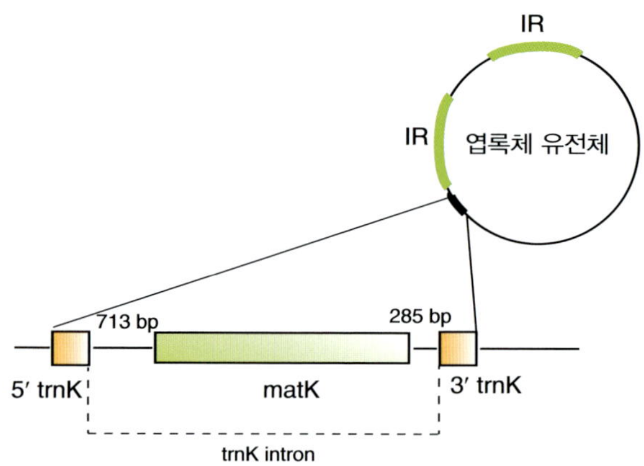

그림 5.5 **자신의 인트론에 성숙효소를 암호화한 엽록체 trnK 유전자.** 인트론들은 세균에서는 희귀하지만 색소체에서는 흔하다. 유전자와 인트론들의 대략적인 크기를 담배의 유전자에 기초하여 그렸다(Shaw 등., 2005).

5.4 소기관 mRNA는 종종 편집된다

소기관 유전자들의 또 다른 특징은 RNA 편집(RNA editing)이다. 이 과정에서, mRNA의 개별적 염기쌍이 변형되어 최종적으로 리보솜에서 번역되는 메시지는 DNA에 암호화되어 있는 원래의 서열과는 다르다. 가장 흔한 편집은 사이토신(C)의 아미노산 잔기를 제거하여 사이토신(C)를 유라실(U)로 바꾸는 것이다(그림 5.6). 다시 말하면, 특정 위치의 뉴클레오타이드가 대체되는 것이 아

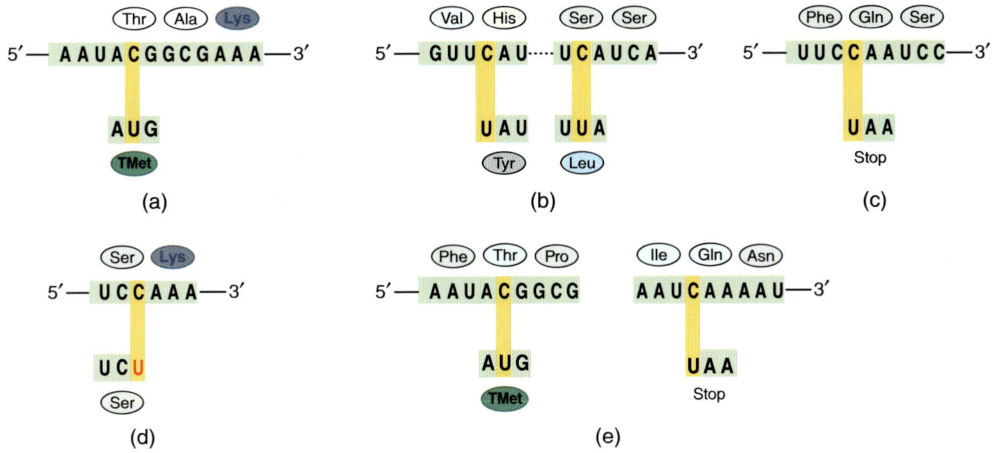

그림 5.6 RNA 서열에 있는 C를 U로 대체시키는 것은 만들어지는 단백질에 여러 가지 다른 효과를 준다. 이러한 효과들은 다음과 같다. (a) 개시 코돈의 생성; (b) 아미노산 변경, (c) 정지 코돈 생성; (d) 침묵 변이 생성; 또는 (e) 개시 코돈과 정지 코돈의 동시 생성. Buchanan 등(2002). John Wiley & Sons, Inc의 허락 후 사용.

니라 단순히 바뀌는 것이다. 특히 편집은 미토콘드리아 유전자에서 많이 일어나는데, 약 400-500개의 염기들이 편집된다고 알려져 있다. 대조적으로, 엽록체에서는 약 30여 개의 편집 염기들이 알려져 있다(Gagliardi and Binder 2007). 편집되는 염기의 수는 *Selaginella*에 많으므로 종자식물들보다는 석송류에 많을 것으로 추정되지만, 이 보고는 확실치 않다(Banks 등., 2011).

RNA 편집의 기능은 잘 모른다; 이것은 아마도 DNA에서 정확한 염기 서열을 암호화하는 것이 더 간단해 보인다. 녹색 조류에서는 편집이 나타나지 않는 것으로 보아 RNA 편집은 육상식물의 특징인 것 같다. 그러나 트리파노솜(동물세포를 감염시키는 단세포의 진핵생물)과 같은 비-식물의 색소체에서도 RNA 편집이 많이 나타나므로, 아마도 조사된 조류에서 편집 기작이 소실된 것일 수도 있다. 편집되는 유전자로부터 생성되는 단백질의 아미노산 서열은 상당히 보존적이서 편집이 조상 서열에서 나타난 메시지를 재현시키는 것이다.

미토콘드리아와 색소체에서 RNA 성숙 과정의 많은 부분이 RNA 편집을 포함하여 핵에 암호화되어 있는 유전자의 단백질들에 의해 조절된다. **Pentatricopeptide repeat(PPR)** 단백질들은 편집에서 중요한 단백질들이다. 단백질 이름에 있는 "반복(repeat)"은 35개의 아미노산으로 이루어져 있는데, 이것은 애기장대 단백질들에 2-26개 사본이 있다. 반복은 퇴화되는데, 이것은 아미노산 서열들이 비슷하지만 완전히 일치하지는 않는다는 것을 의미한다. 성숙된 단백질에서, 각 반복은 두 아미노산들이 RNA와 직접적으로 접촉할 수 있도록 접힌다(Barkan 등., 2012). 이 특정한 아미노산들은 특정한 염기에 결합한다. 예를 들면, 반복에 있는 트레오닌(T)는 두번 째 자리의 아미노산인 아스파라긴(N)과 결합하여 아데닌(A) 염기에 결합을 하는데, 이때 두 아미노산은 인접하여 위치하지 않는 것들이다. 각 반복이 다른 염기에 결합을 지정하므로 각각의 PPR 단백질은 별개의 RNA 서열에 결합한다. 또한, PPR 결합부위가 인접한 염기일 필요는 없는데, 단일 단백질의 결합 위치 간에는 거리가 있을 수 있다(Barkan 등., 2012)(그림 5.7)

PPR 단백질이 상대적으로 긴 뉴클레오타이드 서열에 특이적으로 결합하는 능력은 DNA 결합 단백질들 중에서는 이례적인 것이다. 유전자 발현을 조절하는 전사인자를 포함하여 대부분의 DNA-결합 단백질들은 오직 몇 개의 염기만을 인지한다(9장). 반면에 PPR 단백질들은 반복의 수에 따라 상당히 긴 염기에 결합한다. 이러한 관점에서, PPR 단백질은 전사 활성자-유사 효과자(transcription activator-like effector, TALE) 단백질(9장에서 설명)과 유사한데, TALE도 긴 뉴클레오타이드 서열에 결합하기 위한 반복을 가지고 있다.

유전체 염기서열이 완료된 식물들을 보면 수백 개의 PPR 유전자들이 분포하고 있는 것을 알 수 있다(애기

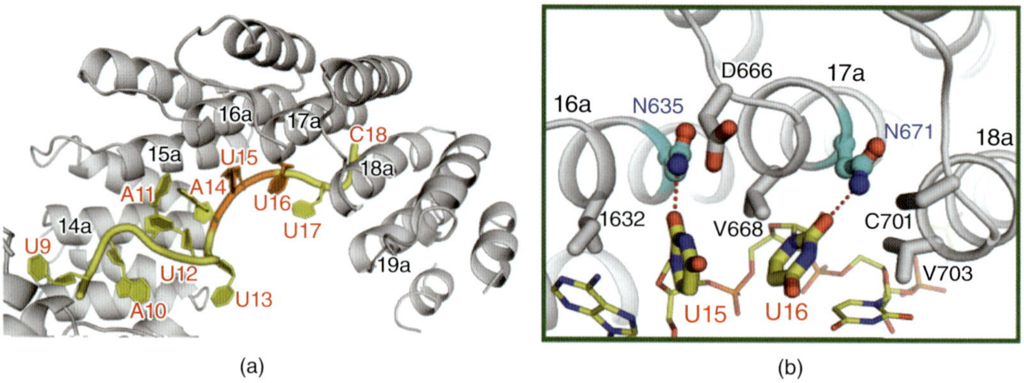

그림 5.7 **PPR 단백질들의 RNA 결합.** 단백질의 14에서 19 반복(회색)과 RNA의 9번 염기에서 18염기(노란색과 주황색) 간의 상호작용 모델. (a) 전제 개요, PPR 단백질 반복의 α-헬릭스를 보여줌. (b) 반복 16a의 아스파리긴(N) 635와 유라실(U) 15의 수소결합, 반복 16a의 아스파라긴 671(N)과 유라실(U) 16들 간의 수소결합. Yin 등(2013), Macmillan Pub. Co의 허락 후 게재.

장대 450개, 벼 650개). 위에서 설명한 석송류인 *Selaginella*는 800여 개의 PPR 유전자를 가지고 있는데, 이러한 숫자는 RNA에서 높은 수의 편집되는 염기를 가지고 있음을 반영하는 것이기도 하다(Banks 등., 2011). 많은 수의 PPR 단백질은 유관속식물에서 특이하다. 비-관속식물들은 기껏해야 수십 개 정도의 PPR 유전자를 갖는다. 이끼인 *Phscomitrella patens*는 이 숫자가 103개인데, 이것은 현재의 현화식물에서는 몇 배로 늘어났다. 따라서, PPR 유전자 군은 식물이 육상으로 진출하고 난 후에 증가되었음을 알 수 있다(Fujii and Small, 2011).

PPR 단백질들은 반복 패턴에 따라 두 종류로 나눠진다(Fujii and Samm, 2011). 한 그룹은 전체적인 단백질이 표준적인 35-잔기 반복의 사본들로 이루어져 있고, P 클래스라고 부른다. 다른 그룹은 P 반복이 긴(L) 반복과 짧은(S) 반복이 교차적으로 존재하는 것들로 이 그룹은 PLS 클래스라고 부른다. PLS 클래스는 RNA 편집을 담당하는 반면, P 클래스는 스플라이싱, 번역, RNA turnover 등을 담당한다. PPR에 의해 조절되는 발달 가정들에는 스트레스 반응 등이 있으며, 소기관으로부터 핵으로 조절 신호를 보낸다(**retrograde signaling**이라고도 알려짐)(Laluk 등., 2011).

5.5 미토콘드리아 유전체는 엽록체 유전체보다 적은 수의 유전자를 가지고 있다

진핵생물의 모든 미토콘드리아들의 조상은 현존하는 알파 Proteobacteria(가변세균)와 많은 점들을 공유하고 있다. Proteobacteria 내에는 진핵생물의 미토콘드리아와 가장 유사한 종들이 세포 내 기생체들이므로 어떻게 한 조상 세균이 기생체로부터 공생체로 변하게 되었는지를 유추하는 것은 어려운 일이 아니다(Gray 등., 1999).

미토콘드리아는 전자를 산화적 인산화과정에서 전자전달계를 통해 전달함으로써 에너지를 생산한다; 식물의 미토콘드리아 역시 **대체 산화효소(alternative oxidase)**를 이용하여 열을 생산한다(박스, 대체 산화효소 참조). 최종적 발전기인 ATP 합성효소를 포함하여 이 과정에서 만들어지는 대부분의 단백질들은 미토콘드리아 자체가 암호화하고 있다. 또한, 미토콘드리아 유전체는 리보솜 RNA와 tRNAs 등을 암호화하고 있으므로 미토콘드리아는 자신의 단백질들을 만들 수 있다. 그러나 진핵생물은 세포내 소기관 리보솜 단백질 유전자들이 있는 곳이 다르다. 동물과 곰팡이는 리보솜 단백질 유전자들이 핵에 있는 반면, 식물을 포함하여 다른 진핵생물들은 리보솜 단백질 유전자들을 미토콘드리아에 가지고 있다. 또한 식물은 *cytochrome c* 유전자들을 미토콘드리아에 가지

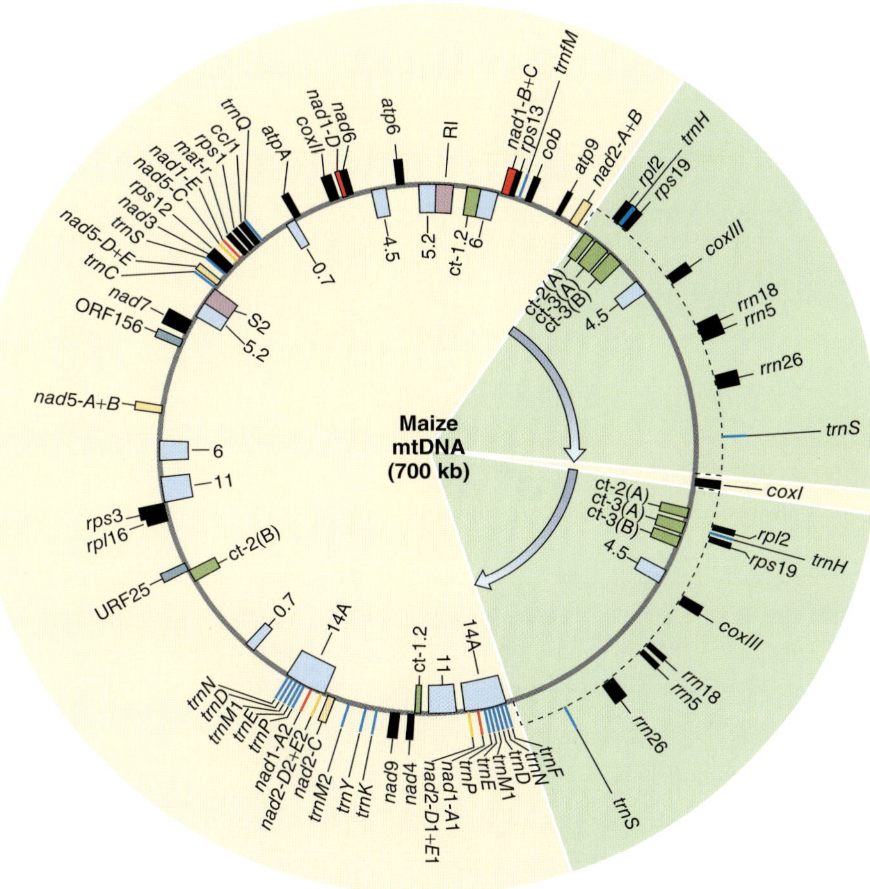

그림 5.8 옥수수 미토콘드리아 유전체. 이 그림은 "(마스터 원, master circle)"을 보여주는데, 세포에 있는 모든 미토콘드리아 유전체를 합하여 하나의 원으로 나타낸 것이다. 유전자들은 원의 바깥에 표시하였고, 반복은 내부에 표시하였다. 청색, 역반복; 녹색, 직렬 반복. Jones 등(2012). John Wiley & Sons, Ltd.의 허가 후 게제.

고 있는데, 동물에서는 이들이 어디 있는지 불분명하다. 미토콘드리아 생활환에 관련된 모든 다른 단백질들은 핵으로부터 수입된다. 식물 미토콘드리아 유전체가 가지고 있는 유전자 수에는 차이가 있지만 그 수는 60개 미만이다(Adams and Palmer, 2003)(그림 5.8; 엽록체 유전체는 그림 1.6). 이것은 척추동물의 미토콘드리아가 가지고 있는 13개의 유전자에 비하면 많은 것이다.

대체 산화효소

대체 산화효소들은 식물 미토콘드리아에 있는 흥미로운 단백질이다. 이들 효소들은 미토콘드리아 전자 전달 사슬에서 식물-특이적 부분이며, 핵 내의 작은 유전자군에 암호화되어 있다. 이들이 전자를 전달하는 동안, 이들은 다른 전자 전달 사슬보다 막을 가로 질러서 양성자를 적게 펌핑하며 ATP를 생성하는 양성자 동력의 생성에 적은 영향을 미친다(그림 5.9). 대신에 생산되는 에너지는 열로 발산된다(Vanlerberghe and McIntosh, 1997). 대체 산화효소의 일반적 기능은 불확실하지만 미토콘드리아 전자 전달계에 너무 많은 부하가 걸릴 때 전자를 다른 방향으로 회유시키는 역할을 하는 듯 하다.

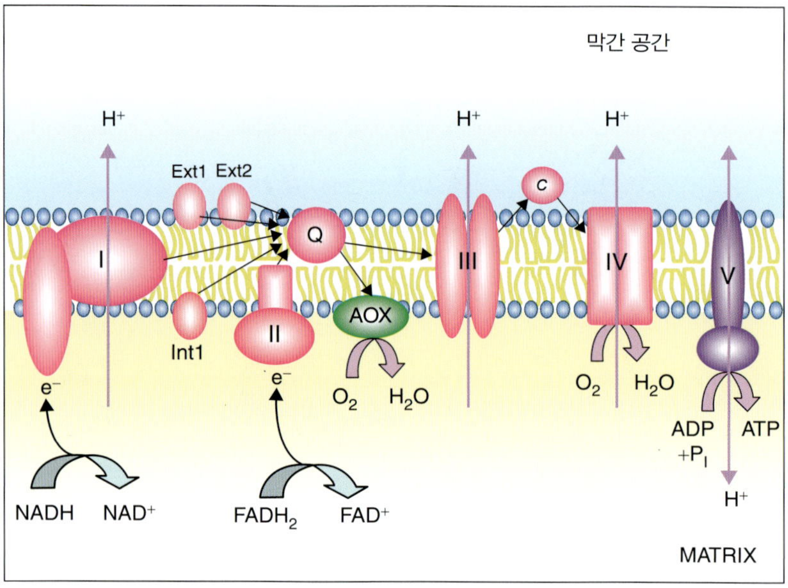

그림 5.9 미토콘드리아 막에서 대체 산화효소(AOX)의 위치. 분홍색으로 보이는 구성분들은 막을 관통하여 ATP 합성효소(보라색)를 이동시켜 양성자 구배를 만들어서 양성자를 펌핑하는 데 연루된 것들이다; 이들 구성분들은 모든 진핵생물에서 발견된다. AOX는 동물을 제외한 모든 진핵생물에서 공통적이다. iGEM TEAM Georgia Tech 2010. http://2010.igem.org/Team:GeorgiaTech/project. CC BY 3.0(http://creativecommons.org/license/by/3.0)

어떤 식물들에서 대체적 산화효소는 열을 발산하여 수분 매개자를 유인하는 데 이용되기도 한다. 열을 발생시키는 식물의 능력은 프랑스 식물학자인 Larmark에 의해 1815년에 처음으로 보고되었다. Larmark는 진화에 대한 개념을 개발하는 데 기여한 초기 진화학자로 후에 다윈의 진화론에 도움을 주었다; 그는 식물에 대한 지식과 자연에 대한 우리의 사고에 많은 공헌을 하였다. 북아메리카에서 이른 봄에 개화하는 스컹크 배추와 같은 식물에서는 대체 산화효소가 꽃의 온도를 높일 수 있는데, 이것은 아주 강한 썩는 냄새를 풍기게 하여 매개 곤충을 유인한다. 이러한 온도상승 기작은 스컹크 배추과(Araceae)의 다른 식물에서도 있는데 이 식물들의 꽃을 건드리면 온도가 올라간다(그림 5.10).

그림 5.10 ***Amorphophallus titanium***(Araceae). 이 커다란 식물은 큰 꽃을 피우는데, 각 꽃에는 부속지(커다란 노란색 구조물)가 있다. 꽃은 흐트러진 자주색 포엽 안에 숨겨져 있다. 미토콘드리아의 대체 산화효소의 작용으로 커다란 부속지는 건드리면 따뜻해지고 악취를 풍기는 방향성 물질을 내 뿜어 이 식물을 수정시키는 파리를 유인한다. http://biosci-greenhouse.osu.edu/titan-arum-woody.

5.6 식물 미토콘드리아 유전체는 크며 재조합이 자주 일어난다

비록 유전자 수가 많지는 않아도, 식물 미토콘드리아 유전체는 다른 진핵생물의 미토콘드리아 유전체보다 크다. 인간의 미토콘드리아는 크기가 약 16 Kb이며 효모는 80 Kb인 데에 비해, 식물의 미토콘드리아 중에서 가장 작은 것은 약 200 Kb이고 큰 것은 이보다 10배 정도 크다. 예를 들면, *Brassica hirta*(백색 겨자)의 미토콘드리아는 208 Kb인 데 비해, 참외(*Cucumis melo*)의 미토콘드리아는 2,740 Kb이다. 단일 종의 식물들에서 미토콘드리아의 크기는 개체들 간에 최대 40% 정도 차이가 난다(Allen 등., 2007).

미토콘드리아 전체 유전체는 하나의 원형 분자로 그릴 수 있지만, 식물에서는 이러한 형태로 거의 존재하지 않는다. 대신에 유전체는 선상과 원형으로 혼재한 복잡한 세트로 존재하는데, 반복 서열들 간의 많은 재조합으로 한 형태에서 다른 형태로 전환된다(그림 5.11).

반복 서열들은 미토콘드리아 유전체의 거대화로 이르는 주요한 기여자이다. 반복들은 크기가 몇 bp에서 1 Kb 정도까지 다양하며, 크기에 따라 분류할 수 있다. 반복서열 단편들은 유전체의 다른 부분들 간의 재조합 가능성을 제공한다. 크기가 1 Kb 이상되는 반복서열들 간의 재조합은 내부의 두 서열들의 방향을 서로 뒤집는다. 이것은 하나의 원형 유전체 대신에 2개의 원형 유전체를 만들 수 있는데, 이러한 여러 가지 형태의 유전체가 한 미토콘드리아나 한 세포 내에 같이 존재한다(그림 5.11). 짧은 반복들 간의 재조합은 유전자 순서의 작은 역위를 만든다. 이러한 지속적인 재조합으로 인해, 한 종이나 한 세포 내의 미토콘드리아들 간에도 유전자의 순서가 확정되지 않고 계속적으로 재배열된다. 재조합의 정도는 핵 유전체의 유전자들에 의해 조절된다(Miller-Messmer 등., 2012). 일부 경우에서, 미토콘드리아 유전체가 선형으로 존재하는 것도 있다(Allen emed, 2007). 참외의 커다란 미토콘드리아 유전체는 하나의 원형 염색체가 아니라 3개의 염색체들이다. 2개의 작은 원형 염색체들은 알려진 유전자를 암호화하고 있지 않는다; 큰 염색체와 재조합되지 않으며; 이들의 기능은 모른다(Alverson 등., 2011).

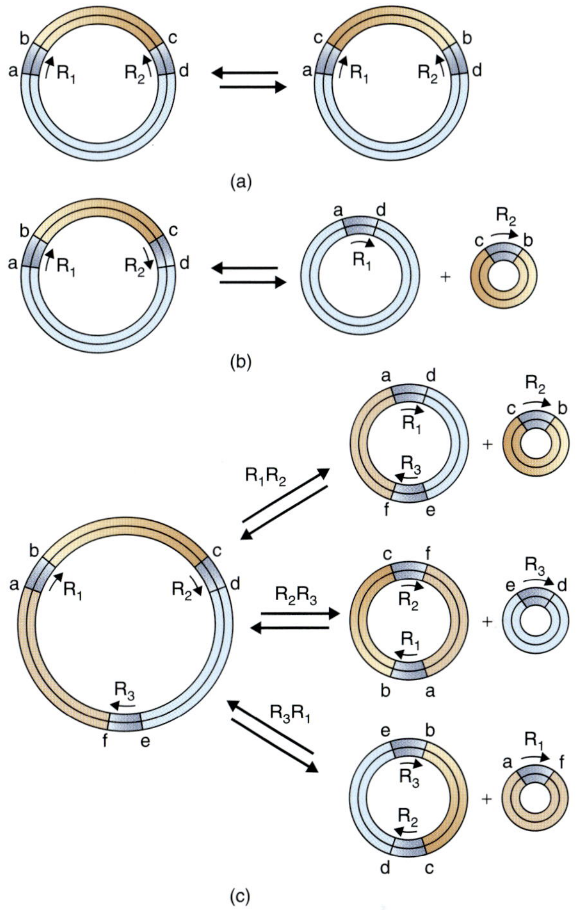

그림 5.11 미토콘드리아 유전체의 재조합은 재배열과 작은 원형 분자들을 생성시킨다. (a) 역반복들의 재조합은 원형 분자의 두 가지 다른 재배열을 생성시킨다. (b) 직렬 반복들의 재조합은 2개의 작은 원형 분자들을 생성시킨다. (c) 하나 이상의 직렬 반복을 가지면 첨가적인 원형의 subgenome들을 생성시킬 가능성이 있다. Jones 등(2012). John Wiley & Sons, Ltd. 허락 후 게재.

미토콘드리아 유전체의 계속적인 재조합은 또한 키메라 유전자를 만들기도 하는데, 이들은 이전에 존재하던 한 유전자의 일부와 다른 유전자의 일부가 연결된 것이다. 이러한 키메라 유전자들은 미토콘드리아 발달 결함으로 이르게 하며, 이것은 결국 많은 양의 ATP가 요구되는 조직에 영향을 미친다. 식물에서 미토콘드리아 결함은 부분적으로 화분 발달에 영향을 주고, 직접적으로 화분을 형성하는 세포(포자형성 세포)나 이들을 둘러싸고 지지하는 세포(융단조직 세포, tapetal cell)의 비기능화로 이르게 한다(Hanson and Bentolia 2004; Bentolia and Stefanov 2012). 미토콘드리아는 세포의 세포질 구성분의 대부분과 함께 모계 유전을 하므로, 이러한 미토콘리아 돌연변이들을 **세포질 웅성 불임(cytoplasmic male sterility)** 또는 **CMS**라고 부른다. CMS는 야생 식물들에서 상당히 흔하며 이들은 식물 집단 내에 고정될 수 있다. 이러한 집단들에는 양성화를 가진 식물들과 자성화(암술만 있는 꽃)를 가진 식물들이 혼재한다. CMS는 식물 육종의 중요한 도구이다(박스, 세포질 웅성 불임 참조).

세포질 웅성 불임

현대 농업은 막대한 양의 잡종 종자 생산에 크게 의존하고 있다. 작물 품종이나 계통들을 자가 수분시키지 않고 교배하면 잡종 종자들이 만들어진다. 이들은 이질적인 유전체를 가지고 있으며 양친들보다 소출(所出)이 높다. 이와 같이 잡종들의 높은 소출 생산을 잡종 강세(hybrid vigor)라고 한다.

세포질 웅성 불임은 잡종 종자 생산에 있어서 특히 중요한 도구이다. 정상적으로 잡종 생산을 위해서 배주친(seed parent)으로 쓰는 식물의 약을 제거하여 자가 수분을 방지한다. 옥수수의 경우, 수술화와 암술화가 따로 있으므로 수술화(tassel)들을 간단히 잘라버린다. 그러나 다른 대부분의 작물들은 한 꽃에 암술과 수술이 같이 있는 양성화인데, 교차-수분을 허용하고 자가-수분을 방지하기 위해서는 약(約)(anthers)를 핀셋으로 일일이 제거하여야 한다. 이러한 수술 제거를 제웅이라 하는데 이것은 시간과 노력이 많이 들어가는 작업이다. 그러므로 약들이 자연적으로 발달되지 못하도록 하는 식물을 배주친으로 이용하는 데 매우 유용하다.

CMS의 경우들은 일반적으로 여러 가지의 특징들이 있다: (1) 결함 단백질이 미토콘드리아 유전체의 재조합에 의한 키메라 유전자에 의해 만들어진다; (2) 단백질이 정상적인 미토콘드리아 대사활동에 유독성을 보여 약 형성을 못하게 하며; (3) 임성이 핵에 암호화되어 미토콘드리아로 이동하는 하나 혹은 여러 개의 단백질들에 의해 회복된다.

상업적인 종자 생산을 위해서는 회복 유전자를 지닌 양친을 가지고 잡종 생산에 의한 CMS 계통들의 임성을 회복하는 것이 최종적으로 필요하다(그림 5.12). CMS로 이르게 하는 키메라 미토콘드리아 유전자의 성격에 따라, 임성이 핵에 있는 유전자 산물이나 미토콘드리아 자체에 의해 회복된다. 두 경우에서 임성 회복은 CMS 유전자의 전사를 바꾸거나 단백질 산물의 축적 변경시킴으로써 이루어진다. 예를 들면, 회복 유전자들은 세포 소기관의 RNA 프로세스를 중요한 조절자로, 이미 기술한 PPR 단백질을 암호화한 유전자일 수 있다(Hanson and Bentolia 2004).

벼에서 CMS 유전자와 회복 유전자 행동의 기작을 최근에 연구하였는데(Luo 등., 2013); 모든 CMS 유전자는 작동 기작에서 약간씩 차이가 있었으며, 특별한 예는 CMS의 많은 경우들에서 공통적인 면들이 발견되었다. 지난 40여 년 간, 중국에서 “wild abortive” anther(약)의 약자인 WA라고 알려진 대립유전자를 이용하여 잡종벼를 생산하였는데, 이들 잡종벼들은 소출이 상당히 증가하였다. 다른 대부분의 CMS 돌연변이들처럼, CMS-WA 약은 키메라 미토콘드리아 단백질을 만든다. 이 경우의 키메라 단백질을 저자들은 WA352라고 명명하였는데 이 단백질은 핵으로부터 수입되어 온 COX11과 상호 반응한다(그림 5.13). COX11은 미토콘드리아 내부에서 과산화수소 대사에 관여한다. WA352가 COX11과 결합하면 COX11 전사가 낮아지고, 약의 융단조직 세포 발달이 실패하여 정상적인 발달로 이르지 못하고, 화분이 정상적으로 형성되지 않으므로, 식물은 화분-불임(pollen-sterility)이 된다. 2개의 핵 유전자들이 화분 불임을 회복시킬 수 있는데, 하나는 WA352 전사 수준을 낮추는 것이고 다른 하나는 단백질 수준을 낮추는 것이다.

CMS의 대부분의 다른 경우에서는 CMS 유전자 행동의 정확한 기작에 대해 모른다(Hanson and Bentolia 2004). 많이 연구된 경우가 텍사스 세포질 옥수수, CMS-T 또는 T-세포질이다. 이것의 웅성 불임 계통은 1950년대에서 1970년대까지 미국에서 잡종 옥수수 생산에 많이 이용되었다. CMS-WA와 같이, CMS-T는 미토콘드리아의 키메라 유전자에 의한 것인데, 이 키메라 유전자는 URF13이라는 독성 물질을 만든다. 2개의 회복 유전자가 있는데, 하나는 URF13 유전자의 전사를 낮추는 것이고, 다른 하나는 aldehyde dehydrogenase를 암호화하는 것이다.

T-세포질의 예상치 못한 부작용은 남부 옥수수 잎마름병에 감수성을 증가시켰다. T-세포질이 많은 잡종 옥수수에 존재하였고, 1970년대 초 잎마름병에 의해 미국 옥수수 집단에서 큰 수확량 손실을 주었다. T-세포질이 다른 웅성 불임 세포질로 대체되었지만, 작물 손실은 유전적으로 동일한 식물을 많은 면적에 재배할 경우의 위험성에 대해 경각심을 심어 주었다.

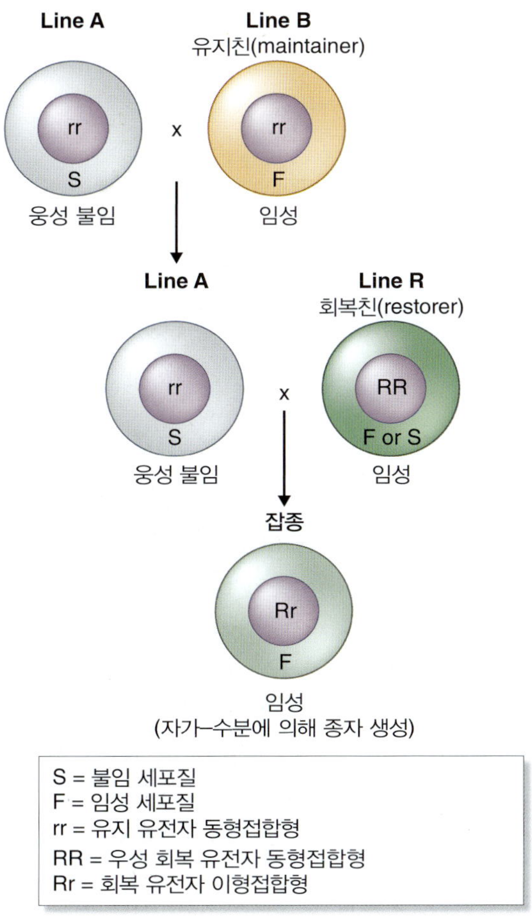

그림 5.12 작물 육종에서의 CMS 이용. 1단계, 웅성 불임 식물 만들기. 웅성 불임 계통은 교배에서 배주친으로 이용된다; 비슷하거나 동일한 핵 유전체를 가지며 비-돌연변이를 가진 식물체를 화분친으로 이용한다. 생산되는 모든 종자는 배주친의 미토콘드리아를 가지고 있으므로 웅성 불임이다. 2단계, 임성 회복. 웅성 불임 계통을 유전적으로 다르며, 핵의 회복 유전자를 가진 계통과 교배한다. 회복 유전자는 화분을 정상적으로 만들게 한다. 3단계, 상업적 종자가 회복 유전자를 가진 잡종 계통으로부터 만들어진다. Canola Council of Canada(http://www.canolacouncil.org/crop-production/canola-grower%27s-manual-content/chapter-2-canola-varieties/canola-varieties)

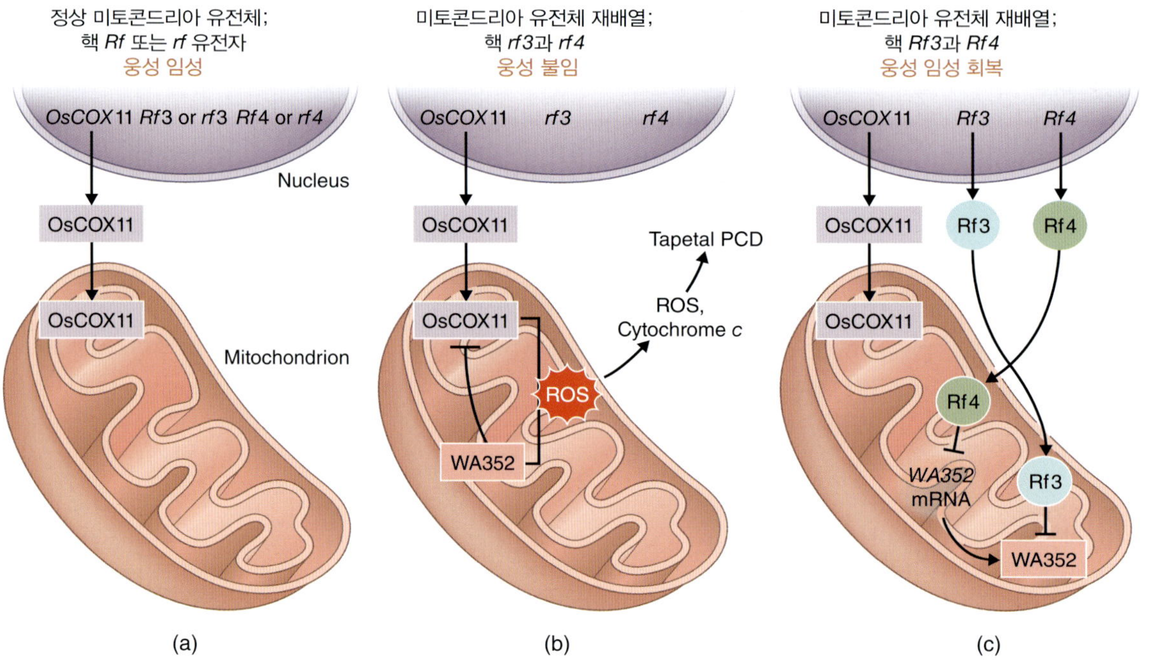

그림 5.13 벼의 세포질 웅성 불임의 한 기작. (a) 정상 식물에서, OcCOX11이 핵으로부터 수입되어 정상 화분을 만든다. 회복 유전자 (*Rf*)는 관련이 없다. (b) 웅성 불임 식물, 미토콘드리아 유전체가 재배열되어 키메라 유전자를 만들었는데, 이것은 결과적으로 독성 단백질 WA352를 생산한다. WA352는 OcCOX11의 정상적인 기능을 방해한다; 활성 산소(reactive oxygen species, ROS)가 생생되고 이것은 약 융단조직(tapetum)을 둘러싸고 있는 세포들의 세포 예정사(programmed cell death, PCD)로 이르게 한다. 웅성 불임이 열성 *rf* 대립유전자를 가진 식물에서 일어난다. (c) 우성의 *Rf3*와 *Rf4* 대립유전자들이 있으며, 독성의 WA352 단백질 양이 감소한다. 웅성 임성이 회복되고 식물은 정상적으로 화분을 생산한다. Ma(2013) MacMillan Publisher Ltd. 허락 후 게재.

유전체 크기 변동의 다른 이유는 식물 미토콘드리아가 같은 세포의 핵이나 엽록체 등 다른 곳으로부터 유전자나 유전자 단편을 취하는 것이다. 어떤 식물 미토콘드리아는 아마도 이동에 의하여 엽록체 유래 tRNA 유전자들을 가지고 있다. 옥수수 미토콘드리아 유전체의 2~5% 정도는 엽록체에서 유래하였다(Allen 등., 2007). 또한, 미토콘드리아 유전체는 다른 생물체들의 유전체에서 커다란 단편의 DNA를 획득하기도 한다. 초기의 한 연구에 의하면, 호흡에 관련된 효소를 암호화한 COX1 유전자에서 여러 번에 나타나는 한 인트론이 있는데; 이 인트론은 곰팡이에서 유래하였을 가능성이 높은 것이다. 이것이 유전자의 같은 위치에 삽입된 것으로 나타났다(Palmer 등., 2000). 이 기작에 대해서는 불분명하다.

미토콘드리아 유전체는 또한 유전자를 핵에 잃기도 한다. 어떤 유전자들에서 이러한 이동이 진화적 시간 동안 반복적으로 일어났다(Adams and Palmer, 2003). 핵으로의 유전자 이동은 비-관속 식물들의 미토콘드리아 유전체 크기와 유전자 양을 비교하여 추론할 수 있는데, 이는 비-관속식물들이 초기의 관속 육상식물과 많은 면에서 비슷할 것으로 추정되기 때문이다. 예를 들면, *Marchantia*(우산이끼)의 미토콘드리아 유전체는 관속 식물의 미토콘드리아(186 Kb) 보다 작은데, 이것은 관속식물의 미토콘드리아가 더 많은 반복 서열들을 획득하여 유전체 확장이 있었다는 설과 일치한다. 동시에 *Marchantia*의 미토콘드리아 유전체는 더 많은 유전자들을(94) 가지고 있는데, 관속 식물의 유전체는 이들의 많은 것들을 잃었다고 예상되는 것이다.

미토콘드리아 유전체의 크기와 염기 배열 등의 큰 변이에도 불구하고, 유전자와 유전자 사이의 염기들에서 미토콘드리아의 돌연변이율 엽록체나 핵 유전체에 비해 낮다(Bentolia and Stefaniv, 2012). 하지만 예외적으로 Geranium과 질경이(Plantago)의 미토콘드리아 유전자들은 다른 현화식물 미토콘드리아 유전자보다 약 50–100배 높다.

미토콘드리아 유전체의 높은 재배열 때문에 단백질-암호화 유전자들의 엑손들이 유전체에서 항상 인접하여 존재하지는 않는다. 대신에 암호화 서열의 부분들이 여러 곳에 있을 수도 있으며, mRNA 인트론 제거와 엑손 이어붙이기(splicing)가 다른 인트론 함유 유전자들에 비해 매우 복잡하다; 별개의 유전자 부분들을 모아 붙이는 이러한 현상을 **트랜스-이어붙이기(trans-splicing)**라고 한다. 예를 들면, *NAD5* 유전자는 5개의 엑손(A --- E)로 이루어져 있는데, 이들은 3개의 별도의 조각으로부터 잘려진다. 엑손 A와 B는 하나의 인트론에 의해 떨어져 있으며 이 인트론은 기존의 다른 유전자와 같은 이어붙이기(*cis*-이어붙이기)를 하며, 엑손 D와 E 사이의 인트론도 *cis*-이어붙이기를 하지만, 엑손 C는 a-b와 d-e RNA 단편들 사이로 이어붙여지게 된다(그림 5.14).

5.7 세포 내의 모든 색소체 유전체는 동일하다

식물세포에는 세포 형과 발달 단계에 따라 여러 종류의 색소체들이 존재한다. 모든 색소체들은 분열 조직 세포의 전색소체(proplastids)로부터 발달되는데; 이러한 전색소체들은 광합성 엽록체로 분화되지만, 어떤 경우에는 전분-함유 녹말체(amyloplast)로 되거나, 색소를 가지고 있는 유색체(chromoplasts)로 분화하기도 한다. 다른 형태의 색소체로는 모노테르펜(monoterpenes)을 합성하는 백색체(leucoplast)와 protochlorophyllide를 합성하는 황백화 색소체(etioplasts) 등이 있다. 색소체들은 이들 중 어느 하나로 분화가 되지만, 이외의 다른 형태로 분화될 수도 있다(그림 5.15). 또한, 단일 세포의 색소체들은 **stromules**이라 불리는 긴 선으로 서로 연결되어 있다. 이들의 역할은 명확하지 않지만, 유전물질을 포함하여 물질 교환에 연루된 듯 하다.

색소체들 중 가장 잘 알려진 것은 엽록체로서, 엽록체는 잎의 엽육세포에 많이 존재하지만 종종 줄기나 꽃, 과일에도 존재하는데, 이들은 실제로 녹색 조직에 전반적

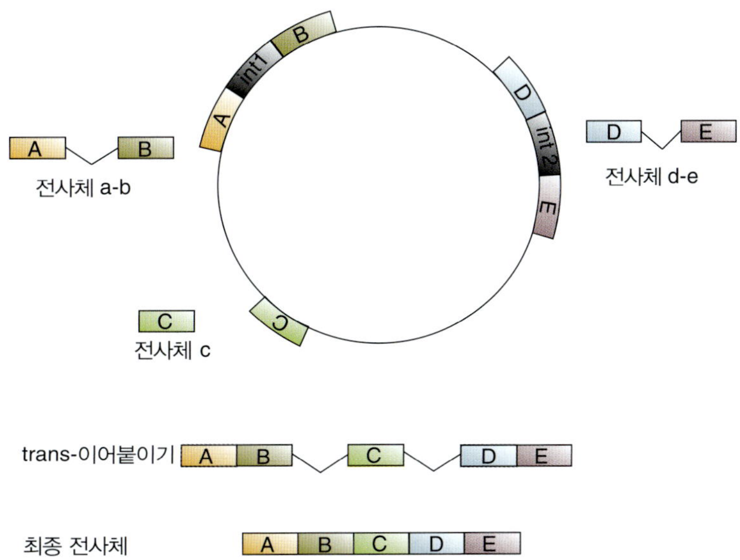

그림 5.14 트랜스-이어붙이기. 엑손 A와 B, D와 E, 그리고 C는 DNA 상에서 인접하지 않은 곳에 암호화되어 있는데, 그림에서는 원형 유전체의 다른 곳에 위치하여 나타내었다. 인트론 1과 2(회색)는 제거되어 a-b와 d-e 전사체를 만든다. 이어붙이기 기구들이 세 전사체들을 이어 붙인다.

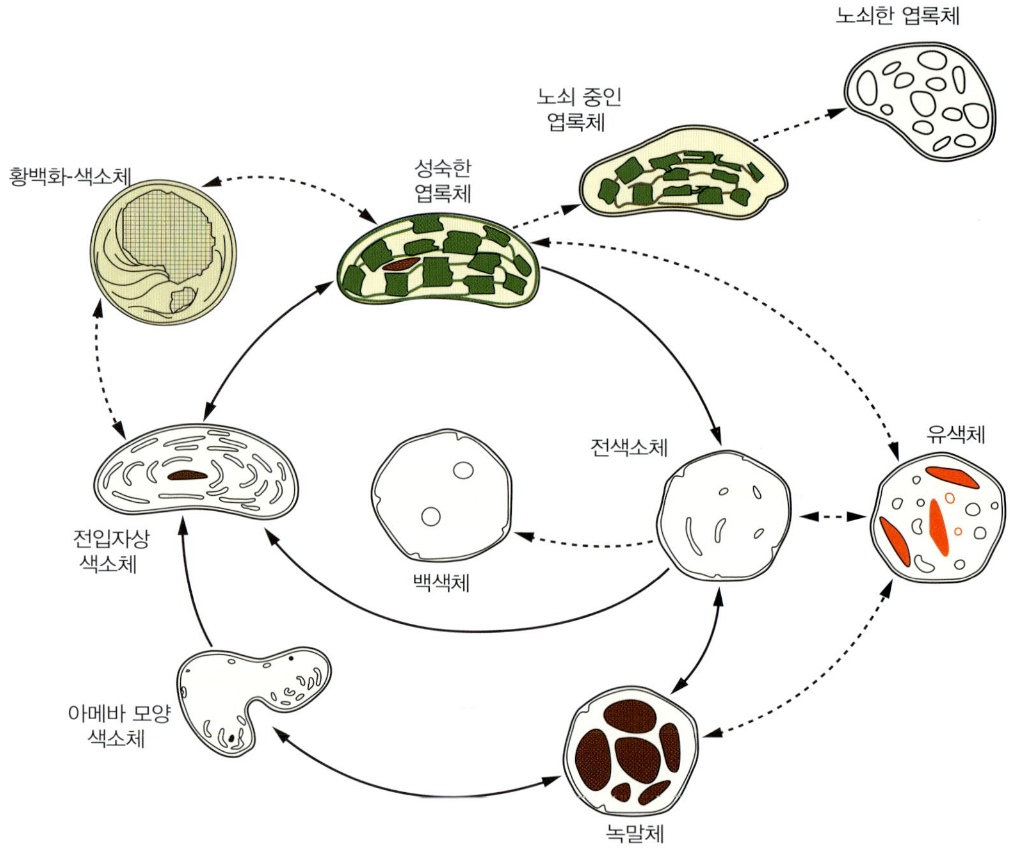

그림 5.15 색소체 발달과 분화. 굵은 화살선은 정상적인 색소체 발달과 분화를 나타낸다. 점 화살선은 특정한 조건하에서 일어나는 분화의 단계를 나타낸다. Buchanan 등(2002). John Wiley & Sons Inc의 허락 후 게재.

으로 분포하고 있다. 엽록체는 일반적으로 기공을 제외하고는 잎 표피세포에는 많지 않아 표피세포가 투명하게 보이게 된다. 유색체는 식물의 꽃잎과 같은 특정 조직의 색을 나타내게 된다. 녹말체는 전분이 가득 들어 있는 색소체이다. 이들은 괴경(tuber)이나 배유 등의 저장 조직에 존재한다.

색소체들의 형태적이고 생리학적인 변이에도 불구하고, 세포 내의 또는 한 식물체의 모든 색소체들은 대부분 유전적으로 동일하다; 그들은 콜론 복제들로서 식물세포들은 색소체에 대해 균질(homoplasmic)하다. 미토콘드리아 유전체와는 달리, 색소체 유전체는 상당히 안정적으로 이러한 성질은 유전 공학에서 매우 흥미로운 대상이 된다(전문가 의견, 엽록체의 조작을 참조). 대부분의 육상식물에서 엽록체의 유전체 크기는 120–160 Kb 정도이며, 약 100개 정도의 유전자를 가지고 있고, 자신의 rRNA와 tRNAs 유전자들을 가지고 있다. 일부 식물들은 커다란 엽록체 유전체를 가지며(예, *Geranium*, 217 kb), 어떤 기생 식물은 광합성을 하지 않으므로 이들이 가지는 엽록체들은 평균보다 훨씬 작다. 여러 개의 색소체 유전자들이 하나의 프로모터로부터 전사되는 것은 흔한데, 이와 같은 전사체를 폴리시스트론(polycistron)이라 하며 세균의 오페론과 흡사하다. 그러나 오페론과는 달리 폴리시스트론 전사 단위로부터 만들어지는 단백질들은 모두 어떤 단일 대사 경로나 기능적 복합체의 일부가 아니다.

엽록체 유전체의 가장 두드러진 특징은 역방향으로 배열된 한 쌍의 반복들이며, 이들은 역반복이라고 불린다(그림 1.6). 이들 역반복들은 엽록체 유전체를 2개의 부분으로 나누는데, 작은 단일 사본(small single copy, SSC) 지역과 큰 단일 사본(large single copy, LSC) 지역

등으로 나눈다. 역반복은 rRNAs 유전자들을 암호화하고 있는 반면, SSC와 LSC에는 광합성과 아미노산 합성에 관련된 단백질 유전자들이 존재한다. 역반복 부위들은 서로 접합을 이루어서 재조합을 이룰 수 있는데 이렇게 되면 SSC가 LSC에 상대적으로 역 방향으로 존재하게 된다. 이것은 두 종류의 엽록체 유전체가 가능한데 이들은 서로 간에 상호전환이 가능하다. 이유는 알려져 있지 않지만 미토콘드리아 유전체와는 달리 엽록체 유전체는 다른 생물체나 세포의 다른 곳으로부터 유전자 서열을 쉽게 획득하지 못한다.

5.8 육상식물들의 색소체 유전체들은 비슷하지만 구조적 재배열을 가지고 있다

대부분의 육상식물들에서 엽록체 유전체가 대개 비슷한 유전자 세트들을 가지고 있는 반면, 일부 식물 그룹들은 유전자 양에서 큰 차이를 보이는 것들도 있다. 예를 들면, 소나무나 삼나무와 같은 나자식물들의 일부와 콩과의 어떤 식물들은 역반복 중 한 사본을 소실하였다. 기생식물체들도 광합성에 필요한 유전자들을 잃었으므로 일반적으로 작은 색소체 유전체를 가지고 있다. 그러나 색소체에는 어떤 아미노산 합성에 필요한 유전자들이 있으므로 식물이 색소체를 완전히 잃지는 않는다.

엽록체 유전체는 식물 종들의 역사를 유추하는 데 널리 이용되며, 우리가 알고 있는 식물 계통학의 정보들에는 색소체 유전체에 의존하여 생산된 것들이 많다. 이러한 것의 한 가지 이유는 단순히 데이터 습득이 쉽기 때문이다; 엽록체 DNA가 세포의 전체 DNA의 약 30% 정도까지 차지하고 있으므로 쉽게 추출할 수 있고 유전자들을 PCR로 쉽게 증폭하여 분리할 수 있다. 또한, 한 식물체 내의 엽록체 유전체는 대부분 클론식으로 유전이 되어 모두 동일하므로, 대립유전자 변이에 의한 염기 습득이나 분석에 혼동을 주지 않는다. 마지막으로, 엽록체 유전자의 진화율은 미토콘드리아 유전자들보다는 높지만 핵의 많은 유전자들 진화율은 느리다. 이러한 점들이 식물의 진화 역사를 측정하는 데 유용한 수단이 된다.

전문가 의견

엽록체 조작

고등 식물의 plastid(색소체) 유전체(ptDNA)는 고도의 배수체이며 수천 개의 사본의 동일 유전체가 10－100개의 색소체 유니트에 존재한다. 색소체 공학은 점진적 과정으로서 하나 또는 몇 개의 색소체 유전체의 형질전환은 비-형질전환된 색소체들의 농도가 점점 엷어지도록 한다. 형질전환 운반체에 항생제 저항성 유전자를 넣어 선발 약품이 들어 있는 배지에서 조직 배양할 때, 자연 상태의 색소체는 형질전환 색소체 비하여 불리하다. 색소체 유전체 각각을 균일하게 형질전환하면, 식물이 배양 세포로부터 재생된다.

색소체 형질전환은 형질전환 운반체와 ptDNA 간의 상동 재조합에 의존한다. 형질전환 운반체에는 표지 유전자와 도입하고자 하는 유전자를 ptDNA 서열과 인접하게 위치시켜 ptDNA 내로 삽입을 유도한다. 일반적으로 이용되는 색소체 형질전환 운반체는 spectinomycin(*addA* 유전자)와 kanamycin(*neo* 유전자)에 대한 저항성 유전자와, 색소체에서 발현하도록 조작한 유전자를 가지고 있다. 이들 항생제들은 색소체의 원핵생물형 리보솜에서의 번역을 선택적으로 저해하지만, 세포질에서의 단백질 생성은 영향을 주지 않는다(Maliga 2004, 2012). ptDNA 조작은 다음과 같은 것을 포함한다: (i) 유전자들 간의 사이 부위에 형질전환 유전자 삽입(그림 5.16a)(Lutz 등., 2007); (ii) 색소체 유전자 기능을 알아내기 위한 유전자 knock-out(그림 5.16b)(Allison 등., 1996);

(iii) 표지 유전자와 물리적으로 연관되어 있지 않은 비-선발 유전자를 도입하기 위한 다중 플라스미드와 공통 형질전환(Lutz and Maliga, 2007); 그리고 (iv) 표지-프리 식물체를 얻기 위한 표지 유전자들의 형질전환 후 탈립(그림 5.16c)(Lutz and Maliga, 2007).

색소체 형질전환이 단세포 조류인 *Chlamydomonas reinhardtii*(Boynton 등., 1988)과 현화식물인 담배(*Nicotiana tabacum*)(Svab 등., 1990)에서 시도되었다. 두 시스템의 차이는 광독립성 배지에서의 *Chlamydomonas* 엽록체 유전체의 조작과 광의존형 배양에서 자란 고등 식물의 조작된 엽록체를 추적하는 것이다(Maliga, 2012). 색소체 형질전환 프로토콜은 담배, 토마토, 감자, 가지, 페츄니아, 콩, 배추, 상추, 사탕 무, *Physcomitrella patens*(이끼), *Marchantia polymorpha*(석송류) 등에서 확립되었다(Maliga, 2014). 벼와 옥수수 등에서 초기에는 성공하였지만 이후 안정적으로 색소체 전환된 단자엽 식물들은 얻지 못하였다.

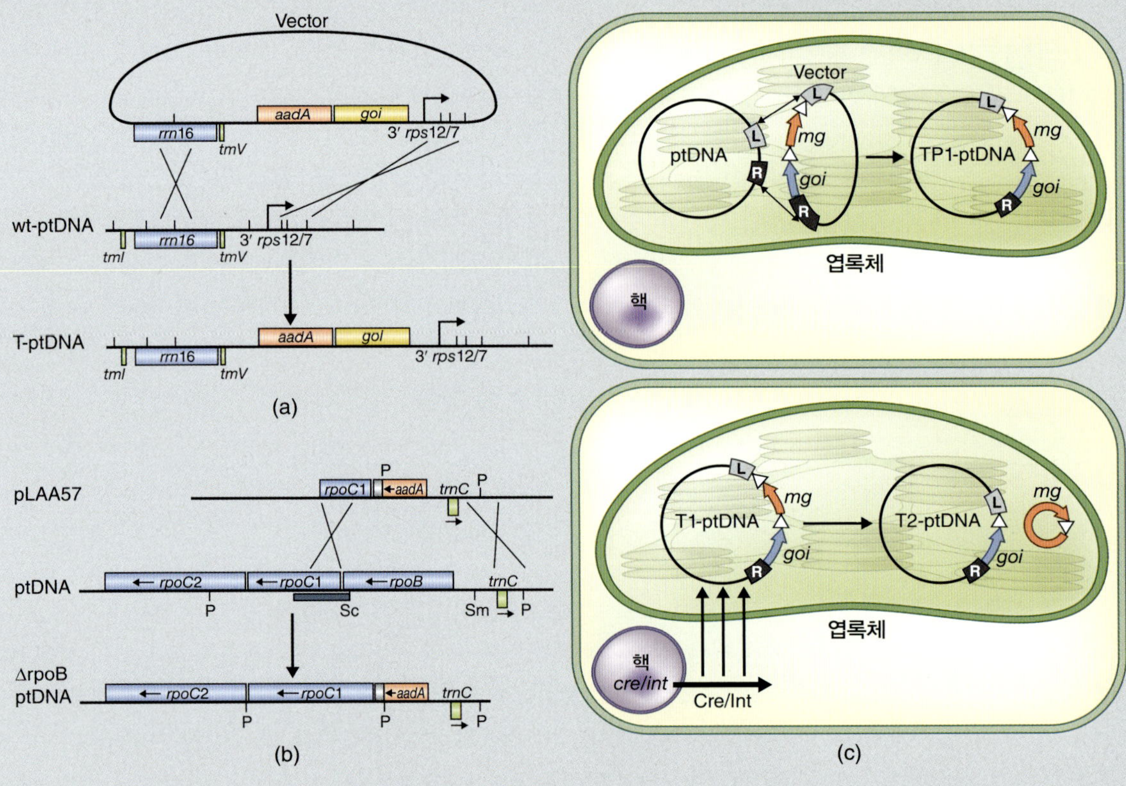

그림 5.16 색소체 유전체 조작. **(a)** 표지 유전자(*aadA*)와 원하는 유전자(*goi*)를 색소체 유전체(ptDNA)의 미리 예정된 장소에 삽입하여 색소체 전환 ptDNA(T-ptDNA)를 만들기 위한 운반체. Lutz 등(2012). **(b)** 색소체 유전체의 유전자 knockout. *rpoB* 유전자가 항생제 저항성 유전자 *aadA*로 대체되어 소실되었다. 보여주는 그림은 운반체 pLAA57인데, 이것은 야생형 ptDNA와 염기 결실을 가진 Δ*rpoB* ptDNA를 기지고 있다. 색소체에 암호화된 RNA 중합효소(PEP)의 촉매 서브 유니트를 암호화한 *rpoB* 유전자 결실은 두 번째 핵-암호화 RNA 중합효소(NEP)의 존재를 밝힌다. Allison 등(1996). John Wiley & Sons, Inc의 허락 후 게재. **(c)** 파지 장소-특이적 재조합 효소를 가진 색소체 표지의 탈립. (위) 색소체 형질전환 표지 유전자가 장소-특이적 재조합효소의 표적이 되는 *loxP* 또는 *attP*/*attB*에 인접하게 위치 시킴. (아래) 표지 유전자들인 색소체-표적 Cre와 Int 재조합효소 유전자가 핵에서 발현이 되면, 표지 유전자들이 효과적으로 제거되고, 표지 유전자는 색소체-표적 효소들에 의해 탈립된다. 표지 유전자들은 결과적으로 자손 종자에서는 분리되어 없어진다. Maliga and Bock(2011)을 변형함. Copyright, 2011 American Society of Plant Biologists, 허락 후 게재.

식물 핵 대신에 엽록체에서의 재조합 단백질의 발현은 많은 양의 단백질을 단기간에 얻을 수 있으며, 폴리시스트론 오페론의 발현 또는 작물의 화분을 통하여 색소체가 전달되지 않으므로 자연적인 형질전환 유전자의 확산 방지 등의 장점이 있다. 말라리아 항원(Gregory 등., 2012)와 면역독성 암 치료제(Tran 등., 2013)와 같은 치료적 적용을 위한 복잡하고 세포질 독성을 가진 단백질 발현에 엽록체들은 특이한 시스템을 제공한다.

제초제나 가뭄 내성과 같은 농업적 형질들에서도 엽록체 형질전환을 이용한다(Maliga and Bock, 2011). 엽록체로부터 복합적 가치-향상 형질들을 효과적으로 발현시킬 수 있다. 예를 들면, 비타민 E 함량은 하나의 오페론에 3 유전자를 동시에 발현시키므로 증가시킨다(Lu 등., 2013). 식물 육종의 최종적인 목표는 재-엔지니어링된 광합성으로 작물 생산성을 높이는 것이다(Whitney 등., 2011; Hanson 등., 2013).

Pal Maliga 씀

5.9 요약

엽록체와 미토콘드리아는 공생 세균으로부터 유래한 후 식물세포의 영원한 구성분이 되었다; 각 식물세포에는 이들을 많이 가지고 있다. 이들의 원형 유전체는 재조합이 가능하며 각 소기관 내에서 여러 다른 형태로 존재한다. RNA 편집(특히, C가 U로 편집)이 미토콘드리아 유전자들에서 흔히 일어나지만 엽록체에서는 잘 일어나지 않는다. 엽록체와 미토콘드리아 모두 자가-이어붙이기 또는 그룹 II 인트론을 가지고 있다. 미토콘드리아 유전체에는 약 30-40개 정도의 작은 수의 유전자들이 고도로 재조합력이 있는 반복들 사이에 존재하며, 이들 유전체는 하나의 커다랗고 복잡한 상호전환 가능 원형 분자들로 존재한다. 재조합은 통상 키메라 유전자를 만드는데, 이러한 키메라 유전자는 종종 웅성 불임을 야기한다. 미토콘드리아는 종종 유전자 수평이동을 통하여 엽록체나 다른 식물로부터 유전자들을 흡수한다. 엽록체 유전체는 하나의 커다란 역반복을 가지는데, 미토콘드리아 유전체에 비해 훨씬 안정적이다. 색소체 유전체는 약 100여 개의 단백질-암호화 유전자들이 있는데, 이들 대부분은 현화식물에서 보존적이다.

5.10 문제

5.1 어떤 면에서 소기관들이 세균과 비슷한가?

5.2 소기관들은 왜 독립-생활 생물체로 돌아 갈 수 없는가?

5.3 RNA 편집은 무엇이며 어떤 염기가 주로 편집되는가? 이러한 편집 기작은 유전자 발현을 어떻게 돕거나 방해하는가?

5.4 미토콘드리아 유전체의 어떤 특징이 재조합이 자주 일어나게 하는가?

5.5 폴리시스트론 전사 단위가 무엇인가?

5.6 기생 식물들은 광합성을 하지 않으면서도 왜 엽록체를 완전히 제거하면 안 되는가?

심화 학습 문헌

Logan, D.C. (ed.) (2007) *Plant Mitochondria*. Annual Plant Reviews, Vol. 31, Blackwell.

참고문헌

Adam, K.L. and Palmer, J.D.(2003) Evolution of mitochondrial gene content: gene loss and transfer to the nucleus. *Molecular Phylogenetics and Evolution*, **29**, 380-395.

Allen, J.O., Fauron, C.M., Minx, P. *et al.*(2007) Comparisons among two fertile and three male-sterile mitochondrial genomes of maize. *Genetics*, **177**, 1173-1192.

Allison, L.A., Simon, L.D. and Malinga, P.(1996) Deletion of *Rpob* reveals a second distinct transcription system in plastids of higher plants. *EMBO Journal*, **15**, 2802-2809.

Alverson, A.J., Rice, D.W., Dickson, S. *et al.*(2011) Origins and recombination of bacterial-sized multichromosomal mitochondrial genome of cucumber. *Plant Cell*, **23**, 2499-2513.

Banks, J.A., Nishiyama, T., Hasebe, M. *et al.*(2011) The *Selaginella* genome identifies genetic changes associated with the evolution of vascular plants. *Science*, **332**, 960-963.

Barkan, A., Rojas, M., Fujii, S. *et al.*(2012) A combinatorial amino acid code for RNA recognition by pentatricopeptide repeat proteins. *Plos Genetics*, **8**, e1002910.

Bentolila, S. and Stefanov, S.(2012) A reevaluation of rice mitochondrial evolution based on the complete sequence of male-fertile and male-sterile mitochondrial genomes. *Plant Physiology*, **158**, 996-1107.

Boynton, J.E., Gilham, N.W., Harris, E.H. *et al.*(1998) Chloroplast transformation in Chlamydomonas with high velocity microprojectiles. *Scienec*, **240**, 1534-1538.

Buchanan, B.B., Gruissem, W. and Jones, R.L.(2002) *Biochemistry* and *Molecular Biology of Plants*, American Society of Plant Biologists.

Fujii, S and Small, I.(2011) The evolution of RNA editing and pentatricopeptide repeat genes. *New Phytologist*, **191**, 37-47.

Gagliardi, D. and Binder, S.(2007) Expression of the plant mitochondrial genome, in *Plant Mitochondria*(ed. D.C.Logan), Blackwell, pp. 50-96.

Gray, M.W., Burger, G. and Lang, B.F.(1999) Mitochondrial evolution. *Science*, **293**, 1476-1481.

Gregory, J.A., Li, F., Tomosada, L.M. *et al.*(2012) Algae-produced Pfs25 elicits antibodies that inhibit malaria transmission. *PloS One*, **7**, e37179.

Hanson, M.R. and Bentolila, S.(2004) Interaction of mitochondrial and nuclear genes that affect male gametophyte development. *Plant Cell*,**16**, S154-S169.

Hanson, M.R., Gray, B.N, and Ahner, B.A.(2013) Chloroplast transformation for engineering of photosynthesis. *Journal of Experimental Botany*, **64**, 731-742.

Huang, C.Y., Ayliffe, M.A. and Timmis, J.N.(2003) Direct measurement of the transfer rate of chloroplast DNA into the nucleus. *Nature*, **422**, 72-76.

Jones, R., Ougham, H. and Waaland, S.(2012) *The Molecular Life of Plants*, Wiley-Blackwell.

Kleine, T., Maier, U.G. and Leister, D.(2009) DNA transfer from organelles to the nucleus: the idiosyncratic genetics of endosymbiosis. *Annual Review of Plant Biology*, **60**, 115-138.

Laluk, K., AbuQamar, S. and Mengiste, T.(2011) The *Arabidopsis* mitochondria-localized pentatricopeptide repeat protein PGN functions in defence against necrotophic funig and abiotic stress tolerance. *Plant Physiology*, **156**, *2053-2068*

Lamarck, J.B.d.(1815) *Flore Françoise*, L'Imprimerie Royale.

Lu, Y., Rijzaani, H., Karcher, D. *et al.*(2013) Efficient metabolic pathway engineering in transgenic tobacco and tomato plastids with synthetic multigene operons. *Proceedings of National Academy of Sciences USA*, **110**, E623-E632.

Luo, D., Xu, H., Liu, Z. *et al.*(2013) A detrimental mitochondrial-nuclear interaction causes cytoplasmic male sterility in rice. *Nature Genetics* **45**, 573-577.

Lutz, K.A., Azhagiri, A., Tungsuchat-Huang, T. and Maliga, P.(2007) A guide to choosing vectors for transformation of the plastid genome of higher plants. *Plant Physiology*, **145**, 1201-1210.

Lutz, K.A. and Maliga, P(2007) Construction of marker-free transplastomic plants. *Current Opinion in Biotechnology*, **18**, 107-114.

Ma, H.(2013) A battle between genome in plant male-fertility. *Nature Genetics*, **45**, 472-473

Maliga, P.(2012) Plastid transformation in flowering plants, in *Genomics of Chloroplasts and Mitochondria*(eds R. Bock and V Knoop), Springer Science, pp. 393-414

Maliga, P.(2014) *Chloroplast Biotechnology: Methoda and Protocols*, Springer Science+Business Media, LLC.

Maliga, P. and Bock, R.(2011) Plastid Biotechnology: food, fuel and medicine for the 21st century. *Plant Physiology*, **155**, 1501-1510.

Martin, W., Rujan, T., Richly, E. *et al.*(2002) Evolutionary analysis of *Arabidopsis*, cyanobacterial and chloroplast genomes reveals plastid phylogeny and thousands of cyanobacterial genes in the nucleus. *Proceedings of the National Academy of Sciences USA*, **99**, 211-226.

Miller-Messmer, M., Kuhn, K., Bichara, M. *et al.*(2012) RecA-dependent DNA repair results in increased heteroplasmy of the Arabidopsis mitochondrial genome. *Plant Physiology*, **159**, 211-226.

Palmer, J.D., Adams, K.L., Cho, Y. *et al.*(2000) Dynamic evolution of plant mitochondrial genomes: mobile genes and introns and highly variable mutation rates. *Proceedings of the National Academy of Sciences USA*, **97**, 6960-6966.

Rousseau-Gueutin, M., Huang, X., Higginson, E. *et al.*(2013) Potential functional replacement of the plastidic acetyl-CoA carboxylase subunit(*accD*) gene by recent transfer to the nucleus in some angiosperm lineages. *Plant Physiology*, **161**, 1918-1929.

Shaw, J., Lickey, E.B., Beck, J.T. *et al.*(2005) The tortoise and the hare II: Relative utiliy of 21 non coding chloroplast DNA sequences for the phylogentic analysis. *American Journal of Botany*, **92**, 142-162.

Svab, Z., Hajdukiewicz, P. and Maliga, P.(1990) Stable transformation of plastids in higher plants. *Proceedings of the National Academy of Sciences USA*, **87**, 8526-8530.

Tran, M., Van, C., Barrera, D.J. *et al.*(2013) Production of unique immunotoxin cancer therapeutics in algal chloroplasts. *Proceedings of the National Academy of Sciences USA*, **110**, E15-E22.

Vanlerberghe, G.C. and McIntosh, L.(1997) Alternative oxidase: form gene to function. *Annual Review of Plant Physiology and Plant molecular Biology*, **48**, 703-734.

Whitney, S.M., Houtz, R.L. and Alonso, H.(2011) Advancing our understanding and capacity to engineer nature's CO_2 sequencing enzyme, Rubisco. *Plant physiology*, **155**, 27-35.

Xu, L., Carrie, C., Law, S.R, *et al.*(2013). Acquisition, conservation, and loss of dual-targeted proteins in land plants. *Plant physiology*, **161**, 644-662.

Yin, P., Li, Q., Yan, C. *et al.*(2013) Structural basis for the modular recognition of single-stranded RNA by PPR proteins. *Nature*, **504**, 168-171.

제 II 부

식물 유전자의 전사

제6장

RNA

6.1 RNA는 중심원리의 구성요소들을 연결해 준다

RNA는 특별하고 다양한 분자이다. RNA는 많은 형태를 가지고 있으며, 이들은 각기 다른 독특한 기능을 가지고 있다. 어떤 RNA는 정보를 전달하기도 하고, 어떤 것들은 세포 과정(cellular processes)을 조절하기도 하며, 또 다른 것들은 그 자체로서 혹은 단백질과의 결합을 통해 생체 내 화학반응을 촉진시키기도 한다. 놀랍게도 1개의 RNA 분자가 하나 이상의 기능을 수행하는 경우도 있다. RNA 분자는 다른 DNA 분자 그리고 단백질과 상호작용할 수 있으며, 이는 흔히 그들의 구조, 뉴클레오티드 서열, 혹은 두 가지 모두에 의해 고유하게 결정된다. 본 장에서는 식물세포에서 볼 수 있는 RNA의 다양한 종류와 그 역할에 대해 알아볼 것이다. DNA 분자와 같이 RNA 분자의 몇몇 특성은 모든 생물에 공통적이나, 어떤 특성들은 식물에서만 특이적으로 존재한다. 여러 종류의 RNA의 중요성을 고려해 볼 때, RNA가 언제, 어떻게 그리고 얼마나 많이 만들어지는가 또한 매우 중요하다. 다음 장에서는 DNA 주형으로부터 RNA를 생성하는 것과 연관된 효소인 DNA-의존성 RNA 중합효소(DNA-dependent RNA polymerase)에 대하여 설명할 것이다.

우리는 이 책의 1부에서 세포 내에서 이루어지는 모든 활동에 대하여 청사진 역할을 하는 DNA에 관해 알아보았다. 2부에서는 먼저 DNA 정보가 세포에서 그 역할과 기능을 수행할 수 있도록 의미 있는 방향으로 어떻게 전환이 되어 가는지에 대해 다룰 것이다. 이는 1958년 Francis Crick에 의해 첫 번째로 명명된 소위 **생명의 중심원리(Central Dogma of Biology)**로 알려져 있는 정보가 단일 방향성으로 전달된다는 것인데, 그는 "유전 정보가 단백질로 전환이 되었다면, 다시는 그 이전으로 돌아 갈 수 없다"고 설명하였다. 이처럼, 유전정보는 DNA에서 RNA로 그리고 단백질로 전달된다(그림 6.1). 하지만, 추후 다시 언급하겠지만, RNA의 정보가 DNA에도 영향을 미치는 것이 보편적인 사실로 밝혀졌기 때문에 중심원리는 처음과는 달리 단일 방향성 만을 가지고 있지 않다. RNA는 이 정보의 흐름에서 중심이 되는 역할을 한다. 우리는 RNA가 구조적 혹은 촉매 작용을 포함하여 세포에서 여러 핵심적인 역할을 하는 것에 대해서도 살펴볼 것이다. 식물세포와 같은 보통의 진핵세포에서는 독특한 특성으로 구분될 수 있는 많은 다른 형태의 RNA를 가지고 있다(그림 6.2, 표 6.1). **전령 RNA(messenger RNA: mRNA)**는 세포에 존재하는 전체 RNA의 2~4%에 해당하는데 대량의 유전정보를 DNA에서 단백질로 전달해 준다. mRNA의 크기는 몇백에서 몇 천 뉴클레오티드까지 다양하다. 이들은 보통 5′ 말단에 수정된 구아닌 뉴클레오티드(guanine nucleotide)로 구성된 **캡(cap)**과 몇백 개의 아데노신 뉴클레오티드(adenosine nucleotide)만 있는(**polyA tail**) 3′ 말단을 가진다. RNA의 수정에 관해서는 이 책의 3부 도입부에서 추후 논의할 것이며, mRNA는 8장에서 주로 다루어질 것이다.

각종 RNA의 구조적 특징 차이가 발견되었고 이런 구조적 차이는 생명공학에 유용하게 활용될 수 있었다. 예를 들면, 연구자들은 mRNA에 존재하는 polyA tail(그림 6.2)을 이용하여 mRNA를 세포 내의 다른 RNA들로부터 분리할 수 있었다. 길게 나열된 디옥시티민(poly dT's)은 아가로스(agarose)나 자성구슬(magnetic bead)

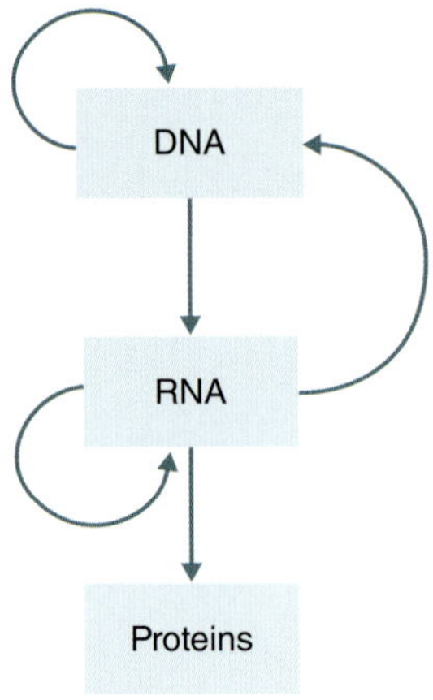

그림 6.1 **생명의 중심원리.** 화살표는 정보의 흐름을 나타낸다.

과 같은 고체 지지체(solid support)와 공유결합이 가능하다. RNA 현탁액을 poly dT 가닥이 붙어 있는 고체지지체 사이로 통과시키면, mRNA의 polyA tail은 구슬에 고정된 poly dT 가닥과 왓슨-크릭(Watson-Crick) 상보적 염기쌍(base pairs) 결합을 하여 지지체에 남아 있고 다른 RNA들은 씻겨 나갈 것이다. 이런 방법은 친화성 크로마토그래피(affinity chromatography)나 자성구슬 포획(magnetic bead capture)이라 알려져 있다(그림 6.3a). 친화성 크로마토그래피라는 특정한 활용법은 polydT와 mRNA의 3′말단의 polyA와의 독특한 결합을 바탕으로 진행된다. 다른 많은 활용법에서 mRNA는 상보적 DNA(complementary DNA, **cDNA**)로의 전환이 필요한데, 이는 **역전사효소**(**reverse transcriptase**, RT)인 주로 바이러스에서 유래한 RNA-의존 DNA 중합효소(RNA-dependent DNA polymerase)를 통해 이루어진다.

앞에서 논의하였듯이(1장 참고), 유전자 구조의 결정은 대부분 +1 위치(그림 6.4)와 **전사시작지점**(**transcription start site**, TSS)[AUG 코돈으로 이루어져 있는 번역시작지점(translate start site)과 혼동하면 안 된다]으로 알려진 mRNA의 5′ 말단과 인트론/엑손(intron/exon) 구조(그림 6.4), 그리고 유전자의 3′ 말단에 상응하는 DNA 서열을 의미한다. 이 과정은 mRNA의 서열과 상응하는 유전체 DNA(genomic DNA)의 비교를 통해 완료된다. 이런 과정은 보통 mRNA로부터 cDNA를 합성하므로써 진행된다. 만약 cDNA가 역전사효소와 올리고-dT(olgio-dT)를 프라이머로 사용하여 합성된다면

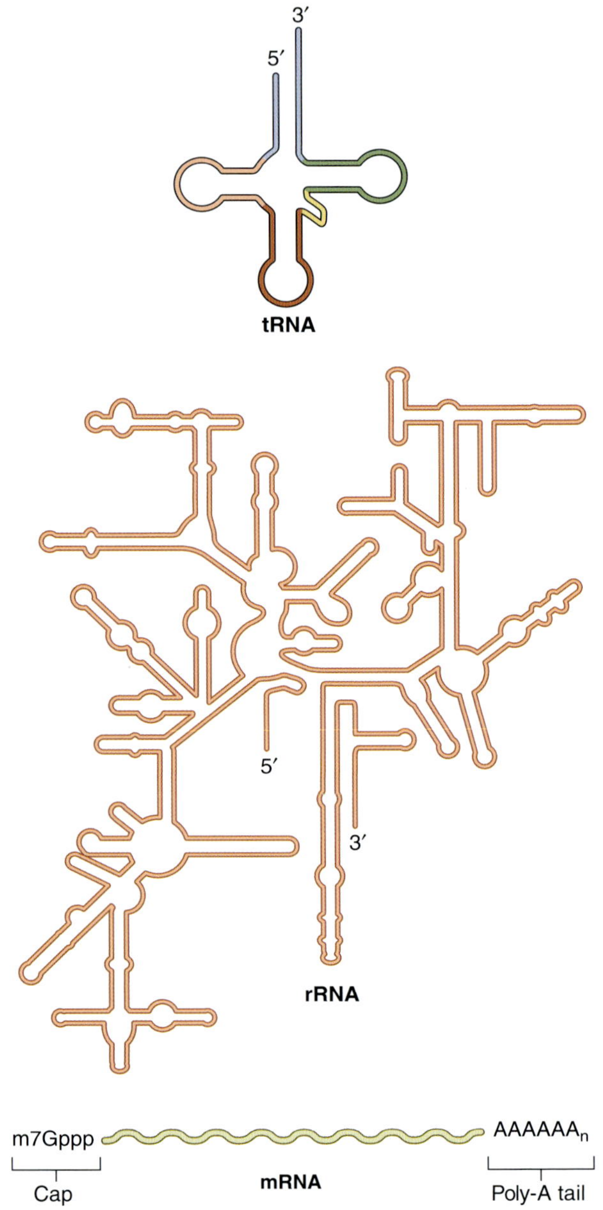

그림 6.2 **다양한 RNA(tRNA, rRNA 그리고 mRNA)의 주요 특성을 보여주는 모식도.** tRNA에서 다른 색상은 다양한 가지(arms)와 고리(loop)를 나타낸다. 예를 들면, 주황색은 D 가지와 고리, 붉은색은 안티코돈 가지와 고리, 녹색은 T 가지와 고리 그리고 파란색은 아미노산 수용기를 나타낸다(아미노산은 -OH 그룹을 갖는 3′ 말단과 공유결합을 갖는다). tRNA와 rRNA 모두에서, RNA 구조는 RNA의 골격에 따라 쌍을 이루는 염기에 의해 결정된다.

cDNA는 그림 6.3과 같은 3′ 말단을 갖게 될 것이다. 복제된 mRNA와 같이, cDNA는 인트론에 해당하는 서열이 없으므로 유전체 DNA 서열에서 인트론/엑손의 구조

표 6.1 진핵생물에서 대표적인 RNA 종류와 분포 RNA

RNA	이름	기능	RNA 형태	대략적인 길이(nt)	세포 내에서의 대략적인 존재량 (%)
rRNAs	리보솜 RNAs	리보솜의 일부분 (translation)	28S-25S	3700	80-85
			18S	1900	
			5.8S	160	
			5S	120	
mRNAs	전령 RNA	단백질 암호화		300-8000+	1-5
tRNAs	전달 RNA			73-93	15-20
snRNAs	Small nuclear RNAs	mRNA 가공	e.g., U1, U2, U4, U5, U6	90-220	
snoRNAs	Small nucleolar RNAs	RNA 가공		70-200	
miRNAs	Micro RNAs	RNA 분해, 번역 조절		22-23	
siRNAs	작은 간섭 RNAs	염색질 변형, RNA 분해		21-27	

RNA와 생명의 기원에 대한 논쟁

세포 내의 여러 가지 RNA들의 특성에 대해 더 깊이 알아보기 전에, 40억 년 전의 지구에서 생명의 태동에 대해 생각해보자. 이기적 유전자(*The Selfish Gene*, 1976)의 Richard Dawkins는 다음과 같은 추측을 하였다. "오래 전 어떤 시점에서 아주 특별히 놀라운 분자가 우연히 생겨났다. 우리는 그를 복제자(replicator)라 부를 것이다. 복제자는 당시 환경에서 크기가 가장 크거나 아주 복잡한 분자구조를 가지지는 않았어도 놀랍게도 자기 복제 능력을 가지고 있었을 것이다". 이 복제자가 RNA 분자였을까? 노벨 수상자(1980)인 Walter Gilbert는 촉매제로의 RNA를 발견하였으며(6.4절), 최초의 생명 형태는 아마도 RNA가 주형으로서 그리고 복제 효소의 기능까지 동시에 하는 RNA 월드(RNA World)에서 발생하였을 것으로 추측하였다(Gilbert, 1986). 생명의 기원이 RNA일 것이라는 생각(RNA 월드)이 인기 있는 이론이 되었지만, 대체 유전 시스템(Robertson and Joyce, 2012)이나 물질대사(metabolism)가 먼저 존재했을 것이라는 다른 이론들도 존재한다. 후자의 경우, 일부 구성 물질들이 자연 발생하고 반응(reaction)의 순환을 허용하며, 정보를 저장할 수 있는 고분자(polymer)를 형성하면서 점차 복잡해졌다고 추측하고 있다(Shapiro, 2007). 후자의 생각을 지지하는 사람들은 단순한 분자가 생물이 살기 전 원생액(primordial soup)에서 반응하는 것이 가능하다는 1953년에 이루어진 선구적 연구 및 이로부터 비롯한 많은 연구와 Stanley L. Miller의 실험을 근거로 한다(Lazcano and Bada, 2003). 이 실험들은 아미노산과 다른 생체 분자의 생성은 보여주었지만, 뉴클레오티드나 일반적으로 복제능(replicative potential)을 가진 구조는 발견하지 못하였다. 이 영역에서의 논쟁은 계속 진행 중이며, 심지어 이에 관한 특별한 학술지(*Origins of Life and Evolution of Biospheres*)가 발간되면서 논쟁이 지속되어지고 있다.

를 밝힐 수 있다. 이론적으로 cDNA는 mRNA의 5′ 말단을 포함해야 한다. 하지만 역전사효소는 RNA의 구조 때문에 정방향으로 첫 번째 가닥 cDNA(1st strand cDNA) 합성을 하는게 방해 받을 수 있고, 이로 인해 상당량의 cDNA들이 중간에 멈추어 전사시작시점까지의 전장(full-length) cDNA 합성을 못하게 된다. 고속 대용량

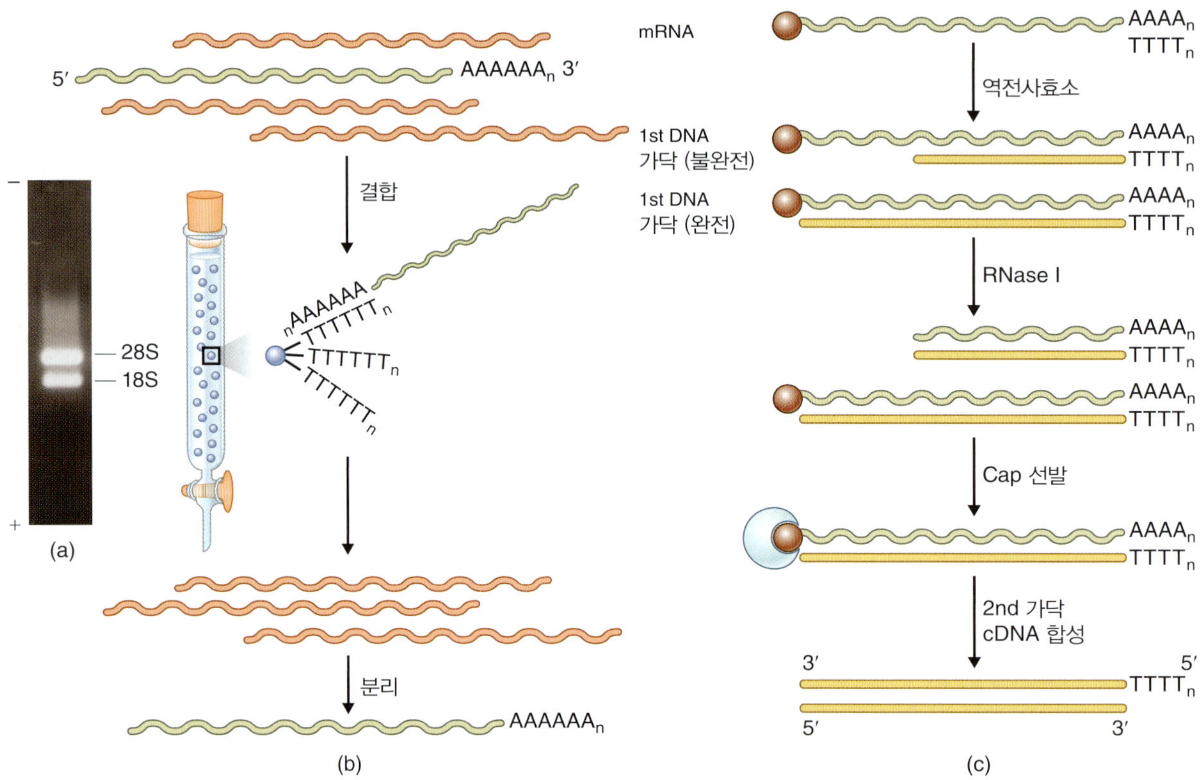

그림 6.3 mRNA 정제와 전장(full-length) cDNA 합성. (a) 식물의 전체 RNA는 아가로스 전기영동에 의해 분리되고(진극은 "−"와 "+"로 표시), 에티듐 브로마이드(ethidium bromide)로 염색되어 자외선을 통해 확인된다. (b) poly dT 구슬(beads)을 이용해 포획하는 polyA RNA 분리방법 (c) 전령 RNA(messenger RNA, mRNA)로부터 시작하는 상보적 DNA(complementary DNA, cDNA) 합성과정.

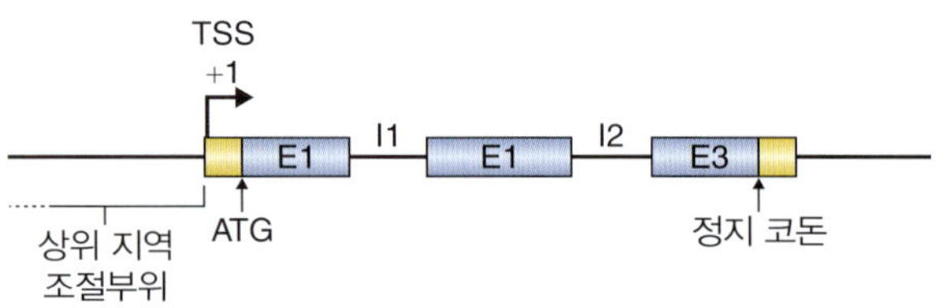

그림 6.4 일반적인 식물 유전자의 구조. 엑손들(E1-3)은 노란색 박스에 해당하는 5′UTR과 3′UTR을 포함한 모두를 박스로 표현하였고, 인트론(I1과 I2)은 선으로, 전사 시작 지점(transcription start site, TSS)은 +1로, 번역 시작 시점은 ATG 코돈으로 표시하였다. 번역 종결 코돈(TAG) 또한 표시하였다. 번역 종결 코돈은 TAG, TAA 그리고 TGA이다. 5′UTR과 3′UTR은 노란색으로 표시하였다. 많은 유전자들은 5′UTR에 인트론을 포함하고 있으며, 여기에 표시한 것은 유전자의 단백질 암호화 지역이다.

DNA 염기서열 분석방법에서는 이러한 문제가 적어졌는데, 그 이유는 그것들이 cDNA 집단(pool)에서 적더라도 짧은 서열들(short reads)은 cDNA의 5′ 말단을 읽을 수 있기 때문이다. 하지만 비교적 최근에 mRNA 5′ 말단의 캡을 이용하여 전장 cDNA를 추출하는 방법이 개발되었다. 이 방법은 다음과 같은 예를 따른다: 5′ 말단을 갖는 mRNA를 선발하기 위하여, 첫 번째 cDNA 합성이 끝난 후 RNase I(그림 6.3c)와 같은 RNA 분해효소를 이용하여 남아 있는 mRNA의 단일 가닥을 제거한다. 그 후 구슬(beads)에 연결된 캡의 항체에 의해 mRNA-cDNA 혼성체(hybrid)가 포획된다(그림 6.3c). 중간에 잘린 서열들은 포획되지 않고 씻겨 나가며, 오직 목표했던 전장 서열들만 남게 된다. 이와 같은(혹은 유사한) 방법을 CAP-ture라 하며, 이는 많은 양의 mRNA의 5′ 말단을 식별할 수 있게 해주었다. 해독된 유전체에 mRNA의 5′ 말단 정보를 정확히 밝히는 것은 유전체 정보해석에 있어서 매우 중요한 단계이다.

6.2 RNA 구조는 각각의 독특한 특성을 제공한다

RNA는 화학적으로 DNA와 매우 다른 속성을 가진다. RNA는 뉴클레오티드를 구성하는 당 부분의 2′-OH의 존재(그림 6.5)로 인해 높은 pH(기본적으로 pH 7보다 크다)에서 쉽게 분해가 된다(그림 6.5). 보통의 pH에서 산화이온(O^-)를 얻기 위한 리보오스 디프로토네이트(ribose de-protonate)의 2′-OH 부분은 인접한 3′ 인산기(phosphate)를 공격한다(인산기는 내재된 산소 원자 부분으로 인해 전자가 부분적으로 양전하를 갖는다). 2′, 3′-고리형 인산기는 불안정하여 2′ 또는 3′ 인산기를 가진 RNA 분자로 쉽게 가수분해 되므로 당-인산 결합을 분해한다(그림 6.5). 이 산-염기(acid-base) 반응은 RNA 프로세스에서 **RNA 촉매작용(catalytic RNAs)**의 핵심 원리이다(리보자임, 6.4절 참조).

연구자들은 선택적으로 쉽게 분해되는 RNA의 특성을 연구에 활용하여 왔다. 이는 분자생물학 실험을 하는 학생들에게는 친숙한 "알칼리성 플라스미드 정제" 방법의 한 부분이다. **플라스미드**는 작은(3–10 kb 혹은 좀 더 긴) 염색체와는 독립적인 이중 가닥의 DNA 분자로, 분자 생물학에서는 대장균(*Escherichia coli*)과 같은 박테리아의 플라스미드를 이용하여 특정 DNA를 복제(clone)하고 증폭시키는 데 이용한다. 플라스미드 분리의 첫 단계는 수산화나트륨(NaOH) 혹은 수산화칼륨(KOH)을 이용하여 박테리아 세포를 용해시키는 것이다. 이 단계에서 그림 6.5에 묘사한 것처럼 RNA도 분해된다. 이와 동시에, 박테리아 유전체의 DNA 그리고 아마도 플라스미드 DNA[우리가 "아마도"라고 한 것은 **공유결합폐환형(covalently closed circular** or **ccc)**이기 때문이다]는 이중 나선이 풀려서 단일가닥으로 존재하지만 분해되지는 않는다. DNA는 높은 pH에도 견딜 수 있는데, 이는 리보오스 2′-OH 그룹이 없기 때문이다(DNA 염기는 리보오스 대신 디옥시리보오스를 가진다, 그림 6.5). 이후 중화(neutralization) 과정을 거치면[예를 들어, 암모니움아세테이트(NH_4AcO)처리] DNA가 이중 나선구조로 안전성을 확보하려는 성질로 인해, 플라스미드 DNA는 자신의 상보적 서열을 쉽게 찾아 이중 나선구조를 형성할 수 있는 반면, 길이가 긴 유전체 DNA 서열은 상대적으로 상보적인 DNA 서열을 찾기가 어렵다. 이 때문에 단백질 그리고 다른 세포 물질 등과 함께 용액에서 침전되므로 플라스미드 DNA는 원심 분리 후의 상층액 내에 다른 추출물들과 함께 남아 있게 된다.

RNA는 다양한 구조들을 구성할 수 있는 놀라운 잠재력을 가지고 있다. 이는 **이질이중가닥(heteroduplex)**(이중 나선) 형성 정도로만 제한된 DNA의 구조보다 훨씬 복잡하다. RNA에 대한 복잡한 구조의 첫 번째 증거는 1974년 운반 RNA(tRNA)의 결정구조가 밝혀지면서 알려진 표준적인 왓슨-크릭(Watson-Crick) 염기쌍이 아닌 새로운 형태의 염기쌍(A-U, G-C)의 형성이다(Kim 등., 1974; Robertus 등., 1974). 그 후 40년 정도가 흐른 후에야 *Thermus thermophilus*의 70S 전체 리보솜을 비롯하여 다양한 구조의 RNA가 밝혀졌다(Yusupov 등., 2001). 리보솜을 구성하는 구조의 분석은 많은 RNA 염기들이 당 엣지(sugar edge)나 후그스틴형 엣지(Hoogsteen edge)와 같이 가장자리의 염기 부분[엣지(edge)라 불리우는)과 관련된 비-왓슨-크릭(non-Watson-Crick) 염기쌍과 관계가 있음을 알게 해주었다(그림 6.6). RNA 염기들이 왓슨-크릭 결합(이른바 각기 다른 강도를 가지는)과는 다른 방식으로 상호작용할 수 있음 알게 되고 염기쌍의 기하학적 구조(U-U 쌍이 점유하는 공간은 G-G 쌍의 공간과 많이 다르다)를 고려함으로써, 특별한 규칙을 따르는 다른 RNA들의 이차 구조를 예측할 수 있게 되었다(Leontis 등., 2002).

RNA 염기들은 다양한 방법으로 쌍을 이룰 수 있기 때문에, RNA 분자는 이중 나선구조보다 더 정교하고 복잡한 구조를 가질 수 있다. 단백질의 경우와 같이(16장 참고), RNA의 **이차구조(secondary structure)**는 이중 나선, 헤어핀(혹은 말단) 고리(hairpin loop), 내부 고리(internal loop)나 다중 나선 고리(multihelix loop)로 존재할 수 있다. 이러한 이차구조들은 더 나아가 정상적인 왓슨-크릭 염기쌍 그리고 비-정상적인 왓슨-크릭 염기쌍들의 상호작용에 의해 한번 더 안정화된 3차구조를 형성하게 된다. RNA의 접힘은 단백질과 다른 핵산 서열들이 상호 작용을 할 수 있도록 장소를 제공하는데, **리보솜**의 구조는 이를 전형적으로 보여준다(Noller, 2005). 최근에

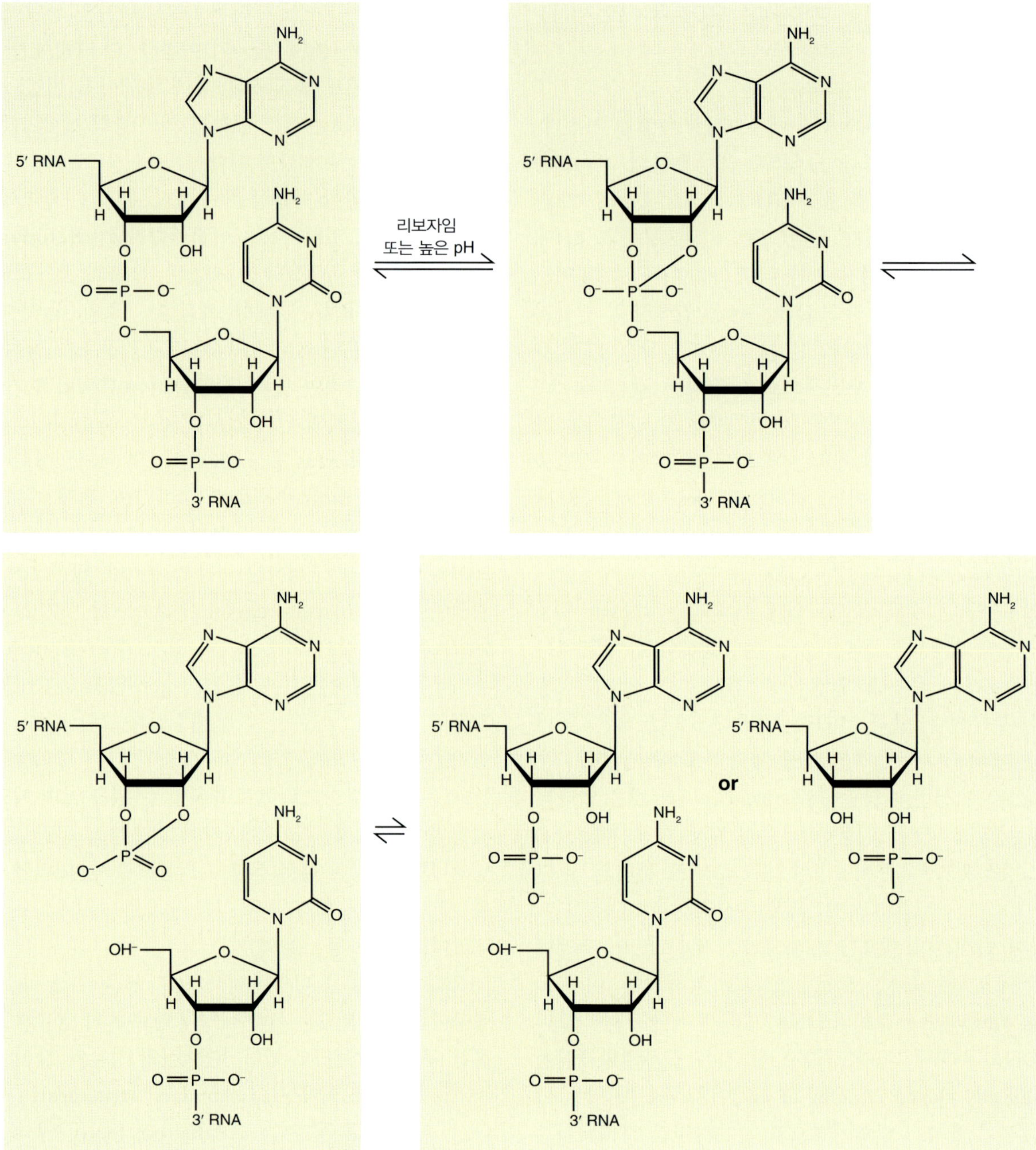

그림 6.5 **알칼리성(염기성) 용액에서의 RNA 가수분해.**

많은 RNA의 구조가 밝혀지면서 중요하게 주목 받는 연구는 반복적인 RNA의 구조 모티프를 밝히는 것인데, 이는 RNA의 1차 염기 서열을 이용하여 그 구조를 예측 가능하게 해준다. RNA 구조를 예측하는 것은 아직도 완전히 해결되지 않은 어려운 계산이 요구되는 문제인데, 그 이유는 가능한 모든 배열에 대한 최소 자유에너지 구조까지 고려해야 하기 때문이다. 예측할 수 있는 구조의 수는 염기의 수가 증가할수록 기하급수적으로 증가하기 때문에, 구조를 예측하는 데에 필요한 시간을 절약할 수 있는 적합한 알고리즘의 개발이 요구된다.

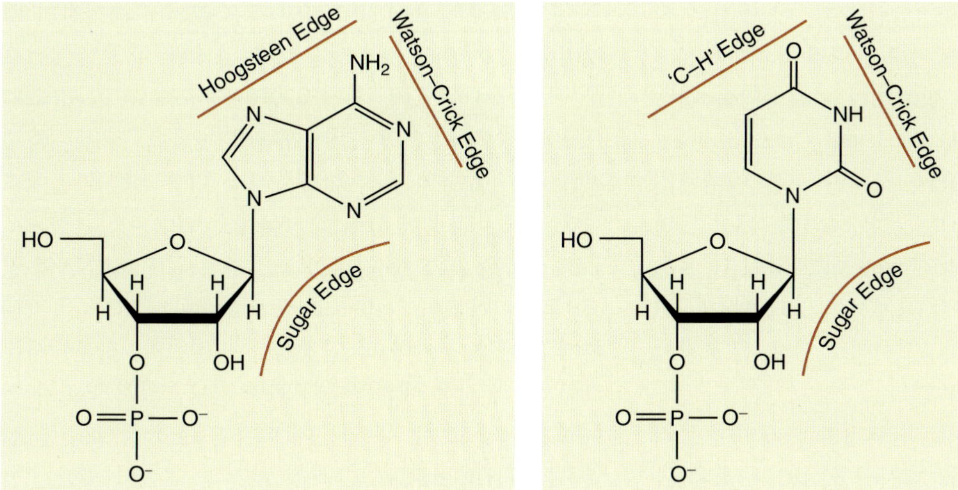

그림 6.6 왓슨-크릭 그리고 비왓슨-크릭의 RNA 염기의 결합. 왼쪽에 있는 염기는 아데노신(adenosine)이며 오른쪽에 있는 염기는 티미딘(thymidine)이다.

6.3 RNA는 다양한 조절 활성을 가진다

1970년대에 Tom Cech와 Sydeny Altman은 각자 독립적으로 RNA가 화학반응을 촉진시키는 매우 놀라운 발견을 하였으며 그 결과 1989년에 노벨화학상을 수상하였다. 그 전까지 RNA는 단순히 세포 내에서 수동적으로 정보를 전달해 주는 중개자로의 역할만 하는 것으로 알려져 왔다. 그러나 현재 우리는 RNA 분자가 특정 기능을 수행할 수 있는 구조를 형성할 수 있고, 이로 인하여 단백질 효소의 활성 부위를 흉내 낼 수 있음을 알고 있다.

RNA 촉매제는 보통 큰 유닛과 작은 유닛으로 나뉘어진다. 리보솜은 펩티드 전이효소의 중심이 오직 RNA로만 이루어져 있기 때문에(Steitz and Moore, 2003) 큰 리보핵산 효소(혹은 리보자임)로 알려져 있다. 그 외에도 다른 큰 RNA 촉매제들은 RNase P와 특정 종류의 인트론들을 포함한다. RNase P는 tRNA의 5′ 말단의 가수분해와 다른 구조적 RNA의 전구체를 필요로 하는데, 대부분의 생물체에서 리보핵산단백질 복합체로 알려진 단백질 요소와 RNA를 동시에 가지고 있다. 1983년 Norman Pace와 Sydney Altman은 RNA 효소(리보자임)의 존재를 발견함으로써 RNase P RNA가 자체적으로 촉매활성을 가지고 있음을 처음으로 입증하였다. 그러나 식물의 세포내 소기관(미토콘드리아와 엽록체)에서 RNase P는 RNA 없이 1개의 단백질로 활성을 가지며, 이는 리보핵산단백질의 보편성에 대한 의문을 일으켰다. 모든 리보자임은 산-염기(acid-base) 기작을 통해 기능하는데, 이는 그림 6.5와 같이 반응을 위해 뉴클레오티드가 일반적인 염기 및 산 역할을 수행한다는 점에서 매우 비슷하다.

분자 내의 절단 반응에 관여하는 여러 리보자임으로는 망치머리(hammerhead), 머리핀, 델타 간염 바이러스(hepatitis delta virus, HDV) 그리고 바쿠드 세틀라이트(Varkud satellite, VS) 등이 알려져 있다(Ferre-D'Amare and Scott, 2010). 여기서 우리는 촉매 RNA의 예로 식물에서 처음 밝혀진 망치머리 리보자임에 대해 더 알아볼 것이다.

망치머리 리보자임은 담배의 둥근무늬바이러스에서 복제 중간체의 생성과정에 관여하는 위성 RNA(satellite RNA)의 한 부분으로 처음 확인되었다(Prody 등., 1986). 그 후 망치머리 리보자임은 다수의 동·식물의 바이러스와 관련 있음이 확인되었다(Ferbeyre 등., 2000). 망치머리 리보자임은 41개의 뉴클레오티드로 구성되어 있는데, 잘 보존된 15개의 뉴클레오티드로 이루어진 촉매 중심 주변으로 3개의 A-형태*(그림 6.7의 Stem I, II, III) 나선구조를 가지는 3차 구조로 이루어져있다.

구조 특징에 기반한 연구를 통해 자연적으로 존재하는 2개의 망치머리 리보자임을 애기장대 유전체에서 확

---

* *A*-형 나선. 염기쌍들이 나선의 중심축을 중심으로 많이 경사진 형태의 오른손 방향 나선(시계 방향) (Rana, 2007). 일반적인 Watson-Crick의 DNA 나선은 B-형 나선이다.

인하였다(Przybilski 등., 2005)(그림 6.7). 이 발견은 식물, 동물 곰팡이에서 반복서열이나 단백질 암호화유전자의 인트론 지역에 존재하는 망치머리 리보자임을 대량 발견할 수 있게 하였다(de la Pena and Garcia-Robles, 2010a, b; Seehafer 등., 2011). 하지만 모든 망치머리들이 인접한 서열에서 번역되는 것은 아니다. 예를 들면 CLEC2 리보자임은 설치류의 C-type 렉틴 타입 II 유전자(lectin type II genes)의 3′UTR에서 발견되었는데, 이 효소는 그 자신과는 상관없는 긴 서열로 인해 두 조각으로 절단된다(Martick 등., 2008).

리보스위치(riboswitches)는 단백질과 관계없이 물리적(예: 온도) 혹은 화학적(예: 대사산물, tRNA 혹은 금속) 요인에 의해 반응하여 유전자 발현을 조절하는 RNA이다(Barrick and Breaker, 2007). 다수의 리보스위치들은 주로 식물에서 연구되었다(Bocobza and Aharoni, 2008). 리보스위치는 대사산물과 같은 특정 분자 표적을 쉽게 인지하는 RNA 구조(aptamer)를 가지고 있다. 또한 전사 종결(transcription termination), 번역 개시(translation initiation), RNA 이어붙이기(RNA splicing), 안티센스(antisense) 반응을 이용한 전사 방해(transcription interference), 자가 절단(self-cleaving) 등과 같은 유전자 발현의 한 측면을 조절하는 부분을 가지고 있는 경우도 있다.

모든 생물에 존재하지만, 특히 식물에서 잘 분류가 되어 있는 티아민 피로인산기(thiamine pyrophosphate, TPP) 리보스위치가 좋은 예인데, 2006년에 애기장대에서 그 결정구조가 밝혀졌다(Thore 등., 2006). 비타민 B의 활성 형태인 TPP는 모든 생물의 필수 효소에서 중요한 역할을 하는 **보조인자(cofactor)**이다(효소가 그 기능을 하기 위해 필요한 필수적인 작은 분자로 기억하면 될 것이다). 티아민의 생합성은 여러 효소에 의해 단계적으로 이루어져 있으며, 부정적 역반응(negative feedback)으로 조절된다. 만약 TPP 레벨이 높다면 TPP는 자체적으로 한 효소의 축적을 감소시켜 TPP 레벨을 떨어뜨린다. 동물, 곰팡이 그리고 식물에서 TPP는 일차적으로 TPP 생합성 효소 중 하나를 조절하기 위해 mRNA의 공정[대체 이어붙이기(alternative splicing), 13장에서 자세하게 알아볼 것이다]과 안정성을 조절한다. 식물에서는 그림 6.8과 같은 애기장대의 TPP 리보스위치 구조가 전형적인 예라고 할 수 있는데(티아민 C 합성 효소를 번역하는 THIC mRNA의 특정 부분과 연관이 있다), 높은 TPP 레벨은 결과적으로 3′UTR 인트론의 포함을 초

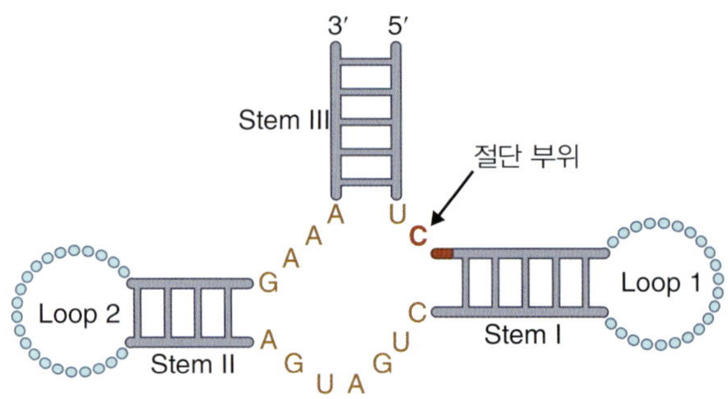

그림 6.7 일반적인 망치머리 리보자임의 구조.

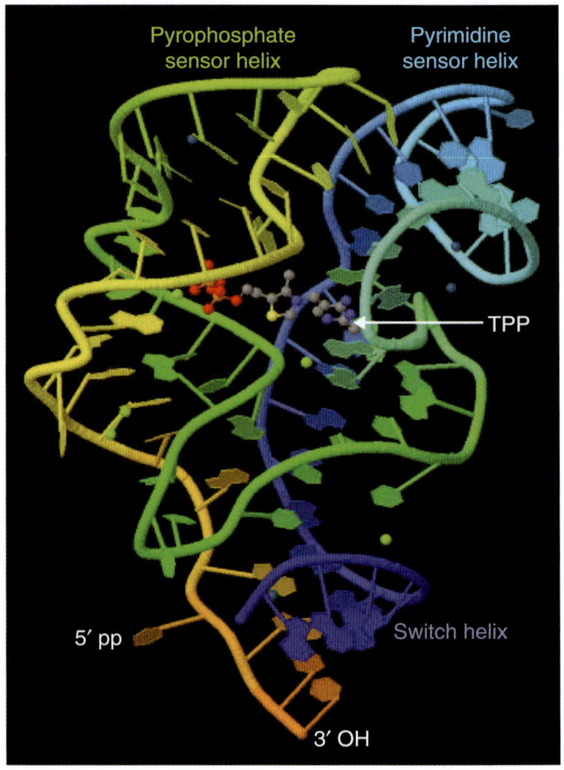

그림 6.8 애기장대의 티아민 피로인산기(thiamine pyrophosphate, TPP) 리보스위치 구조. TPP 리보스위치는 피로인산기(그림에서 왼쪽 부분)과 피리미딘 감지 나선구조(그림에서 오른쪽 부분)를 인식할 수 있다. 비록 영역별로 다른 색으로 표현되어 있지만 단일의 RNA 분자이다(3′ OH와 5′ pp도 표시함). 그림은 RCSB PDB(www.rcsb.org)의 PDB ID 3D2X (Thore, S., Frick, C. and Ban, N. (2008))를 변경함.

래하고 따라서 mRNA 축적 및 단백질 생산을 감소시킨다(Wachter 등., 2007). 따라서 애기장대와 다른 식물들에서 TPP 리보스위치는 THIC 전사체의 3′ 말단을 각기 다르게 공정함으로써 조절하는 기능을 한다. 곰팡이에서 리보스위치는 유전자의 5′ 지역에 존재하지만, TPP 리보스위치가 매개하는 mRNA 공정은 유사하다(Bocobza 등., 2007). TPP를 리보스위치에 결합하지 못하게 만드는 한 쌍의 염기서열의 돌연변이는 TPP 레벨을 감지하지 못하도록 구조를 바꾼다. 리보스위치가 분자생물학자들에게 중요한 요소가 된 것은, 리보스위치가 예측가능하고 구체적으로 조절이 가능한 모듈로서 이를 활용할 수 있게 되었기 때문이다. 이러한 조정 가능한 조절인자는 최근 화제가 되고 있는 합성 생물학의 기본이 된다.

전문가 의견

비로이드(Viroid): 최소의 복제 단위를 대표하는 다양한 기능을 하는 비암호화 RNA

비로이드는 단일 가닥이며, 공유결합폐환형(covalently closed circular) RNA로 식물을 감염시킨다. 이들의 RNA 유전체는 250-400 nt의 크기를 갖는다. 이 RNA들은 나선구조들(helices)로 인해 꼬인 여러 고리 형태로 으로써 이차 구조를 형성하지만 단백질을 번역하지는 않는다. 그렇기 때문에 비로이드 RNA는 그 자체로 유전형(genotype)이자 표현형(phenotype)을 가진다. 현재까지 약 30여 종의 비로이드가 밝혀졌는데, 각각 엽록체와 핵에서 복제하는 형태로 나눌 수 있다(Flores 등., 2005; Ding., 2009).

실제로 새로운 감염은 비로이드가 건강한 식물에 침입하는 것으로 시작되는데, 농사 기구에 의해 기계적으로 상처가 났거나 혹은 감염된 식물과의 접촉으로 비로이드에 오염된 다른 수단에 의해 식물에 침투할 수 있다. 비로이드 RNA는 첫 번째로 핵산분해효소(뉴클레아제, nucleases)와 RNA 침묵화(RNA silencing)와 같은 숙주세포의 공격을 방어하고, 그 후 복제를 시작하기 위해 엽록체나 핵으로 이동한다. 어떤 비로이드 후손은 세포내 소기관에 남아 있지만, 다른 비로이드들은 복제가 끝나면 새로운 감염을 위해 빠져 나와 원형질연락사(plasmodesmata)를 통해 인접한 세포로 이동한다. 최종적으로 비로이드는 체관부로 이동하여 식물 전체로 퍼져나가게 된다. 모든 혹은 대부분의 이러한 생물학적 과정은 비로이드 서열/구조 요소와 세포 요인의 상호작용과 관계가 있다. 비로이드의 감염은 숙주에 질병을 일으키는데, 식물의 성장-저해부터 죽음에 이르기까지 영향이 미치고 더불어 중대한 농업적 손실을 가져올 수 있다. 소수의 다른 비암호화 RNA는 다양한 생물학적 기능의 집합체로 표현되는 것으로 알려져 있다. 그렇기에 비로이드는 감염의 기본적인 기작뿐만 아니라 유전자 발현을 조절하는 비암호화 RNA, RNA 구조와 기능의 관계, RNA 매개 RNA 복제 기작, 세포 내에서 그리고 세포 밖에서의 RNA이동을 포함한 기본적인 RNA 생물학을 연구하기에 유용한 모델이라고 할 수 있다(Ding, 2010).

비로이드의 복제는 RNA 주형의 전사로부터 많은 반복이 있는 비로이드 서열(연쇄체, concatemers)로 구성된 분자의 생성으로 이루어져 있다. 연쇄체들은 유닛길이(unit-length) 만큼의 분자들로 나누어졌다가 순차적으로 원형으로 이어진다. 이렇게 각 단계별로 연관되어 있는 비로이드의 서열적/구조적 요소는 두 그룹에서 몇몇의 비로이드들을 통해서 결정된다. DNA-의존 RNA 중합효소 II(7장과 8장)는 핵 내의 비로이드를 이용해 전사를 하는 반면에, 엽록체-표적 DNA-의존 RNA 중합효소는 엽록체 내의 비로이드를 이용하여 전사한다. 핵에서 비로이드를 절단하고 연결하는 세포 인자는 아직 밝혀지지 않았다. 엽록체의 비로이드는 리보자임 활성을 내재하고 있으며, 이로 인해 자체적으로 절단될 수 있다. 하지만 리보자임 혹은 어떤 세포 인자들의 촉매작용으로 인해 절단된 비로이드들이 연결되는지는 불분명하다(Flores 등., 2011).

전장유전체 돌연변이 연구를 통해 단일 세포 복제와 전신 감염에서의 필수적 혹은 아주 중요한 핵 비로이드인 감자걀쭉병(*Potato spindle tuber viroid*, PSTVd)의 다중 루프를 확인하였다(Zhong 등., 2008)(그림 6.9). 비로이드 RNA의 몇몇 구조적 루프는 특정 세포들 간의 PSTVd의 움직임을 조절한다(Qi 등., 2004; Zhong 등., 2007; Takeda 등., 2011). 하지만 이와 관련된 세포 인자는 아직 밝혀지지 않았다.

특정 비로이드 서열이나 이차 구조는 숙주의 병에 있어서 중요한 역할을 한다. 구체적인 기작은 앞으로 풀어야 할 과제지만, 비로이드로 인한 질병은 기본적으로 식물의 성장이나 발달에 영향을 미치는 비암호화 RNA에 의한 유전자의 비정상적인 발현으로 발생된다. 대다수의 바이러스와는 달리 비로이드는 상대적으로 적은 숙주 범위를 가지고 있는데, 하나의 종(species)이나 혹은 몇 개의 식물 종에서만 감염이 가능하다. 물론 몇몇 비로이드들은 숙주 범위가 점차 확장되어 간다는 증거도 있다. 이는 비암호화 RNA 서열/구조가 새로운 생물학적 기능을 획득하기 위해 계속해서 진화한다는 것을 의미한다(Ding, 2010).

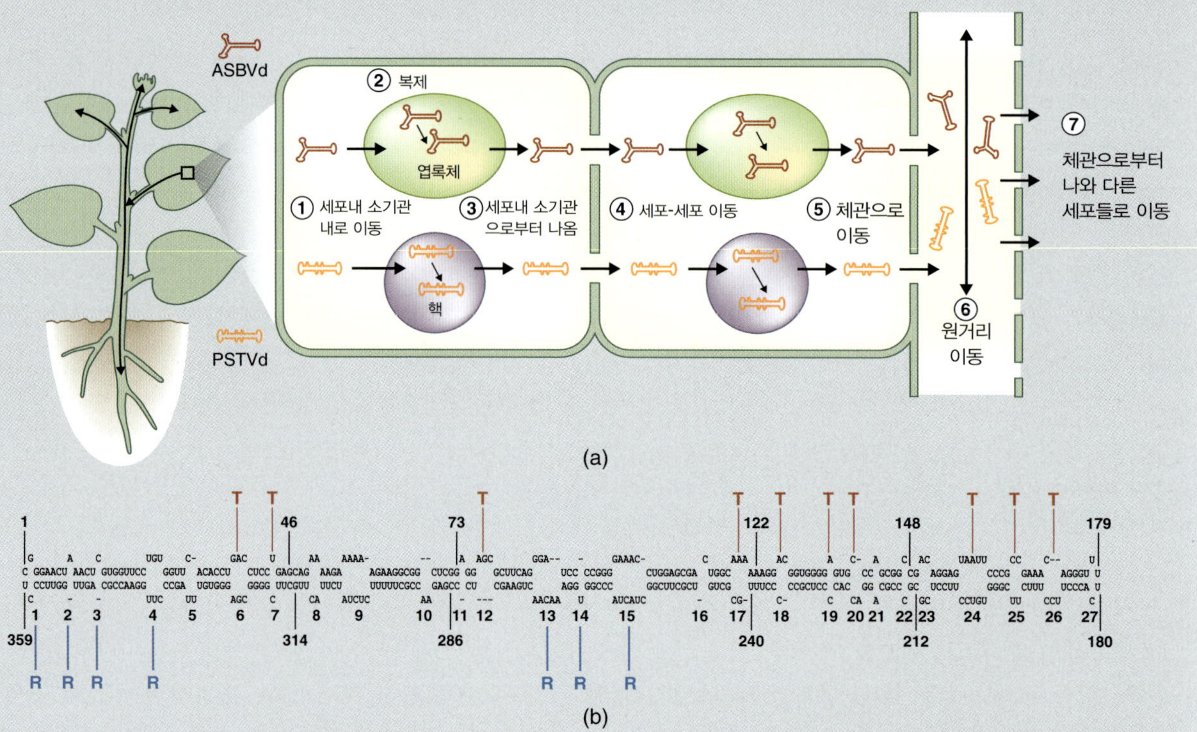

그림 6.9 (a) 엽록체에서 복제되는 아보카도 선브로치 비로이드(*Avocado sunblotch viroid*, ASBVd)와 핵에서 복제되는 PSTVd의 침투 감염. 감염 과정에는 세포 내 및 세포 간 이동, 복제 그리고 장거리 이동 등이 있다. Ding(2010)를 근거로 재구성함. John Wiley & Sons, Ltd의 허락 하에 변형함. (b) 식물 전체 내로의 침투 감염(T) 혹은 담배(*Nicotiana benthamiana*)의 1개의 세포 내에서 복제(R)을 위한 PSTVd의 유전지도상의 모티프들. Zhong 등(2008)을 근거로 재구성함. 2008 American Society of Plant Biologists의 허락 하에 게재.

Biao Ding 씀

6.4 요약

RNA 분자는 단지 세포 내에서 DNA의 청사진과 단백질 사이에서 전달자의 역할만을 하는 것이 아니라, 촉매 활성을 가지는 중요한 요소라고 할 수 있다. RNA의 구조는 그들의 다양한 기능을 함에 있어 매우 중요하며, A-T와 G-C와는 다른 염기서열간의 상호 작용에도 관여한다. 생명의 기원은 아마도 특정 형태의 RNA 분자와 관련이 있을 것이다. 리보자임은 세포 공정에서 중요한 요소를 담당하는 촉매작용을 하는 RNA이다. 식물 특이적인 비로이드(viroid)는 가장 작은 형태의 증식하는 RNA를 대표한다.

6.5 문제

6.1 다음에 나열된 용어를 정의하라. 리보자임(ribozyme), 리보스위치(riboswitch), 비로이드(viroid), mRNA, tRNA, rRNA, cDNA, polyA tail.

6.2 구조적 그리고 정보적 기능의 측면에서 RNA 분자에 대해 예를 들어서 서술하라.

6.3 생물학적 사건의 특이성을 조절하는 염기 결합(base pairing)과 관련된 생물학적 과정들에 대해 서술하라.

6.4 Oligo-dT 친화성 크로마토그래피(affinity chromatography)를 이용한 친화성 정제 외에, 다른 친화성 크로마토그래피를 이용하여 어떻게 전체 RNA에서 특이적으로 mRNA만을 정제할 수 있는가? [힌트: 전체 RNA 준비과정에서 어떤 RNA가 다수인지 생각해보자]

6.5 생물학자들은 DNA 혹은 RNA 용액(solutions)에 대해 말하는 경향이 있다. 이것이 옳은가? 그렇다면 왜 그러한가?

6.6 RNA를 변성시키는 방법에 대해 살펴보고 전기영동을 이용한 아가로스 젤에서 크기 별로 RNA를 분리시키는 방법에 대한 예시를 들어라.

6.7 다음 이중 가닥들의 강도를 순서 대로 명시하라(길이는 모두 같다): RNA-RNA, DNA-DNA, RNA-DNA

6.8 "GGUCGACUUAGC"와 같은 서열이 있다고 가정할 때, 이는 DNA인가 RNA인가?

6.9 RNA 생물학에서 어떤 측면이 식물에서 특수하다고 할 수 있는가?

참고문헌

Barrick, J.E. and Breaker, R.R. (2007) The power of riboswitches. *Scientific American*, **296**, 50-57.

Bocobza, S., Adato, A., Mandel, T. *et al.* (2007) Riboswitch-dependent gene regulation and its evolution in the plant kingdom. *Genes & Development*, **21**, 2874-2879.

Bocobza, S.E. and Aharoni, A. (2008) Switching the light on plant riboswitches. *Trends in Plant Science*, **13**, 526-533.

Breaker, R.R. (2012) Riboswitches and the RNA world. *Cold Spring Harbor Perspectives in Biology*, **4**. pii: a003566 (PMID: 21106649).

Dawkins, R. (1976) *Selfish Gene*, Oxford University Press.

de la Pena, M. and Garcia-Robles, I. (2010a) Intronic hammerhead ribozymes are ultraconserved in the human genome. *EMBO Reports*, **11**, 711-716.

de la Pena, M. and Garcia-Robles, I. (201ob) Ubiquitous presence of the hammerhead ribozyme motif along the tree of life. *RNA*, **16**, 1943-1950.

Ding, B. (2009) 'The biology of viroid-host interactions. *Annual Review of Phytopathology*, **47**, 105-131.

Ding, B. (2010). Viroids: self-replicating, mobile, and fast-evolving noncoding regulatory RNAS. *Wiley Interdisciplinary Reviews: RNA*, **1**, 362-375.

Ferbeyre, G., Bourdeau, V., Pageau, M. *et al.* (2000) Distribution of hammerhead and hammerhead-like RNA motifs through the Genbank. *Genome Research*, **10**, 1011-1019.

Ferre-D'Amare, AR. and Scott, W.G. (2010) Small self-cleaving ribozymes. *Cold Spring Harbor Perspectives in Biology*, **2**, a003574.

Flores, R., Grubb, D., Elleuch, A. *et al.* (2011) Rolling-circle replication of viroids, viroid-like satellite RNAs and hepatitis delta virus: variations on a theme. *RNA Biology*, **8**, 200-206.

Flores, R., Hernandez, C., Martinez de Alba, A.E. *et al.* (2005) Viroids and viroid-host interactions. *Annual Review of Phytopathology*, **43**, 117-139.

Gilbert, W. (1986). Origin of life: the RNA world. *Nature*,

319, 618-618.

Gobert, A., Gutmann, B., Taschner, A. *et al.* (2010) A single Arabidopsis organellar protein has RNase P activity. *Nature Structural & Molecular Biology*, **17**, 740-744.

Kim, S.H., Suddath, F.L., Quigley, G.J. *et al.* (1974) Three-dimensional tertiary structure of yeast phenylalanine transfer RNA. *Science*, **185**, 435-440.

Lazcano, A., and Bada, J.L. (2003) The 1953 Stanley L. Miller experiment: fifty years of prebiotic organic chemistry. *Origins of Life and Evolution of Biospheres*, **33**, 235-242.

Leontis, N.B., Stombaugh, J. and Westhof, E. (2002) The non-Watson-Crick base pairs and their associated isostericity matrices. *Nucleic Acids Research*, **30**, 3497-3531.

Martick, M., Horan, L.H., Noller, H.F. and Scott, W.G. (2008). A discontinuous hammerhead ribozyme embedded in a mammalian messenger RNA. *Nature*, **454**, 899-902.

Noller, H.F. (2005) RNA structure: reading the ribosome. *Science*, **309**, 1508-1514.

Prody, G.A., Bakos, J.T., Buzayan, J.M. *et al.* (1986) Autolytic processing of dimeric plant virus satellite RNA. *Science*, **231**, 1577-1580.

Przybilski, R., Graf, S, Lescoute, A. *et al.* (2005). Functional hammerhead ribozymes naturally encoded in the genome of Arabidopsis thaliana. *Plant Cell*, **17**, 1877-1885.

Qi, Y., Pelissier, T., Itaya, A. *et al.* (2004) Direct role of a viroid RNA motif in mediating directional RNA trafficking across a specific cellular boundary. *Plant Cell*, **16**, 1741-1752.

Rana, T.M. (2007) Illuminating the silence: understanding the structure and function of small RNAs. *Nature Reviews Molecular Cell Biology*, **8**, 23-36.

Robertson, M.P. and Joyce, G.F. (2012) The origins of the RNA world. *Cold Spring Harbor Perspectives in Biology*, **4**. pii: a003608 (PMID: 20739415).

Robertus, J.D., Ladner, I.E., Finch, J.T. *et al.* (1974) Structure of yeast phenylalanine tRNA at 3 A resolution. *Nature*, **250**, 546-551.

Seehafer, C., Kalweit, A., Steger, G. *et al.*(2011) From alpaca to zebrafish: hammerhead ribozymes wherever you look. *RNA*, **17**, 21-26.

Shapiro, R. (2007) A simpler origin for life. *Scientific Ameri- can*, **296**, 46-53.

Steitz, T.A. and Moore, P.B. (2003) RNA, the first macromolecular catalyst: the ribosome is a ribozyme. *Trends in Biochemical Sciences*, **28**, 411-418.

Takeda, R., Petrov, A.I., Leontis, N.B. and Ding, B. (2011) A three-dimensional RNA motif in potato spindle tuber viroid mediates trafficking from palisade mesophyll to spongy mesophyll in *Nicotiana benthamiana*. *Plant Cell*, **23**, 258-272.

Thore, S., Leibundgut, M. and Ban, N. (2006) Structure of the eukaryotic thiamine pyrophosphate riboswitch with its regulatory ligand. *Science*, **312**, 1208-1211.

Wachter, A., Tunc-Ozdemir, M., Grove, B.C. *et al.* (2007) Riboswitch control of gene expression in plants by splicing and alternative 3′ end processing of mRNAs. *Plant Cell*, **19**, 3437-3450.

Yusupov, M.M., Yusupova, G.Z., Baucom, A. *et al.* (2001) Crystal structure of the ribosome at 5.5 Å resolution. *Science*, **292**, 883-896.

Zhong, X., Archual, A.J., Amin, A.A. and Ding, B. (2008) A genomic map of viroid RNA motifs critical for replication and systemic trafficking. *Plant Cell*, **20**, 35-47.

Zhong, X., Tao, X., Stombaugh, J. *et al.* (2007) Tertiary structure and function of an RNA motif required for plant vas-cular entry to initiate systemic trafficking. *EMBO Journal*, **26**, 3836-3846.

제7장
식물 RNA 중합효소

7.1 전사과정은 DNA로부터 RNA를 합성한다

이전 장에서 우리는 세포 내에 존재하는 다양한 종류의 RNA와 그들의 구조들, 화학적 특성들, 그리고 조절 활성들에 관하여 논의하였다. 본 장에서는 어떻게 RNA가 DNA-의존 RNA 중합효소, 간략하게 **RNA 중합효소**라고 불리는 단백질을 통해 DNA로부터 합성되는지에 관하여 간략히 살펴볼 예정이다. 본 주제는 매우 중요한 발견이 이루어졌고 계속 이루지고 있는 연구주제 중의 하나로, 책의 전체 분량이 할당될 수도 있을 만한 주제이다. 본 주제에 관하여 잘 정리된 책들과 리뷰들이 많기 때문에, 이번 장에서는 앞으로 이어질 장에서 다룰 개념을 이해하기 위해 필요한 배경지식을 제공하는 데 초점을 맞출 것이다.

DNA의 특정 지역을 RNA로 복사하는 과정을 **전사(transcription)**라고 하며, 그로 인해 만들어지는 RNA 가닥을 전사체(transcript)라고 한다. 이러한 전사체들은 그들이 유래한 DNA와 상보적인 염기서열 조성을 가지며, 거의 모든 핵산 생합성 과정의 경우와 마찬가지로 이들도 5′→ 3′ 방향으로 생성된다. 그러므로 이들은 DNA 서열에 상보적일 뿐만 아니라 역평행적(altiparallel), 다시 말하면, 만들어지는 RNA의 5′ 말단이 주형 DNA의 3′ 말단과 상응하게 된다. DNA는 이중 가닥이기 때문에 전사되는 RNA는(thymine 염기에 uracil이 들어간다는 점을 제외하면) **암호화 가닥[coding (sense) strand]이**라 불리는 복사되지 않는 가닥과 동일한 서열이 될 것이다(그림 7.1).

전사과정은 유전자의 발현에서 제일 첫 번째 단계이며, 아마도 (유전자 발현 과정 중) 가장 정교하게 조절될 것이다. 전사과정은 기본적으로 4개의 단계를 포함한다. (1) 주형가닥 인지, (2) 개시, (3) 신장, (4) 종결이다. 이 네 단계는 본 장에서 다룰 모든 효소들의 특성에 해당되며, 각각의 효소는, 어떤 주형가닥이 전사되고, 언제, 그리고 얼마나 많은 전사체들이 합성되어야 하는지, 그리고 어디에서 전사체 합성이 끝나야 하는지를 결정하기 위해 정확하게 조절되고 있다. 이 책의 후반부에서는 유전자가 어떤 공간적, 시간적 패턴으로 전사되어야 하는지를 결정하는 DNA 특성들에 관하여 다루고 있다. 그러므로 본 장에서는 보다 단순함을 위해, 유전자의 전사를 지시하고 조절하는 DNA 서열을 **프로모터(promoter)**라 지칭할 것이다(그림 7.1). 프로모터는 전사 시작 지점[transcription start site, TSS, 단백질이 시작하는 첫 번째 코돈(codon)과는 다름에 유의할 것]의 5′ 앞쪽에 위치하는 유전자 조절 DNA 서열과 일치한다. 유전자 전사는 또한 유전자 내부나 3′ 지역에 있는 DNA 서열(유전자 조절 부위)에 의해서도 조절될 수 있다. 그러므로 프로모터는 유전자 조절이 가능한 서열 중 하나라고 할 수 있다. 관례상 우리는 전사 시작 지점(TSS)을 +1로 지정하고 그 하위(3′ 방향)에 해당하는 모든 서열은 + 숫자로 표기하며, 전사되지 않거나 전사 시작 지점보다 상위(upstream)인 5′에 해당하는 서열은 − 숫자로 지정한다(그림 1.8).

DNA 복제 과정과 전사 과정은 몇몇 공통점을 가지고 있지만, RNA를 합성할 때에는 서열의 정확도 측면에서 DNA 복제과정과 비교하면 엄격하지 않는 것처럼 보인다. 왜냐하면 이 RNA 서열은 대부분 다음 세대로 전달되지 않기 때문이다. DNA 복제는 매우 정확한 과정으

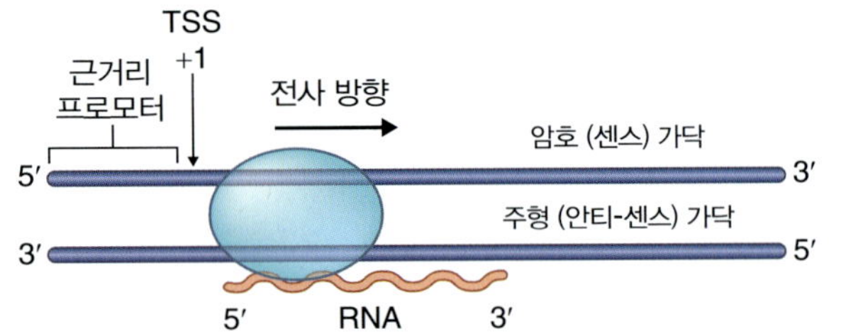

그림 7.1 RNA 전사 모식도. DNA 이중 가닥은 푸른색, RNA는 붉은색으로 표시되었다. RNA 중합효소 II(RNP-II)에 의해 만들어지는 RNA는 암호화 서열과 동일(염기서열 T가 U로 바뀐다는 점만 제외한다면)한 반면, 안티센스(anti-sense) 가닥은 RNP-II의 주형이 되며 본 모식도에서 RNP-II는 왼쪽에서 오른쪽으로 움직인다. TSS는 전사 시작 지점을 나타내며 관행적으로 +1로 표기된다.

로, 한번의 세포 분열이 일어날 때의 돌연변이율이 염기서열 10^9 중 1개가 바뀔 확률보다 작지만, 전사는 평균적으로 10,000개의 염기 서열마다 1개의 돌연변이가 나타나게 된다. RNA 중합효소의 정확도는 동물 시스템에서는 잘 연구되어 있는 반면, 식물에서는 거의 알려진 바가 없다.

7.2 생물계(kingdom)마다 다양한 RNA 중합효소의 개수

원핵생물은 모든 종류의 리보솜 RNA(ribosomal RNA, rRNA), 운반 RNA(transfer RNA, tRNA), 전령 RNA (messenger RNA, mRNA)를 합성할 수 있는 단일 RNA 중합효소를 가지고 있다. 대표적인 박테리아인 대장균(*Escherichia coli*)은 RNA 중합효소 7000여 개를 가지고 있고, 이 중 2000–5000개는 언제든지 전사에 참여할 수 있다. 대장균의 RNA 중합효소는 분자량이 465 kDa이며 5개의 서로 다른 서브유닛(subunit)으로 구성되고 각 서브유닛은 각각 다른 그리스 문자($\alpha_2\beta\beta'\omega\sigma$)로 표현된다. 그중 α_2, β, β' 서브유닛으로 형성되는 복합체를 **핵심중합효소(core polymerase)**라 한다(그림 7.2). 이 핵심중합효소는 RNA를 합성할 수 있지만, 스스로 DNA를 풀어낼 수는 없다. 따라서 오직 단일 가닥의 DNA나 느슨하게 풀어진 이중 나선 DNA만을 주형으로 이용할 수 있다. 예를 들면, 플라스미드는 보통 공유결합으로 공유결합폐환형(covalently closed circular form)(보통 ccc 구조라 함) 구조를 가지며 초나선꼬임(supercoiling) 형태로 되어있는데, 만약 DNA 이중 나선 중 한 가닥에라도 틈새(nick)가 있으면 이러한 초나선꼬임 구조는 풀리게 된다. 아마도 틈새를 만들어 DNA를 풀리게 하는 것은 프로모터를 인지하는 σ 서브 유닛의 기능일 것이다(8장). $\alpha_2\beta\beta'$ 중심체와 1개의 σ 요소(σ^{70})로 이루어진 결정 구조에서 σ^{70}이 먼저 ββ' 서브유닛의 바깥쪽과 상호작용을 하고, 그 후에 −10에서 −35 지역의 광범위한 DNA 서열을 인지하여 특이적인 결합을 한다. 진행생물에서는 **전사조절인자들(transcription factors)**이 프로모터를 인식한다(10장). β와 β' 서브 유닛은 촉매 반응 중심(catalytic center)을 형성하여(그림 7.2) 서로 간에 강하게 결합하도록 하는데, 이런 특성은 원핵생물뿐만 아니라 진핵생물에서도 공통적으로 나타난다. ω 서브유닛은 복합체가 서로 결합되어 있도록 하는 역할을 한다.

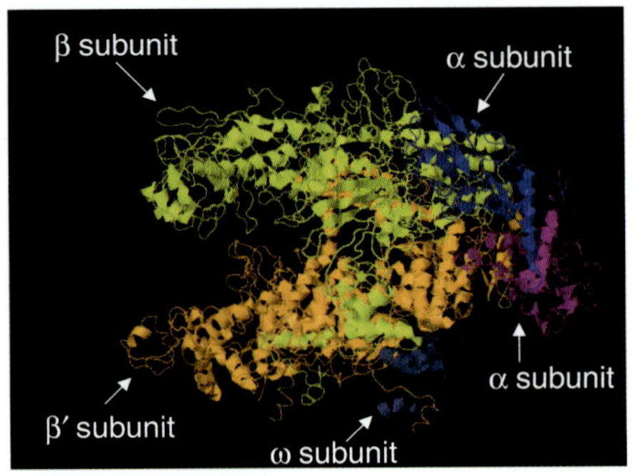

그림 7.2 *Thermus aquaticus* RNA 중합효소의 구조. $\alpha_2\beta\beta'\omega$ 핵심체를 보여준다. Protein Data Bank PDB ID 1HQM(Http://www.wwpdb.org/) Minakin, L. 등 (2001)

후생동물은 3개의 다른 RNA 중합효소 기능을 가지고 있는데, 이는 1970년대 Roeder와 Rautter의 전하에 따라 거대분자들이 분리되는 이온 교환 크로마토그래피를 이용한 성게 및 쥐의 간 추출물 분리 실험을 통해 밝혀졌다. 이 3개의 다른 기능은 3개의 다른 RNA 중합효소 I, II, III와 관련이 있다. 식물과 곰팡이 그리고 동물의 RNA 중합효소 I(RNP-I)은 rRNA를 전사하며, RNA 중합효소 II(RNP-II)는 단백질로 번역되는 mRNA를 전사하고, RNA 중합효소 III(RNP-III)은 tRNA와 5s rRNA를 전사한다(표 7.1) 중합효소 I, II, III은 많은 수의 서브유닛들을 공유하고 있다. 예를 들면, 효모(yeast)는 3개의 RNA 중합효소 모두에서 12개의 매우 비슷한 서브

표 7.1 동물, 효모, 식물의 핵 내 RNA 중합효소의 기능 비교

RNA 중합효소	효모와 동물	식물
RNA 중합효소 I (RNP-I)	28S rRNA	25S rRNA
인 (nucleolus)	18S rRNA	18S rRNA
	5.8S rRNA	5.8S rRNA
RNA 중합효소 II (RNP-II)	mRNAs	mRNAs
	miRNAs	miRNAs
	snRNAs	snRNAs
	snoRNAs	snoRNAs
	다른 비-암호 RNA들	다른 비-암호 RNA들
RNA 중합효소 III (RNP-III)	5S rRNA	5S rRNA
	tRNAs	tRNAs
	snRNAs (U3, U6)	snRNAs (U3, U6)
	SINEs	SINEs
RNA 중합효소 IV (RNP-IV)		siRNAs (24 nt)
RNA 중합효소 V (RNP-V)		비-암호 RNA들 (유전자 침묵에 관여)

rRNA, ribosomal RNA; tRNA, transfer RNA; miRNA, micro RNA; snRNA, small nuclear RNA; snoRNA, small nucleolar RNA; SINE, short interspersed nuclear element

유닛이 발견되었으며, 이 중 5개는 박테리아의 RNA 중합 중심체 $\alpha_2\beta\beta'\omega$와 상동적이다.

모델식물인 애기장대의 유전체를 해독함으로써(Arabidopsis Genome Initiative, 2000) 흔치 않은 RNA 중합효소 서브유닛 집단의 존재를 확인할 수 있었다. 이 서브유닛들은 2개의 새로운 RNA 중합효소인 RNP-IV, RNP-V를 만드는 것으로 밝혀졌으며, 식물에만 특이적으로 존재하는 RNP-II의 가장 큰 서브유닛으로부터 진화했을 것으로 생각된다. RNP-I의 서브유닛을 만드는 식물 유전자는 *NRPA*로 불리며 뒤에 붙는 숫자는 서브유닛을 의미한다. 예를 들어, *AtNRPA1*은 애기장대 RNP-I의 가장 큰 서브유닛에 해당한다. 이와 마찬가지로 RNP-II 서브유닛을 만드는 유전자는 *NRPB*이며, RNP-III은 *NRPC*, RNP-IV는 *NRPD*, RNP-V는 *NRPE*로 불린다.

RNP-IV는 주로 siRNAs(small interfering RNAs)와 유전자 발현을 억제하는 작은 RNA(21-24개의 염기를 갖는)를 합성하는 데 관여한다(11장). 반대로 RNP-V는 비암호화 RNA(non-coding RNAs, ncRNAs)를 전사하는데, 이 비암호화 RNA는 주로 유전자 사이 지역(intergenic regions)에서 유래하며 유전자 침묵 기구(gene silencing machinery)의 구성요소들이 특정 DNA 서열로 안내하는 것을 도와준다(Wierzbicki 등., 2008, 2009). 이들 중합효소들은 모두 핵 내에서 다른 지역에 위치하고 있으며, 이는 이들의 다양한 기능과 연관이 있다. 그러나 본 장의 뒤에서 설명하는 것처럼, 몇몇 서브유닛을 공통적으로 가지고 있는 중합효소들 간에는 매우 긴밀한 상호작용이 존재한다.

RNP-I, RNP-II, RNP-III 간의 가장 큰 차이점은 곰팡이 유래 독성물질로 8개의 아미노산으로 이루어진 고리형 펩타이드인 **α-아마니틴(amanitin)**에 대한 민감도이다. RNP-II는 매우 낮은 농도의 α-아마니틴에 의해서도 저해되지만 RNP-I의 활성은 전혀 영향을 받지 않는다. RNP-III는 어떤 종에서 유래했는지에 따라 민감도가 다르다. 예를 들어, 고농도의 α-아마니틴은 동물의 RNP-III을 저해하지만, 효모에서는 영향을 주지 않는다. 식물의 RNP-III는 중간 정도의 민감도를 가지며 RNP-IV는 고리형 펩타이드에 영향을 받지 않는다. 이는 비록 중합효소 간에 몇몇 서브유닛을 공유하기는 하지만, RNP-IV와 RNP-V의 α-아마니틴과 반응하는 결합 부위가 RNP-II와는 다르다는 것을 의미한다. RNA 중합효소를 불활성 시키는 다른 약제인 **악티노마이신**

D(actinomycin D)는 Streptomyces 박테리아에서 유래된 폴리펩타이드(polypeptide)다. α-아마니틴과는 달리, 악티노마이신 D는 이중 나선 주형 DNA에 결합하고 자기 자신을 C-G, G-C 결합 사이에 끼워 넣어 RNP-I의 기능을 효과적으로 저해한다. 또한 악티노마이신 D는 고농도에서 모든 RNA 중합효소의 활성을 저해하는 기능을 가지고 있다(Bensaude, 2011).

악티노마이신 D는 **항생제**라 불리는 넓은 범위의 물질에 속하는데, 항생제라는 용어는 1942년 Waksman에 의해 처음 제창되었다. 앞으로 본 책에서는 이들이 영향을 미치는 주요 세포 과정의 맥락에서 항생제를 여러 번 언급하게 될 것이다. 또한 악티노마이신 D 외에도 전사 과정을 저해하는 다른 항생제인 리파마이신(rifamycin)이 있는데, 이는 박테리아 RNA 중합효소 활성을 직접적으로 저해한다. 항생제에서 종종 보이는 현상처럼, 인공적으로 합성한 항생제 유도체들(예를 들면, 리파마이신)은 증가된 활성과 넓은 활동 범위를 보인다.

DNA 전사에 필수적인 구성 요소에 관한 연구는 **생체외 전사 시스템(*in vitro* transcription systems)**에 의해 상당히 용이해졌다. 일반적인 생체외 전사 시스템에서는, 전사를 시작할 수 있는 최소한의 프로모터 지역을 포함한 주형 이중 나선 DNA가 쉽게 분석될 수 있는 작은 서열과 합쳐진다. 최소한의 프로모터는 경험에 의해 결정되어야 하지만, 주로 전사 개시 지역(TSS)으로부터 50−100개 정도의 염기 서열로 구성된다. 그후 주형 DNA에 이와 상응하는 RNA 중합효소 및 정제된 핵의 분획(물론 핵산들과 RNA 합성이 일어나도록 하는 다른 요소들도 포함)이 공급된다. 이러한 정제된 핵의 분획은 역사적으로 TFIIX: 정제 분획 X(기본적인 생화학 정제 과정을 몇 번 거쳐 획득됨)라 불리며 RNP-II가 전사를 시작할 수 있게 한다. 이러한 분획은 하나 또는 다양한 단백질로 구성되어 있다. 필수 세포 요소를 밝히기 위한 추정 도구로 생체외 전사 시스템은 많은 장점을 가지고 있지만, 생체 내의 매우 정교한 특이성까지 밝혀내기는 어렵다.

본 장에서는 앞으로 RNP-I, RNP-II, RNP-III, RNP-IV, RNP-V의 기본적인 특징 및 RNP-I과 RNP-III에 의해 조절되는 프로모터의 구조에 관해 살펴볼 것이다. RNP-II는 프로모터가 복잡하고 그들의 기능을 강조하는 문헌 정보들이 많기 때문에, 다음 장(8장)에서는 특별히 이 RNA 중합효소에 초점을 맞춰 mRNA를 합성하는 전사 기작의 조절에 대해 서술할 것이다.

7.3 RNA 중합효소 I은 rRNA들을 전사한다

거대한 **리보솜 RNA**(ribosomal RNAs)들을 만드는 유전자는 수천 개의 전사 유닛들이 꼬리에 꼬리를 물고 구성되어 있는 집합체가 하나 또는 여러 개가 반복되는 형태로 이루어져 있다. 전사되는 rDNA 유전자는 인(nucleolus) 지역을 공간적으로 구성하고 있으며, 이 지역은 세포막에 결합하지 않는 구조로 맨 처음 리보솜의 합성이 시작되는 곳이다. 예를 들어, 애기장대에는 인형성 부위(nucleolus organizer regions, NORs)로 알려진 2개의 비연속적인 rDNA 유전자 클러스터가 존재하며 각각은 375개의 rRNA 유전자를 가지고 있다(Doelling 등., 1993). rDNA에 해당하는 지역들은 애기장대 유전체에서 대략 6% 정도에 해당한다. 하나의 rDNA 전사 단위는 18S, 5.8S, 25S rRNA를 하나씩 포함하는 커다란 RNA 전구체로 구성된다. 각각의 rDNA 유전자는 유전자간 간격(intergenic spacers)(IGSs, 그림 7.3)으로 나뉘어져 있다. rRNA 유전자 안에서는 암호화되는 지역인 18S, 5.8S, 25S rRNA 사이에 2개의 전사 내부 간격[internal transcribed spacers (ITS)]로 나뉘어져 있다(그림 7.3). 전사가 된 후에 전구체 RNA가 잘려서 3개의 커다란 rRNA들로 나뉜다. RNA 전구체나 잘려진 RNA 모두 RNP-II 유전자의 가공 특성인 5′ RNA 캡핑(capping)이 이루어지지 않으며, 이 특징은 13장에서 본격적으로 다룰 예정이다. 각각의 rDNA 유전자는 그들만의 프로모터를 가지고 있다.

같은 종 내에서 rDNA들은 서로 거의 동일한데, 이는 생물체 내에 이들을 매우 비슷하게 유지시켜 주는 기작이 있다는 것을 의미하며, 이것은 동조진화(concerted evolution)라고 알려져 있다. 그러나 rDNA 유전자들을 다른 종과 비교하였을 때 매우 가까운 종이라 하더라도

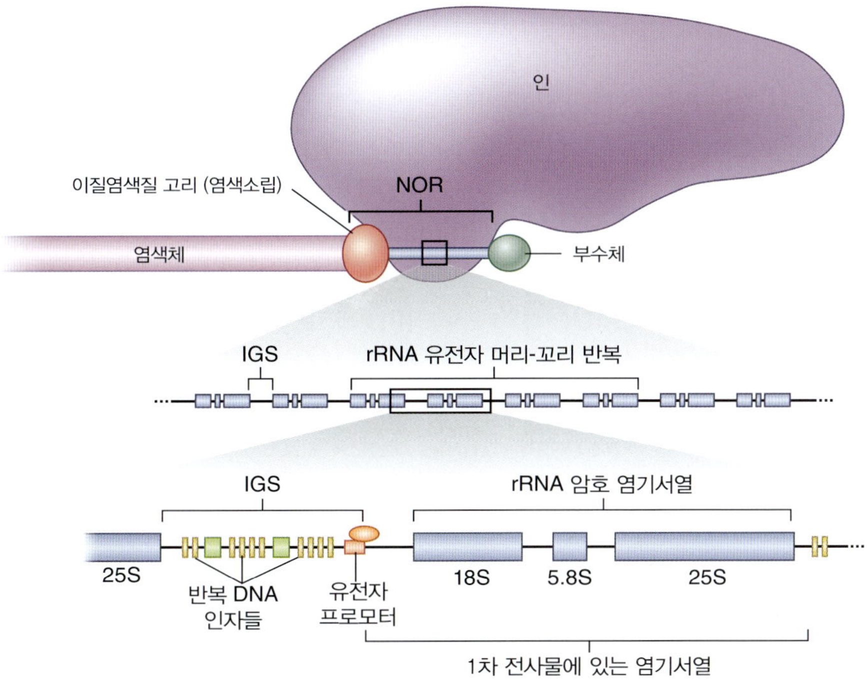

그림 7.3 식물 rDNA 유전자의 구조. 인 형성 부위들(NORs)은 3개의 거대 rRNA들(18S, 5.8S, 25S)을 만드는 유전자를 담고 있는 긴 반복서열에 의해 형성된다. 각각의 NOR 내의 대응되는 rRNA 유전자는 서열상으로 서로 거의 동일하다. IGS는 유전자간 간격(intergenic spacer)이다. Pikaard(2000)에 근거하여 재구성함. Elsevier의 승인 하에 재생산함.

매우 큰 차이점이 관찰되며, 이러한 변이는 종 간의 진화적인 관계를 결정하는 데 광범위하게 이용된다(Alvarez and Wendel, 2003).

rDNA 유전자들의 독특한 구조는 세포막에 결합되어 있지 않으면서 핵 내부에서 별개로 구분되는 지역인 인의 구조에 영향을 주는데, 이곳에서는 rDNA 서열들이 중심을 이루고, rRNA 전사가 일어나며 리보솜 서브 유닛들이 세포질로 방출되기 전에 조립된다. 이러한 NOR 클러스터에서는 몇몇 rDNA 유전자들이 전사되는 반면 다른 rDNA 유전자들은 억제된다. 체세포 분열기에는 인이 사라지며 rDNA의 전사도 완전히 멈춘다.

거대 rRNA의 전사는 핵 RNP-I에 의해 일어난다. 이 중합효소는 세포 전체에서 진행되는 전사의 75%를 담당한다. 이는 진핵생물 세포 내에 존재하는 몇만 개의 리보솜을 조립하기 위해서 대량의 rRNA를 전사가 필요하기 때문이다. rRNA의 전사는 세포의 물질 대사 상태 및 세포 주기 단계와 긴밀하게 연관되어 있다.

다른 모든 RNP와 비슷하게 RNP-I은 14개의 서브유닛으로 구성되어 있으며 500 kDa 이상의 분자량을 가

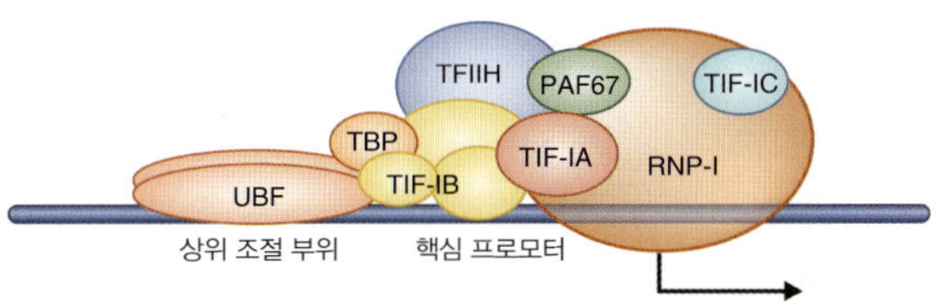

그림 7.4 척추동물 RNP-I 프로모터의 개시전 복합체 구조

지고 있다. RNP-I에 의해 전사되는 모든 rDNA 유전자는 한 종류의 프로모터를 공유하고 있으며 이는 동물세포에서 가장 잘 알려져 있다. RNP-I 프로모터는 인접한 rDNA를 분리시켜 주는 IGS에 위치해 있다(그림 7.3). 식물과 동물에서는 효모와는 달리 IGS에 매우 많은 반복서열이 있으며 그들 모두는 rDNA의 전사를 향상시키는 데 기여한다(그림 7.3).

효모나 동물의 전형적인 RNP-I 프로모터는 −45부터 +20에 해당하는 핵심 프로모터에 의해 형성된 둘로 나뉘는 서열(bipartite sequence)을 가지고 있으며, 이는 전사를 시작하기에 충분하다. −180에서 −107 부근에 위치한 상위 조절 요소(upstream control element, UCE)는

핵심 프로모터에 의한 전사를 향상시킨다(그림 7.4). 핵심 프로모터와 UCE는 서로 매우 비슷하며(>85%), 일반 프로모터에서 관찰하기 힘든 G/C가 많이 분포되어 있다. 그러나 전형적인 식물 RNP-I 프로모터는 약간 다른 구성을 가지고 있다. 애기장대에서는 −55와 −33 사이의 서열과 +6 주변의 서열이 RNP-I 전사를 하는 데 충분하다. 전사 시작 지점에는 몇몇 식물에서 알려져 있는 잘 보존된 서열(TATAT$\underline{A}^{A}/_{G}$GGG, $\underline{A}$는 +1를 나타낸다)이 있는데, 이는 정확한 전사 시작을 위해 꼭 필요하다(Doelling 등., 1993; Doelling and Pikaard, 1995). 또한 비슷한 서열이 동물과 곰팡이의 rDNA의 전사 시작 지점에 존재한다. 그러나 현재까지 식물 rDNA 프로모터에는 UCE가 없는 것처럼 보인다.

동물에서는 적어도 2개의 단백질 복합체가 RNP-I 활성을 위해 필요하다. 상위 결합 인자(upstream binding factor) UBF1은 핵심 프로모터와 UCE를 인지하지만, 4개의 다른 단백질로 형성되는 선택적 요소(selective factor 1) SL1은 어떤 특정 DNA 서열도 인지하지 못한다. 오직 UBF1-SL1-DNA 복합체가 형성되었을 때에만 RNP-I이 DNA에 결합하고 전사를 개시한다(그림 7.4). SL1 복합체는 TATA 결합 단백질(TATA-binding protein, TBP)이라 불리는 단백질을 가지고 있으며, 이는 RNP-II와 다른 RNA 중합효소를 설명할 때 보다 자세히 다루게 될 것이다. RNP-I 프로모터의 활성화를 위해서 TBP의 DNA 결합 작용이 꼭 필요한 것은 아니며, 이는 이 기능이 RNP-I 복합체의 조립을 도와주는 것임을 의미한다. 식물 rRNA 유전자 프로모터의 구조는 덜 알려져 있으며, 동물이나 효모에서 발견되는 둘로 나눠는 구조(bipartite structure)를 뒷받침할 만한 증거가 거의 없다. RNP-I의 전사 시작 지점(TSS) 주변 지역은 다른 식물들 간에도 매우 잘 보존되어 있는 것으로 보이며 TATATA 서열을 포함하는 경우가 종종 있다. 이 부분은 TBP-결합 지역의 기능을 할 수 있지만, 이 서열이 없어도 TBP 결합 기능은 사라지지 않으므로 아마도 다른 기능 역시 존재할 것임을 시사한다(Doelling and Pikaard, 1996; Saez-Vasquez and Echeverria, 2006). 게다가 효모와 동물에서 밝혀진 많은 RNP-I 활성을 조절하는 구성 요소들이 염기서열분석이 진행된 식물 유전체에 있어서도 확실하게 존재하지는 않는 것으로 보인다(Saez-Vasquez and Echeverria, 2006).

단백질 합성과정에서 리보솜이 수행하는 핵심 역할로 인하여 RNP-I 활성은 **세포주기(cell cycle)**의 단계뿐 아니라 스트레스, 세포 발달, 그리고 호르몬에 의해서도 조절된다. 호르몬과 발달 단계 신호를 rRNA 축적과 연결시키는 핵심 역할을 수행하는 것은 라파마이신 인자[rapamycin (TOR) factor]의 표적이 되는데, 이는 모든 진핵생물에 보존되어 있는 거대한 세린/트레오닌 인산화 단백질(serine/threonine protein kinase)이다. 애기장대에서 TOR은 핵에 들어갈 수 있으며, HEAT 도메인[HEAT라는 이름은 이 도메인이 발견되었던 4개의 단백질에서 유래되었다: Huntingtin, elongation factor 3(EF3), protein phosphatase 2A(PP2A), yeast kinase TOR1]을 통해 45S rRNA 조절 지역에 직접적으로 결합할 수 있으며 결과적으로 rRNA 전사를 조절한다.

7.4 상위 및 내부 프로모터로의 RNA 중합효소 III의 모집

RNP-III에 의해 조절되는 프로모터는 2개의 전혀 다른 종류로 나뉘어진다(그림 7.5). 5S rRNA와 tRNA의 프로모터는 전사 시작 지점의 하부에 위치하는 반면에(그러므로 이들은 내부에 있다), snRNA의 프로모터는 시작 지점의 상부에 위치해 있다. RNP-III에 특이적인 전사 조절인자들은 이러한 요소들을 인지하며 이는 결국 중합효소를 각각의 프로모터로 데려오게 된다.

RNP-III의 전사 시작을 위해 필요한 복잡한 구조체[**개시전복합체(pre-initiation complex,** PIC)로 알려져 있다]는 특정한 프로모터에 의해 결정된다. 내부 프로모터는 중합효소를 데려오기 위해 어떻게 RNP-III 특이 복합체가 조립되는지에 따라 두 가지 종류로 나뉠 수 있다. Type 2 프로모터에서 TFIIIC(transcription factor IIIC)는 box A와 box B로 알려진 전사 지역 내의 2개의 서열을 인지한다(그림 7.5). TFIIIC의 DNA 서열에의 결합은 TFIIIB 거대 단백질 복합체가 전사 시작 지점에 결합하여 RNP-III가 올 수 있도록 한다. Type I 프로모터에서

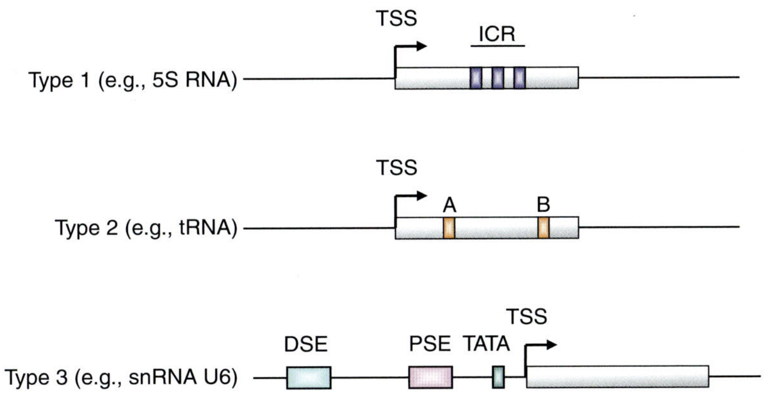

그림 7.5 **다른 종류의 RNP-III 프로모터들.** Type 1 프로모터의 내부 조절 지역(internal control region, ICR)은 3개의 구별되는 DNA 서열 요소들로 이루어져 있다. DSE, 원거리 서열 인자(distal sequence element); PSE, 근거리 서열 인자(proximal sequence element); TATA, TATA 상자

는 TFIIIA 단백질 복합체가 DNA box A에 결합하고, 이는 단백질 복합체 TFIIIC가 DNA box C에 결합하는 것을 가능하게 한다. 이는 Type 2 프로모터와 같이 TFIIIB의 결합을 가능하게 하며, 그 다음 과정으로 중합효소가 결합한다. TFIIIB는 TBP를 포함하는데, 이 TBP는 또한 RNP-I과 RNP-II의 개시전 복합체(pre-initiation complex)의 결합요소이기도 하다. 우리는 RNP-II 유전자의 조절 과정의 일부분으로서 TATA motif와 TBP에 관해 8장에서 매우 자세히 다룰 것이다. 그러나 몇몇 RNP-II 전사 프로모터와는 반대로, RNP-I 프로모터와 비슷하게 Type 1 또는 Type 2 RNP-III 전사 프로모터에는 TATA box가 존재하지 않는다. Type 3 프로모터는 외부에 위치한 프로모터로 TATA motif를 가지고 있다(그림 7.5)

7.5 식물 특이 RNP-IV와 RNP-V는 전사적 유전자 침묵에 관여한다

RNP-IV는 2005년에 Baulcombe와 Pikaard 연구실에서 각각 다른 방법에 의해 연속적으로 발견되었다(Herr 등 2005; Onodera 등 2005). 애기장대 유전체 분석을 통해서, Pikaard 그룹은 RNP-I, RNP-II, RNP-III과 동시 정제되지 않는 특이한 RNA 중합효소의 서브유닛을 발견하였다. RNP-IV의 가장 큰 서브유닛에 해당하는 *NRPD1* 또는 *NRPD2* 유전자의 손상은 5S rDNA 유전자의 심각한 탈응축화 및 메틸화 감소를 보여주었다(Onodera 등., 2005).

Baulcombe 그룹에 의한 RNP-IV의 발견은 *sde4* 돌연변이체의 발견으로부터 유래하였는데, 이 돌연변이체는 도입 유전자의 침묵이 감소되는 현상을 보여주었다. 이 그룹은 연속적으로 SDE4가 RNP-IV의 가장 큰 서브유닛인 NRPD1과 일치한다고 발표하였다(Herr 등., 2005). 11장에 보다 자세히 설명되어 있는데, 식물은 전이인자(transposable element)(3장 참조)들이나 외부 DNA의 삽입과 같은 DNA 삽입으로부터 그들의 유전체를 보호하기 위해 매우 정교한 기작을 발전시켜 왔다. 이러한 기작은 **전사적 유전자 침묵(transcriptional gene silencing, TGS)**이라 불리며, 작은 RNA, 특히 siRNA 종류의 형성과 관계되어 있다. **유전자 침묵(gene silencing)**은 **이식 유전자(transgene**, 외부에서 인위적으로 식물 유전체로 도입된 유전자, 외래유전자라고도 함)의 발현 유지를 매우 어렵게 만든다.

밝혀진 RNP-V의 주된 기능은 주로 ncRNA를 전사하는 것인데, ncRNA는 유전자 사이 지역에서 유래하여 유전자 침묵 기구들의 구성요소들을 특정 DNA 서열로 안내하는 것을 도와주는 역할을 한다(Wierzbicki 등, 2008, 2009). 어떤 RNP-V가 유전자 사이 지역들을 인지하여 ncRNA들을 만들어 내는지에 관한 기작은 아직 밝

혀지지 않았다. RNA에 의한 DNA 메틸화에 참여하는 RNP-IV와 RNP-V의 기능은 12장에서 자세하게 다루어질 것이다. RNP-II와 RNP-IV와 RNP-V의 많은 서브유닛이 서로 공통되어 있다는 것이 매우 흥미롭고 강조되어야 할 부분이다(그림 7.6).

7.6 세포내 소기관들은 그들만의 RNA 중합효소들을 가지고 있다

엽록체 및 미토콘드리아와 같은 식물세포내 소기관들은 시아노박테리아와 박테리아로 대표되는 원핵생물들로부터 연속적인 **세포공생(endosymbiosis)** 단계를 거쳐 도입되었다(Gray, 1992)(1장과 5장을 참조). 엽록체는 **시아노박테리아(cyanobacterial)** 조상에 존재하는 수천 개의 유전자 중에서 오직 100개 정도의 유전자 만을 보유하고 있으며, 대부분의 유전자는 박테리아 **오페론(operons)**의 특징인 **polycistronic** 성격을 보존하고 있다. 엽록체는 또한 기원 원핵생물 공생자에는 없는 몇몇 독창적인 요소들을 가지고 있다. 예를 들어 인트론의 존재 및 **편집(editing)** 과정이고, 편집은 색소체(plastids) RNA 상의 약 40개 정도의 위치에서 시티딘(cytidine)으로부터 유리딘(uridine)으로 바꾸는 mRNA의 편집 과정이다(Barkan, 2011). 편집은 미토콘드리아에서도 공통적으로 관찰되는 현상이다. 하지만 엽록체에 존재하는 대부분의 단백질은 핵에서 만들어지며 세포질에서 합성되어

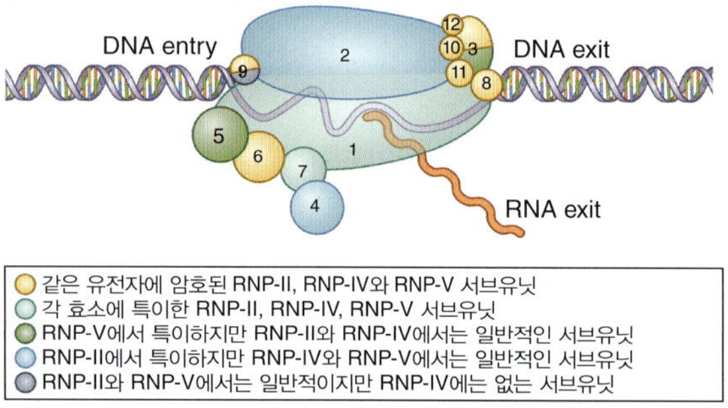

그림 7.6 RNP-II, RNP-IV, RNP-V는 몇몇 서브유닛을 공유한다. Haag와 Pikaard(2011)을 근거로 재구성함. Macmillan 출판사의 허락 하에 재생산함.

소기관 내부로 운반된다.

색소체들은 색소체 유전자의 전사를 위해 적어도 두 가지 종류의 RNA 중합효소를 필요로 한다; 색소체에서 유래한 RNA 중합효소(plastid encoded RNA polymerase, PEP)와 핵에서 유래한 1개 혹은 2개의 중합효소(nuclear encoded polymerases, NEPs)이다(Hess and Borner, 1999; Barkan, 2011; Lerbs-Mache, 2011). NEP에 의해 전사되는 하우스키핑 유전자(housekeeping genes)와 PEP가 전사하는 광합성 유전자 사이의 역할을 분리하기보다는, 비록 다른 프로모터를 이용하겠지만, 원래의 생각처럼 대부분의 엽록체 유전자가 NEP 또는 PEP 중 어느 하나에 의해 전사될 수 있다는 것이 현재는 명백해졌다(Barkan, 2011). 그러나 돌연변이를 이용한 연구에서 두 중합효소 시스템 모두가 광합성 기능이 활성화되어 있는 엽록체를 만드는 데 꼭 필요하다는 것이 밝혀졌다.

PEP들은 박테리아의 RNA 중합효소 서브유닛과 매우 비슷하며, 현재까지 알려진 모든 엽록체 유전체에서 발견되었다. 박테리아의 경우와 마찬가지로 PEP가 인지하는 프로모터들은 σ 인자 결합 지역과 유사한 DNA 서열들을 포함하고 있다. 이 σ 인자들은 σ^{70} 그룹에 속하며 핵에서 유래하는데, 단세포 조류(藻類)인 *Chlamydomonas reinhardtii*에서는 그중 1개만 존재하는 반면에 애기장대에서는 무려 6개가 존재하는 것으로 밝혀졌다. 애기장대의 각각의 σ 인자들은 서로 다른 기능을 가지고 있다(Lerbs-Mache, 2011). NEP들은 미토콘드리아 유전자 전사에 중요한 단일 T7 박테리오 파지 유사 RNA 중합효소와 매우 비슷하다(Cermakian 등., 1997)(아래 참조). 쌍떡잎식물에는 2개의 NEP가 있지만 이 중 어느 것도 *C. reinhardtii*에서 발견되지 않았다. 이는 모든 엽록체가 유전자 발현을 조절하는 통일된 방법이 있는지 없는지에 관한 의문을 불러일으킨다(Lerbs-Mache, 2011).

대부분의 미토콘드리아 유전체에는 RNA 중합효소 유전자가 없고 핵 유전자가 이 기관의 RNA 중합효소 활성을 암호화한다. 그러나 몇몇 곰팡이와 식물(예를 들어, 옥수수)의 미토콘드리아는 긴 단말 역반복(long terminal inverted repeats)에 인접한 선형의 플라스미드를 가지고 있다. 이 플라스미드들은 열린해독틀(open reading frame)을 가지고 있을 수 있으며, 이들 중 일부는 단일 서브유닛의 박테리오파지 유사 RNA 중합효소와 일치한다.

7.7 요약

식물은 다른 진핵생물에서도 발견되는 3개의 RNA 중합효소, RNP-I, RNP-II, RNP-III를 가지고 있다. 추가적으로 이들은 RNP-IV와 RNP-V를 가지고 있으며, 이들은 작은 RNA들(small RNAs)의 인지 및 합성을 통해 유전자 발현 조절에 주로 관여한다. RNP-I, RNP-II, RNP-III가 각각 DNA를 전사하여 rRNA, mRNA, tRNA를 만드는 기작들은 많은 부분에서 비슷하지만, 이들이 특정 프로모터에 결합하고 개시전 복합체를 형성하는 방법은 매우 다르다. 세포내 소기관들은 서로 다른 RNA 중합효소들을 가지고 있으며 이는 색소체와 미토콘드리아가 원핵생물 세포로부터 기원했다는 것을 일부 반영하는 결과이다.

7.8 문제

7.1 본 장과 이전 장의 정보를 이용하여 다음 용어들을 정의하시오.

- **(a)** 유전자(Gene)
- **(b)** 프로모터(Promoter)
- **(c)** 인트론(Intron)
- **(d)** 엑손(Exon)
- **(e)** 전령 RNA(mRNA)
- **(f)** 전사 시작 지점(Transcription start site)

7.2 모든 중합효소들은 새로운 DNA나 RNA 중합체를 5′ → 3′ 방향으로 합성하는 기능을 한다. 핵산 절단 효소의 기능에서도 이것과 비슷한 방향성이 있는가? 예를 들어, 교정(proofreading) 과정 중에서의 방향성은 어떠한가?

7.3 진핵생물의 RNP-II는 분당 1000개에서 2000개의 뉴클레오티드들을 첨가할 수 있다. 중합효소가 평균적인 식물 유전자 하나를 전사하는 데 시간이 얼마나 걸릴 것인가? [힌트: 인트론(intron)도 전사된다는 것을 기억하라]

7.4 색소체 형질전환(plastid transformation)이 지난 10년 동안 가능하게 되었다. 색소체에서의 유전자 발현 조절에 대해 알려진 것을 기반으로 하여 색소체에서 발현되는 프로모터를 어떻게 설계할 것인가?

7.5 유전자 조작을 식물의 핵이 아닌 색소체에서 하는 것에 있어서의 장점을 예상해 보시오.

참고문헌

Alvarez, I. and Wendel, J.F. (2003) Ribosomal ITS sequences and plant phylogenetic inference. *Molecular phylogenetics and evolution*, **29**, 417-434.

Arabidopsis Genome Initiative. (2000) Analysis of the genome sequence of the flowering plant *Arabidopsis thaliana*. *Nature* **408**, 796-815.

Barkan, A. (2011) Expression of plastid genes: organelle specific elaborations on a prokaryotic scaffold. *Plant Physiology*, **155**, 1520-1532.

Bensaude, O. (2011) Inhibiting eukaryotic transcription: which compound to choose? How to evaluate its activity? *Transcription*, **2**, 103-108.

Cermakian, N., Ikeda, T.M., Miramontes, P. *et al*. (1997) On the evolution of the single-subunit RNA polymerases. *Journal of Molecular Evolution*, **45**, 671-681.

Doelling, J.H., Gaudino, R.J. and Pikaard, C.S. (1993) Functional analysis of *Arabidopsis thaliana* rRNA gene and spacer promoters *in vivo* and by transient expression. *Proceedings of the National Academy of Sciences USA*, **90**, 7528-7532.

Doelling, J.H., and Pikaard, C.S. (1995) The minimal ribosomal RNA gene promoter of *Arabidopsis thaliana* includes a critical element at the transcription initiation sites. *Plant journal*, **8**, 683-692.

Doelling, J.H., and Pikaard, C.S. (1996) Species-specificity of rRNA gene transcription in plant manifested as a switch in RNA polymerase specificity. *Nucleic acids research*, **24**, 4725-4732.

Gray, M.W. (1992) The endosymbiont hypothesis revisited. *International Review on cytology*, **141**, 233-357.

Haag, J.R. and Pikaard, CS. (2011) Multisubunit RNA polymerases IV and V: purveyors of non-coding RNA for plant gene silencing. *Nature Reviews*, **12**, 483-492.

Herr, A.J., Jensen, M.B., Dalmay, T. and Baulcombe,

DC. (2005) RNA polymerase lV directs silencing of endogenous DNA. *Science*, **308**, 118-120.

Hess, W.R. and Borner, T. (1999) Organellar RNA polymerases of higher plants. *International Review of Cytology*, **190**, 1-59.

Lerbs-Mache, S. (2011). Function of plastid sigma factors in higher plants: regulation of gene expression or just preservation of constitutive transcription? *Plant Molecular Biology*, **76**, 235-249.

Luo, I. and Hall, ED. (2007) A multistep process gave rise to RNA polymerase IV of land plants. *Journal of Molecular Evolution*, **64**, 101-112.

Onodera, Y., Haag, J.R., Ream, T. *et al*. (2005) Plant nuclear RNA polymerase IV mediates siRNA and DNA methylation-dependent heterochromatin formation. *Cell*, **120**, 613-622.

Pikaard, C. (2000) The epigenetics of nucleolar dominance. *Trends in Genetics*, **16**, 495-500.

Saez-Vasquez. J. and Echeverria, M. (2006) Polymerase I transcription, *in Regulation of Transcription in Plants* (ed. K.D. Grasser), Blackwell Publishing Ltd, pp. 162-183.

Wierzbicki, A.T., Haag, J.R. and Pikaard, C.S. (2008) Non-coding transcription by RNA polymerase Pol lVb/Pol V mediates transcriptional silencing of overlapping and adjacent genes. *Cell*, **135**, 635-648.

Wierzbicki, A.T., Ream, T.S., Haag, J.R. and Pikaard, C.S. (2009) RNA polymerase V transcription guides ARGONAUTE4 to chromatin. *Nature Genetics*, **41**, 630-634.

제8장

mRNA 전사 - RNA 중합효소 II에 의한 전사조절

8.1 RNA 중합효소 II는 단백질을 암호화하는 유전자를 전사한다

7장에서는 식물의 핵 내 유전자를 전사하는 5종류의 RNA 중합효소에 대한 전반적인 내용에 대해 설명하였다. 그중, RNA 중합효소 II(RNA polymerase II, RNP-II)는 모든 전령 RNA(mRNAs)를 전사(transcription)하는 데 중요한 역할을 하며, 전사된 mRNA들 중 대다수는 15장에서 자세히 설명하고 있는 번역기구(translational machinery)에 의해 단백질로 번역되고, 나머지들은 비암호화 (non-coding) RNA로 남는다. 또한, RNP-II에 의해 생성된 전사체들은 작은 RNA(small RNA, smRNAs)들의 전구체가 될 수 있으며, 이는 11장에서 자세히 다루고 있다. 각각의 세포에는 다른 시기에 다른 종류의 단백질과 smRNA들이 필요하기 때문에, 단백질이나 smRNA를 암호화하는 유전자가 가진 다수의 DNA 조절 서열들로 RNP-II가 모집되는 기작은 RNP-I이나 RNP-III가 관여된 기작보다 훨씬 더 복잡하다. 그런 이유로, RNP-II의 기능을 조절하는 DNA 서열과 RNP-II 기능에 대하여 따로 논의할 필요가 있다. 본 장에서는 지금까지 알려진 RNP-II의 구조에 대해 간략하게 설명하고 RNP-II가 **개시전 복합체(Pre-initiation complex, 전사를 시작하기에 앞서 RNP-II가 적절한 위치를 잡을 수 있도록 도와주는 단백질 복합체)**를 형성하기 위해 어떻게 DNA로 모집되는 지에 대해 중점적으로 이야기할 것이다. 이후, RNP-II에 의한 전사의 **신장(elongation)**과 **종결(termination)**에 대해 설명할 것이다. RNP-II에 의해 전사된 유전자는 보통 Class II 유전자로 불린다.

8.2 RNA 중합효소 II의 구조는 그 효소의 기능을 보여준다

RNP-II의 구조와 기능에 대한 많은 부분은 효모 연구를 통해 밝혀졌는데, 이는 진핵생물의 전사에 관한 분자적 기초 연구를 통해 2006년 노벨 화학상을 받은 Roger D. Kornberg에 의해 개척되었다. RNP-II는 전사기구의 핵심적인 요소로, DNA를 느슨하게 풀고, RNA 중합체를 형성하고 교정하는 역할을 수행한다. RNP-II는 분당 약 1500 뉴클레이타이드의 매우 빠른 속도로 유전자를 전사한다. 이 효소는 12개의 서브유닛으로 구성되며, 또한 하나의 촉매 핵심부(catalytic core)와 하나의 이질이량체(heterodimeric: hetero = distinct, dimeric = two)로 된 복합체로 구성된다. 이것들은 효모의 효소 정제과정 동안 종종 분리된다. 효모에서 각각의 서브유닛을 암호화하는 유전자의 이름은 *RPB1-12*이고 *RPB4*와 *RPB9*를 제외한 다른 모든 것에서의 변이는 치명적이다. Rpb1과 Rpb2는 가장 큰 서브유닛이다(그림 8.1). 효모의 RNP-II 서브유닛들 중 적어도 10개는 인간 유래의 서브유닛으로 대체할 수 있다. 이는 RNP-II가 기능적으로 매우 잘 보전되어 있음을 의미하며, 효모 연구를 통해 얻은 관련 지식을 식물이나 동물에도 적용할 수 있음을 보여준다.

효모 RNP-II의 12개 서브유닛의 구조는 DNA에 부착된 경우와 안 된 경우에 대해 각각 밝혀졌다(Cramer 등., 2000, Gnatt 등., 2001). 구조들은 전체적으로 매우 유사하며, 주된 차이는 그림 8.1에서 보여지는 구조 내부의 “clump head” 위치에서 나타난다. 갈라진 틈(cleft, clamp head와 jaw 사이)이 2개의 가장 큰 서브유닛에 의

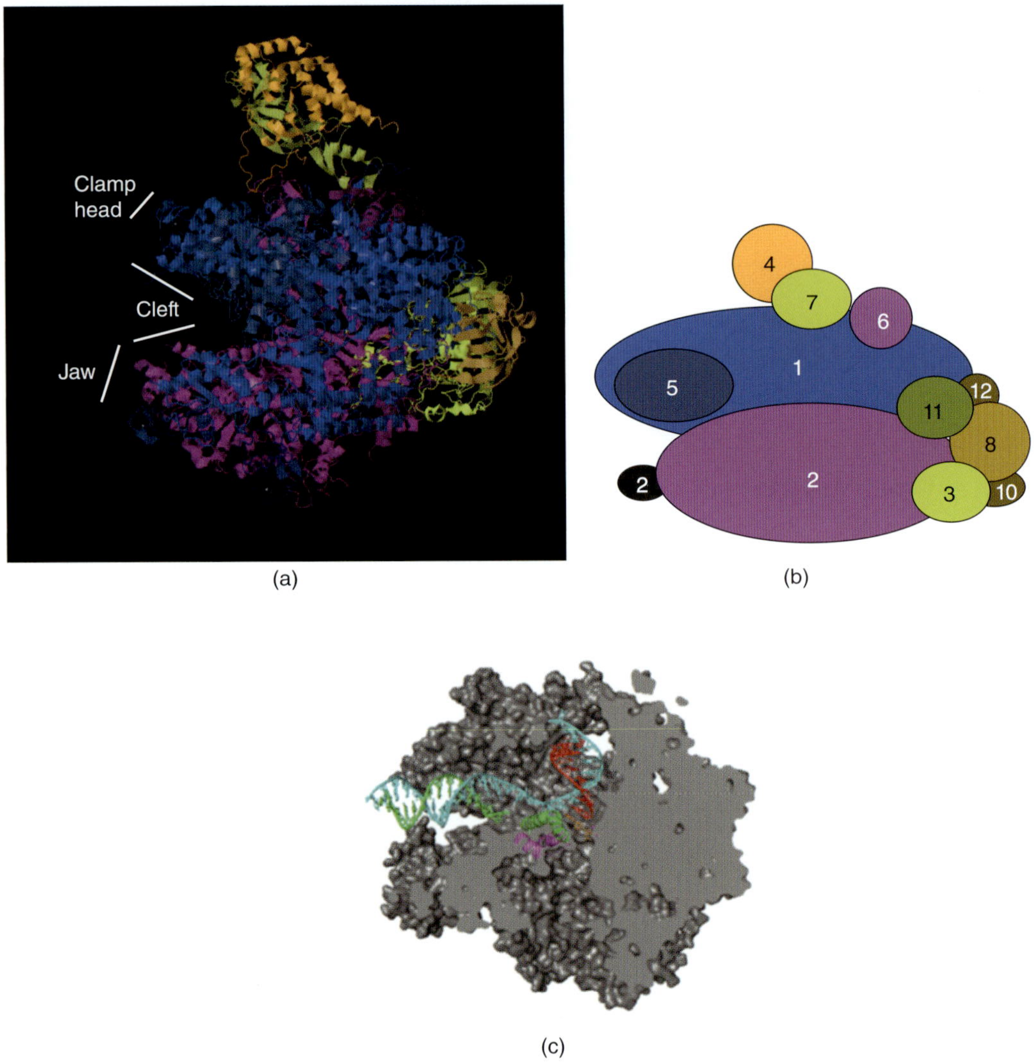

그림 8.1 효모 RNP-II 효소의 구조. **(a)** DNA가 없는 경우의 12개 서브유닛 효소복합체의 구조. Protein Bank 1WCM(http://www.wwpdb.org/). **(b)** (a)의 서브유닛들을 나타낸 그림. 서브유닛 9는 복합체 뒤쪽에 존재하므로 이 그림에는 나타나지 않는다. 서브유닛 10과 12는 또한 거의 숨겨져 있다. (b)의 색깔은 (a)에서의 색깔과 일치한다. RNP-I, RNP-II, RNP-III는 각각 5개의 핵심 서브유닛(1, 2, 3, 6, 11)과 공유된 서브유닛(5, 8, 9, 10, 12)를 갖고 있다. RNP-II만 갖고 있는 2개의 서브유닛(4, 7)은 Rpb4와 Rpb7 단백질이다. 서브유닛 1의 "tail"(CTD, C-terminal domain)은 이 그림에서는 가려져 있다. (c) 들어가는 DNA(왼쪽)와 나가는 DNA(위쪽)를 보여주는 RNP-II 전사 신장 복합체의 모식도. (c)는 Wang 등 (2006)을 근거로 재구성함. Elsevier의 허락 하에 재생산함.

해 형성되며 주형 DNA나 초기 RNA와 상호작용을 촉진하기 위해 양전하를 띠고 있다(핵산은 세포 내부의 pH에서 음전하를 띠고 있다). 그 갈라진 틈은 전사 동안 clamp가 180도 전환하는 활성 부위를 포함한다. 7장에서 소개되었듯이, 12개의 서브유닛들중 9개는 RNP-I와 RNP-III 공유되고 있다.

12개의 서브유닛(서브유닛들 각각 독립된 유전자에 의해서 암호화되는 단백질임을 기억하라. 이 서브유닛들은 RNP를 구성하는 복합체 내에서 조립된다)과 함께, RNP-II는 다양한 숫자의 반복인자들로 구성된 C 말단 지역(CTD, C-terminal domain)을 갖고 있다. 이 지역은 가장 큰 RNP-II 서브유닛을 RNP-I 및 RNP-III와 구별할 수 있게 하여 주는 특징이다. CTD는 아미노산 서열 $Tyr_1Ser_2Pro_3Thr_4Ser_5Pro_6Ser_7$(단일 철자 코드로 표현할 경우 $Y_1S_2P_3T_4S_5P_6S_7$로 나타내며 숫자는 반복인자 내부의 위치를 나타낸다)이 포함된 8개의 반복인자로 구성된다. 생물 종에 따라 반복인자의 숫자는 다양하다. 참고로 효모는 26개, 포유류는 52개, 애기장대(Arabidopsis)는 34개의 반복인자들을 갖는다. CTD 내부의 많은 아미노산들은 몇 가지 종류의 번역 후 변형과정(post-translational modification)을 거치고 되며, 이를 통해서 RNP-II의 활성이 조절되게 된다. 이러한 변형은 또한 여러 방식이 조합되어 나타내기도 함에 따라, 복잡한 조절 신호를 생성하기도 한다. 12장에서는 이와 유사한 조절 신호인 히스톤 단백질 변형에 대해서 설명하고 있다.

본 장에서는 CTD 인산화의 역할에 대해 주로 다룰 것이다. CTD 인산화의 상태는 전사의 개시와 신장의 여부를 알기 위한 정보를 제공한다. 또한 CTD는 5′-캡핑(5′-Cap addition), RNA 이어붙이기(splicing), 3′-말단 형성(3′-end formation) 그리고 mRNA의 핵 밖으로의 이동과 같은 RNA 가공과정을 전사과정과 함께 조율한다. RNA 가공과정은 13장에서 더 자세히 설명하고 있다. CTD는 대다수 유전자의 전사과정에 필수적 요소이며, CTD의 필요 여부는 다음 내용에서 소개되는 핵심 프로모터 내에 특정 DNA 모티프의 포함 여부에 의존하는 것으로 보인다.

8.3 핵심 프로모터

유전자의 프로모터는 일반적으로 RNA 중합효소가 결합하는 DNA 서열로 정의된다. 본 장에서는 프로모터의 정의를 유전자의 정확한 발현에 필요한 전사 시작 지점(TSS, transcription start site)에 인접한 모든 DNA 서열들로 확대하고자 한다. 프로모터는 **핵심 프로모터(core promoter)**와 **기본 프로모터(basal promoter)**를 포함하는데, 이들은 RNP-II의 정확한 전사 개시에 필요한 최소한의 DNA 서열이다(그림 8.2). 또한 확장된 개념 안에서 프로모터는 전사조절인자(transcription factors)로 알려진 특정 조절단백질들이 붙는 DNA 서열도 포함한다. 전사조절인자에 대해서는 9장에서 자세히 설명하고 있다. 유전자 프로모터의 다른 정의가 있음을 주목할 필요가 있는데, 유전자 조절에 관여하는 DNA 서열에 대해 많이 알게 될수록 유전자 프로모터의 개념도 바뀌어 간다.

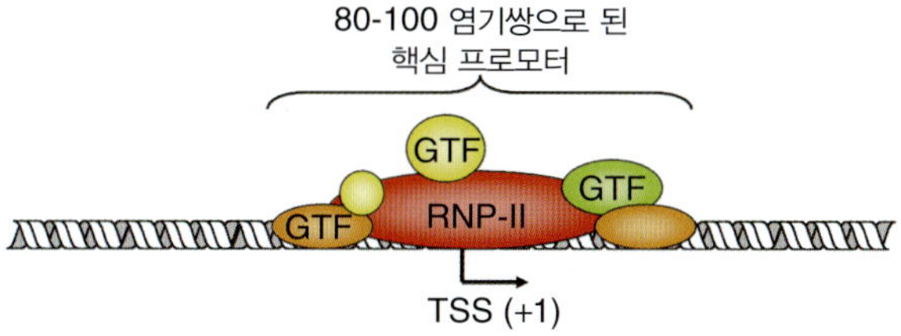

그림 8.2 RNP-II에 의해 전사되는 유전자의 핵심 프로모터를 보여주는 그림으로 RNP-II와 몇몇 일반 전사인자(GTFs, general transcription factors)를 보여주고 있다. 전사 시작 지점은 관례상 +1로 지정했다.

RNA 중합효소는 스스로 DNA를 느슨하게 풀 수 있으며, RNA를 합성하고 수정할 수 있다. 그러나 이 효소는 어떤 DNA를 전사할 것인지 혹은 어디에서 전사를 개시할 것인지 결정할 수 있는 특이성이 부족하다. 박테리아에서 RNA 중합효소는 직접 DNA에 결합하며, 중합효소의 σ인자 서브유닛는 정밀한 전사의 개시를 위한 충분한 특이성을 제공한다(7장 참고). 이와는 다르게 진핵생물의 RNP-II는 프로모터를 인식하거나 RNP-II를 소집하기 위해 전사인자(GFTs, general transcription factors)라고 알려진 수많은 요소들을 필요로 하는데, 이는 정제된 RNP-II가 촉매적 활성은 갖고 있지만 프로모터를 포함하는 주형 DNA에서는 전사를 시작할 수 없기 때문이다. 하지만 정제된 RNP-II를 세포추출물과 함께 넣어주면 정확하게 전사가 시작된다. 위와 같은 RNA 중합효소의 활성 측정 방법을 생체외 전사시스템(*in vitro* transcription system)라 한다. 생체외 전사시스템은 정확한 RNP-II 전사를 위해 필요로 하는 GFTs 확인을 위한 뛰어난 분석 방법을 제공하였다. RNP-II의 핵심 프로모터는 TSS를 중심으로 80~100 bp의 DNA 서열로 이루어져 있다(그림 8.2). GTF라는 용어는 9장에서 소개될 유전자-특이적 전사조절인자(gene-specific transcription factor)와 구별하기 위해 고안되었다. GTFs는 많은 프로모터에 공통적으로 공유되고 있지만, 최근에는 GTF가 특정 시기와 특정 세포에 필요한 유전자를 전사하는 것에 있어 RNP-II를 크게 돕지는 않는다고 여겨지고 있을 뿐만 아니라, 오히려 일반적인 전사 기구의 작은 일부분으로 생각되어지고 있다. 이와는 다르게, 9장에서 소개될 전사조절인자는 DNA에 포함된 정보를 해독하여, 특정 유전자가 언제, 얼마나 그리고 어디에서 발현되어야 하는지를 결정한다. 이러한 해독은 특정 프로모터 DNA 서열에 결합하는 전사조절인자와 RNP-II로의 신호전달로 구성되어 있다. RNP-II로의 신호전달은 GTFs, 아래에 소개될 매개자 복합체(mediator complex) 또는 RNP-II 서브유닛과 같은 기본 전사 기구들의 구성요소들과의 단백질-단백질 상호작용을 통해서 이루어지게 된다.

핵심 프로모터는 RNP-II가 TSS에 대해서, 정확한 위치와 방향을 잡도록하는 데 필수적이다. 핵심 프로모터의 특징적인 서열은 무엇일까? 이 질문에 답하기 위해서 본 장에서는 몇 가지 정의와 함께 설명을 시작하기로 한다. 유전자 발현 조절에 관여하는 DNA 서열 부위는 종종 *cis*-조절인자(*cis*-regulatory elements)라 불린다. 이들은 자신들이 조절하는 유전자의 이형이중가닥 DNA에서 같은 방면에 존재하기 때문에 *cis*(라틴어로 같은 쪽을 의미)로 작용한다. 이는 유전체의 전반에서 암호화되는 *trans*-조절인자(*trans*-acting factors, *trans* 라틴어로 맞은편을 의미)와 구별된다. *Trans*-조절인자는 유전체 곳곳에 특정 DNA 서열과 결합하여 활동하는 전사조절인자들을 포함한다. 처음 발견된 *cis*-조절인자 중 하나는 많은 RNP-II 프로모터들에 존재하는 **TATA box**이며, 이는 1977년 David Hogness에 의해 처음 발견되었다. 이름에서 보다시피, TATA box는 아데닌(A)과 티민(T)이 많은 DNA 부위이며, 보통은 TSS의 25~30 bp 정도 위쪽에 위치한다(따라서 프로모터상 위치는 −25에서 −30임). TATA 부위(애기장대에서는 TATA$^{T}/_{A}$A$^{T}/_{A}$A)(Molina and Grotewold, 2005)는 박테리아 프로모터의 −10에 위치하면서 σ인자를 위한 결합 부위를 제공하는 Pribnow box와 비슷하다. 동물과 마찬가지로, 식물의 Class II 유전자의 약 30% 정도만이 TATA 부위를 갖는다. TATA 서열이 없는 핵심 프로모터나 유전자는 일반적으로 **TATA-less**라 불린다. TATA를 포함한 프로모터와 TATA-less 프로모터의 조절은 서로 다른 기작에 의해 일어난다. 예를 들어, RNP-II의 CTD는 TATA-less 프로모터의 전사에 필수적이지만, 반면에 적어도 몇몇 TATA를 포함한 프로모터에서는 불필요한 것으로 여겨지고 있다.

Class II 유전자에서 TATA 부위는 TATA 결합단백질(TBP, TATA binding protein)이라 불리는 GTF에 의해 인지된다. 7장(7.4절)의 RNP-I 및 RNP-III 전사에 관련한 글에서 TBP에 대해 설명한 것을 기억하라. 흥미롭게도, TBP는 TATA-less 프로모터를 위한 일반적인 전사기구 복합체의 조립에 필수적이다. 본 장에서는 개시전 복합체(pre-initiation complex)에 대해 이야기할 때 TBP에 대해 더 많이 배우게 될 것이다.

동물과는 다르게, 식물의 핵심 프로모터들은 TATA 부위를 제외한 많은 *cis*-조절인자가 부족하다. 그러므로 식물의 핵심 프로모터 구조에 대해 알아야 할 것들이 많이 남아 있다. 일례로, 보존된 DNA 서열을 넘어선 구조적 구성요소[예를 들어, 염색질(chromatin)]도 중요한 역할을 할 가능성이 있다.

이전에 TSS는 mRNA에 존재하는 첫 번째 뉴클레오티드라고 설명하였다(TSS들이 어떻게 실험적으로 확인되었는지에 대해서는 6장을 참고). 그러나 몇몇 유전자는 수백 개 이상의 염기쌍 거리를 두고 퍼져 있는 다수의 약한 TSS를 갖고 있다. 이러한 전사 개시의 두 가지 방식을 각각 **집중된(focused**, one TSS) 방식과 **분산된(dispersed**, several TSS) 방식이라고 한다(Juven-Gershon and Kadonaga, 2010). 집중된 전사방식은 단세포 생물과 많은 식물의 유전자의 특징이다. 이와는 다르게, 척추동물 유전자의 70% 이상은 분산된 전사방식으로 전사된다. 분산된 전사방식은 TSS 위쪽으로 150 bp 거리 이내에 존재하는 500−2000 bp 길이의 CG island(유전체 내의 CG 디뉴클레오티드가 많은 지역)의 존재와 밀접한 관련이 있다. CG island는 인간 유전자에 대량으로 존재하며(>60%), Sp1 전사조절인자에 의해 인지되고 RNP-II 개시전 복합체가 모집되는 것을 도와준다. 중요하게도, 동물에서 정의된 CG island는 식물유전자 내에 CG 밀도가 높은 지역이 있음에도 불구하고 식물유전자에는 존재하지 않는다.

8.4 전사의 개시

전사가 어떻게 시작되는지에 대해 논의하기 전에, RNP-II 복합체가 조절하게 될 유전자의 DNA 상에서 어떻게 조립되는지를 살펴봐야 할 필요가 있다. 이는 여러 면에서 우주왕복선(지금은 사라진)의 발사대와 비슷하다. RNP-II 복합체에 의해 만들어진 우주왕복선은 조립되고 발사신호가 주어지기 전까지는 발사대에서 대기하고 있게 된다. 이때, RNP-II가 조립된 발사대는 핵심 또는 기본 프로모터라고 할 수 있다. 앞서 8.3절에서 설명한 생체외 전사시스템에서, 이 핵심 프로모터는 아주 낮은 수준의 전사체를 형성하기에 충분하며 이를 **기저 전사(Basal transcription)**라 한다. 예를 들어, 우주왕복선의 대기상태는 기저 전사로 표현할 수 있다. 생체외 전사시스템은 TIFIIA, TFIIB, TFIID(TBP 단백질을 포함한다), TFIIE, TFIIF 그리고 TFIIH로 알려진 복합체 일부의 몇몇 GTF를 밝혀내었다. 우주왕복선과 비유해서, 발사신호는 촉진자(enhancer)와 다른 조절 DNA 서열을 포함하는 프로모터 지역에 부착하는 전사조절인자로부터 시작되는 단백질-단백질 상호작용이라고 할 수 있다.

전사 시작을 위한 선행조건인 개시전 복합체의 조립은 생체외 연구를 통해 밝혀진 일련의 순서를 따른다(그림 8.3). 복합체는 TFIID를 중심으로 형성되며, TATA 포함 프로모터의 TATA 모티프에 TBP가 결합함으로써, 해당 DNA 서열로 모여들게 된다. 이후 TFIIA가 결합하고 복합체를 안정화 시키게 된다. 후생동물에서는 그 이후에 TFIIB가 결합하여 BRE 인자와 접촉하게 된다. 이 과정이 식물에서는 어떻게 일어나는지 아직 불명확하다. TFIID-TFIIA-TFIIB 복합체는 TFIIF와 결합되어 있는 비인산화 형태의 RNP-II 효소를 끌어들이게 된다. 개시전 복합체 구성의 마지막 단계는 TFIIH와 TFIIE의 모집을 수반한다. TATA와 다른 핵심 프로모터 보존 서열이 없을 때, 개시전 복합체가 어떻게 조립되는지에 대해서는 아직 거의 알려진 것이 없다. 몇몇 동물 연구에 의하면(George 등., 2006), 뉴클레오솜(nucleosome)의 위치와 염색질의 3차원적 구조는 떨어져 있는 *cis*-조절인자들(핵심 프로모터에만 존재하는 것이 아닌)이 공간적으로 함께 존재하게 도와주고 개시전 복합체를 형성할 수 있도록 도와주는 것도 가능함이 밝혀졌다.

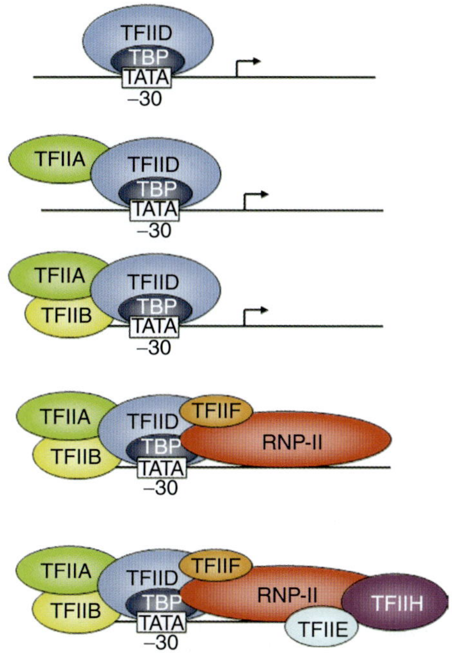

그림 8.3 TATA 포함 프로모터상에서 일어나는 RNP-II 개시전 복합체의 조립. TFIIA-TFIIH는 GTF들을 나타내고, TBP는 TATA 결합 단백질을 나타낸다. 추가 설명은 본문을 참고하라.

GTF 복합체의 각 구성요소들에 대해 더 자세히 알아보도록 하자. 이것은 RNP-II에 의한 전사의 개시와 신장에 관련된 기작에 대한 이해를 증진시킬 것이다. 대부분의 TFII 복합체들은 다수의 서브유닛들로 형성되며, 몇몇 예들은 표 8.1에서 확인할 수 있다.

표 8.1 일반 전사인자 복합체의 구성요소들. 이 요소들은 후생동물의 연구를 통해 얻어진 것이며 식물에서는 아직 이 구성요소들의 존재 여부와 기능에 대해 많이 알려져 있지 않다.

TFII 복합체	복합체를 형성하는 단백질들
TFIID	15 서브유닛들: TBP와 14 TAFs (TAF1으로부터 TAF14으로 명명됨)
TFIIA	2 서브유닛들: TFIIα와 TFIIγ
TFIIB	단일 서브유닛
TFIIF	2 서브유닛들: RAP74와 RAP30
TFIIE	2 서브유닛들: TFIIα와 TFIIβ
TFIIH	10 서브유닛들: Cdk7 (CTD kinase), Cyclin H, XPD와 XPB (helicases), p44 (E3 ubiquitin ligase), MAT1, p8, p52, p34, p62

8.4.1 TFIID

TFIID는 TBP와 14개의 TBP 관련 인자들(TAFs, TBP-associated factors)로 형성된다. 전체적인 TFIID 복합체의 구조는 말굽의 편자나 조임쇠 같은 구조이다(Burley and Roeder 1996). TBP는 애기장대로부터 처음 결정화되었으며(Nikolov 등., 1992), 그 이후로 다수의 생물체에서 확인되었다. 안장과 비슷한 구조를 가졌으며, DNA 상에 급격한 구부러짐을 초래한다. 이전에 언급했듯이, TBP는 RNP-II 전사에도 중요할 뿐만 아니라, RNP-I 및 RNP-III 전사 복합체의 필수 구성요소이다(7장 참고). TATA-less 유전자는 종종 TBP를 필요로 하지 않지만, 이들 유전자 발현은 TBP 유사 인자(TLFs, TBP-like factors)에 의존적일 수도 있다. 알려진 14개의 TAFs 중 9개는 히스톤 접힘 모티프(Histone-fold motifs)를 갖고 있으며, 이들은 단백질-단백질 상호작용에 관련된다. 이 모티프를 가진 TAFs는 서로 상호작용을 함으로써, 5개의 히스톤 유사쌍(histone-like pairs)을 형성하며, 이것은 TFIID의 구조적 특징을 유지하기 위해 필수적이다. 모든 TAF들이 보편적으로 모든 프로모터에 필요한 것은 아니지만, 어떤 TAF가 필수적으로 필요한지는 프로모터에 존재하는 특정 구성요소에 의존적이다. 실제로, 다른 TAFs는 다른 *cis*-조절인자들을 인지할 수 있다. 예를 들어, 후생동물에서는 TAF1과 TAF2는 개시인자(Initiator element)를 인지하며, TAF6와 TAF9는 DPE를, 그리고 TAF12는 특정 전사조절인자와 접촉한다. TAFs는 또한 TBP가 없어도 기능할 수 있으며, 이것들은 TBP-less TAF 복합체로 알려져 있다.

8.4.2 TFIIA

TFIIA는 2개의 서브유닛으로 형성되며, 정확한 전사 개시에 필수적이지는 않다. TFIIA는 TBP-DNA 복합체를 안정화시키는 기능을 하며, 전사 억제자의 접근을 막는 역할도 한다. 식물의 TFIIA 복합체는 효모보다 동물의 것과 더 유사하다(Li 등., 1999). 애기장대 TFIIA 돌연변이는 산화적 스트레스 반응 경로를 필요로 하는 환경조건 하에서는 성장하지 못한다(Kraemer 등., 2006). 이 경로는 환경조건(예를 들어, 가뭄이나 추위)이나 발달과정(예를 들어, 종자 성숙)에 대한 식물 반응에 있어서 중요하다.

8.4.3 TFIIB

TFIIB는 단일 폴리펩티드이며, RNP-II가 정확한 TSS를 확인(TSS selection)할 수 있게 도와줌으로써 전사 개시에 핵심적인 역할을 한다. 이것은 또한 RNP-II가 떠나고 전사 신장을 시작한 후, GTF와 다른 DNA 결합 단백질들을 제거하는 등의 프로모터 청소와 관련된 조절 기작에 도움을 준다.

8.4.4 TFIIF

TFIIF는 이형이량체(heterodimer)이며, RNP-II/TFIIF 복합체가 개시전 복합체에 모집되기 전에 RNP-II와 결합되어 있다. TFIIF는 DNA가 "melting"되어 전사 bubble을 형성할 수 있도록 프로모터가 열리게끔 도와주는 역할을 한다. TFIIB와 유사하게 TFIIF도 TSS 선발에 참여한다.

8.4.5 TFIIE

TFIIF와 비슷하게, TFIIE는 34 kDa와 56k Da의 2개 서브유닛으로 구성된 이형이량체 형태의 단백질 형태를 가진다. 이것은 TSS에 가까운 프로모터 부위에 결합하여 TFIIH를 위한 결합 부위를 형성한다. 서열의 유사성에 기반하여, 식물은 TFIIE 서브유닛과 비슷한 단백질을 발현하지만, 그 기능에 대해서는 거의 알려지지 않았다.

8.4.6 TFIIH

TFIIH는 6개 GTF 복합체 중 가장 많은 기능을 수행한다. 10개의 서브유닛으로 형성되며(표 8.1), 총분자량은 500 kDa이 넘는다. TFIIH는 적어도 3개의 다른 기능에 관여한다: 1) 프로모터 melting과 전사 개시 동안 RNP-II가 TSS로부터 멀어지게끔 함, 2) 전사연관 DNA 수선, 3) 세포주기 동안 다음 단계로의 진행. 특히, TFIIH는 DNA 삭제 수선에 관여하며, 인간에 발생하는 적어도 세 가지 다른 유전자 질환[색소피부건조증(Xeroderma pigmentosum), 모발유황이영양증(Trichothiodystrophy), 코카인 증후군(Cockayne Syndrome)]과 연관이 있다. 이 세 가지 유전자 질환은 전사 혹은 TFIIH의 DNA 수선 기능 손상을 유발하는 돌연변이에 의해 발생한다. 모발유황이영양증은 오직 DNA 삭제 수선에 영향을 미치는 돌연변이의 결과로 나타난다. 색소피부건조증은 전사 결함으로 인해 발생하며, 코카인 증후군은 전사의존적인 수리(transcription-dependent repair)에 결함이 생겨 발생한다.

THIIH 복합체는 5가지 촉매활성을 나타낸다. Cdk7(Cdk, cyclin dependent kinase)은 전사 개시에서 신장으로 전환할 수 있는 신호를 제공하는 RNP-II의 CTD의 인산화반응에 관여한다(8.6절 참고). DNA 의존적 ATPase의 활성, 그리고 5′-3′과 3′-5′ DNA 헬리케이스(helicase) 활성은 RNP-II가 전사를 개시하거나 신장할 때 DNA를 풀어주는 데 관여한다. E3 유비퀴틴연결효소(E3 ubiquitin ligase) 활성은 DNA 수선과 관련된 유전자의 전사와 관련되어 있다. 표적 단백질 분해에 있어 E3유비퀴틴연결효소의 잘 알려진 역할에 대해서는 17장에 자세히 설명되어 있다.

8.5 매개자 복합체

이전에 설명된 GTFs와 유사하게, 매개자(mediator)는 큰 다중단백질 복합체이며, RNP-II에 직접 결합하여 전사의 모든 단계(개시, 신장, 종결)에 참여한다. 비록 이 복합체가 다른 GTF들보다 유전자 특이적인 기능을 갖고 있지만, 그럼에도 불구하고 GTF라고 여겨지고 있다. 매개자의 주요기능은(이름에서 암시하고 있듯이) 유전자특이적 전사조절인자(9장 참고), GTFs, RNP-II(주로 CTD 부분) 간의 연결을 제공하는 것이다(Conaway and Conaway, 2011). 핵심 매개자 복합체는 3개의 모듈(머리-head, 중앙-middle, 꼬리-tail)로 배열된 보존된 20개 이상의 단백질들(Med로 알려진)로 형성된다(그림 8.4). 이 모듈의 단백질들은 전사조절인자의 특정 도메인(전사 활성 또는 억제 도메인, 9장 참고)과 상호작용할 수 있으며, 이를 통해서 매개자 복합체는 적어도 3개의 다른 형태 중 하나의 형태를 취할 수 있다(그림 8.4). "매개자 핵심(mediator core)" 그 자체는 완전효소(holoenzyme)이며 RNP-II 주위를 감싼다. 'core plus kinase' 복합체는 몇 가지 인산화효소(Cdk 효소를 포함)를 포함하고 있으며, 매개자와 RNP-II의 상호작용을 막는다. 실험적으로 매개자의 핵심(core)과 완전효소의 형태는 주로 전사 활성화와 관련이 있는 반면에, 핵심-인산화효소 형태는 전사 억제에 관여함이 밝혀졌다.

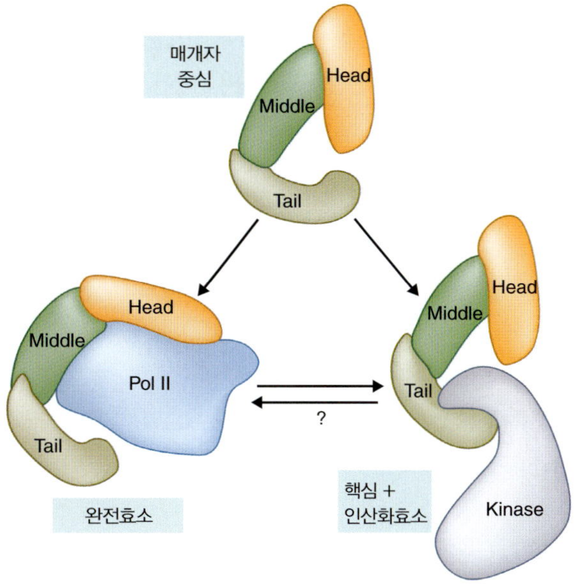

그림 8.4 매개자는 효모와 동물세포에서 적어도 3개의 다른 형태로 존재하는 것이 밝혀졌다. Conaway and Conaway(2011). Elsevier의 허락 하에 재생산함.

식물의 매개자 복합체의 구성요소들은 애기장대와 벼의 연구를 통해 밝혀졌다(Backstrm 등 2007; Mathur 등 2001). 흥미롭게도 매개자 구성요소들을 암호화하는 몇몇 유전자들에 대한 돌연변이들이 수 많은 발달과정과 물질대사 그리고 환경신호 반응에 영향을 미치고 있음이 확인되었다. 한 가지 흥미로운 예는 PTF1(Phytochrome and Flowering Time 1)에 해당하는 애기장대의 Med25이다. 이 유전자는 원래 부족한 빛 조건하에서 개화를 유도 기능을 하는 파이토크롬 B 경로상에서 작용하는 핵단백질로 확인되었다(Cerdan and Chory, 2003). PTF1

은 또한 자스민산 신호전달 경로(jasmonate, 자스민산은 식물호르몬으로 자스모닐-아이소루신(jasmonoyl-isoleucine)이 활성형태이다)를 조절하며, 따라서 곰팡이에 대한 저항성에 관여한다. 애기장대 Med25 돌연변이는 식물이 가뭄 저항성을 갖도록 만들며, 이는 Med25가 적어도 3개의 전사조절인자와 직접 상호작용을 한 결과이다. 그중 하나는 전사를 활성화하거나 억제할 수 있으며, 그 기능은 Med25에 의해 억제된다(Elfving 등., 2011).

8.6 전사의 신장: RNP-II 인산화의 역할

지금까지 GTF들과 매개자 복합체에 대해 알아보았고, 이제 전사가 어떻게 진행되는지를 알아보도록 하자. 일단 개시전 복합체가 만들어지면 헬리케이즈(helicase)가 DNA의 이중 나선을 풀어 그중 하나의 DNA 나선에 RNP-II의 비인산화된 형태의 촉매 부위가 가까이 위치할 수 있도록 한다. RNP-II는 개시전 복합체를 형성하기 위해 인산화되지 않아야 함을 명심하자. 전사 개시에서 전사 신장으로의 변환은 RNP-II의 CTD의 2번째와 5번째 위치의 세린(serine) 잔기(각각 Ser2, Ser5, 그림 8.5)의 인산화와 관련되어 있다(Buratowski, 2009). Ser5의 인산화는 TFIIH(Cdk7, 표 8.1)의 인산화 효소 서브유닛에 의해 진행된다. 이 반응은 전사 개시 때 프로모터 청소(promoter clearance) 단계에서 일어난다(clearance란 RNP-II가 유전자 프로모터 지역에 결합되어 남아 있는 전사조절인자들과의 접촉을 깨고 떨어지는 것을 의미함). 실제로, RNP-II의 Ser5가 인산화된 형태는 주로 유전자의 5′ 말단 근처에서 발견된다. 이것을 밝힌 방법 중 하나는 RNP-II의 특정 형태(RNP-II의 인산화 형태 Ser2나 Ser5와 같은)를 인지하는 항체를 이용한 염색질 면역침강(Chip, chromatin immunoprecipitation) 실험이었다. Ser5의 인산화는 또한 5′ 캡핑을 위한 전제조건이며(13장 참고), 이는 전사와 mRNA 가공이 얼마나 밀접하게 관련되어 있는지를 보여주는 몇 가지 예시 중 하나이다. 최근의 연구는 TFIIF 결합 인산화 효소가 Ser7 또한 인산화할 수 있음을 보여주고 있으며, 이것이 전사 신장 동안에 인산화된 Ser5와 비슷한 기능을 할 것으로 여겨지고 있다.

위에서 언급했듯이, 인산화된 Ser5는 첫 수백 개 뉴클레오티드의 전사와 주로 관련이 있다. RNP-II가 주형 DNA 위를 전진할 때, 비록 RNP-II와 인산화된 Ser2와 Ser5가 같은 주형 DNA 상에서 발견되기는 하지만 Ser5의 인산화 수준은 감소하고 Ser2의 인산화는 증가한다(그림 8.5). Ser2의 인산화는 다른 인산화 효소(효모에서는 Bur1)에 의해 수행되며, 이는 인산화된 Ser5에 의

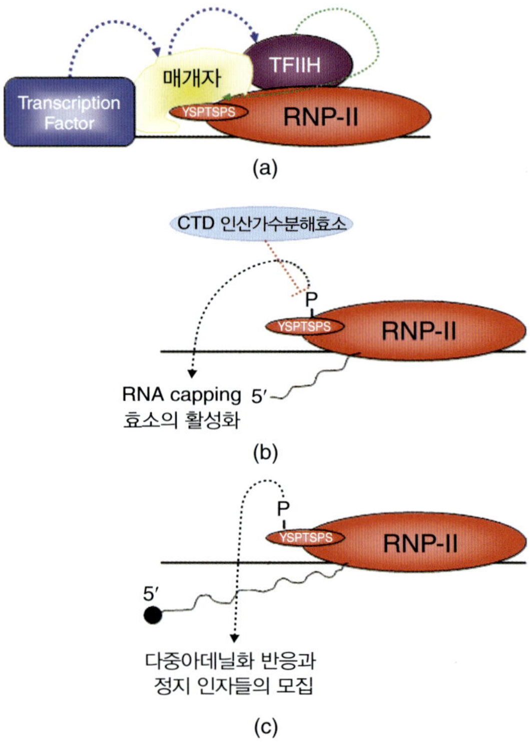

그림 8.5 RNP-II C 말단 도메인(CTD, C-terminal domain)의 사이클을 간략하게 보여주는 모식도. (a) 전사조절인자들은 매개자 복합체와 상호작용하며(단백질-단백질 상호작용은 파란색 선으로 표시하였음), 그 이후 RNR-II CTD의 Ser5를 인산화하는 TFIIH 인산화효소와 상호작용한다(YSPTSPS로 나타낸 서열은 다수의 반복인자를 나타낸다. 애기장대에서는 34개). (b) RNP-II가 프로모터를 청소하고 초기 RNA가 생성될 때(물결선과 5′으로 표시함.), 인산화된 Ser5는 RNA 캡핑에 관여하는 효소들을 끌어들이는 데 관여하고 Ser2 인산화에도 관여한다. (c) 인산화된 Ser2는 전사의 종결과 RNA polyadenylation 복합체의 모집에 참여한다. 히스톤 변형에 관련된 다른 복합체들은 이 그림에 표현하지 않았다.

해 모집되는 것처럼 보이는데, 이는 Ser5가 인산화된 후에 Ser2의 인산화가 일어날 수 있도록 보장한다. 인산화는 가역적인 반응이며, CTD 내부의 인산화된 잔기들 각각에 대해 구분되는 특이성을 가지는 CTD 인산가수분해효소(phosphatase)가 주로 효모와 동물에서 광범위하게 보고되었다. 그러나 최근, 효모/동물 CTD 인산가수분해효소와 유사성을 보이는 식물 상동유전자가 밝혀졌으며, 이것은 일반적으로 유사 CTD 인산가수분해효소(CPL, CTD phosphatase-like)로 불리고 있다. 애기장대 CPL1과 CPL2는 Ser5의 탈인산화 반응에 특이적이며(Koiwa 등., 2004), 이것은 전사의 신장 동안에도 물론 중요하지만 RNP-II가 새로운 개시전 복합체로 들어가기 전에 탈인산화되는 것을 확실하게 하기 위한 전사의 종결 동안에도 필수적이다. CPL5는 Ser2의 탈인산화 반응에 특이적이고 ABA(abscisic acid) 의존적 성장을 긍정적으로 조절한다(Jin 등., 2011). 돌연변이 연구는 또한 애기장대의 CPL3가 ABA 신호전달 조절에 관여하고, CPL4는 정상적인 애기장대의 성장과 발달에 필요함을 밝혀냈다(Bang 등., 2006).

8.7 RNP-II의 멈춤과 전사의 종결

RNP-II(인산화된 Ser5를 가진, 그림 8.5b)는 종종 전사가 일어나지 않더라도 유전자의 프로모터와 결합한다. 이런 경우, RNP-II가 멈추었다고 하거나 저지되었다고 한다. 멈춤과 저지됨의 차이는 멈춤의 경우 RNP-II가 다른 단백질이 없어도 계속해서 전사를 진행할 수 있으나, 저지된 RNP-II는 전사조절인자 IIS(TFIIS)와 같은 다른 요소들의 도움이 필요하다. RNP-II는 멈춰 있는 동안 계속 전사에 참여하고는 있지만, 신장저해인자들(NELFs, negative elongation factors)에 의해 잠시 멈춘 상태(stalling)에 있게 된다. 이러한 신장저해인자들의 작용은 Ser2를 인산화하는 전사신장인자b(P-TEFb, positive transcription elongation factor b)에 의해 제거된다. 이러한 지연현상은 초파리(*Drosophila melanogaster*)의 열충격 유전자 *HSP70*에서 처음 발견됐다. 식물을 포함한 대부분의 열충격 단백질들은 열충격이라 불리는 치사량에 가까운 온도 증가에 대한 반응으로 매우 빠르게(몇 분 이내에) 축적된다. 지연현상은 RNP-II가 전사에 참여하고 있게끔 함으로써 매우 빠른 반응을 나타내게 할 수 있는 기작이라고 여겨진다. 그러나 RNP-II의 지연은 모든 진핵생물 유전자의 많은 부분에서 일어나고 있는 것처럼 보인다. 후생동물에서, 신호 전달 경로에 관여한 유전자에서 RNP-II 지연현상이 많이 발생한다(Adelman and Lis 2012). 식물에서도 이런 경우가 있는 지는 좀 더 확인이 필요한 상태이다.

RNP-II의 전사는 주형 DNA를 따라서 연속적인 방식으로 진행되지 않고, 앞뒤로 번갈아 움직인다. 역방향으로의 움직임을 **백트렉킹(backtracking)**이라고 하며 이것은 RNP-II의 멈춤과 저지됨으로 이어진다. 백트렉킹은 RNP-II가 멈춤 상태일 때는 잘 발생하지 않는다. 백트렉킹은 결함이 발행했을 때 RNA를 교정하거나 수정하는 데 있어 매우 중요하다.

전사의 종결은 전사의 개시나 신장보다는 제대로 연구되어 있지 않다. 전사의 종결은 RNP-II의 재사용 및 인접한(downstream) 유전자까지 RNP-II가 이동하는 것을 방지하기 위해 정확히 조절되어야만 한다. 예를 들어, 인접한 유전자까지 전사되어서 만들어진 이중가닥 RNA는 유전자 침묵을 초래할 수도 있다(11장 참고). RNP-II에 의한 전사 종결의 두 가지 경로가 보고되었다(Kuehner 등., 2011).

첫 번째 경로는 **다중아데닐산중합화(polyA) 의존적 종결(polyadenylation(polyA)-dependent termination)이며,** 전사체의 3′ 말단 프로세싱과 밀접하게 연관되어 있다. 이 과정과 분해는 전사와 함께 동시에 일어나므로, 이를 공동-전사(co-transcription)라고도 한다. RNP-II가 보존적 서열인 AAUAAA(초기의 RNA를 다중아데닐산중합화 반응을 시키기 위해 필요한 서열)를 가진 polyA 부위를 지나면서 전사할 때, RNP-II는 멈추고 RNA 결합 단백질들이 RNP-II와 polyA 모티프에 결합하여 핵산분해효소 및 다른 인자들을 소집한다. 만들어진 새로운 전사체들이 다중아데닐산화 부위에서 절단되면, 말단 리보핵산 가수분해효소(exoribonuclease, 끝에서부터 분해하기 때문에 exo를 붙임)가 접근 가능하게 된다. 이 효소는 전사 중인 RNP-II와 충돌하여 불안정하게 한다. 완전한 길이로 전사된 전사체의 전사 종결은 다중아데닐산화 부위로부터 보통 500 bp~2 kb 아래쪽 지역에서 끝난다(13장 참고). 최근, 애기장대 DICER-LIKE 4[DCL4, microRNAs(miRNAs)를 통해 유전자 침묵에 관련된 효소 중 하나, 11장 참고]가 FCA 유전자의 3′ 프로세싱과 전사종결에 참여한다는 보고가 있다(Liu 등., 2012). 전사 종결 관한 좀 더 자세한 정보는 13장에서 찾을 수 있다.

두 번째 경로는 *Sen1*-의존적 종결이다. 이 기작은 효모에서 처음 발견되었으며 동물에서도 마찬가지로 *sen1*에 대응하는 세나탁신(senataxin)이 발견되었는데, 식물에서는 아직 밝혀지지 않았다. *Sen1*은 polyA tail를 갖고 있지 않은 small nuclear RNAs(snRNAs)와 small nucleolar RNAs(snoRNAs)(6장 참고)와 같은 비암호화(non-coding) RNA들을 처리한다. *Sen1*과 다른 인자들은 RNP-II의 CTD와 상호작용함으로써 형태 변화를 초래하고 RNA-DNA 혼성체가 풀어지게 한다. 이것은 궁극적으로 중합효소가 전사에 참여하지 못하도록 한다. 수 많은 생물체(식물을 제외한)의 유전체 전사체 분석에서 프로모터에 결합한 짧은 전사체들이 발견되었다. 초기 전사종결은 cryptic unstable transcript(CUT) 형성을 초래하고 또한 CUTs가 엑소좀(exosome) 복합체에 의해 분해되기 전, *Sen1*-의존적 종결 경로에 의존적이다. *Sen1*은 또한 polyA-의존적 종결방식에도 관여하지만 그 역할은 아직 불명확하다.

8.8 전사의 재시작

전사의 재시작은 맨 처음의 초기 전사의 개시보다 훨씬 빠르게 일어나며, 다른 경로를 따른다. 앞서 이야기했듯이(8.6절), 개시전 복합체가 조립된 후에 열린 형태의 복합체(open complex)가 형성되면, RNP-II는 유전자를 따라 이동하고 mRNA를 형성한다. 그리고 TFIIB와 TFIIF는 개시전 복합체로부터 떨어져 나가게 된다. 이후 scaffold 복합체라고 불리는 것이 남아 있게 된다(그림 8.6). 여기에 TFIIB와 TFIIF가 결합하고 RNP-II가 소집됨으로써, 이 복합체는 새로운 전사를 시작할 준비상태가 된

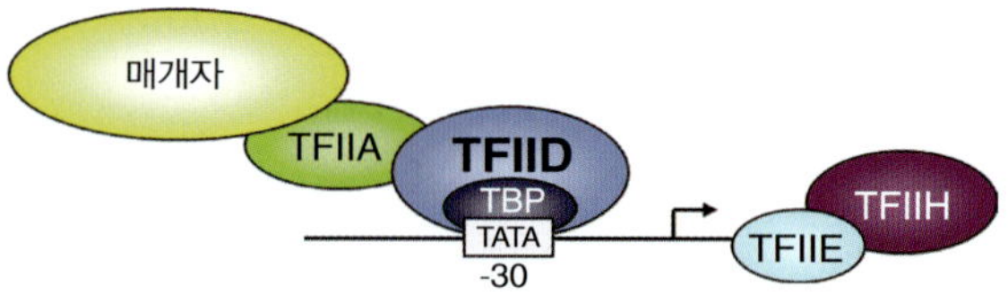

그림 8.6 세포골격 복합체는 RNP-II에 의한 전사의 재시작을 촉진한다. RNP-II가 프로모터를 청소한 후에도, 많은 단백질 구성요소를 포함하는 세포골격 복합체는 여전히 프로모터 상에 남아 있다.

다. 세포골격 복합체에 남아 있는 또 다른 구성요소는 매개자이다. 앞에서도 언급했듯이(8.5절), 매개자는 전사조절인자로부터의 신호를 전달하여 개시전 복합체의 조립을 촉진하고 RNP-II가 지연되고 있는 유전자의 전사를 활성화한다. 이런 이유로 매개자는 오직 비인산화된 형태의 RNP-II만을 인지한다. 그러나 RNP-II와의 상호작용에 따라 매개자는 TFIIH의 인산화효소 활성을 증가시키셔 RNP-II의 CTD 인산화반응을 초래하고 매개자로부터 분리되도록 한다. 이전의 전사에서 사용된 동일한 RNP-II 분자가 다음 전사의 재시작 때에도 사용되는지는 불확실하다.

8.9 요약

Class II 유전자들의 전사는 복잡한 과정으로, 핵심 프로모터에 소집되는 다양한 거대분자 복합체들로부터의 신호 통합을 요구한다. 이 과정의 중심은 RNP-II, 그리고 관련된 GTF들과 매개자 복합체이다. GTF들은 RNP-II를 개시전 복합체로 모집하고 원활한 전사를 위한 RNP-II CTD의 인산화 상태를 변경하는 데 중요한 역할을 한다. 몇몇 다수의 특정 전사조절인자들이 없는 상태에서도, RNP-II와 GTF는 기저전사로 알려진 작업을 수행한다.

8.10 문제

주의. 문제 8.6~8.9는 다른 장을 참고할 필요가 있다.

8.1 아래의 용어를 설명하라.

(**a**) 개시전 복합체(PIC, Pre-initiation complex)

(**b**) GTF

(**c**) TBP

(**d**) TSS

(**e**) CTD

8.2 TATA box의 중요한 점은 무엇인가?

8.3 TATA box란 일반적으로 무엇을 의미하는가?

8.4 CTD 인산화 반응은 전사에 어떤 영향을 주는가? 식물에는 어떤 것이 알려져 있는가?

8.5 매개자 복합체의 역할은 무엇인가?

8.6 EMSA와 ChIP의 차이는 무엇인가?

8.7 일반 전사인자와 전사조절인자의 차이는 무엇인가?

8.8 특정 유전자에서 RNP-II가 지연되고 있음을 어떻게 증명할 것인가?

8.9 특정 유전자가 RNP-I으로 전사되는지 혹은 RNP-II에 의해 전사되는지 어떻게 알 수 있는가?

참고문헌

Adelman, K. and Lis, J.T. (2012) Promoter-proximal pausing of RNA polymerase II: emerging roles in metazoans. *Nature Reviews Genetics*, **13**, 720-731.

Backstrom, S., Elfving, N., Nilsson, R. *et al.* (2007) Purification of a plant mediator from *Arabidopsis thaliana* identifies PFT1 as the Med25 subunit. *Molecular Cell*, **26**, 717-729.

Bang, W., Kim, S., Ueda, A. *et al.* (2006) Arabidopsis carboxyl-terminal domain phosphatase-like isoforms share common catalytic and interaction domains but have distinct in planta functions. *Plant Physiology*, **142**, 586-594.

Buratowski, S. (2009) Progression through the RNA polymerase II CTD cycle. *Molecular Cell*, **36**, 541-546.

Burley, S.K. and Roeder, R.G. (1996) Biochemistry and structural biology of transcription factor IID (TFIID). *Annual Review of Biochemistry*, **65**, 769-799.

Cerdan, P.D. and Chory, J. (2003). Regulation of flowering time by light quality. *Nature*, **423**, 881-885.

Conaway, R.C. and Conaway, J.W. (2011) Function and regulation of the Mediator complex. *Current Opinion in Genetics & Development*, **21**, 225-230.

Cramer, P., Bushnell, D.A., Fu, J. *et al.* (2000) Architecture of RNA polymerase II and implications for the transcription mechanism. *Science*, **288**, 640-649.

Elfving, N., Davoine, C., Benlloch, R. *et al.* (2011) "The *Arabidopsis thaliana* Med25 Mediator subunit integrates environmental cues to control plant development. *Proceedings of the National Academy of Sciences USA*, **108**, 8245-8250.

George, A.A., Sharma, M., Singh, B.N. *et al.* (2006) Transcription regulation from a TATA and INR-less promoter: Spatial segregation of promoter function. *EMBO Journal*, **25**, 811-821.

Gnatt, A.L., Cramer, P., Fu, J. *et al.* (2001) Structural basis of transcription: an RNA polymerase II elongation complex at 3.3 Å resolution. *Science*, **292**, 1876-1882.

Jin, Y.M., Jung, J., Jeon, H. *et al.* (2011) At CPL5, a novel Ser-2-specific RNA polymerase II C-terminal domain phosphatase, positively regulates ABA and drought responses in Arabidopsis. *New Phytologist*, **190**, 57-74.

Juven-Gershon, T. and Kadonaga, J.T. (2010) Regulation of gene expression via the core promoter and the basal transcriptional machinery. *Developmental Biology*, **339**, 225-229.

Koiwa, H., Hausmann, S., Bang, W.Y. *et al.* (2004) Arabidopsis C-terminal domain phosphatase-like 1 and 2 are essential Ser-5-specific C-terminal domain phosphatases. *Proceedings of the National Academy of Sciences USA*, **101**, 14539-14544.

Kraemer, S.M., Goldstrohm, D.A., Berger, A. *et al.* (2006) TFIIA plays a role in the response to oxidative stress. *Eukaryotic Cell*, **5**, 1081-1090.

Kuehner, J.N., Pearson, E.L. and Moore, C. (2011) Unravelling the means to an end: RNA polymerase II transcription termination. *Nature Reviews Molecular Cell Biology*, **12**, 283-294.

Li, Y.F., Le Gourierrec, J., Torki, M. *et al.* (1999) Characterization and functional analysis of Arabidopsis TFIIA reveal that the evolutionarily unconserved region of the large subunit has a transcription activation domain. *Plant Molecular Biology*, **39**, 515-525.

Liu, F., Bakht, S. and Dean, C. (2012) Cotranscriptional role for Arabidopsis DICER-LIKE 4 in transcription termination. *Science*, **335**, 1621-1623.

Mathur, S., Vyas, S., Kapoor, S. and Tyagi, A.K. (2011) The Mediator complex in plants: structure, phylogeny, and expression profiling of representative genes in a dicot (Arabidopsis) and a monocot (rice) during reproduction and abiotic stress. *Plant Physiology*, **157**, 1609-1627.

Molina, C. and Grotewold, E. (2005) Genome wide analysis

of Arabidopsis core promoters. *BMC Genomics*, **6**, 25.

Nikolov, D.B., Hu, S.H., Lin, J. *et al*. (1992) Crystal structure of TFIID TATA-box binding protein. *Nature*, **360**, 40-46.

Wang, D., Bushnell, D.A., Westover, K.D. *et al*. (2006) Structural basis of transcription: role of the trigger loop in substrate specificity and catalysis. *Cell*, **127**, 941-954.

제9장

cis-조절 정보를 해석하는 전사조절인자

9.1 유전자가 언제, 어디서, 얼마만큼 발현될 것인가에 대한 정보는 유전자의 조절지역에 기록되어 있다

제8장에서, 식물 RNA 중합효소인 RNP-I, RNP-II, RNP-III, RNP-IV 그리고 RNP-V에 대해서 서술하였다. RNP-I와 RNP-III은 함께 세포내 RNA의 가장 큰 부분[각각 리보솜 RNA(rRNA)와 전달 RNA(tRNA)]을 생산하기 위해서 특정 유전자의 전사를 책임지고 있다. RNP-II는 가장 다양한 RNA(mRNA) 생성에 관련된 유전자들을 전사한다(13장 참고). RNP-I은 모든 거대한 크기의 rRNA 유전자들이 공유하는 단 한 종류의 프로모터만 인식하며. RNP-III는 단지 소수의 다른 프로모터 구조를 인식한다. 극명하게 대조적으로, RNP-II는 단백질 암호화 유전자들의 수천 수만 개의 프로모터 각각에 모여들 수 있어야만 한다. 제8장에서도 설명하였듯이, 이런 종류의 유전자들의 핵심 프로모터는 적어도 무세포 시스템(cell-free system)에서 분석했을 때 매우 낮은 수준의 전사(기저전사, basal transcription) 만이 일어나게 한다. 본 장에서는, 어떻게 **전사조절인자(transcription Factor)**라고 불리는 큰 그룹의 조절단백질들이 어떤 유전자가 언제 얼마만큼 전사될지를 RNP-II에게 지시하는지에 대해 논의할 것이다.

RNP-II에 의해서 전사된 각 유전자는 독특한 발현 패턴을 가진다. 몇몇 유전자는 모든 조건하에서 모든 종류 세포의 전 발달단계에서 발현된다. 이런 유전자들에 대해서는 **지속적**으로 발현(**constitutively** expressed)된다고 말한다. 예를 든다면, 히스톤(염색질 조립에 필수적인 기본 단백질, 12장 참고)을 암호화하는 유전자, 세포골격인 액틴(actin)과 튜뷸린(tubulin)에 관련된 단백질을 암호화하는 유전자, 그리고 해당과정(glycolysis)과 같은 기본 세포 물질대사에 필수적인 효소를 암호화하는 유전자 등이 여기에 속한다. 다른 유전자들은 오로지 몇몇 세포에서만 발현되기도 하며, 혹은 오직 한 종류의 식물세포에서만 발현되기도 한다. 예를 들면, 줄기와 뿌리의 **생장점** 세포[**meristematic** cells, 미분화된 **만능**줄기세포(**pluripotent** stell cell)로 분열하고 분화하여 궁극적으로 식물의 모든 종류의 세포가 될 수 있음]의 유지에 관련된 유전자가 여기에 속한다. 추가적으로, 대부분의 식물 유전자는 정상 생장 조건에는 발현을 하지 않고 대신 특정 스트레스 조건하에서는 발현이 유도된다. 스트레스 조건은 **생물적(biotic)**일 수 있는데, 이는 살아있는 생물들, 예를 들어 바이러스, 박테리아, 균류, 곤충, 척추동물, 혹은 다른 식물에 의해서 초래되는 스트레스를 말한다. 다른 스트레스 조건은 **비생물적(abiotic)**이며, 열, 추위, 혹은 가뭄 등에 의해서 발생하는 것을 의미한다.

대부분의 다른 세포 기능에서처럼, 유전자가 어디서, 언제, 얼마만큼 전사될 것인가에 대한 정보는 DNA 서열에 의해 제공된다. 유전자의 발현을 조절하는 유전자 지역은 유전자 **조절지역**(gene **regulatory region**)이라고 불린다. 단백질 암호화 지역(이곳의 유전 암호는 즉시 단백질 서열로 번역이 가능, 15장 참고)에서 일어나는 것과는 다르게, 진핵생물에서의 조절 암호는 제대로 이해되고 있지 않으며, 기본 DNA 서열뿐만 아니라 DNA 구조와 후생유전학적 변경을 포함하고 있다. 이런 복잡성 때문에, 유전자의 조절지역은 반드시 실험적(경험적)으로 결정되어야 한다. 유전자는 “1개의 RNA를 만들 수 있는 완벽한 한 세트의 지시(instruction)”이라고 정의된다(1장 참고); 이 정의에 기초해서, 조절서열들은 유전자의 기본적인 일부분이라고 할 수 있다.

유전자의 어떤 부분이 조절기능을 하는지 결정하기 위한 다양한 방법이 있다. 과거에는, 모든 조절지역들이 전사 시작 지점의 5′ 지역(상위지역)에 바로 인접해 있을 것으로 가정되었다(그림 1.8). 조절지역이 유전자의 3′ 지역, 인트론 내부, 5′- 과 3′- 비번역지역(5′ and 3′-untranslated regions, 5′-UTR and 3′-UTR)에서도 발견되기는 하지만, 전사 시작 지점의 상위지역(첫 번째 엑손에 인접한 상위지역)에 인접한 지역을 분석하는 것이 가장 간단한 방법이다. 이 유전자 상위지역은 유전자의 전사를 촉진시킬 수 있으므로 프로모터(promoter)라고 제안되었다(그림 1.8).

9.2 조절지역 확인에는 리포터 유전자 사용이 필요하다

위에서도 언급되었듯이, 유전자 조절기능에 중요한 역할을 하는 DNA 지역은 그냥 DNA 서열만 살펴 보아서는 쉽게 식별할 수 없고 경험적으로 결정해야 한다. 한 예시를 들어 설명하겠다. 그림 9.1a의 일부분에서 보여지는 것처럼, 프로모터의 300 base pairs(bp)가 초기 분석을 위해 사용되었다. 여기서 기억해야 할 것은, 전사 시작 지점(+1)의 상위 서열은 보통 음의 숫자로 표시한다는 것이다. 본 장에서는 전사 시작 지점에서 300 bp까지의 지역을 [−300; +1] 지역으로 표시하였다. 일부 논문에서, 연구자들은 번역시작 코돈(translational start codon, ATG)의 A를 +1로 표시하기도 한다. 그러나 이것은 5′ UTR 길이에 대한 정보를 제공하지 않기 때문에(DNA 서열만으로는 판단하기 어려움), 프로모터 시작 지역 예측을 불가능하게 한다. 그런 이유로 본 장에서는 +1을 번역 시작 지점이 아닌 전사 시작 지점으로 사용할 것이다.

프로모터가 활성화되고 유전자가 전사된 세포를 확인

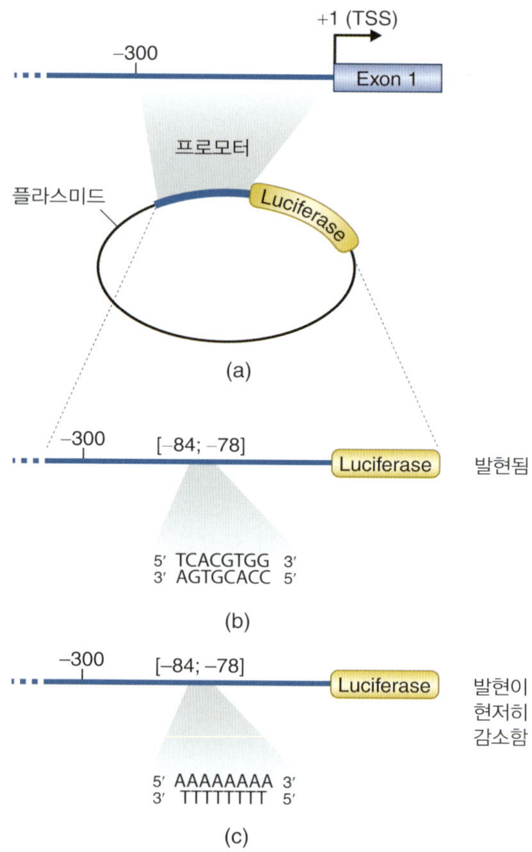

그림 9.1 프로모터의 전사 활성의 정밀한 분석. (a) TSS 상위의 300bp DNA 단편을 리포터 유전자 (luciferase 같은) 앞에서 클로닝하였다. (b) 일단의 DNA 서열이 프로모터 기능을 위해 잠재적으로 중요함이 밝혀졌다. (c) 이 부분에 돌연변이가 생기면, 리포터 유전자 발현이 크게 감소하게 된다.

하기 위해서, 프로모터 후보 지역을 클로닝하고(대부분 중합효소 연쇄 반응, 즉 PCR를 이용함), **리포터** 유전자의 앞쪽(upstream)에 위치하게 한다. 리포터는 쉽게 감지되어 시각화할 수 있는 단백질을 암호화하는 유전자를 말한다. 일반적으로 사용되는 리포터 중 하나는 형광을 띄는 해파리에서 분리된 형광단백질이다. 형광단백질을 발현하는 조직 혹은 세포에 자외선을 쬐면, 형광단백질이 형광을 발하므로 어디에서 프로모터가 활성화되었는지를 명확하게 볼 수 있다. 다른 형광단백질은 다른 형광색(문자 그대로)을 발하게 되는데, 예를 들어, 녹색 형광단백질(green fluorescent protein, GFP), 노란색 형광단백질(yellow fluorescent protein, YFP), 청록색 형광단백질(cyan fluorescent protein, CFP), 그리고 붉은색 형

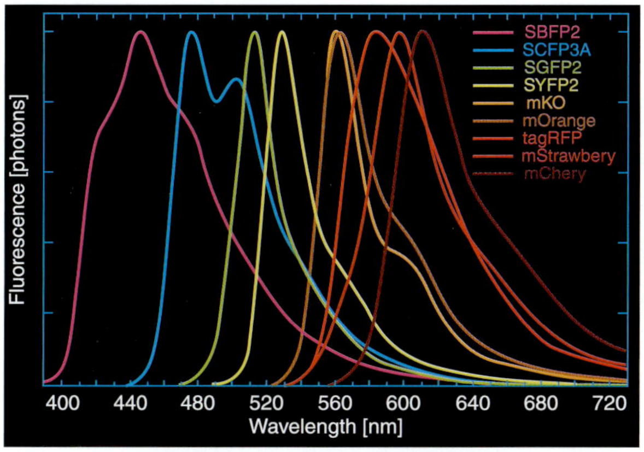

(a)

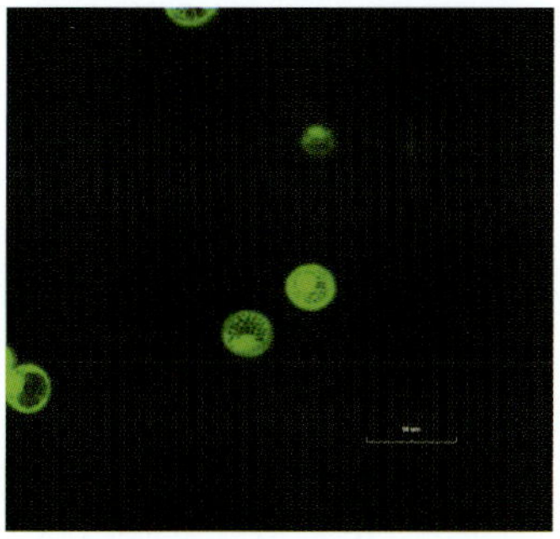

(b)

그림 9.2 (a) 자주 사용되는 형광단백질의 발광 스펙트럼. http://www.molecularcytology.nl/Joachim/Research-FP.html. Joachim Goedhart의 허락 하에 재생산되었음. (b) GFP를 발현하는 옥수수 원형질체. Isabel Casas이 제공한 사진임. 이 사진에서 GFP는 Cauliflower Mosaic Virus 35S (CaMV 35S) 프로모터를 이용하여 발현시켰다.

광단백질(red fluorescent protein, RFP)(그림 9.2a)이 있다. 각 단백질은 사용 용도에 따라서 단독으로 혹은 함께 사용하는 것이 가능하다. 그림 9.2b는 GFP를 발현하는 옥수수의 원형질체(세포벽이 없는 세포)을 보여주고 있다.

형광의 존재 여부로 유전자의 발현 유무를 알 수는 있지만, 형광을 정량하기 위해서는 정밀한 도구를 필요로 하므로, 유전자 발현 수준을 알기는 어렵다. 대부분 경우, 얼마나 효율적으로 프로모터가 유전자 발현에 영향을 미쳤는지를 판단하기 위한 정량된 데이터를 필요로 한다. 정량을 위해서, 일반적으로 사용되는 리포터가 **루시퍼라제(luciferase)**이며, 이것은 자연계에서 생물발광 현상을 초래하는 산화효소 중의 하나이다. 예를 들어, 반딧불의 루시퍼라제는 루시페린(luciferin) 기질과 ATP를 빛(+AMP와 oxyluciferin)으로 전환한다. 발산되는 빛의 양은 **루미놀미터(luminometer)**라는 기구를 이용해서 측정할 수 있다.

프로모터:리포터 구조물이 일반적인 분자생물학 기술을 이용해서 제작되었다면, 그것을 전기천공법(electrophoresis)이나 bombardment 같은 수 많은 방법을 이용하여 식물체 또는 식물세포로 도입할 수 있다. 만일 프로모터 지역이 유전자 조절 요소들의 일부라도 가지고 있다면, 리포터 유전자는 전사되고 번역될 것이고, 따라서 세포는 형광을 발할 것이다(즉, 빛을 냄). 비슷한 방법을 이용하면, DNA 조각을 늘리거나, 절단하거나, 또는 돌연변이시킴으로써, 어떤 특정 서열이 조절에 중요한 지를 결정할 수 있다(그림 9.1). 이런 방법은 일반적으로 **프로모터 배싱(promoter bashing)**이라고 불린다. 최종적으로, 이런 방법은 유전자 조절에 중요한 서열이 확인된 프로모터 지도를 작성하는 것으로 끝을 맺게 된다. 예를 들어, 이런 유형의 연구는 전사 시작 지점(TSS, 그림 9.1b)으로부터 상위 −78에서 −84 뉴클레오티드 사이에 위치하는 짧은 서열이 특정 세포에서 유전자 발현의 50%를 책임진다는 식의 연구 결과를 제공하게 된다. DNA 단편서열의 육안 혹은 컴퓨터 기반 조사는 유전자 발현을 조절하는 분자 기작에 대한 일부 정보를 제공해 줄 수도 있다(혹은 아닐 수도 있다). 예를 들어, 서열상에서 다른 조건 혹은 다른 세포 유형에서 유전자 발현과 연관된 DNA 모티프를 찾을 수도 있을 것이다. 일단 확인되면, 이런 작은 DNA 지역은 종종 전사조절인자에 의해 인식될 수 있는 *cis*-acting 조절 요소(*cis*-acting regulatory element, 또는 *cis*-regulatory element, *cis*-regulatory motif)라고 불리게 된다.

9.3 유전자 조절지역은 모듈 구조를 가진다

대부분의 유전자의 조절지역은 모듈 구조를 가지고 있으며, 이 구조 내에 *cis*-조절 모듈(cis-regulatory module)이라고 불리는 다수의 *cis*-조절 요소들의 클러스터가 존재한다. 모듈 조절지역에서, 각 *cis*-조절 모듈은 전체 유전자 조절지역의 공간적(또는 시간적) 출력을 위한 1개의 구성요소가 된다. 이런 개념은 거의 대부분의 식물 세포 유형에서 발현하는 지속작용 프로모터(constitutive promoter)에서 잘 설명되고 있다. 다수의 잘 연구된 식물 지속작용 프로모터들이 보고 되어져 있다. 예를 들어, 구조 단백질인 액틴과 튜뷸린을 암호화하는 유전자의 발현을 조절하는 프로모터들이 일반적으로 지속작용 프로모터로 알려져 있다. 그렇지만, 대부분 일반적으로 사용되는 지속작용 프로모터는 식물보다는 바이러스로부터 유래했다. 바이러스들은 그들의 유전체를 대부분의 식물세포나 조직에서 효과적이고 효율적으로 발현시키기 위해서 정교한 조절 기작을 획득해 왔다. 따라서, 바이러스 유전체 프로모터들은 강하고 지속작용하는 프로모터를 위한 좋은 후보로 여겨지고 있다. 한 가지 좋은 예가 바이러스 35S RNA를 만드는 Cauliflower Mosaic Virus(CaMV) 프로모터(RNA 사이즈 측정치로서 35S의 의미는 6장 참조)이며, 따라서 이 프로모터는 *CaMV 35S* 프로모터, 또는 간단히 *35S*라고 알려졌다. 현재, 35S 프로모터는 다양한 식물에서 유전자를 지속적으로 발현시키기 위해(또는 ectopically, 유전자가 정상적으로 발현되는 조직/세포가 아닌 곳에서도 발현함을 의미함), 광범위하게 사용되고 있다.

Philip Benfey가 Nam-Hai Chua의 연구실에서 수행한 중요한 연구에 의하면(Benfey and Chua, 1990; Benfey 등., 1990a, b), 35S 프로모터의 다른 조각들(또는 모듈들)이 서로 다른 식물 부위에서 유전자 발현을 유도한다는 것이 밝혀졌다(그림 9.3). 따라서, 이러한 프로모터의 지속적인 활성은 하나의 보편적 프로모터 인자에 의해서가 아니라 여러 *cis*-조절 모듈들의 연합에 의해서 제공되어진다. 비록 35S 프로모터는 바이러스에서 유래되었지만, 이 프로모터는 현재까지 식물에서 가장 잘 분석된 지속작용 프로모터이다. 실용적인 측면에선, 35S가 모든 식물 종에서 활성적이지도 또한 지속적으로 작용하지도 않음이 입증되었다. 예를 들어, 35S 프로모터는 애기장대의 화분에서는 활성을 보이지 않으며, 또한 옥수수 같은 몇몇 단자엽 식물에서는 높은 수준의 전사를 유도하지도 않는다. 그렇기 때문에, 옥수수의 *ubiquitin I* 유전자의 프로모터와 같은 종류들이 옥수수와 다른 초본 식물에서의 지속적인 발현을 유도하기 위해 좀 더 자주 사용되고 있다.

모듈 구조를 가진 프로모터는 중요한 영향을 가진다. 실용적인 영향은 이 특별한 모듈이 기능을 가진 기본(혹은 핵심) 프로모터(8장 참고)와 함께 특정 조직이나 세포 유형에서 전사를 유도하는 데 사용될 수 있다는 것이다. 그림 9.3에서, CaMV 35S 최소 프로모터(TATA 지역으로 표시됨)는 전사를 위해 여러 다른 도메인과 결합할 수 있다는 사실을 보여주고 있다. 개별 도메인은 최소 프로모터 없이는 기능을 하지 못할 것이다. 특정 모듈의 돌연변이는 특정 조직 또는 세포 유형에서의 발현에만 영향을 미칠 수 있다는 것을 추론할 수 있다. 따라서 프로모터 배싱 실험을 수행할 때, 특정 돌연변이 또는 서열 삭제는 효과가 없을 수도 있지만, 이것은 단순히 맞는 세포 유형을 조사하지 않았음을 의미할 수 있다. 프로모터 모듈구조의 두 번째 영향은 식물체의 한 부분에서의 유전자 조절은 다른 식물 부분에서의 조절과 분리될 수 있다는 것이다. 이것은 동일 유전자가 다른 식물 종의 다른 조직 또는 세포 유형에 영향을 줄 수 있음을 의미한다. 프로모터의 모듈 구조는 식물 유전자 발현의 진화에 대해 큰 영향을 미치며, 이때 선택에 의해서 하나의 구성요소는 변형되지만 나머지들은 그대로 있을 수도 있다. 이를 통해 다른 것을 방해하지 않고도, 식물의 일부분에서의 유전자 발현 다양성을 허용한다.

9.4 촉진자: 원거리에서 작용하는 *cis*-조절 요소 또는 모듈

촉진자(enhancer)는 전통적으로 유전자 발현 패턴을 정량적으로 향상 또는 증대시키지만, 유전자 발현 개시 또는 유전자 발현을 결정하지는 않는 DNA 지역이라고 정의되어 왔다. 촉진자는 전사 시작 지점에서 멀리 떨어져서(수백에서 수천 염기서열 정도) 동작할 수 있다. 촉진자는 유전자의 5′ 또는 3′ 지역의 양쪽 모두에 위치할 수 있으며, 또한 반전된 경우에도 기능을 한다. 많은 교재에서는, 프로모터 및 촉진자를 차별시킴으로써, 독자들이 프로모터와 촉진자의 기능에 관여하는 기작이 다를

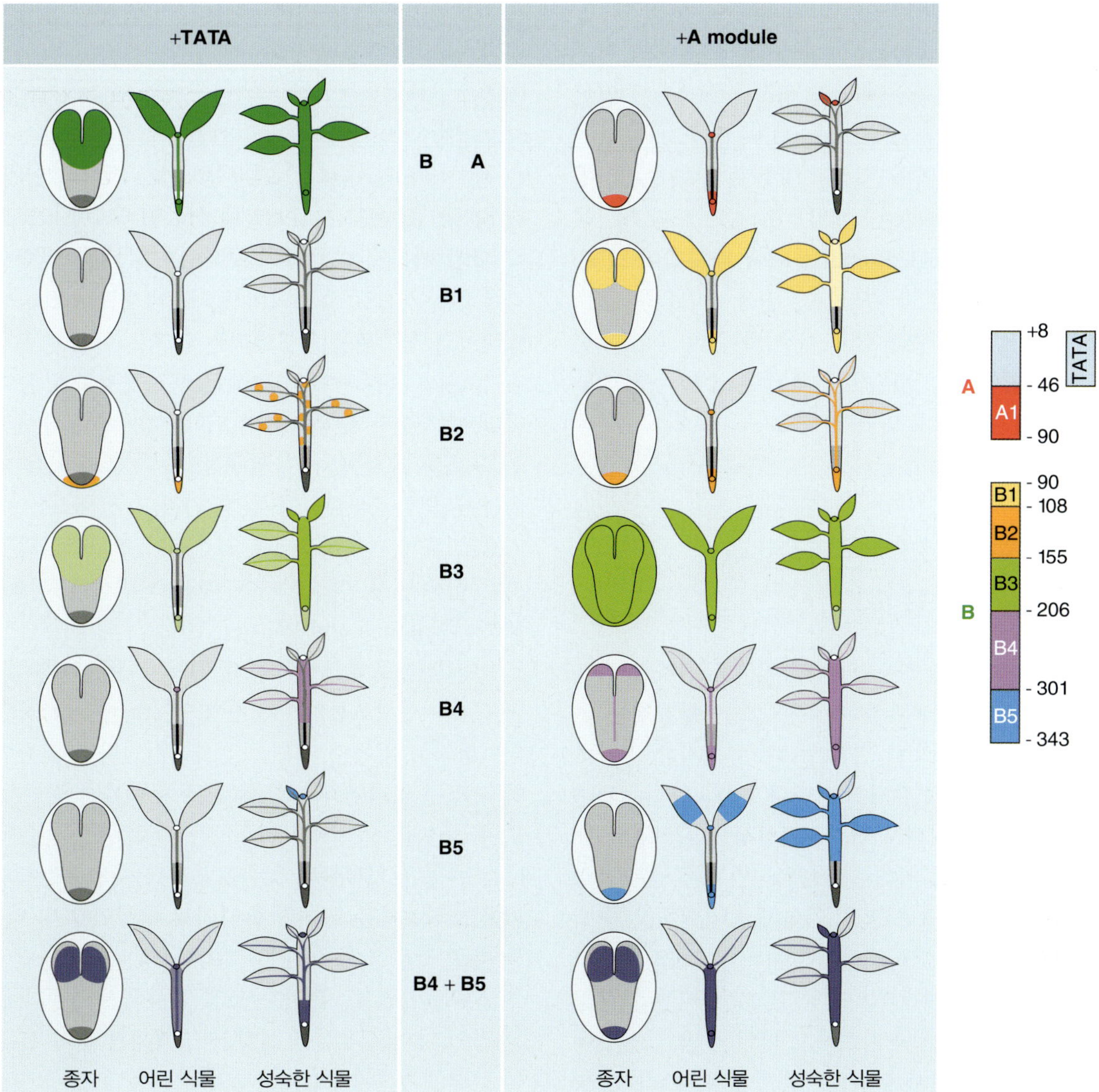

그림 9.3. CaMV 35S 프로모터에 의한 유전자 발현 조절. 여러 조합의 모듈(도면 오른쪽은 TSS (+1)에 대한 각 모듈의 위치임)은 CaMV 35S 프로모터가 다른 패턴의 발현을 유도할 수 있게끔 한다. 왼쪽 패널은 애기장대 종자, 유묘 또는 성숙한 식물체에서 다양한 모듈 (B, B1, B2, B3, B4, B5, B4+B5)과 CaMV 355 최소 프로모터 (+ TATA로 표시됨) 조합에 의해 나타나는 발현 패턴을 보여준다. 오른쪽 패널은 모듈 A 단독 (A) 혹은 여러 모듈(B, B1, B2, B3, B4, B5, B4+B5)과의 조합에 의해 나타나는 발현 패턴을 보여준다. Benfey와 Chua (1990)에 근거해서 재구성함.

것이라는 느낌을 받게 하고 있다. 그러나 *cis*-조절요소를 어느 한쪽으로 분류하는 것이 매우 어려운 일이다. 예를 들어, TSS 상위 10 kbp를 기능하는 *cis*-조절요소는 프로모터나 촉진자 둘 중 어느 부분일까?

이 책의 관점에선, 프로모터 *cis*-조절요소(물론 핵심 프로모터를 제외한, 8장 참조)와 촉진자 *cis*-조절 요소는 하나의 동일한 것이다. 나중에 9.6절에서 논의하는 바와 같이, 이들은 둘 다 특수한 종류의 단백질들(즉, 전사조절인자들)에 의해 인식되며, 이때 두 경우 모두에서 유전자 발현을 조절하기 위한 기본 전사 기구의 구성 요소들과의 상호작용이 필요하게 된다. 염색질이 단지 선형 DNA가 아니고 복잡하게 구부러지고 접혀 있다는 것을 알게 됨에 따라, 어떻게 TSS에서 250 kbp 정도 떨어진 *cis*-조절요소를 인지하는 전사조절인자가 핵심 전사기구에 매우 가깝게 위치할 수 있는지에 대해 쉽게 알 수 있게 되었으며, 이는 인접한 *cis*-조절인자의 직접적인 전사조절에서와 같은 동일한 단백질-단백질 상호작용이 일어나게 할 것이다.

DNA 서열에 의해 제공된 유전 암호에 겹쳐지는 것이 히스톤 코드(histone code)라고 알려졌다(12장 참조). 히스톤은 뉴클레오솜(nucleosome)들 내에 배열되어 있고, 염색질 구조는 유전자 발현의 모든 면을 조절하는 중요한 역할을 하고 있다. 예를 들어, 전사를 준비 중인 유전자의 TSS에 인접한 조절지역은 더 적은 수의 뉴클레오솜이 존재한다는 증거가 있다.

9.5 전사조절인자들은 유전자 조절암호를 해석한다

지금까지는 단지 조절 DNA의 관점에서 유전자 조절을 살펴보았다. 그러나 DNA상의 조절암호는 어떻게든 인식되고, 해석되고, 신호로 변환되어서 유전자를 전사하는 RNA 중합효소로 전달되어야 한다. 이와 같은, DNA 청사진의 해석은 총칭해서 **전사조절인자**로 알려진 크게 다양한 단백질 그룹에 의해 수행된다. 본 책에서는 전사조절인자를 특정 DNA 서열을 인식하고 결합하는 단백질로 정의할 것이다. 전사조절인자는 이미 RNP-II를 다룰 때 간략하게 언급했었다(8장 참고). 많은 다른 단백질 역시 유전자 발현 조절에 참여하고 따라서 많은 연구에서 이들을 전사조절인자에 포함시키고 있다. 그러나, 명확하게 하기 위해, 본 책에서는 그 다른 단백질들에 대해서 그들이 가진 기능에 따라서 공동-활성인자(co-activator), 공동-억제인자(co-repressor), 염색질-읽기(chromatin readers) 혹은 염색질-쓰기(chromatin-writers)(제 12장 참조) 등으로 표기할 것이다.

전사조절인자는 진핵생물에만 존재한다. 박테리아인 대장균(*Escherichia coli*)에서 발견되는 7개의 sigma(σ) 인자들은 프로모터 인식에 필수적이지만, 자신 스스로 프로모터 DNA에 결합할 수는 없다. 대신, 주 sigma 인자(70 kDa의 분자량을 가지므로 σ^{70}라고 불림)는 항존 유전자(housekeeping gene) 프로모터에 핵심 RNA 중합효소가 결합하는 것을 돕는다. 진핵생물 유전자의 특징인 염색질 구조 때문에, 진행생물에서의 전사는 신호(또는 전사조절인자)가 없는 상태에서는 꺼지는(turn off) 경향이 있는 반면에, 박테리아 유전자의 초기설정은 켜지는(turn on) 것으로 되어 있는 경향이 있다. 따라서, 진핵생물에서 전사조절인자의 일반적인 기능은 전사를 활성화해서 유전자가 꺼져 있도록 하는 억제 기작을 극복하는 것으로 추측되어 왔다. 고세균(Archaea)은 박테리아와 진핵생물과 구별되는 단세포 미생물이다. 유전자 발현의 많은 면에서 고세균은 진행생물과 좀더 유사하다. 고세균은 진핵생물의 RNP-II와 매우 유사한 도메인 구조를 가진 단 하나의 RNP를 가지고 있다. 고세균 RNP에 의한 전사는 단지 몇 가지의 전사조절인자만을 필요로 하며, 이는 고세균 시스템이 진핵생물과 비슷하지만 상당히 덜 복잡하다는 것을 의미한다(Korkhin 등 2009; Grohman and Werner, 2011).

비록 전사조절인자의 주요 기능이 전사의 활성화이지만, 모든 전사조절인자가 활성인자(activator)라는 것을 의미하지는 않는다. 사실, 전사조절인자는 전사의 활성인자 또는 억제인자(repressor)로 동등하게 역할할 수 있으며, 동식물 모두에서 떠오르는 새로운 연구 주제 중 하나는 수많은, 모두는 아닐지라도, 전사조절인자가 그들이 상호작용하는 단백질에 따라서 활성인자 및 억제인자 둘 다로 작용할 수 있다는 것이다. 즉, 단백질-단백질 상호작용이야 말로, 유전자 조절 기능의 중심이라는 것이 본 장의 나머지 부분을 통해서 명백해질 것이다.

9.6 전사조절인자는 집단으로 분류될 수 있다

많은 전사조절인자들은 DNA에 동형이량체(homodimer) 또는 이형이량체(heterodimer)(Homo = 같은, Hetero = 다른) 형태로 결합한다. 다음 장에서 설명하는 것처럼, 이러한 이형이량체 형성은 단백질-단백질 상호작용을 통해 이루어지며, 이것은 DNA와의 상호작용을 안정화하고, DNA 인식 특이성을 확장하는 데 필요하다. DNA의 결합 도메인 또는 단백질-단백질 상호작용 지역

내에 보존된 아미노산 서열에 근거해서, 전사조절인자들은 집단(family)으로 분류된다. 분류 원칙은 저자들마다 약간 다를 수 있지만, 일반적으로, 50~60 집단의 전사조절인자가 다세포 생물체에 존재하는 것으로 알려져 있다.

전사조절인자 집단들의 이름은 다음과 기준으로 정해진다. DNA 결합이나 이량체형성 도메인의 구조[예, basic helix-loop-helix(bHLH); basic leucine zipper (LZip)], 단백질 또는 처음 발견된 단백질(예, MADS라는 이름은 4개의 전사조절인자들에서 가장 많이 보존된 아미노산 서열 또는 도메인에서 유래되었음: 효모 MCM1, 애기장대 AGAMOUS, 금어초 DEFICIENS 그리고 인간 SRF), 집단의 첫 구성원의 기능[예, homeodomain(HD) 전사조절인자(Homeosis)는 형성하다(form)를 의미함. 실제로, HD의 전사조절인자는 초파리(*Drosophila melanogaster*)의 몸 형성의 패턴을 조절하는 유전자들 중에서 처음 발견됨].

전사조절인자를 암호화하는 유전자의 비율은 동물보다 식물에서 약간 더 높으며, 특정 집단들과 각 집단의 구성원의 수는 종종 상당히 다르다. 예를 들어, 특정 집단은 식물에서만 존재하고(예, NAM or AP2), 어떤 것은 동물에서만 발견되는 것도 있다(예, NF-κB). 전사조절인자 집단이 동식물 모두에 존재하는 경우에는, 공통 단세포 조상이 그 집단에 속하는 적어도 하나의 구성원을 가졌을 것으로 추측할 수 있다. 종종, 전사조절인자 유전자는 유전자 중복(gene duplication, 2장 참조)에 의해 유전체 내에 축적되기도 하지만, 식물의 역사상 광범위하게 중복된 유전자들이 동물에서는 중복되지 않았을 수도 있으며, 그 반대의 경우에도 마찬가지일 것이다. 예를 들어, MYB 집단은 식물에서는 굉장히 크지만(애기장대에서는 160 members, 벼에서는 220 이상), 인간에서는 매우 적은 수의 MYB 전사조절인자만이 존재한다. 이로부터 식물 계통에서 전사조절인자의 특정 집단의 증폭은 식물 고유의 기능과 연관되었을 수도 있다는 추측이 가능하다. 그 예로서, MYB 전사조절인자 증폭은 식물 형태와 물질대사 다양성 조절에 중요할 것으로 추측되고 있다(Martin and Paz-Ares 1997).

9.7 어떻게 전사조절인자는 DNA에 결합하는가?

전사조절인자가 어떻게 DNA와 결합하는가는 전사조절인자 기능의 핵심이다. 전사조절인자의 DNA 결합을 조사하는 방법은 여러 가지가 있으며, 이것들은 생체외(*in vitro*) 및 생체내(*in vivo*) 방법으로 나눌 수 있다. 생체외 방법은 단백질과 DNA를 식물세포로부터 분리하고 단백질-DNA 상호작용을 조사하는 것이다. 그 예로 전기영동 이동성 변화 분석(electrophoretic mobility shift assay, EMSA) 또는 gel shift로도 불리는 방법이 있으며, 표지(예, 방사능)된 DNA의 이중 가닥 단편을 분리된 전사조절인자 또는 전사조절인자를 포함하는 세포 추출물과 혼합하게 된다. 그 다음, 복합체(전사조절인자-DNA)를 폴리아크릴아미드 젤 전기영동에 의해 분리하고, 방사능을 X-선 방사능 사진 촬영(X-ray autoradiography)에 의해서 시각화하게 된다. 만약 전사조절인자가 방사성으로 표지된 DNA 탐침과 결합하게 되면, 그 단백질-DNA 복합체는 단백질이 결합되지 않는 DNA(probe, 탐침)보다 좀더 천천히 이동할 것이다(그림 9.4). 전사조절인자 결합부위가 돌연변이된 DNA 단편을 탐침 또는 경쟁자(competitor)로 사용함으로써, 전사조절인자의 DNA-결합 선호도를 분석할 수도 있다. 이러한 실험이 정보를 제공하기는 하지만, 이것은 단지 단백질이 DNA에 결합

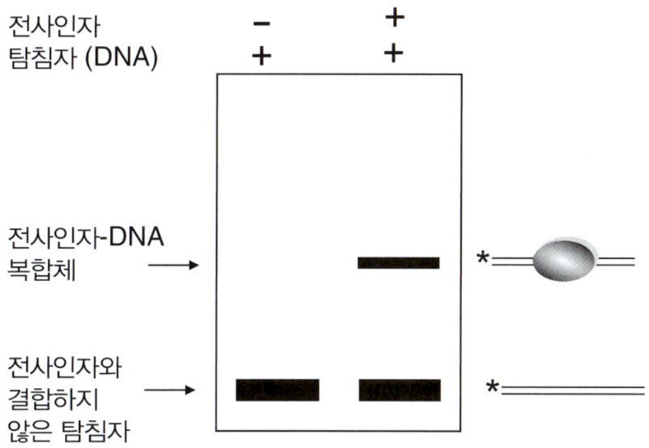

그림 9.4 전기영동 이동성 변화 분석(EMSA)은 전사조절인자의 DNA 결합을 분석하는 방법이다. 표지된 DNA 단편(예, 방사성동위원소인 ^{32}P로 표지)을 단독 탐침자(free probe)로 전기영동하거나 DNA 결합 전사조절인자와 혼합하여 전사조절인자-DNA 복합체를 형성하게 한다. 이 복합체는 폴리아크릴아마이드 젤 전기영동상에서 단독 탐침자보다 느리게 이동하게 된다.

할 수 있다는 것을 보여줄 뿐 식물체에서의 실제 결합이 일어나는지 여부를 보여주는 것은 아니다. 세포 안에서 결합이 발생하는지 여부를 확인하기 위해서는 생체내(*in vivo*) 방법을 사용할 필요가 있다.

점점 많은 인기를 얻고 있는 생체내 방법은 염색질 면역침강반응(chromatin immunoprecipitation, Chip)에 기반을 둔 방법이다. 이것의 기본 원리는 식물 핵 내부에서 일어나고 있는 전사조절인자와 DNA 상호작용을 포착하는 것이다. 이를 위해서, 연구자들은 단백질을 다른 단백질 및 DNA와 교차결합(cross-link)시키는 포름알데히드(formaldehyde)를 사용하여 단백질-DNA 상호작용을 화학적으로 동결시키게 된다. 교차결합 후, 염색질(DNA와 단백질이 결합된)을 단편으로 절단하고, 그 후 관심 있는 전사조절인자에 대한 항체를 이용하여 해당 전사조절인자를 면역침강시키게 된다(그림 9.5). 포름알데히드를 이용한 교차결합의 장점은 열에 의해서 결

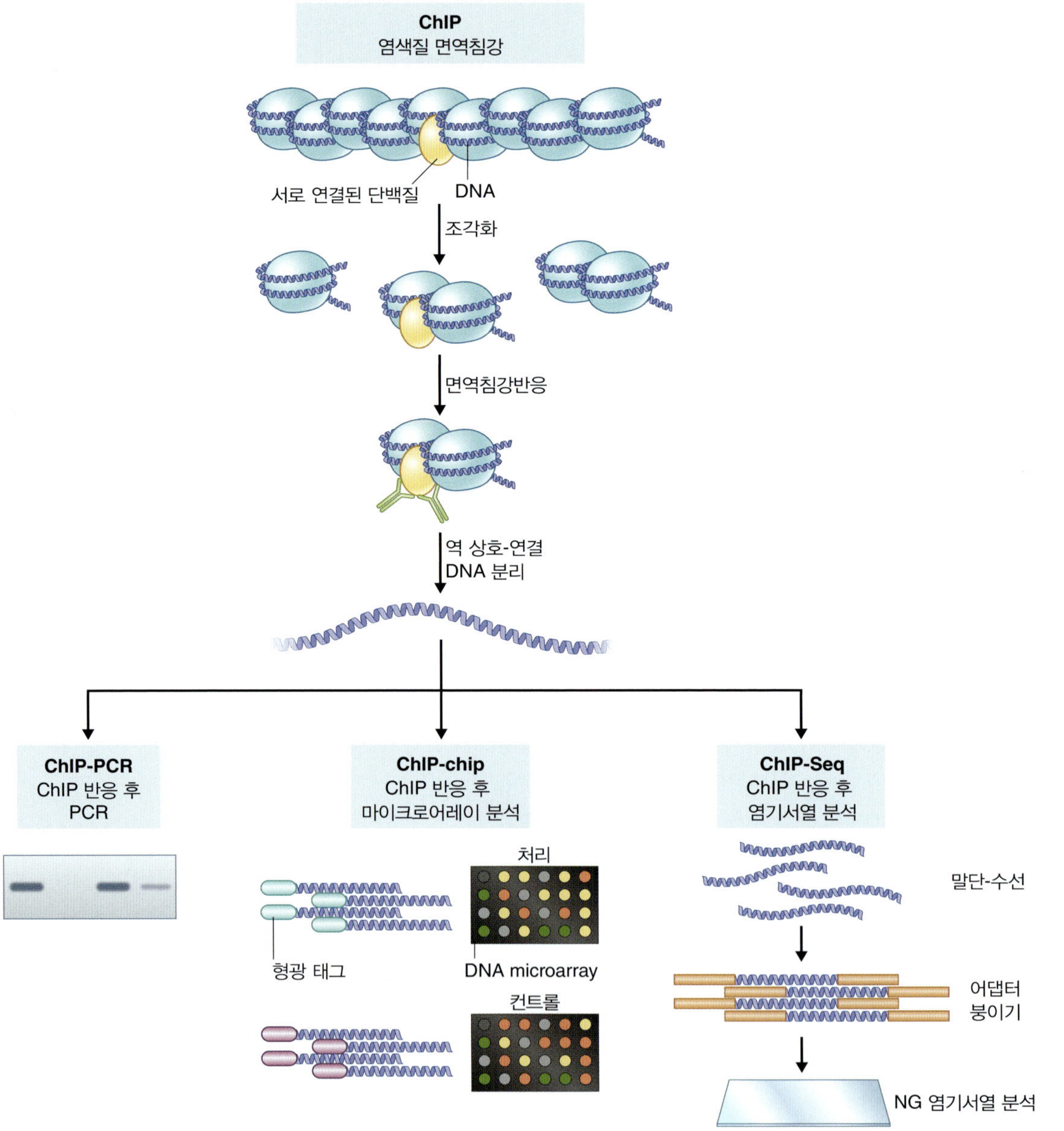

그림 9.5 세포 내 전사조절인자와 DNA 간 상호작용을 분석하기 위해 염색질 면역침강(ChIP)-기반으로 한 기술들. 추가 정보는 본문을 참조. 차세대(next generation, NG)는 Illumina 사에서 제공하는 것과 같은 고속대용량 DNA 염기서열 분석법으로 포함한다.

합이 역전될 수 있다는 것이다; 얻은 면역침강물을 65℃에서 수분 간 가열함으로써 DNA에서 단백질을 분리할 수 있다. 그 다음, DNA를 일반적인 방법으로 정제하고 PCR 방법으로 특정 조절서열 존재 여부를 분석할 수 있는데, 이것을 흔히 ChIP-PCR이라고 한다(그림 9.5). 이 과정에서, 연구자들은 관심 있는 유전자의 조절지역에 해당되는 프라이머를 이용한 PCR 방법으로 면역침강물을 분석할 수 있다. 만약 PCR 산물을 얻을 수 있다면, 이는 프로모터가 특정 전사조절인자에 의해서 인식되었다는 것을 나타낸다. ChIP-chip이라고 불리는 고속대용량(high throughput) 방법은 전체 유전체 서열로 구성된 올리고뉴클레오티드 배열(oligonucleotide array)에 대한 혼성화를 포함한다(그림 9.5). 다른 방법으로, 면역침강된 모든 DNA를 고속대용량 방법을 이용해서 염기서열을 분석할 수도 있다. 그 결과는 특정 조직과 시간에 전사조절인자가 위치한 유전체상의 모든 위치를 동시 평가할 수 있게 한다. 이 방법은 ChIP-Seq(그림 9.5)라고 불리며, 점점 더 인기를 얻고 있다.

DNA 서열 특이적 결합에 관여하는 제한된 숫자의 구조들이 자연계에 존재한다. 많은 경우에, 이런 구조들은 DNA의 주홈(major grove)(그림 1.1b)의 양쪽 가닥에 있는 3-4개의 뉴클레오티드와 직접 접촉하는 짧은 염기성(pH 7에 양전하를 띄는) 알파-나선(α-helix)를 포함하고 있다. 염기성 나선은 DNA 상의 음전화를 띄는 인산기 그룹과 이온 상호작용을 허용함으로써 단백질-DNA 복합체를 안정화시킨다. DNA 결합 도메인의 다른 구성 요소들은 오로지 DNA 결합 나선이 정확한 위치를 잡도록 기능한다. 그림 9.6의 예시는 2개의 MYB 반복에 의해 형성된 전형적인 MYB 도메인을 보여주고 있다. 각 MYB 반복은 3개의 알파-나선으로 구성되었고, 2번째와 3번째 나선은 헬릭스-턴-헬릭스 구조라고 불리는 구조를 형성하고, 이때 3번째 나선이 DNA와 접촉하게 된다(그림 9.6). 각 MYB 반복에서 다른 2개의 나선들은 DNA-인식 나선이 제대로 자리를 잡도록 유지시켜 준다. 따라서, 그림 9.6에서와 같은 DNA-결합 도메인은 명확히 구별되는 두 가지 표면을 가진다: 하나는 DNA 결합에 관여하고 다른 하나(종종 용매에 노출되는 것으로 표현되는)는 단백질-단백질 상호작용에 관여한다.

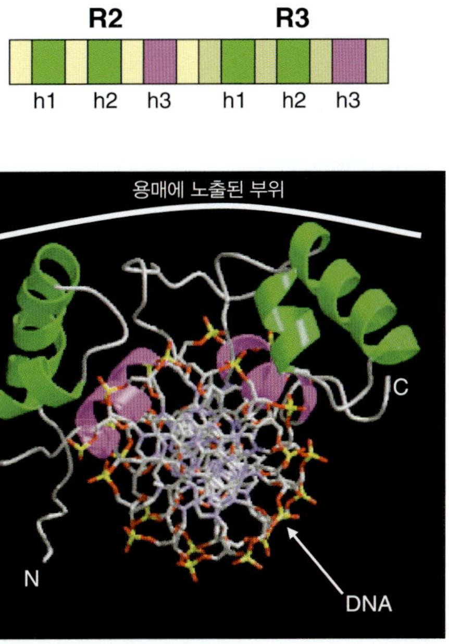

그림 9.6 2개의 MYB 반복을 가지는 MYB DNA 결합 도메인의 구조 (R2 및 R3). 각 MYB 반복을 형성하는 3개의 나선들은 h1-3으로 표시하였다. DNA와 접촉하는 알파-나선은 보라색으로 표시하였고, 구조적 알파-나선들은 녹색으로 표시하였다. 두 MYB 반복은 하나의 연결가닥에 의해 함께 연결된다. DNA는 용지로부터 나오고 있는 형태로 표현되었다(즉, 용지 표면에서 수직인 상태임).

하나의 알파-나선이 인식하는 매우 짧은 DNA 서열이 있을 때, 생체 내에서 일어나는 정교한 조절 특이성을 가지가 위해서는 다른 전사조절인자들과의 상호작용이 필수적이다. R2R3-MYB 인자의 경우, 2개의 알파 나선(각 MYB 반복에서 하나씩, 그림 9.6에서 분홍색 부분)이 인식하는 DNA 서열은 6-8 bp이다. 염기성 알파-나선은 bHLH와 bZIP 전사조절인자의 특징이기도 하다(그림 9.7a, b). 이런 경우에는, 이들 HLH와 ZIP 이형이량체 형성 도메인은 두 전사조절인사가 이형이량체를 이루어서 DNA에 결합할 수 있도록 한다. 아연-핑거 도메인(zinc-finger domain)들은 또한 식물계에서 풍부한 매우 큰 전사조절인자 집단이기도 하다. 아연-핑거 도메인에서 아연이온은 구조를 안정화시키고(그림 9.7c), bZIP의 역할과 유사하게, DNA 결합을 위한 알파-나선의 방향을 조정해 주는 역할을 한다. 아연 이온은 히스티딘(histidine), 시스테인(cysteine), 또는 이 둘의 조합과 협

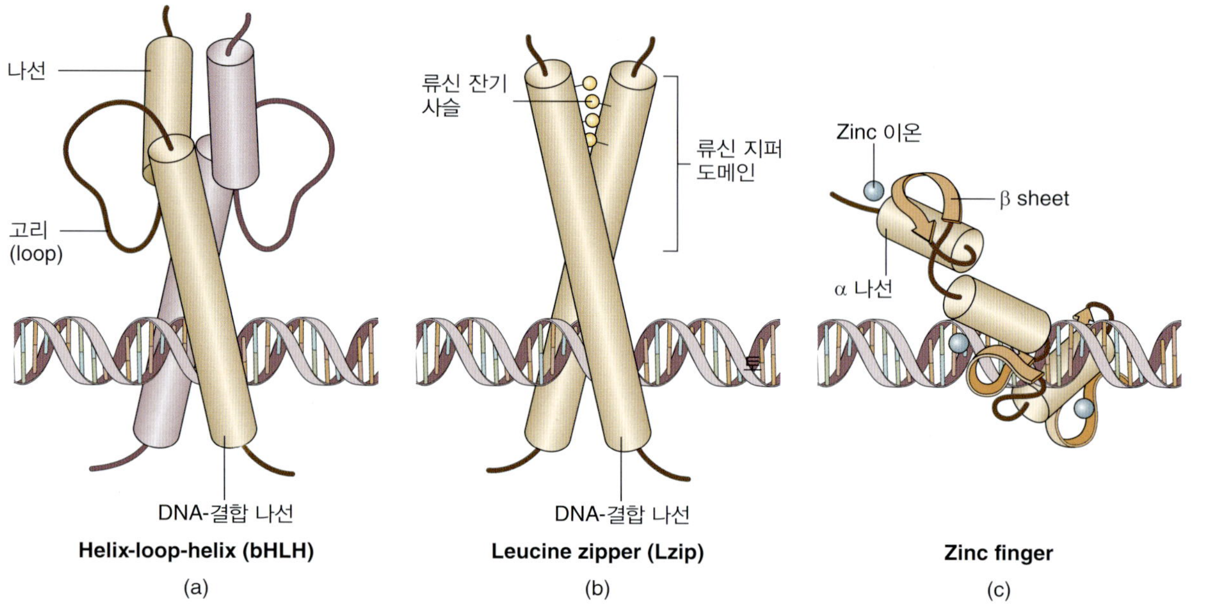

그림 9.7 전사조절인자의 DNA 결합 도메인과 단백질-단백질 상호작용 도메인에 대한 예시들. **(a)** basic helix-loop-helix (bHLH), **(b)** leucine zipper (Lzip), **(c)** zinc finger. (a–c) Buchanan 등(2002)에 근거해서 재 구성함. John Wiley & Sons, Inc의 허락 하에 재생산됨.

력할 수도 있다(일종의 비공유결합을 통한 화학적 상호작용). 예를 들어, 2개 시스테인 잔기와 2개 히스티틴 잔기들과 협력한 징크-핑거는 Cys_2His_2finger로 알려져 있으며, 4개 시스테인-핑거(four-cysteine finger)는 Cys_4라고 부른다.

전사조절인자가 동작하는 방법에 있어서 흥미로운 결과의 예로 식물 유전자 조절을 빼앗는 미생물 병원균을 들 수 있다. *Xanthomonas campestris*는 고추 및 다른 가지과 식물 종의 심각한 세균성 병원체이며 TAL effector(또는 TALE)라고 알려진 전사활성인자-유사 단백질(transcription activator-like protein)을 발현하고, 이 단백질은 세균에 의해 숙주식물세포 내로 삽입되어 방어 유전자의 전사를 조절하게 된다(Boch 등., 2009). TAL effector는 핵으로 이동해서 전사조절인자로 작용하여 숙주의 방어반응을 약화시키게 된다. TAL effector는 앞뒤로 연결된 순차 반복들의 중앙 DNA 결합 도메인과 산성 활성화 도메인(acidic activation domain)으로 구성되어 있다(9.7절 참조). TAL effector의 DNA-결합 도메인은 한 33–34개 아미노산 반복으로 구성된 보존 영역을 가진다는 점에서 특이하다. 각 반복은 표적 DNA 서열상의 하나의 뉴클레오티디에 대한 특이성을 제공한다. 따라서, 그림 9.8에서 보여진 예시처럼, 13 반복들(색깔로 표시되어 있음)은 TAL effector가 DNA 서열 TTATTCCCTGACC에 결합할 수 있게끔 한다. 연구자들은 이런 특성을 이용해서, 유전체 개조(genome remodeling)를 위한 다른 전사조절 도메인이나 다른 활성(예, 핵산분해효소)과 연결된 custom TALE를 인공적

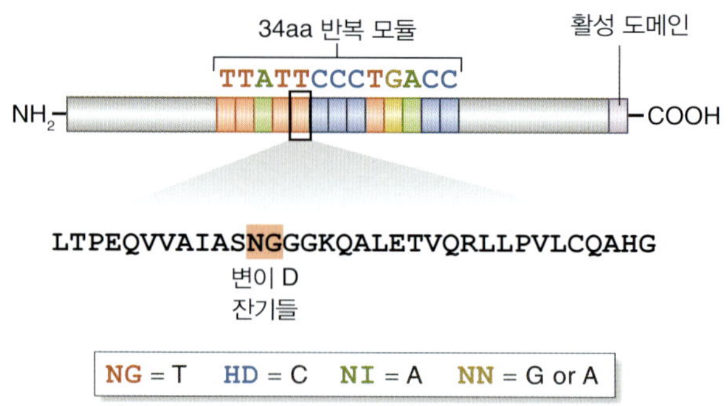

그림 9.8 표준적인 TAL effector 단백질의 구조. TAL 단백질 내의 각 13개 반복은 색깔로 표시하였고 또한 우선적으로 인식하는 뉴클레오티드도 표시하였다. http://taleffectors.com/에 근거하여 재구성함.

으로 제조하였다.

유전체 가공을 위한 가장 최신 도구는 RNA에 의해 제공되는 DNA 결합 특이성을 이용한 시스템이며, 여기는 RNA는 DNA 분해효소를 효율적으로 원하는 표적으로 이끌게 된다. 이 시스템은 CRISPR(clustered regularly interspaced short palindromic repeats)로 알려져 있는데, 박테리아와 고세균에서 최초 확인되었고 복잡한 유전체(예, 인간)을 변형시키기 위해 이용되었다. 이 장은 단백질-DNA 인식을 다루고 있고, CRISPRs는 DNA-RNA 상보성에 기반을 두고 있으므로, 이 새롭고 유망한 유전체 가공 방법에 대해서는 더 이상의 깊은 논의를 하지 않을 것이다(Le Cong 등., 2013; Maltet 등., 2013; van der Oost, 2013).

9.8 전사조절인자의 모듈 구조

전사조절인자는 DNA에 결합할 뿐만 아니라, GTF, 매개자 복합체(mediator complex, 8장 참고), 기본전사기구의 구성요소, 또는 다른 전사조절자 같은 다른 단백질들과도 상호작용을 한다. 전사조절인자와 이와 상호작용하는 단백질 간의 결합효과는 전사를 활성 혹은 억제하

전문가 의견

TALE를 이용한 유전자와 유전체 조작

TAL effector 도메인은 단순하지만 정밀한 기작에 의해서 DNA와 상호작용한다. 자연계에 존재하는 TALE 내의 13-28 순차 중복 TAL 조절자 도메인 각각은 거의 동일한 아미노산 서열을 가지고 있다. 그러나 반복 내의 12번과 13번 아미노산 위치에 존재하는 소위 repeat variable di-residues(RVDs)는 예외적이다. TAL effector 도메인은 헤어핀(hairpin) 구조를 형성하는 2개의 알파 나선으로 구성되는데, 이때 RVD는 헤어핀의 꼭대기에 위치한다. 12번 잔기는 헤어핀의 안정화를 돕는 반면에, 13번 잔기는 DNA 상의 주홈 내 염기와 특이적 접촉을 가능하게 한다. 가장 일반적인 RVD는 아미노산 잔기 IN, HD, NG 및 NN이며, 이들은 각각 아데노신, 시토신, 티민, 구아닌(또는 아데노신)과 결합한다. 단백질 내 반복과 접촉하는 DNA 내 염기 사이에는 일대일 대응관계가 있기 때문에, DNA에 결합된 TALE은 주홈을 감싸는 오른쪽으로 꼬인 초나선을 형성하고 각 TAL effector 도메인은 DNA 나선 상의 연속된 염기와 접촉하게 된다.

주문제작 TAL effector 배열은 새로운 DNA 서열에 결합할 수 있도록 쉽게 조립할 수 있기 때문에, TAL effector 도메인은 생체 내 DNA 조작을 위한 강력한 도구로 대두되고 있다. 결과적으로, 원래의 TALE의 반복배열을 원하는 표적 유전자의 전사를 활성화시키는 주문제작 배열로 간단히 대체시킴으로써, 인공 전사조절자를 만들어 낼 수 있다. 주문제작 TALE의 전사활성화 도메인은 전사억제와 관련된 도메인 등과 같은 다른 조절자 도메인으로 대체할 수도 있다(그림 9.9). 널리 사용되는 유전체 조작용 시약 중 하나는 주문제작 TAL effector 반복배열과 핵산분해효소를 결합한 것이다(TALEN). 세포에서 발현되면, TALEN는 특정 표적 유전자좌에서 염색체를 절단시킨다. 만약 절단된 염색체가 부정확하게 재연결된다면, 그 절단된 지점에 돌연변이가 생겨서 유전자 기능이 상실되게 할 수 있다. 만약 DNA 주형이 TALEN과 함께 제공되어진다면, 절단된 부분은 상동재조합(homologous recombination)을 통해서 복구되어질 수 있다. 결과적으로, 복구용 주형에 존재하는 특정 DNA 서열 대체물이 TALEN 절단 부위 또는 근처에 끼어들 수 있게 된다. 많은 다른 TAL effector 기반 시약들이 개발되고 있으며, 이 중에는 후생유전학적 변형인 시토신의 메틸화 혹은 히스톤 변이를 대상으로 삼는

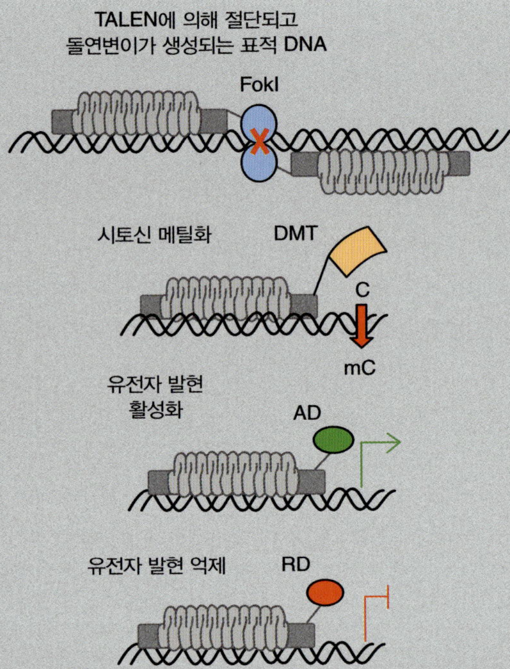

그림 9.9 **custom TAL effector DNA 결합 도메인과 다양한 단백질들 간의 융합은 생체 내에서 유전자 및 유전체를 조작 가능하게 하였다.** TAL effector nuclease (TALEN)은 표적 이중 나선을 절단하는 *Fok*1의 촉매 도메인과의 융합체이며, 이것은 유전자 knockout과 편집을 가능하게 한다. TAL effector 기반 후생 유전학적 조절자(TAL effector-base epigenetic modifier)도 제조되었는데, 예를 들면 custom DNA 결합 도메인에 DNA methyltransferase (DMT, cytosine 잔기를 메틸화시킴)를 연결한 것들이 있다. 전사활성화 도메인(AD) 및 억제 도메인(RD)과 연결한 TAL effector 단백질은 유전자 발현의 인위적인 조절을 가능하게 한다.

것도 있다. 식물 병원체로부터 유래한 간단한 DNA 결합 모티프는 유전물질에 대한 새로운 조절법을 제공하고 있고, 이것은 DNA 서열과 발현에 대해서 직접적인 조작을 가능하게 한다.

Dan Voytas 씀

게 된다. 단백질-단백질 상호작용은 특정 그리고 종종 진화적 보존된 아미노산의 서열에 의해 결정된다. 만약 서열이 전사를 유도하는 상호작용을 이끈다면, 이것을 **전사 활성화 도메인(transcriptional activation domain)**이라고 한다(그림 9.10). 반대로, 상호작용이 전사를 억제한다면, 해당 아미노산 서열을 **억제 도메인**이라고 한다. 대부분의 전사조절인자에서, DNA 결합 도메인과 전사활성화 도메인은 서로 확연히 구분되어 있으며, 이는 전사조절인자 단백질이 모듈 구조를 가지고 있음을 암시한다.

1980년대 중반에 진행된, 1개의 단백질의 특정 도메인을 다른 단백질들의 각 도메인과 교환하는 실험(도메인 치환 실험, domain-swap experiments)을 통해서, 진핵생물 전사조절인자들이 모듈 구조를 가지고 있음이 확립되었다. 전사조절인자의 모듈 구조는 한 전사조절인자로부터의 DNA 결합 도메인을 다른 전사조절인자의 전사활성화 도메인과 결합할 수 있게끔 한다. 이것은 다른 프로모터상에서 조절 단백질들이 조립되는 방식을 아는

그림 9.10 DNA 결합 도메인(DBD)과 전사활성화 도메인(TAD)을 가지고 있는 가상의 전사조절인자의 구조. DNA 결합 도메인과 전사활성화 도메인은 단백질의 어느 위치에서도 발견될 수 있고, 후자는 DBD 기준으로 어느 위치에 존재할 수도 있다.

데 있어서 실험적 및 진화적 관점 모두에서 중요하다.

DNA 이중 나선의 매우 균일한 구조에 순응하기 위해 DNA 결합 도메인이 일반적으로 잘 규정된 접힘을 가지는 것과는 다르게, 전사활성화 도메인들은 보통 구조상 매우 무질서하며, 단지 전사기구의 구성요소들(예, 매개자 복합체, 8장 참고)과의 상호작용을 통해서만 한정된 구조를 취한다. 전사활성화 도메인들의 구조는 다른 전사단백질과의 특정 상호작용에 의존적이고, 또한 그런 상호작용 단백질들은 잘 알려져 있지 않기 때문에, 아미노산 서열만 가지고는 전사조절인자의 어떤 부분이 전사활성화 도메인인지 판단하기가 어렵다. 전사활성화 도메인을 찾는 방법 중 하나는 활성화 도메인으로 생각되는 지역을 잘 연구된 DNA 결합 도메인(예, 효모 GAL4 DNA 결합 도메인, GAL4 DB, 그림 9.11)과 연결한 키메라 단백질(chimeric protein)을 만드는 것이다. 그 다음, 이 키메라 단백질을 9.1절에서 설명된 방법을 이용하여 식물세포 내에서 분석함으로써, 이 단백질이 GAL4에 의해 인식되는 DNA 서열을 가지고 있는 **리포터 구조물(report construct)**의 전사를 활성화시키는지 여부를 조사한다(그림 9.11). 만일 활성화가 일어난다면(예를 들어서, GAL4 결합 부위를 가지는 프로모터에 의해 루시퍼라제 활성이 증가됨), 분석에 이용된 전사조절인자의 부분에 전사활성화 도메인이 포함되어 있을 수 있다는 결론에 도달할 수 있다.

전사 활성화 지역은 산성을 띄고 프롤린 또는 글루타민이 풍부한 도메인으로 분류된다(Roberts, 2000). 식물 전사조절인자의 단지 일부 전사 활성화 도메인들만(주로 산성을 띄는 종류)이 상세하게 분석되었다. 산성을 띄는 전사활성화 도메인들은 보통 양친매성(그리스어 *amphi* = 모두, *pathos* = 고통; 전혀 다른 특성을 가진 2개의 면을 갖는 분자) 알파-나선을 가지고 있으며, 이 중 한쪽 면은 산성을 띄고 있고 다른 면은 소수성을 띈다.

단백질-단백질 상호작용을 조사하기 위한 효모 two-hybrid system은, 전사조절인자의 DNA 결합 도메인과 전사활성화 도메인이 매우 인접하여 위치할 필요는 있지만 꼭 같은 단백질 상에 위치할 필요는 없다는 아이디어에 기반한다(Fields and Song, 1989). 이러한 개념에 기초하여, 관심 있는 단백질(일반적으로 미끼라고 불리며, 그림 9.12에서는 X로 나타내었음)을 GAL4 DNA-결합 도메인 같이 알려진 DNA-결합 도메인(그림 9.12에서 DB)과 연결하고 효모에서 발현시킨다. 이후, 효모세포를 효모에서 기능을 하는 전사활성화 도메인(그림 9.12에서 AD)에 연결한 단백질들의 전체 혹은 일부분의 라이브러리를 가지고 형질전환한다. 만약 단백질 X가 단

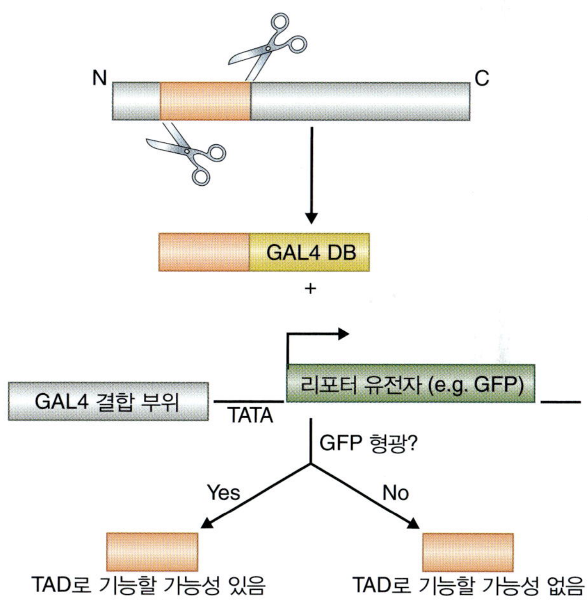

그림 9.11 전사조절인자가 전사를 활성화할 수 있는 부분을 가지고 있는지 여부를 확인하기 위한 방법. 전사활성화 도메인을 가지고 있는 것으로 의심되는 단백질 지역을 클로닝하여 GAL4 DNA 결합 도메인과 번역 융합을 시킨 융합 단백질(fusion protein)을 제조한다. 그 융합 단백질의 전사활성 효과는 GAL4 결합 부위를 가지면서 리포터 유전자의 발현을 조절하는 합성 프로모터를 이용해서 분석한다(이상적인 분석장소는 식물세포 내임). TATA는 이용된 프로모터가 기능을 가지고 있는 최소 프로모터도 역시 포함하고 있어야 함을 나타낸다. 만약 활성화가 일어난다면, 연구자는 이용된 부위가 전사활성화 도메인에 해당될 수도 있다는 결론을 내릴 수 있다.

백질 Y와 상호작용할 수 있다면, DNA 결합 및 전사 활성화 도메인은 근접하게 되고, 전사가 활성화된다. 이 시스템은 세포 내의 모든 가능한 단백질-단백질 상호작용, 즉 interactome을 결정하기 위해서 동식물 모두에서 널리 사용되고 있다.

전사조절인자는 단독 또는 전사활성화 도메인과 함께 전사 억제 지역을 가지고 있을 수 있다. 가장 잘 연구된 식물 전사 억제 도메인 중 하나는 EAR(ERF-associated amphiphilic repression) 도메인이다. 이 도메인은 스트레스 그리고 방어 기능과 연관된 수 많은 식물 전사조절인자에 존재한다(Kazan, 2006). EAR 도메인으로 인해 활성인자(activator)를 억제인자(repressor)로 변환시키는 것이 충분히 가능하기 때문에, 이것은 강력한 생물공학 도구가 되고 있다. 실제로, 연구자들은 종종 최적의 특이성을 가진 SUPERMAN 징크-핑거 전사조절인자의 EAR 도메인의 최소 기능 지역을 이용하고 있다. 이것은 SRDX 모티프라고 불리며, LDLDLELRLGFA의 짧은 12 아미노산으로 이루어져 있다(Hiratsu 등., 2003). 또 다른 억제 도메인은 BRD 도메인(B3 억제 도메인)으로 구성되었으며, 이것은 R/KLFGV 핵심 모티프를 포함한다. BRD 억제 도메인은 수많은 식물 전사조절인자에서 발견되었다(Ikeda and Ohme-Takagi, 2009). 전사 활성화 도메인이 히스톤 아세틸 전이 효소(histone acetyl transferase, HAT)같은 공동-활성자(co-activator)와 상호작용하는 방식과 유사하게, 전사 억제 도메인은 히스톤 디아세틸라아제(histone deacetylase, HDACs)와 상호작용을 한다. HAT와 HDAC는 히스톤를 변형시키고, 따라서 염색질이 더 많이 혹은 더 적게 유전자 발현을 허용하도록 만든다(염색질에 대한 설명과 유전자 발현에 대한 영향은 12장을 참조).

전통적으로, 전사조절인자는 활성인자 혹은 억제인자로 특징지어져 왔다. 하지만 전사를 활성화하거나 억제하는 전사조절인자의 능력은 활성화 도메인 또는 억제 도메인의 존재에 의해 제공될 뿐만 아니라, 좀 더 중요하게는 다른 단백질들(예, 다른 전사조절인자들) 또는 공동-조절인자들과의 상호작용하는 방식에 의해서도 제공된다. 그렇기 때문에, 활성인자와 억제인자로의 구분은 전사조절인자 자체의 특징 때문이 아니라, 전사조절

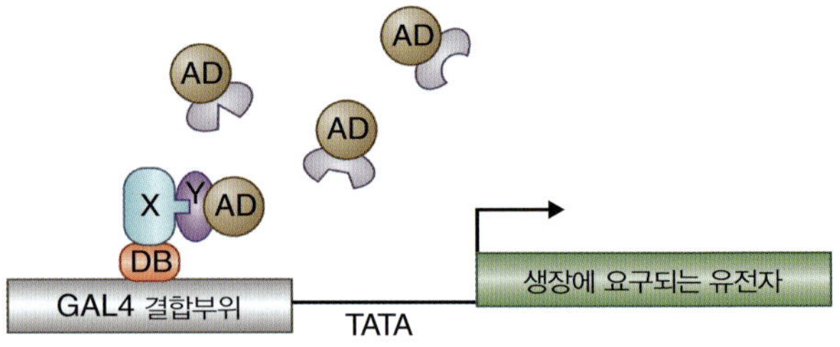

그림 9.12 단백질-단백질 상호작용 연구를 위한 효모. two-hybrid system. 관심 있는 단백질(미끼, 여기서는 X라고 표시됨)을 GAL4 DNA-결합 도메인(DB)과 결합하고 효모에서 발현시킨다. 그 효모세포는 효모에서 기능을 하는 전사활성화 도메인(AD)과 연결된 단백질들의 전체 또는 일부분의 라이브러리를 이용해서 형질전환한다. 오직 X가 단백질 Y와 상호작용을 할 때만, DNA-결합 도메인과 전사 활성화 도메인이 근접하게 되고 전사를 활성화시키게 된다.

인자가 처한 세포 환경 때문이다. 한 가지 좋은 예시로써, WUSCHEL(WUS) 전사조절인자(Ikeda 등., 2009)를 들 수 있다. 이 전사조절인자는 애기장대 줄기 생장점에 존재하는 다기능성(줄기) 세포 그룹의 유지를 조절한다. 특정 표적에 따라서, WUS는 활성인자 또는 억제인자로서 기능할 수 있다.

9.9 유전자 조절 그리드와 네트워크 내에서의 전사조절인자의 조직화

하나의 전사조절인자는 종종 다른 전사조절인자(자기자신을 포함해서)의 발현을 조절함으로써, 상호작용의 복잡한 그리드(grid)를 형성하게 된다. 그리드는 전사조절인자들과 해당 표적 유전자들 간의 가능한 모든 상호작용에 대한 정적인 묘사로 생각하면 된다. 어떤 상황하에서, 그리드의 일부분이 실행되고 네트워크를 형성한다. 그러므로, 유전자 조절 네트워크는 유전자 조절 그리드 중 일부분의 시간적 또는 공간적 실행으로써 개념화할 수 있다. 이런 네트워크는 자연계에서 계층구조를 가지며, 이것은 일부 전사조절인자들은 네크워크 상의 윗부분에서 작동하여 다른 전사조절인자들을 조절하고, 다른 전사조절인자들은 아랫부분에 가깝게 위치하여 효소들이나 구성 단백질들을 암호화하는 유전자를 직접적으로

조절한다는 것을 의미한다. 이런 계층구조 네트워크에서, 상위 조절인자[종종 마스터 조절인자(master regulator)라고 함]가 일부의 다른 전사조절인자들을 조절하고, 그 다음 이 전사조절인자들은 더 많은 것들을 조절함으로써, 결과적으로 상위 단계 인자에 의해 전송된 메시지가 증폭되도록 하는 방식은 직관적으로 쉽게 이해할 수 있다. 예를 들어, 이런 계층구조 네트워크는 미국 대학교 구조와 비교할 수 있다. 대학교 총장은 제일 높은 곳에 위치하면서 한 명 혹은 몇 명의 가까운 조언자(예, 교무처장)에게 지시를 내리고, 그 교무처장은 다시 부교무처장과 학생처장에게 연락을 할 것이며, 다시 그들은 학과장에게 연락하며, 그 후 학과장은 교수들에게 연락한다. 여기서 교수들은 네트워크의 마지막 단계인 전사조절인자에 해당하며 이들은 학생들과 직접 이야기하게 된다. 물론, 이런 계층구조 네트워크가 학생처장이나 교무처장이 학생들과 직접 이야기하는 것을 방해하지는 않지만(가끔 이런 경우도 생긴다), 교수들이 학생들과의 상호작용의 대부분을 담당한다.

그리드 및 네트워크에 대한 생각이 어떻게 세포 내 유전자 조절 과정을 이해하는 데 도움이 될 수 있을까? 네트워크는 방향성 그래프[directional graph, 수학적 용어로는 유향 그래프(digraph)]로 상상할 수 있으며, 여기서 단백질들/유전자들은 노드(node, 분기점)에 해당하고 노드 간의 대화는 가장자리(또는 연결선, 그림 9.13)이다. 유전자 조절 네트워크에서, 가장자리(연결선)는 방향성이 있는데 이것은 유전자 전사가 전사조절인자에 의해서 조절되지만 그 반대는 일어나지 않기 때문이다. 수학은 그래프나 네트워크의 행동을 설명하기 위해서 **그래프 이론(Graph Theory)**이라 불리는 전체 영역을 개발해왔으며, 그래프들이 생물학의 모든 면에 얼마나 퍼져 있는지를 깊게 알아 보는 것도 의미 있는 일이다(Barabasi 2003).

9.10 요약

전사조절인자들은 서열 특이적인 DNA-결합 단백질들로 언제 어디서 얼마나 자주 유전자가 발현할지를 결정한

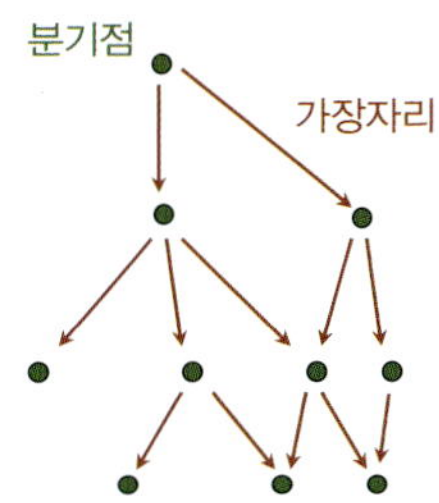

그림 9.13 유전자 조절 네트워크 내 특정 모티브의 모식도. 노드(검은색 원)는 단백질을 나타내고, 가장자리(노드를 연결하는 화살표, 이것은 방향성을 가진 네트워크이며, 그렇지 않으면 그들은 화살표 대신 선으로 표시된다)는 유전자에 의해 암호화되는 단백질과 그것의 조절을 받는 유전자 간의 연결을 나타낸다(유전자 조절 네트워크상에서).

다. 전사조절인자들은 보존된 도메인의 존재에 의해서 구분될 수 있으며, 이 도메인은 또한 전사조절인자들이 집단(family)으로 분류될 수 있게끔 한다. 전사조절인자는 종종 DNA-결합 도메인과 함께 기본 전사 기구의 단백질 구성요소들과 상호작용하는 지역을 가진다. 전사조절인자가 어떤 DNA 서열에 결합하고 유전체 내 어디에서 결합하는지를 분석 가능한 방법들이 있다. 이것은 유전자 조절 네트워크 구조를 분석할 수 있게끔 한다.

9.11 문제

9.1 보존적 서열인 CC$^{T}/_{A}$ACCA를 인식하는 어떤 전사조절인자가 있다. 만약 이 뉴클레오티드들이 애기장대 유전체에 무작위로 분포한다고 가정한다면, 전사조절인자가 얼마나 자주 애기장대 유전체에 결합될 것이라 예상하는가?

9.2 이제 옥수수 유전체를 고려해보자. 결합 가능한 지점들의 개수가 다르다고 할 때, 옥수수와 애기장대의 전사조절인자들은 매우 다르게 기능할 것이라고 생각하는가? 그 이유를 설명하여라.

9.3 효모 two-hybrid system에서, 미끼로 사용된 전사조절인자가 자기자신의 전사 활성화 도메인을 가지고 있는 경우 생기는 문제는 무엇인가? 이런 경우도 어떻게 효

모 two-hybrid system을 계속 사용할 수 있는지 설명하여라.

9.4 전사조절인자는 무엇인가?

(a) 단백질

(b) RNA

(c) 지질(Lipid)

(d) 위에 것 중에는 없음.

9.5 전사조절인자가 DNA에 결합하기 위해서는 무엇이 필요한가?

(a) ATP

(b) 특정 DNA 서열

(c) 유리한 전사조절인자 농도

(d) 핵심 프로모터의 존재

(e) RNA 중합효소

(f) 위에 것 중에는 없음.

9.6 전사 시작 지점은 무엇에 해당되는가?

(a) The CAP

(b) ATG

(c) ATG 상위에 존재하는 뉴클레오티드의 무작위 세트

(d) 위에 것 중에는 없음.

좀 더 도전적인 문제

9.7 대장균에서 발현되는 재조합 단백질인 벼 WRKY 전사조절인자의 생체외 DNA-결합 특이성은 TTTGACC/T로 확인되었다. 이 WRKY 인자의 비DNA-결합 지역에 대한 항체를 이용해 수행된 ChIP-chip 실험은 524개의 후보 표적을 확인하였다. 그러나 ChIP-chip 실험에서 가장 강한 신호를 보인 프로모터의 대부분 지역은 TTTGACC/T consensus 서열과 일치하는 DNA-서열 모티프를 가지지 않았다.

(a) WRKY 전사조절인자의 비DNA-결합 지역에 대한 항체가 사용된 이유를 설명하여라.

(b) ChIP-chip에 의해 확인된 프로모터들이 WRKY 전사조절인자의 생체외 DNA 결합 consensus와 일치하는 모티프를 가지고 있지 않을 수도 있는 이유를 설명하여라.

(c) ChIP-chip 실험을 수행하기 위해서는 벼의 유전체 서열이 필요한가? 그 이유를 설명하여라.

9.8 대학원생이 기능상실 돌연변이를 기반으로 잎 발달 조절에 관련되어 있는 벼 유전자(*RGA*)를 발견하였다. 컴퓨터를 이용한 서열 분석(예, BLAST tool로부터 제공되는 것, http://blast.ncbi.nlm.nih.gov/Blast.cgi)을 통해서, 유사한 단백질이 다른 식물들에서 발현되지만 어떻게 RGA 단백질이 잎 발달에 관련되어 있는지를 설명해 줄 수도 있는 모티프를 찾지는 못하였다. 따라서, 이 학생은 RGA가 DNA-결합 단백질을 암호화하는 지를 실험해 보기로 하였다.

(a) 이 학생이 어떤 방법으로 실험을 진행해야 할지를 간단하게 설명하여라.

RGA가 실제로 DNA에 결합할 가능성이 있음이 규명된 다음에, 이 학생은 가능성 있는 표적 유전자를 찾으려고 하였다.

(a) 학생은 어떤 방법을 사용해야 하는가?

(b) DNA-결합은 RGA가 유전자 발현조절에 관련되어 있음을 설명하기에 충분한가? 그 이유를 간단하게 설명하여라.

RGA 기능을 추가로 확인하기 위해서, 이 학생은 RGA를 전사 억제 모티프(REP)와 융합하여 형질전환 벼를 만들었다. 학생의 기대와 다르게, p35S::RGA-REP를 발현하는 식물체는 wild-type(비형질전환 식물)과 동일해 보였다. 그러나 p35S::RGA-REP는 *rga* 돌연변이 식물의 표현형을 보완하였다(즉, *rga* p35S::RGA-REP는 wild-type 같이 보였다).

(d) 이 실험결과는 RGA 기능과 관련된 어떤 정보를 제시해 주고 있는가? 당신이 제시한 가설을 어떻게 검정할 것인가?

9.9 단백질 도메인이 전사억제 활성을 가졌는지 여부를 조사하기 위해서는 그림 9.11에서 보여진 시스템을 어떻게 변경하여야 하는가?

참고문헌

Barabasi, A.L. (2003) *Linked*, Penguin Group.

Benfey, P.N. and Chua, N.H. (1990) The Cauliflower Mosaic Virus 35S promoter combinatorial regulation of transcription in plants. *Science*, **250**, 959-966.

Benfey, P.N., Ren, L. and Chua, N.H. (1990a) Tissue-specific expression from CaMV 35S enhancer subdomains in early stages of plant development. *EMBO Journal*, **9**, 1677-1684.

Benfey, P.N., Ren, L. and Chua, N.H. (1990b) Combinatorial and synergistic properties of CAMV 35S enhancer subdomains. *EMBO Journal*, **9**, 1685-1696.

Boch, J., Scholze, H., Schornack, S. *et al*. (2009) Breaking the code of DNA binding specificity of TAL-type III effectors. *Science*, **326**, 1509-1512.

Brent, R. and Ptashne, M. (1985) A eukaryotic transcriptional activator bearing the DNA specificity of a prokaryotic repressor. *Cell*, **43**, 729-736.

Buchanan, B., Gruissem, W and Jones, R. (eds) (2002) *Biochemistry & Molecular Biology of Plants*, John Wiley & Sons, Ltd

Christensen, A.H. and Quail, P.H. (1996) Ubiquitln promoter-based vectors for high-level expression of selectable and/or screenable marker genes in monocotyleclonous plants. *Transgenic Research*, **5**, 213-218.

Field, S. and Song, O.-K. (1989) A novel genetic system to detect protein-protein interactions. *Nature*, **340**, 245-246.

Grohmann, D. and Werner, F. (2011) Recent advances in the understanding of archaeal transcription. *Current Opinions in Microbiology*, **14**, 328-334.

Hiratsu, K., vlatsu i, K., Koyama, T. and Ohme-Takagi, M (2003) Dominant repression of target genes by chimeric repressors that include the EAR motif, a repress ion domain, in Arabidopsis. *Plant Journal*, **34**, 733-739.

Ikeda, M., Mitsuda, N. and Ohme-Takagi, M. (2009) Arabidopsis WUSCHEL is a bifunctional transcription factor that acts as a repressor in stem cell regulation and as an activator in floral patterning. *Plant Cell*, **21**, 3493-3505.

Ikeda, M. and Ohme Takagi, M. (2009) A novel group of transcriptional repressors in Arabidopsis. *Plant Cell Physiology*, **50**, 970-975.

Kazan, K. (2006) Negative regulation of defence and stress genes by EAR motif-containing repressors. *Trends in Plant Science*, **11**, 109-112.

Korkhin, Y., Unligil, U.M., Littlefield, O. et al. (2009) Evolution of complex RNA polymerases: the complete archaeal RNA pol ymerase structure. *PLoS Biology*, **7**, e102.

Le Cong, F., Ran, A., Cox, D. et al. (20 13) Multiplex genome engineering using CRISPR/Cas systems. *Science*, **339**, 819-823.

Mali, P., Yang, L., Esvelt, K.M. et al. (2013) RNA-guided human genome engineering via Cas9. *Science*, **339**, 823-826.

Martin, C. and Paz-Ares, J. (1997) MYB transcription factors in plants. *Trends in Genetics*, **13**, 67-73.

Roberts, S.G. (2000) Mechanisms of action of transcription activation and repression domains. *Cell and Molecular Life Sciences*, **57**, 1149-1160.

van der Oost, J. (2013) Molecular biology. New tool for genome surgery. *Science*, **339**, 768-770.

제10장
전사조절인자 활성 조절

10.1 전사조절인자 인산화

9장에서, 전사 조절에 참여하는 전사조절인자 및 이외의 다른 단백질들을 알아보았다. 전사조절인자의 mRNA가 번역된 후, 다양한 조절 기작에 의해 전사조절인사가 언제, 어디서, 어떻게 활성화되어 유전자 발현을 조절할지를 결정할 수 있다. 본 장에서는 전사조절인자 활동을 조절하는 가장 흔하고 잘 설명된 기작 중 몇 가지를 소개할 것이다.

환경(비생물적 스트레스) 혹은 병원균(생물적 스트레스)에 의해 유발되는 스트레스 조건은 매우 빠른 유전자 발현 변화를 요구한다. 그런 조건에서, 세포는 이미 합성되어 있지만 비활성화 형태로 존재하는 필요한 전사조절인자를 가지고 있는 것이 유리하다. 이는 종종 전사조절인자 활성을 조절하는 번역 후 변형(post-translational modification)에 의해 이루어진다. 그러나 번역 후 변형이 전사조절인자 활성에 영향을 주는 유일한 것은 아니며, 가장 잘 연구된 것들 중 하나는 아마도 인산화/탈인산화 반응일 것이다. 전사조절인자의 인산화/탈인산화 반응을 초래하는 생물적/비생물적 스트레스 조건의 신호전달은 보통 세포 내의 신호전달경로와 단백질 **인산화**(**kinases**) 또는 단백질 **탈인산화**(**phosphatases**)에 관여하는 일련의 효소들을 포함한다(16장 참고). 단백질 인산화/탈인산화는 다양한 방법으로 전사조절인자의 활성을 조절할 수 있다. 예를 들면, 이 변형들은 세포 내에서 전사조절인자의 위치를 결정할 수 있다(예를 들면, 핵에 위치할 것인지, 또는 세포질에 위치할 것인지, 10.3절 부분 참고). 인산화/탈인산화는 또한 전사조절인자의 안정성을 조절할 수 있다: 예를 들어, 전사조절인자의 인산화된 형태는 탈인산화된 형태보다 더 빨리 분해될 수 있고, 또한 반대 상황도 가능하다. 좋은 예시 중 하나는 **광형태 발생**(**photomorphogenesis**, 빛이 있는 조건에서 성장과 연관된 발달 변화들)을 촉진하는 애기장대 HY5 bZIP 전사조절인자이다. HY5는 인산화되거나 비인산화된 두 가지 형태로 존재한다. 비인산화된 HY5만이 광형태 발생의 음성 조절인자(negative regulator)인 핵 내 COP1과 상호작용한다(그림 10.1). COP1은 E3 유비퀴틴 연결효소(E3 ubiquitin ligase)라는 큰 효소집단 중의 하나이다. 17장에서 더 자세히 다루겠지만, 유비퀴틴은 작은 단백질(~80개의 아미노산으로 구성)이며, 많은 세포 단백질과 결합하여 proteasome pathway로 알려진 경로를 통해서 그 단백질들이 분해되도록 표지한다. COP1의 핵 내 수준은 빛에 의해 음성적으로 조절되며, 이것은 곧 높은 강도의 빛이 있는 조건에서는 핵 내에 존재하는 COP1 단백질이 적다는 것을 의미한다(그림 10.1). 비인산화된 HY5는 분해를 위한 COP1이 선호하는 표적이다(Hardtke 등., 2000). HY5는 COP1이 분해를 위해 목표로 하는 많은 단백질들 중에 하나에 속한다. 흥미롭게도 생물학적 체계가 조절되는 방법의 놀라운 특징 중 하나는 비인산화된 HY5 역시 전사를 활성화시키는 데 인산화된 HY5보다 훨씬 더 효과적이라는 것이다. 식물은 어두운 조건하에서 인산화된 수많은 HY5을 가지고 있으며, 이는 빛에 의해서 빠르게 활성 형태로 변환될 수 있게 한다. 이 예는 또한 인산화가 어떻게 단백질-단백질의 상호작용을 조절하는지 잘 보여준다(10.2절 참고).

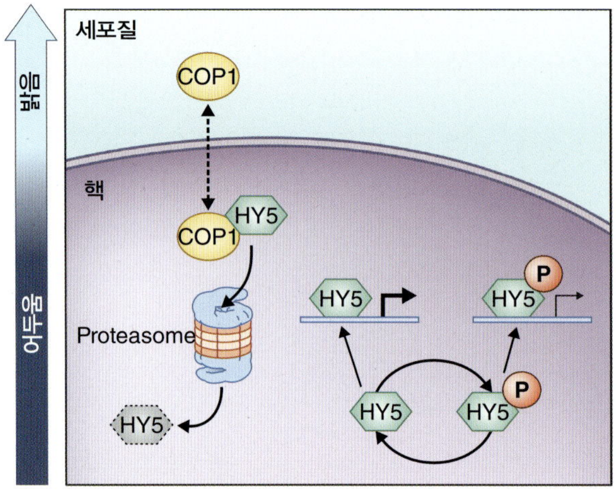

그림 10.1 **애기장대에서 빛과 COP1에 의한 HY5의 조절.** 어두운 상태에서 핵 내 COP1의 수준은 높다. 빛의 자극이 오면, COP1이 세포질로 이동하면서 수준이 감소한다. COP1은 HY5를 포함하는 많은 단백질과 상호작용하여 이들의 분해를 촉진한다.

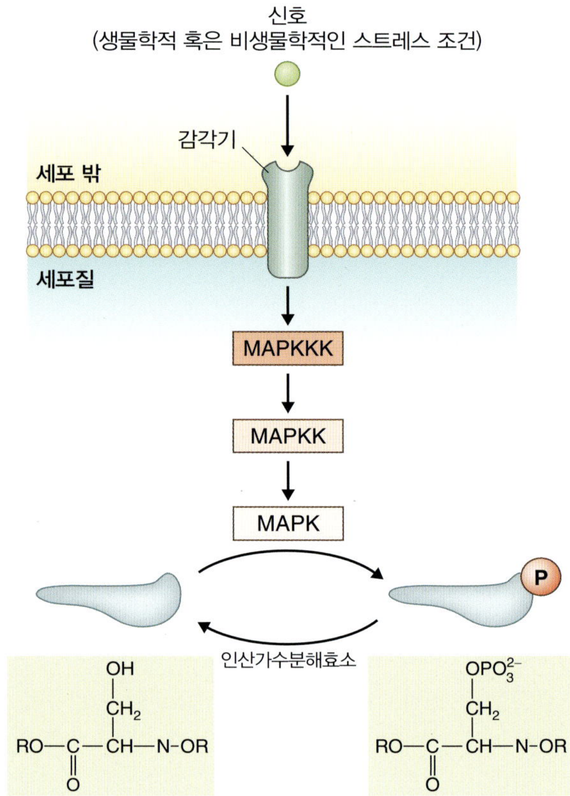

그림 10.2 **단백질의 세린 잔기가 궁극적으로 인산화되는 방법을 설명하는 MAPK 연속반응.**

인산화는 전사조절인자의 DNA 결합 활성을 조절할 수 있다. 이전 장에서 논의했듯이, DNA와 결합하는 전사조절인자의 표면은 보통 염기성을 띠며(즉, 양전하를 띰), 이는 DNA의 음전하를 띠는 인산기와의 상호작용을 안정화시키게 된다. 인산기 자체는 음전하를 띠는 경향이 있기 때문에, DNA와 접촉하는 데 관여하는 아미노산의 인산화는 DNA와의 상호작용을 줄이거나 없앨 수 있다.

단백질은 세린, 트레오닌, 타이로신 잔기 또는 드물게 히스티딘 잔기에서 인산화될 수 있다. 이러한 변형을 일으키는 효소들은 각각 세린/트레오닌 단백질 키나아제(serine/threonine protein kinase), 타이로신 단백질 키나아제(tyrosine protein kinase), 또는 히스티딘 단백질 키나아제(histidine protein kinase)로 알려져 있다. 식물에서, 많은 생물적/비생물적 스트레스 신호들은 마이토겐 활성화 단백질 키나아제(mitogen-activated protein kinase, MAPK) 연속반응에 의해 전달되게 된다(그림 10.2). MAPK라는 이름은 동물연구에서 따왔으며, 여기서MAPK 연속반응이 세포 분열을 유도하는 수많은 요인에 의해 활성화되게 된다(마이토겐은 체세포 분열을 유도하는 물질을 뜻함). 이 연속반응은 MAP 키나아제 키나아제 키나아제(MAP kinase kinase kinase, MAPKKK)를 활성화시키는 신호에 의해 시작되며, 이것은 MAP 키나아제 키나아제(MAP kinase kinase, MAPKK)를 인산화하고, 다음으로 MAP 키나아제(MAP kinase, MAPK)를 인산화시키게 된다. 연속반응의 마지막에서는 많은 단백질들의 세린이나 트레오닌이 결국 인산화된다. MAPK 연속반응은 인산화를 위해 다양한 종류의 단백질을 목표로 하며, 여러 다양한 종류의 전사조절인자들(예, R2R3 MYB, WRKY)도 많은 식물 MAPK의 기질이 될 수 있음이 밝혀졌다. 하지만 MAPK만이 인산화를 통해 전사조절인자 활성을 조절하는 유일한 키나아제는 아니다. 칼슘 의존성 단백질 키나아제(calcium-dependent protein kinase, CDPKs), 싸이클린 의존성 키나아제(cycline dependent kinase, CDKs, RNP-II 설명에서도 논의되었음, 7장 참고), 그리고 SNF1 관련 키나아제(SNF1-related kinase, SnRKs) 등과 같은 다른 종류들도 있다.

10.2 단백질-단백질 상호작용

이전 장에서 언급했듯이, 전사조절인자 활성은 종종 단백질과 단백질 간의 상호작용에 의해 조절된다. 이 상호작용들은 복합체의 DNA와의 접촉 부위를 확장시켜 줄 수 있다. 오직 동형이량체 또는 이형이량체(homodimer 또는 heterodimer)로 DNA와 결합하는 basic helix-loop-helix(bHLH)나 basic leucine-zipper(bZIP) 전사조절인자가 그 경우이다(9장 참조). 이런 경우에, 전사조절인자의 단일 basic(양전하를 띠는) 나선의 짧은 DNA 접촉 부위(3~4개의 염기쌍)는 다른 서브유닛으로부터 제공된 두 번째 나선과 밀접하게 접촉함(즉, dimer를 형성해서)으로써 확장된다(그림 9.7).

전문가 의견

꽃 기관을 결정하는(A)BC/E 모델

꽃은 식물의 생식기관으로, 줄기 정단 분열조직(shoot apical meristem, SAM)으로부터 유래된 측생 분열조직(lateral meristem)에서 발생한다. 인기 있는 모델식물인 애기장대를 포함한 많은 현화식물에서, 네 가지 형태의 기관이 꽃 내에 존재하며, 4개의 동심원이나 화륜(whorl) 형태로 배열되어 있다(그림 10.3).

꽃받침은 가장 바깥쪽 화륜에서 발견되고, 꽃잎은 두 번째, 수술(웅성 생식 구조)은 세 번째, 암술(자성 생식 구조)은 가장 안쪽의 화륜에서 발견된다. 하지만 속씨식물 내에 상당한 변이가 존재하며, 특히 가장 바깥쪽에서 불임의 화륜에 상당한 변이가 존재한다. 예를 들면, 백합은 구분된 꽃받침과 꽃잎 대신 첫 번째와 두 번째 화륜에 둘 다 꽃잎처럼 생긴 기관(화피조각이라고 부름, tepal)을 가지고 있다(그림 10.3).

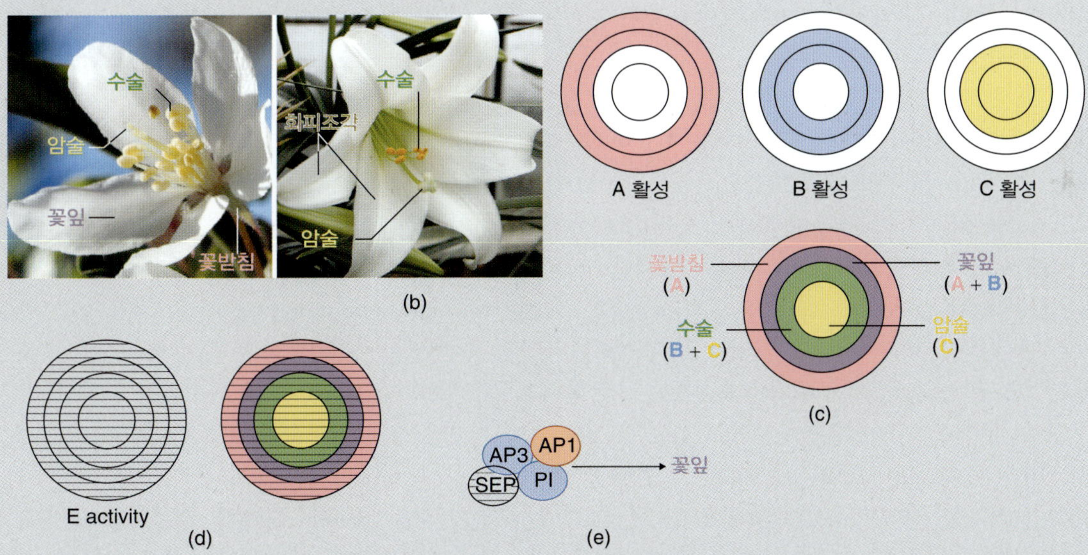

그림 10.3 꽃 기관을 결정하는 (A)BC/E 모델. (a) 벚꽃과 같은 대부분의 꽃은 동심원의 화륜으로 배열된 4가지 유형의 기관을 가진다: 꽃받침, 꽃잎, 수술, 암술. **(b)** 꽃의 구성에 있어서 흔한 변이는 백합에서처럼 꽃의 첫 번째와 두 번째 화륜 모두에 화피조각이 존재하는 것이다. **(a, b)** Matteo Citarelli이 제공한 사진들. Matteo Citarelli의 허락 하에 재생산함. **(c)** 꽃 분열조직(floral meristem)을 위쪽에서 바라본 형태로 도식화한 고전적인 ABC 모델. 3개 유전자(A, B, C)의 활성은 2개의 인접한 화륜에서 서로 겹치는 양식으로 작용한다. 복합적으로, 이 작용들은 각 화륜에 고유의 정체성을 부여해 준다. ABC 유전자뿐 아니라 SEP/E 유전자들 중 한 그룹도 잎과 줄기로부터 꽃이 구별되도록 해준다. **(d)** ABC, E 유전자들에 의해 암호화되는 MADS 박스 전사조절인자들은 고유의 표적 특이성을 갖는 다중단백질 복합체로 작용하여 기관 정체성을 결정해 준다. **(e)** 본 예시에서는, 꽃잎을 결정하기 위해 A 단백질인 AP1는 SEP 단백질들 그리고 B 단백질인 AP3 및 PI와 복합체를 형성해서 기능한다.

꽃의 기관들은 꽃 분열조직 내에 존재하는 각각의 시원체(primordia)로부터 생성되며, 꽃 기관의 정체성은 꽃 기관 정체성 유전자들 또는(A)BC/E 유전자들로 알려진 유전자 세트의 복합적 활성으로부터 얻게 된다. 이들 유전자를 호메오틱 유전자(homeotic gene)라고 하며, 초파리의 체절 정체성 결정에 관련된 유전자들과 비슷한 역할을 한다; 이 유전자들의 돌연변이는 한 형태의 꽃 기관이 다른 형태로 전환되도록 만든다. 꽃 발달에 관한 ABC 모델은 애기장대와 금어초(*Antirrhinum majus*, snapdragon) 연구를 기반으로 Coen과 Meyerowitz(1991)에 의해 제시되었다. 이 모델에서, 꽃 분열조직은 ABC 유전자들의 작용에 의해 3개의 중첩되는 동심원으로 나뉘고 4개의 고유 부위를 가지게 된다(그림 10.3). A의 단독 작용은 꽃받침이, A와 B의 작용은 꽃잎이, B와 C의 작용은 수술이, C의 단독 작용은 암술이 생성되게 한다. C 유전자는 또한 꽃 시원체의 유한성장(determinate growth)에 필수적이다.

B와 C 유전자는 다양한 속씨식물에서 발견되어 왔으며, 위에서 설명했던 것처럼 꽃 기관의 정체성을 결정하는 역할을 한다. 사실, 이 유전자 계통은 현화식물보다 먼저 생겨났다; B와 C 유전자의 상동유전자(ortholog)는 겉씨식물 솔방울에서 발현된다(각각 웅성 솔방울과 웅성/자성 솔방울에서)(Theissen and Becker, 2004; Theissen 등., 2000). 몇몇의 꽃에 존재하는 화피조각은 B 발현 도메인이 첫 번째 윤생으로 확장된 것과 관련되어 있음이 증명되었으며(Kalivas 등., 2007), 이는 기본 프로그램상의 상대적으로 간단한 변형이 속씨식물 전체의 다양한 형태에 영향을 주고 있음을 암시한다. 그러나 원래 정의되었던 것 같은 A 활성이 애기장대와 그 근연종들 이외에는 보존되어 있지 않음이 명확해지고 있다. 다른 속씨식물에서, 애기장대 A 유전자 *APETALA1*(*AP1*)의 상동유전자는 꽃받침과 꽃잎의 정체성 결정보다는 오히려 꽃 분열조직의 정체성 결정에 작용하는 것으로 보인다(줄기로부터 꽃의 분화). 반면에, 애기장대 A 유전자 *APETALA2*(*AP2*)의 상동유전자는 꽃 내부 및 꽃 이외 지역에서 다양한 기능을 갖는다. 그러므로 현화식물에서 꽃잎으로부터 꽃받침을 구별하기 위한 추가적인 기작이 반드시 존재한다.

ABC 유전자들의 발견 이후, 꽃 기관 결정 유전자의 4번째 범주에 속하는 SEPALLATA(SEP)/E 유전자들이 발견되었다(Pelaz 등., 2000). 애기장대는 4개의 관련 유전자(*SEP1-4*)를 가지고 있으며, 그들은 꽃 분열조직 전체에서 발현한다. 따라서, E 도메인은 ABC 도메인과 겹쳐진다(그림 10.3). 어떤 하나의 SEP 유전자상의 단일 돌연변이체는 표현형을 거의 나타내지는 않지만 여러 돌연변이의 조합은 기관의 정체성을 변화시킨다. *sep1 sep2 sep3* 삼중 돌연변이체(triple mutant)는 BC 두 조합 돌연변이와 비슷한 표현형을 나타내고, 꽃받침 같은 기관으로 구성된 꽃이 지속적으로 형성된다. 사중 돌연변이체(quadruple mutant)는 오직 잎과 같은 기관 만으로 이루어진 꽃이 지속적으로 형성되는 표현형을 나타낸다. 그러므로, SEP 활성은 꽃의 4개 기관 모두의 정체성을 결정하는 데 필요하다. *SEP* 상동유전자들은 속씨식물 전체에서 발견되며 그들의 기능도 보존되어 있다. 예를 들어, 벼의 *SEP* 상동유전자인 *OsMADS1*의 기능 상실은 애기장대 *sep1 sep2 sep3* 돌연변이체와 같은 표현형을 나타내게 한다(Agrawal 등., 2005).

애기장대의 A 유전자 *AP2*를 제외하고, (A)BC와 E 유전자 모두 MADS 도메인 전사조절 인자를 암호화한다. MADS 단백질은 이량체(dimer)로 작용한다고 알려져 있다. 실제로, 2개의 B 클래스 전사조절인자인 APETALA3(AP3)과 PISTILLATA(PI)는 애기장대에서 반드시 이형이량체(heterodimer)로 작용한다(Riechmann 등., 1996a). 꽃 MADS 박스 전사조절인자의 DNA 결합 특이성은 대부분 중복되지만(Riechmann 등., 1996a, 1996b), 그들은 꽃 기관 결정에 있어서 구별되는 기능을 수행한다. 이에 표적 선택의 특이성이 어떻게 부여되는지에 대한 활발한 연구가 진행되고 있다. 이런 특이성은 부분적으로는 MADS 단백질 간의 고도의 복합체 형성에 의해서 달성되는 것으로 여겨지고 있다. A와 B 유전자 생산물의 복합체는 금어초에서 처음으로 발견되었고(Egea-Cortines 등., 1999), E 클래스 SEP 단백질들이 애기장대(Fan 등., 1997; Honma 그리고 Goto, 2001)와 몇몇 다른 속씨식물(Ferrario 등., 2003; Leseberg 등., 2008)의 (A)BC 클래스 MADS 단백질 복합체 내에 존재함이 밝혀졌다. 예를 들어, 애기장대에서 꽃잎이 형성되는 두 번째 화륜에서, A 단백질 AP1, B 이형이량체 AP3/PI 및 E 단백질 SEP3을 포함하는 복합체가 발견되었다(그림 10.3). 이 MADS 단백질 "4인조(quartets)"는 DNA 결합 친화성과 전사 활성화 작용을 강화시키는 것으로 여겨지고 있다(Theissen and Saedler, 2001). 꽃의 각 화륜은 고유한 유전자들을 조절하는 고유한 MADS 포함 복합체를 가질 것으로 예상된다. 그러므로, 전사조절인자들 간의 단백질-단백질 상호작용의 조절은 정상적인 꽃의 형태 발생에 필수적이다.

Rebecca Lamb 씀

단백질-단백질 상호작용은 전사조절인자 복합체가 DNA와 결합하는 방법의 종류를 확장시킬 수도 있다. 한 가지 예시로 R2R3 MYB 단백질 하위그룹 중 하나와 bHLH 전사조절인자의 하위그룹 중 하나 간의 상호작용을 들 수 있는데, 이것은 옥수수와 다른 식물 내 안토시아닌 색소의 조절, 애기장대 잎 표피세포의 털 또는 모상체(trichome)로의 분화, 뿌리털의 형성과 위치 결정에서 잘 설명되어 왔다(Feller 등., 2011). R2R3 MYB과 bHLH 인자 간의 상호작용은 DNA 결합에 관여하지 않는 특정 잔기들을 통하여 일어나게 된다; 특이하게, R2R3 MYB 도메인의 R3 반복의 용매 노출 표면(Grotewold 등., 2000; Zimmermann 등., 2004)은 bHLH 전사조절인자에서 N-말단 지역에 결합한다(Goff 등., 1992). 그 결과, 2개의 구분되는 DNA 결합 도메인(R2R3 MYB과 bHLH 도메인)을 가지는 단백질 복합체가 형성되게 된다. 따라서, MYB-bHLH 복합체는 여러 기능을 가지며 특정 세포에서의 그 역할은 특정 프로모터에 어떻게 결합하는가에 의해 결정된다. 활성화된 R2R3 MYB-bHLH 복합체는 MYB 도메인을 통해서 DNA에 결합할 수 있는데, 이때는 보통 보존적인 $CC^{T}/_{A}AC$를 가지는 DNA 서열을 인식하게 된다. 또한 이량체인 bHLH를 통해서도 DNA에 결합할 수 있는데, 이때는 보통 보존적인 CANNTG[N은 4개 뉴클레오티드 중 어떤 것이 될 수도 있음을 의미; 본 서열은 E-box(혹은 Enhancer box)로 알려져 있다]를 가지는 DNA 서열을 인식한다. 또 다른 변이는 동형 혹은 이형이량체가 형성되는 bHLH 단백질의 이량체화(dimerization)로부터 생긴다. 만일 동형이량체가 형성된다면, 인식하는 서열은 CACGTG와 같은 회문(palindrome) 형태이다; 이 특정 서열은 G-box로 알려져 있다.

추가적인 조절은 활성화된 R2R3 MYB-bHLH 복합체를 방해하는 단백질로부터 생겨난다. 예를 들어, R3 MYB 반복만을 포함하는 작은 MYB 단백질 그룹(그림 10.4)은 bHLH와 상호작용할 수 있으며, 따라서 필수적인 bHLH co-regulator와 상호작용하는 R2R3 MYB과 경쟁할 수 있다. 그림 10.4처럼, R3 MYB 단백질은 전사 활성화를 위한 R2R3 MYB-bHLH 복합체의 형성을 방해한다.

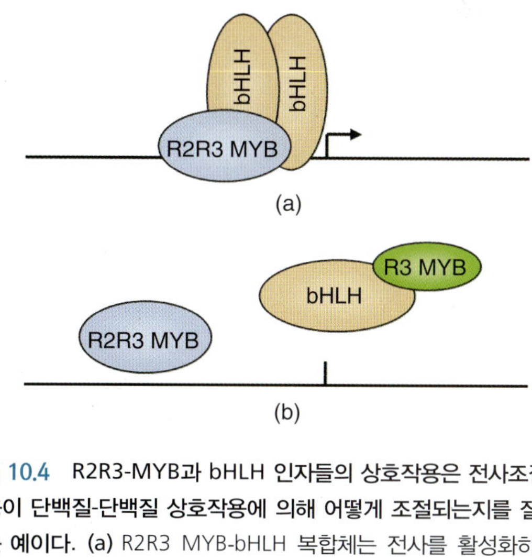

그림 10.4 R2R3-MYB과 bHLH 인자들의 상호작용은 전사조절인자 작용이 단백질-단백질 상호작용에 의해 어떻게 조절되는지를 잘 보여주는 예이다. (a) R2R3 MYB-bHLH 복합체는 전사를 활성화하여 안토시아닌 색소 생합성이나 모상체 형성 등에 관여하는 유전자를 활성화시킨다. (b) bHLH 인자와 억제작용을 하는 R3 MYB 단백질의 상호작용은 활성화된 R2R3 MYB-bHLH 복합체 형성을 불가능하게 한다.

전사조절인자와 억제자(inhibitor)가 DNA와 결합할 수 없는 이형이량체를 형성할 수 있는 것처럼, 이것은 DNA와 결합하기 위해 동형 또는 이형이량체를 형성해야 할 필요가 있는 일부 조절단백질의 특징이 될 수 있다. 예를 들어, 동물에서, MyoD를 포함하는 최소 4개의 관련된 bHLH 인자 그룹은 정상 근육 발달을 유도하는 세포 분화 과정에 필요하다. MyoD는 bHLH 단백질의 다수의 E2 패밀리 구성원(E47과 같은)과 함께 이형이량체를 형성해서 DNA에 결합한다. 그러나 잘못된 세포나 잘못된 시간에 세포 분화가 일어나는 것을 막기 위해, MyoD와 bHLH 단백질의 E2 하위그룹 구성원들은 염기부분이 결핍된 HLH 모티프를 포함하는 Id(분화 억제자, inhibitor of differentiation)와 상호작용한다. 따라서, MyoD-Id 이형이량체는 DNA와 결합할 수 없게 된다(Wright, 1992).

빛에 대한 식물의 반응 역시 억제 인자들에 의해서 조절된다. 보통, 원적색광(far red light)에 대한 적색광의 낮은 비율은 인접한 식물에 의한 가려짐으로써 인식되며, **음지회피현상(Shade Avoidance Syndrome**, SAS, 식물이 빛을 받지 못할 때 위로 자라고, 더 많은 빛을 받기 위해 옆으로 자라는 반응)으로 알려진 과정에서 세포 신장이 촉진된다. 그늘에서 파이토크롬(phytochrome)의 P_{FR} isoform(애기장대에는 PhyA부터 E까지 존재함)은 핵으로 이동하고, bHLH 전사조절인자 그룹(PIFs 혹은 파이토크롬 상호작용 인자들)과 상호작용하게 된다. 그 다음, PIF는 SAS와 녹화(de-etiolation, 탈황화 현상)와 관련된 유전자 발현 변화를 촉진한다. PIF3, PIF4, PIF5는 동형이량체를 형성하고 PIF3-PIF4 또한 이형이량체를 형성함으로써 DNA에 결합하게 된다(Toledo-Oritz 등, 2003; Hornitschek 등., 2009). 하지만, bHLH 관련 인자인 HFR1(long hypocotyl in far red light)은 그늘상태에서 발현되고 PI4와 PIF5와 상호작용하여 DNA와 결합될 수 없는 이형이량체를 형성함으로써 음지회피현상을 저해한다(Hornitschek 등., 2009). 이는 궁극적으로 식물의 그늘에 대해 반응하는 정도를 조절하는 음의 피드백 회로를 형성한다.

단백질-단백질 상호작용은 또한 별개의 신호 경로를 통합하는 데 있어서 중요한 역할을 한다. 빛과 브라시노스테로이드(brassinosteroid, BR) 식물 스테로이드 호르몬 간의 상호작용이 좋은 예이다. BR은 세포 신장, 관다발과 생식계의 분화, 광형태 발생, 스트레스 반응을 포함하는 많은 식물세포 과정을 조절한다. BR 세포 반응을 초래하는 신호전달 경로상에 존재하는 대부분의 주요 인자들이 발견되었다. BR은 BRI1 수용체(동물에서는 많은 스테로이드 수용체가 세포질에 존재한다. 10.3절 참고)에 의해 세포막에서 인지되고, 이 상호작용은 간접적으로 bHLH 인자인 BZR1과 BZR2의 탈인산화를 초래하고 이들이 핵으로 이동해서 유전자 발현을 조절하게 한다. BZR1과 BZR2의 세포 표적은 유전체 전체 발현과 ChIP-chip 분석의 조합을 통해 밝혀졌다. 이러한 연구는 BZR1 억제 유전자 중에 빛 신호(예, *PhyB*)와 빛 반응성 유전자가 많이 포함되었다는 것을 밝혀냈다. 게다가, BZR1은 앞서 설명된 PIF 단백질 중 하나인 PIF4와 물리적으로 상호작용하여 함께 수많은 유전자들을 활성화시킨다(Wang 등., 2012).

따라서, 전사조절인자와 다른 조절 단백질의 단백질-단백질 상호작용은 예외라기 보다는 거의 일반적이라고 할 수 있다; 알려진 몇몇 경우는 그 분야에 대한 추가적인 연구가 필요함을 강조한다.

전문가 의견

식물 생체시계(circadian clock): 전사조절인자들의 상호작용에 의해 서로 맞물려 있는 피드백 루프

생체시계는 변화하는 환경에서 식물의 건강과 생존을 최적화하기 위해 많은 분자적, 생리적, 대사적인 과정을 조정하는 24시간 시간 기록원(24-h time-keeper)이다. 비록 문(phylum) 전체에 걸쳐 생체시계 시스템 상의 분자적 구성요소는 매우 다양하지만, 생체시계는 거의 보편적으로 존재한다. 생체시계 시스템은 확실한 24시간

시이클을 유지하기 위해서 활성화와 억제 기능을 하는 전사 요소들로 이루어진 복합적으로 맞물린 자동조절 피드백 루프들로 구성되어 있다(McClung, 2011; Nagel와 Kay, 2012). 대부분의 중요 구성요소들은 mRNA와 단백질 수준 모두에서 스스로 주기적으로 발현한다. 초기 단계(아침)와 후기 단계(저녁)의 유전자들은 서로를 조절한다. 즉, 아침 전사 억제자들(transcriptional repressors)은 낮 동안에 저녁 유전자 발현을 저해하고, 밤에 발현되는 저녁 복합체들은 아침 유전자들의 전사를 저해한다(Pokhilki 등., 2012).

이와 같은 상호억제 루프의 예로는 2개의 아침 유전자들[*CIRCADIAN CLOCK ASSOCIATED 1*(*CCA1*)과 *LATE ELONGATED HYPOCOTYL*(*LHY*)]을 들 수 있으며, 이들은 늦은 저녁 유전자인[*TIMING OF CAB EXPRESSION 1*(*TOC1*;*PRR1*)]이 낮 시간 초기에 발현되는 것을 저해하고 밤에만 발현되도록 제한한다.

TOC1은 5개의 밀접하게 관련된 PSEUDO RESPONSE REGULATORS(PRRs: PRR9, PRR7, PRR5, PRR3)의 창립 구성원이다. 이 단백질들은 카복시 말단에 보존된 CCT 도메인을 통해 DNA와 결합하고, 종종 공동-억제자(co-repressor)(예, TOPLESS) 및 히스톤 디아세틸레이스(histone deacetylase)와 함께 작용한다(Gedron 등., 2012; Wang 등., 2012). TOC1과 함께, *CCA1*/*LHY*의 생체시계 리듬에 따른 발현의 파형(waveform)은 PRR9, PRR7, PRR5에 의한 순차적인 저해에 의존적이다. 언급한 4개의 모든 단백질들은 생체시계 사이클의 별개의 시간대에 발현하며, 이 중 PRR9는 낮의 초기에 축적되고 이후 PRR7, PRR5, TOC1의 축적이 뒤따르게 된다. 이 단백질들의 발현 패턴은 *CCA1*과 *LHY* 프로모터 영역의 결합시간을 결정하고, 이에 따라 *CCA1*과 *LHY*의 전사가 오전 중반 대부분과 늦은 저녁까지 강하게 억제되도록 한다. 그러나 다른 아침주기의 유전자인 PRR9의 조절은 매우 다른 억제 복합체에 의존한다. EARLY FLOWERING 3(ELF3)과 4(ELF4)(저녁 복합체, "evening complex")와 전사조절인자 LUX ARRHYTHMO(LUX) 복합체는 *PRR9*의 발현을 아침으로 제한한다(Helfer 등., 2011; Nusinow 등., 2011). CCA1/LHY가 *PRR9*의 발현을 활성화하고 PRR9는 CCA1/LHY의 억제자이기 때문에, 그들의 관계는 활성과 억제로 구성된 상호작용하는 루프로 정의되어질 수 있다.

이른 낮 동안의 *TOC1*의 CCA1/LHY 매개 억제 기작은 매우 다른 요인들을 포함한다. 공동-억제자인 DE-ETIOLATED1(DET1)은 아마도 큰 COP10-DET1-DDB1(CDD) 복합체를 형성해서 *TOC1* 프로모터상에서 CCA1 및 LHY와 상호작용할 것이다(Lau 등., 2011). *TOC1*(그리고 *PRR5*)은 또한 *TOC1*과 *PRR5* 프로모터에 결합하여 양성 활성자(positive activator)로 기능을 하는 CCA1/LHY 관련 MYB 전사조절인자인 REVEILLE8에 의해 조절된다(Hsu 등., 2013).

종합적으로, 이 연구들은 생체시계의 복합적인 전사 조절을 강조하고 있다. 현재의 모델들은 전사 억제자들로 가득하지만 알려진 활성자들은 상대적으로 부족하다. 이 전사 조절 작용에 동반되는 것은 주로 메틸화와 아세틸화인 히스톤 변형에 따른 생체시계의 진동이다(Malapeira 등., 2012). 이 염색질 표지는 연동되는 루프 내에서 추가적인 조절 단계를 제공하기 위해 전사조절인자 스스로(예, 인산화) 뿐만 아니라 뉴클레오솜(nucleosome)에서 번역 후의 기작이 작동하고 있음을 보여준다.

By David Somers 씀

10.3 전사조절인자들의 핵으로 이동에 대한 억제

전사조절인자들이 핵 내에서 일어나는 전사를 활성화시키기 위해서는, 전사조절인사들은 반드시 핵 내에 존재해야만 한다. 따라서, 번역 후, 전사조절인자들은 핵막을 지나 이동할 필요가 있다. 16장에서 논의하는 것처럼, 이는 특정한 단백질 서열 모티프인 핵 위치화 신호(nuclear localization signal, NLS)를 필요로 한다. 그러므로, 전사조절인자의 활성을 조절하는 방법 중 하나는 핵으로의 이동을 막는 것이다.

핵으로의 이동 조절은 동물에서 매우 잘 연구되어 왔으며, 본 장에서 동물연구에서 얻은 2개의 예를 제시할 것이다. 식물계에서는 존재하지 않는 것으로 여겨지지만, 동물에서는 일반적으로 흔하게 존재하는 전사조절인자인 NF-κB가 첫 번째 예이다(그림 10.5a). NF-κB는 보통 IκB로 알려진 인자와의 상호작용에 의해 세포질에 존재한다. IκB 인산화는 IκB가 분해되도록 하고(proteasome pathway를 통해서), 이에 따라 자유로워진 NF-κB는 핵으로 이동하게 된다. 핵 내에서 NF-κB는 면역 반응을 포함하는 다양한 세포 기능과 관련된 유전자의 발현을 조절하게 된다. NF-κB의 경우는 많은 면에서 앞서 설명한 식물 bHLH 조절자인 BZR1과 BZR2의 인산화된 형태에서 일어나는 일과 유사하다. BR이 없을 때, 인산화된 BZR1과 BZR2는 14-3-3 단백질과 상호작용을 통해 세포질 내에 존재하게 된다. 14-3-3 단백질은 모든 진핵생물에 흔히 존재하며 그들의 특이한 이름은 크로마토그래피 정제에서 분리되는 방법으로부터 기인했다. 14-3-3 단백질은 세린이나 트레오닌에서 인산화된 수많은 단백질들을 인식할 수 있다는 것이다.

두 번째 예시는 핵 수용체로 널리 알려진 전사조절인자들의 큰 집단이다(그림 10.5b). NF-κB와 비슷하게, 핵 수용체는 동물에 특이적이며 스테로이드 호르몬인 프로게스테론(progesterone), 에스트라디올(estradiol), 테스토스테론(testosterone)을 포함하는 많은 지방 친화성 호르몬과 결합하는 역할을 한다. 이 스테로이드 호르몬들에 반응하는 핵 수용체는 핵 위치화 신호를 가지고 있지만 heat shock protein(HSP)과의 상호작용에 의해 세포질에 존재하게 된다. 호르몬 리간드(ligand)에 결합함으로써, HSP와의 상호작용은 분리되고 핵 수용체는 핵으로 이동하여 스테로이드 호르몬 반응과 연관 유전자들의 전사를 조절하게 된다.

점점 더 많은 식물 전사조절인자들이 세포가 특별한 신호를 받았을 때 세포질과 핵 사이를 이동하고 있음이 밝혀지고 있다. NF-κB이나 핵 수용체에 대해 알려진 것과 비교하면, 그 기작들은 전반적으로 잘 이해되지 않은 채로 남아 있다. 그러나 막 결합 전사조절인자로 알려진 단백질 종류의 연구는 예외적이다(그림 10.5c). 이 전사조절인자들은 보통 NLS를 가지고 있지만 세포막, 종종 소포체막에 고정되어 있고, 따라서 핵으로의 이동이 억제되어 있다. 특별한 신호가 왔을 때, 그 전사조절인자는 막으로부터 분리된다. 예를 들면, 이런 분리는 소포체 고정 부분을 절단하는 단백질 분해효소의 작용에 의한 것이다. 약 10%의 식물 전사조절인자(모든 단백질 암호화 유전자의 5~7%)가 이 같은 기작에 의해 조절되는 것으로 추정된다. 이러한 기작에 의해 조절된다고 밝혀진 첫 번째 식물 전사조절인자는 애기장대 bZIP60이며, 이것은 단백질이 부적절하게 접힐 때를 감지하는 세포 스트레스 반응인 비접힘 단백질 반응(unfolded protein response, UPR)에 관여한다.

10.4 세포 간 전사조절인자들의 이동

전사조절인자들의 직접적인 이동에 의한 세포 간 의사소통은 많은 식물 발달 과정에서 흔하게 나타나는 것으로 여겨지고 있다(Kurata 등., 2005; Wu와 Gallagher, 2011). 세포 사이를 이동하는 식물 전사조절인자의 첫 번째 예는 호메오박스 전사조절 인자인 옥수수 KNOTTED1(KN1) 단백질이다. KN1이 옥수수 잎에서 비정상적으로 발현되면, 세포들이 증식하여 매듭 같은 구조를 형성하게 되며, 따라서 그 단백질 이름은 여기서 유래하였다(Hake and Freeling, 1986). KNOTTED1은 식물 정단분열조직(SAM)의 형성과 유지에 관여한다. 식물 SAM은 식물 줄기 정점에 존재하는 미분화 상태의 줄기세포 그룹이고, 식물의 모든 지상부 기관을 만들게

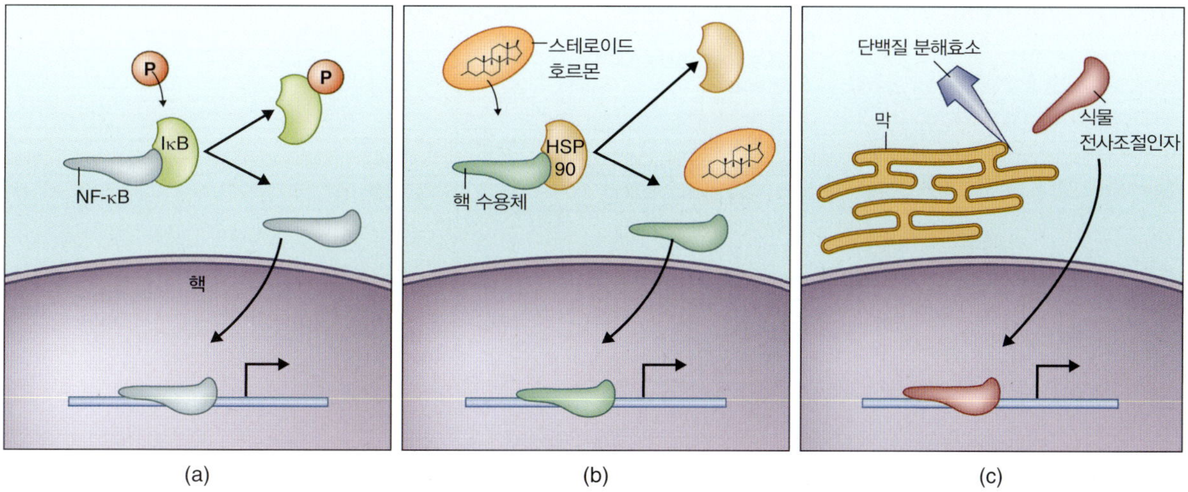

그림 10.5 핵 내로의 이동 조절에 의한 전사조절인자 활성 조절. (a) 포유류의 NF-κB 같은 전사인자는 IκB 같은 다른 단백질과의 상호작용에 의해 세포질에 존재한다. IκB의 인산화는 NF-κB가 분리되어 핵으로 이동해서 전사를 활성화하게 만든다. (b) 핵(스테로이드 호르몬) 수용체는 HSP90과의 상호작용에 의해 세포질에 존재한다. 스테로이드 호르몬과 결합은 핵수용체를 HSP90과의 상호작용에서 해방되게 하고 핵으로 이동될 수 있도록 한다. (c) 많은 수의 식물 전사조절인자들은 소포체와 같은 막에 고정되어 있다. 단백질 분해효소가 막 부착 도메인부분을 절단하면 전사조절인자는 핵으로 이동할 수 있다.

된다. KN1 단백질은 세포 사이를 이동할 수 있다. 흥미롭게도 단백질 이동과 직접적으로 관련되지는 않지만, KN1 단백질은 또한 KN1 mRNA의 세포 간 이동에도 관여한다. 이러한 KN1의 초기 연구 이후, 많은 다른 식물 전사조절인자들이 세포 간에 이동하는 것으로 밝혀졌다. 일부 다른 예들은 다음과 같다.

본 장에서, 특정한 bHLH와 R2R3 MYB 인자들 간의 상호작용을 막는 작은 R3 MYB 단백질에 대해 앞서 설명하였다. 이 작은 단백질 중 일부는 인접한 세포 사이를 이동할 수 있다. 예를 들어, 이것은 애기장대 모상체과 뿌리털의 운명결정(patterning)에 있어서 대단히 중요하다. 애기장대 잎의 윗면(top side, adaxial side)을 보면(그림 10.6), 모상체는 보통 3-4개의 표피 세포마다 균일하게 분포하고 있다. 이 분포 패턴은 부분적으로 ETC3(그림 10.7b)와 CAPRICE(CPC)를 포함하는 작은 R3 MYB 단백질의 이동에 의해 만들어지게 된다. R3 MYB 단백질은 이미 모상체가 될 세포로부터 인접 세포로 이동하여 모상체를 유도하는 R2R3 MYB-bHLH 복합체의 형성을 저해하게 됨으로써, 앞서 언급한 모상체 분포 패턴이 형성되게 한다.

그림 10.6 애기장대 잎 윗면 모상체의 특징적인 분포 패턴. 이러한 분포 패턴은 부분적으로 작은 R3 MYB 단백질의 수평적 이동(lateral movement)에 의해 형성되게 된다. 애기장대에서 모상체는 단세포이며 보통 3개의 가지를 갖는다. Marcelo Pomeranz가 제공한 사진. Marcelo Pomeranz의 허락 하에 재생산함.

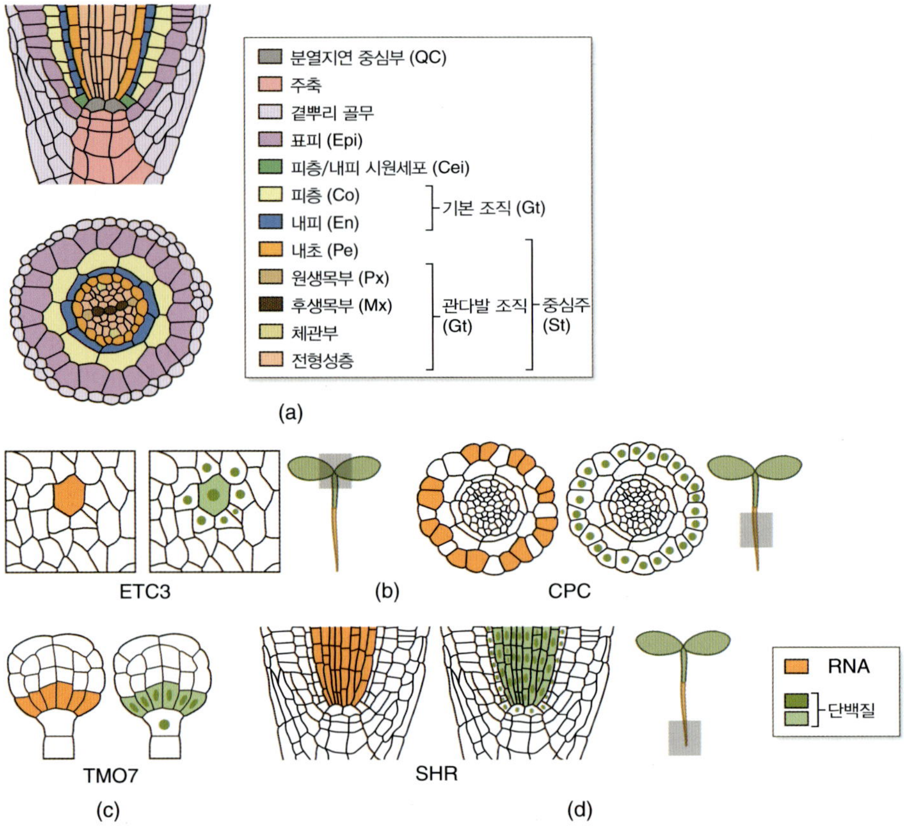

그림 10.7 전사조절인자들의 세포 간 이동. **(a)** 애기장대 뿌리 세포의 종단면(위)와 횡단면(아래) 구조. Miyashima 등., 2011에서 얻음. **(b-d)** 세포 간 이동 능력이 있는 애기장대 mRNA(노란색)와 단백질(초록색)의 다른 분포를 나타내는 모식도. **(b)** 모상체와 뿌리털 형성조절에 관여하는 작은 MYB 단백질인 ETC3과 CPC의 단백질과 mRNA의 위치를 나타내는 그림. 애기장대의 구형배에서 TMO7 mRNA와 단백질의 분포를 나타내는 그림. **(c)** 애기장대 뿌리의 생장점 부분에서 SHR 전사조절인자 mRNA와 단백질의 분포를 나타내는 그림. **(b-d)** Wu와 Gallagher(2011)을 근거로 재구성함. Elsevier의 허락 하에 재생산함.

전사조절인자들의 세포 간 이동은 또한 뿌리 발달에 중요하다(그림 10.7a). 발아 후, 애기장대 배에서 뿌리 정체성을 갖도록 미리 결정된 세포들로부터 생겨난 첫 번째 구조물이 유근(radicle)이다. 이 과정에서 중요한 요소는 TMO7(TARGET OF MONOPTEROS7)로 불리는 bHLH 전사조절인자이다. TMO7은 배아세포들 사이를 이동하는데(그림 10.7b), 이는 뿌리 형성에 필수적인 것으로 여겨지고 있다. 뿌리는 또한 미분화된 세포 집단을 가지고 있으며, 이들 세포들은 분열과 분화를 통해서 다른 모든 뿌리 세포들을 형성할 수 있게 된다. 이 세포 집단은 분열지연 중심부(quiescent center, QC)로 알려져 있으며 뿌리골무 바로 위쪽에 위치한다(그림 10.7a). 발달중인 뿌리에서, GRAS 집단에 속하는 2개의 전사조절인자인 SHORTROOT(SHR)과 SCARECROW(SCR)은 QC 세포의 비대칭적 분열과 내피 정체성을 확립하는 데 필요하다. SHR mRNA는 보통 중심주(stele)에서 발견되는 반면(그림 10.7d), SHR 단백질은 인접한 세포층에서도 발견된다. SHR 단백질이 축적되는 곳 어디에서나 SCR의 발현을 활성화시킨다. SHR 단백질은 중심주 세포의 핵과 세포질 모두에서 존재할 수 있다. 그러나 SCR을 발현하는 세포에서 SHR은 오직 핵에서만 존재하며, 이것은 SHR이 인접한 세포층으로 이동하는 것을 막는다. 다른 세포층에서, SHR은 홀로 또는 SCR과 함께 작용하여 궁극적으로 뿌리의 정상적인 방사 모양 형성을 위한 특정한 유전자 세트를 활성화하거나 억제한다.

10.5 요약

전사조절인자들의 전사 조절(다른 전사조절자에 의한)은 대부분 매우 중요함에 따라 유전자 조절 네트워크를 형성하는 반면에 전사조절인자 활성은 수많은 다른 기작에 의해 조절될 수 있다. 본 장에서는 인산화, 단백질-단백질 상호작용, 핵으로의 이동, 세포 간 이동에 대해 다루었다. 이 기작들은 전사조절인자의 활성 및 전사조절자들의 생물학적 활성을 활성화 또는 억제할 수도 있으며, 이는 세포 내 제한된 수의 전사조절인자의 기능적 목록(functional repertoire)을 확장하게 한다. 설명된 개념들은 매우 중요한 두 가지 생물학적 과정인 꽃 발달과 생체시계에 적용되고 있다.

10.6 문제

10.1 인산화는 단백질의 전하를 어떻게 변경할까?

10.2 인산화는 비변성 폴리아크릴아마이드 겔 전기여동(native polyacrylamide gel electrophoresis)에서 단백질의 이동성을 변경할 수 있을까? 그리고 변성 PAGE 에서는? 어떻게?

10.3 식물에서 인산화가 가장 자주 발견되는 아미노산은 무엇인가?

10.4 9장과 10장에서 단백질-DNA, 단백질-단백질 상호작용을 다루었다. 각 경우에서 발생하는 화학적 상호작용들(수소결합, 소수성, 이온성 등)을 비교하라.

10.5 단백질-단백질 혹은 단백질-DNA 상호작용 중 더 빨리 진화하는 것은 무엇일 것라고 예상하는가? 이유는?

10.6 유비퀴틴과 SUMO는 공유결합에 의해 식물 단백질을 종종 변화시키는 2개의 작은 펩티드이다. 그들 사이의 주요 차이점을 조사하라.

10.7 생체시계와 식물 개화시기 사이에 왜 연관성이 있을까?

10.8 필수 아미노산의 생합성을 조절하는 전사조절인자에 대한 두 가지 조절 회로를 설계하라. 하나는 양성 조절 루프(positive control loop)이고 또 다른 하나는 음성 피드백 루프 기작을 가지도록 설계한다.

참고문헌

Agrawal, G.K., Abe, K., Yamazaki, M. *et al.* (2005) Conservation of the E-function for floral organ identity in rice revealed by the analysis of tissue culture-induced loss-of-function mutants of the *OsMADS1* gene. *Plant Molecular Biology*, **59**, 125-135.

Coen, E.S. and Meyerowitz, E.M. (1991) The war of the whorls: genetic interactions controlling flower development. *Nature*, **353**, 31-37.

Egea-Cortines, M., Saedler, H. and Sommer, H. (1999) Ternary complex formation between the MADS-box proteins SQUAMOSA, DEFICIENS and GLOBOSA is involved in the control of floral architecture in *Antirrhinum majus*. *EMBO Journal*, **18**, 5370-5379.

Fan, H.Y., Hu, Y., Tudor, M. and Ma, H. (1997) Specific interactions between the K domains of AG and AGLs, members of the MADS domain family of DNA binding proteins. *Plant Journal*, **12**, 999-1010.

Feller, A., Machemer, K., Braun, E.L. and Grotewold, E. (2011) Evolutionary and comparative analysis of MYB and bHLH plant transcription factors. *Plant Journal*, **66**, 94-116.

Ferrario, S., Immink, R.G., Shchennikova, A. *et al.* (2003) The MADS Box Gene *FBP2* is required for SEPALLATA function in petunia. *Plant Cell*, **15**, 914-925.

Gendron, J.M., Pruneda-Paz, J.L., Doherty, C.J. *et al.* (2012) Arabidopsis circadian clock protein, TOC1, is a DNA-binding transcription factor. *Proceedings of the National Academy of Sciences USA*, **109**, 3167-3172.10

Goff, S.A., Cone, K.C. and Chandler, V.L. (1992) Functional analysis of the transcriptional activator encoded by the maize B gene: evidence for a direct functional interaction between two classes of regulatory proteins. *Genes Development*, **6**, 864-875.

Grotewold, E., Sainz, M.B., Tagliani, L. *et al.* (2000) Identification of the residues in the Myb domain of maize C1 that specify the interaction with the bHLH cofactor R. *Proceedings of the National Academy of Sciences USA*, **97**, 13579-13584.

Hake, S. and Freeling, M. (1986). Analysis of genetic mosaics shows that the extra epidermal cell divisions in *Knotted* mutant maize plants are induced by adjacent mesophyll cells. *Nature*, **320**, 621-623.

Hardtke, C.S., Gohda, K., Osterlund, M.T. *et al*. (2000). HY5 stability and activity in *Arabidopsis* is regulated by phosphorylation in its COP1 binding domain. *EMBO Journal*, **19**, 4997-5006.

Helfer, A., Nusinow, D.A., Chow, B.Y. *et al*. (2011) *LUX ARRHYTHMO* encodes a nighttime repressor of circadian gene expression in the *Arabidopsis* core clock. *Current Biology*, **21**, 126-133.

Honma, T. and Goto, K. (2001) Complexes of MADS-box proteins are sufficient to convert leaves into floral organs. *Nature*, **409**, 525-529.

Hornitschek, P., Lorrain, S., Zoete, V. *et al*. (2009) Inhibition of the shade avoidance response by formation of non-DNA binding bHLH heterodimers. *EMBO Journal*, **28**, 3893-3902.

Hsu, P.Y., Devisetty, U.K. and Harmer, S.L. (2013) Accurate timekeeping is controlled by a cycling activator in *Arabidopsis*. *eLIFE*, **2**, e00473.

Kalivas, A., Pasentsis, K., Polidoros, A.N. and Tsaftaris, A.S. (2007) Heterotopic expression of B-class floral homeotic genes PISTILLATA/GLOBOSA supports a modified model for crocus (*Crocus sativus* L.) flower formation. *DNA Sequence*, **18**, 120-130.

Kurata, T., Okada, K. and Wada, T. (2005) Intercellular movement of transcription factors. *Current Opinion in Plant Biology*, **8**, 600-605.

Lau, O.S., Huang, X., Charron, J.B. *et al*. (2011) Interaction of *Arabidopsis* DET1 with CCA1 and LHY in mediating transcriptional repression in the plant circadian clock. *Molecular Cell*, **43**, 703-712.

Leseberg, C.H., Eissler, C.L., Wang, X. *et al*. (2008) Interaction study of MADS-domain proteins in tomato. *Journal of Experimental Botany*, **59**, 2253-2165.

Malapeira, J., Khaitova, L.C. and Mas, P. (2012) Ordered changes in histone modifications at the core of the Arabidopsis circadian clock. *Proceedings of the National Academy of Sciences USA*, **109**, *21540-21545*.

McClung, C.R. (2011) The genetics of plant clocks. *Advances in Genetics*, **74**, 105-139.

Miyashima, S., Koi, S., Hashimoto, T. and Nkajima, K. (2011) Non-cell-autonomous microRNA165 acts in a dose-dependent manner to regulate multiple differentiation status in the *Arabidopsis* root. *Development*, **138**, 2303-2313.

Nagel, D.H. and Kay, S.A. (2012) Complexity in the wiring and regulation of plant circadian networks. *Current Biology*, **22**, R648-657.

Nakamichi, N., Kiba, T., Henriques, R. *et al*. (2010) PSEUDO-RESPONSE REGULATORS 9, 7, and 5 are transcriptional repressors in the *Arabidopsis* circadian clock. *Plant Cell*, **22**, 594-605.

Nusinow, D.A., Helfer, A., Hamilton, E.E. *et al*. (2011) The ELF4-ELF3-LUC complex links the circadian clock to diurnal control of hypocotyls growth. *Nature*, **475**, 398-402.

Pelaz, S., Ditta, G.S., Baumann, E. *et al*. (2000) B and C floral organ identity functions require SEPALLATA MADS-box genes. *Nature*, **405**, 200-203.

Pokhilko, A., Fernandez, A.P., Edwards, K.D. *et al*. (2012) The clock gene circuit in *Arabidopsis* includes a repressilator with additional feedback loops. *Molecular Systems Biology*, **8**, 574.

Riechmann, J.L., Krizek, B.A. and Meyerowitz, E.M. (1996a) Dimerization specificity of Arabidopsis MADS domain homeotic proteins APETALA1, APETAL3, PISTILLATA, and AGAMOUS. *Proceedings of the National Academy of Sciences USA*, **93**, 4793-4798.

Riechmann, J.L., Wang, M. and Meyerowitz, E.M. (1996b) DNA-binding properties of Arabidopsis MADS domain homeotic proteins APETALA1, APETAL3, PISTILLATA, and AGAMOUS. *Nucletic Acids Research*, **24**, 3134-3141.

Theissen, G. and Becker, A. (2004) Gymnosperm orthologues of Class B floral homeotic genes and their impact on understanding flower origin. *Critical Review in Plant Sciences*, **23**, 129-148.

Theissen, G., Becker, A., Di Rosa, A. *et al*. (2000) A short history of MADS-box genes in plants. *Plant Molecular Biology*, **42**, 115-149.

Theissen, G. and Saedler, H. (2001) Plant biology. Floral quartets. *Nature*, **409**, 469-471.

Toledo-Ortiz, G., Huq, E. and Quail, P.H. (2003) The Arabidopsis basic/helix-loop-helix transcription factor family. *Plant Cell*, **15**, 1749-1770.

Wang, L., Kim, J. and Somers, D.E. (2012) Transcriptional corepressor TOPLESS complexes with pseudoresponse regulator proteins and histone deacetylases to regulate circadian transcription. *Proceedings of the National Academy of Sciences USA*, **110**, 761-766.

Wang, Z. Y., Bai, M. Y., Oh, E. and Zhu, J. Y. (2012) Brassinosteroid signaling network and regulation of photomorphogenesis, *Annual Review of Genetics*, **46**, 701-724.

Wright, W.E. (1992) Muscle basic helix-loop-helix proteins and the regulation of myogenesis. *Current Opinion in Genetics & Development*, **2**, 243-248.

Wu, S. and Gallagher, K.L. (2011) Mobile protein signals in plant development. *Current Opinion in Plant Biology*, **14**, 563-570.

Zimmermann, I.M., Heim, M.A., Weisshaar, B. and Uhrig, J.F. (2004) Comprehensive identification of *Arabidopsis thaliana* MYB transcription factors interacting with R/B-like BHLH proteins. *Plant Journal*, **40**, 22-34.

제11장 Small RNAs

11.1 공동발현억제 혹은 유전자 침묵 현상

이전의 장들에서는 일반적으로 RNA가, 그 중에서도 특히 mRNA가, 어떻게 전사 과정에 의해 합성되는지, 그리고 이러한 전사과정은 어떻게 조절되는지에 대해 알아보았다. 하지만 지난 수십 년 간 RNA 연구분야는 small RNA라고 알려진 완전히 새로운 종류의 RNA 발견으로 많은 변화를 겪었다. 이번 장에서는 이들의 생성과 기능에 대해 식물학적 관점에서 살펴보도록 하겠다.

Small RNA를 논하기 전에, 우리는 **공동발현억제(co-suppression)** 혹은 **유전자 침묵(gene silencing)**이라 알려진 현상에 대해 반드시 알아야 하는데, 이는 1980년대 초반부터 식물분자생물학자들에게는 매우 잘 알려진 현상이었다. 공동발현억제는 유전자나 유전물질의 작은 조각이, 예를 들어 형질전환(transformation) 같은 과정을 통해 식물 안으로 들어올 때 발생한다. 이러한 유전자는 보통 **이식유전자(transgene)**라고 불린다. 이식유전자는 비상동 재조합(non-homologous recombination)이라는 과정을 통하여 식물 유전체(genome) 내의 다양한 곳에 자리를 잡게 되는데, 형질전환 방법에 따라 식물 유전체로 끼어 들어가는 유전자의 개수는 1개에서부터 여러 개로 다양할 수 있다. 또 다른 형질전환 방법으로는 상동 재조합(homologous recombination)이 있는데, 이 방법으로는 식물의 일반적인 유전자를 이식유전자로 정교하게 교체할 수 있다. 이는 일부 이끼류를 제외한 대부분의 육상식물에서는 성공률이 매우 낮아서 식물 유전자의 교체는 현재까지 거의 불가능하다고 알려져 있다. 이렇게 무작위로 삽입된 이식유전자들이 전사되는 경우, 유전체 내의 다른 곳에 삽입된 유전자들의 발현 수준이 매우 다르다는 것이 관찰되었고, 이는 **위치 효과(positional effect)**라고 알려져 있다. 그러나 만약 이식유전자의 서열 중 많은 부분이 유전체 내 다른 DNA 서열과 같다면 이식유전자와 내생적 유전자(endogenous gene)의 발현 둘 다 감소되는 경우가 종종 있는데, 이러한 현상을 공동발현억제라 한다(Jorgensen, 1995). 유전자 공동발현억제는 현재까지 많이 발견되어 왔으며 식물에서는 거의 보편적인 것으로 생각되고 있다. 그중에서도 페튜니아 꽃의 색소 패턴은(그림 11.1) 아마도 공동발현억제의 분자적 기반을 이해하기 위한 가장 좋은 예로 생각되며, 이는 궁극적으로 small RNAs의 발견에 근본적인 기여를 하였다.

페튜니아의 밝은 꽃은 특이 RNA 조절 기작이 나올 것 같지 않은 장소이지만 페튜니아(그리고 다른 식물들)에서의 안토시아닌(anthocyanin) 색소 연구는 놀라운 결과를 보여 주었다. 안토시아닌은 대부분 붉은색, 주황색, 보라색, 그리고 파란색의 꽃 색을 나타내는 데 관여하는데(Grotewold, 2006), 우리는 이를 3장에서 전이인자(transposon)의 활동으로 인한 눈에 보여지는 결과로 언급한 적이 있다. 미국의 캘리포니아주 오클랜드시에 위치한 DNA Plant Technology Corporation의 Rich Jorgenson과 Carolyn Naploi는 깊고 풍부한 색의 꽃을 만들기 위해 페튜니아의 안토시아닌 유전자 발현을 증가시키고자 하였다. 그들은 안토시아닌 생합성 경로에서의 첫 번째 유전자인 chalcone synthase(CHS)로 페튜니아를 형질전환한다. 어떤 경우엔, 그들은 예상한 대로

그림 11.1 **공동발현억제로 인한 패튜니아의 chalcone synthase(*CHS*) 유전자 형질전환체의 꽃 색소 패턴들.** Que 등(1997). Copyright 1997 American Society of Plant Biologists. 허락 하에 사용됨.

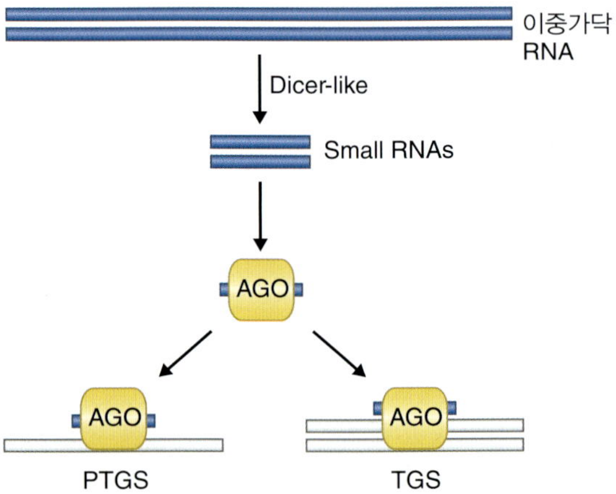

그림 11.2 **Small RNAs의 형성과 기능에 대한 일반적 경로.** 이중 가닥 RNAs(double-stranded RNAs, dsRNAs)는 여러 Dicer 효소의 기질이며, 이로 인해 만들어진 small RNAs는 전사적 유전자 침묵(Transcriptional gene silencing, TGS) 또는 전사후 유전자 침묵(Post-transcriptional gene silencing, PTGS)에 관여한다.

더 많은 색소를 얻을 수 있었는데, 놀랍게도 그들은 특이한 색 패턴을 지닌 꽃 뿐만 아니라 색소가 전혀 없는 꽃도 얻을 수 있었다(그림 11.1)(Napoli 등, 1990; Que 등, 1997). 이러한 현상은 식물체 내에 원래부터 있던 1개에 더해 하나 더 추가된 여분의 *CHS* 유전자가 도입된 유전자와 본래 식물에 존재하던 유전자 둘 다에 대해 발현이 안 되게 하거나 침묵시켜 발생하는 것으로 보인다. 당시 이러한 기작에 대해서는 밝혀지지 않았는데, 후속 연구 결과에서 유전자 침묵에 관한 두 가지의 작용 기작이 밝혀졌다. 하나는 전사적 유전자 침묵(transcriptional gene silencing, TGS)이고, 다른 하나는 전사후 유전자 침묵(post-transcriptional gene silencing, PTGS)이다(그림 11.2).

11.2 Small RNAs의 발견

앞에서 언급된 페튜니아 연구가 있은 후 얼마 안 되어 메사츄세츠 의과대학에서 선충 *Caenorhabditis elegans*(*C. elegans*)을 연구하던 Andrew Fire와 Craig Mello는 선충에 긴 이중 가닥의 RNA를 주입했을 때, 도입된 RNA와 상당히 유사한 서열을 가진 내생의 유전자가 침묵할 수 있다는 것을 발견하였다. 이러한 **RNA 간섭**(**RNA interference**, RNAi)은 센스(sense) 혹은 안티센스(antisence) RNA가 도입될 때 발생하며, 침묵 효과는 여러 세대 이상 유지되었다(Fire 등., 1998). 이러한 RNA 간섭의 발견으로 Fire와 Mello는 2006년 노벨 생리의학상을 공동수상하였다. 몇몇 후속 실험은 RNA 간섭이 RNA 분해를 촉진시키는 경향이 있다는 것을 보여주었다. RNA 간섭은 전사 후에 작용하는 것으로 보였다(따라서 RNAi는 먼저 발견되었던 식물에서의 PTGS와 동일하다. 그림 11.2). RNAi 작용은 효소 작용처럼 작용에 있어 조금의 양으로도 큰 효과를 보여 주었기 때문에 매우 적은 양의 간섭 RNA로도 선충의 내생적 유전자의 발현억제에 매우 큰 효과를 보였다. 선충은 유전적 분석을 하기에 용이하므로 돌연변이 연구(mutagenesis study)로 RNAi 반응에 결함이 있는 돌연변이(mutant)를 동정하는 것이 가능하였다. 처음 발견된 선충 돌연변이는 당시 애기장대에서 막 확인되었던 잎의 발달 조절에 관여하는 *ARGONAUTE1*(*AGO1*)과 유사한 유전자였다(Bohmert 등., 1998). 곧 언급하겠지만, 대부분의 생물체는 여러 개의 AGO 단백질들을 가지고 있으며, 각각은 유전자 침묵을 초래하는 분자 경로에서 고유의 역할을 맡고 있다.

1999년, David Baulcombe의 연구팀(영국, Norwich 소재 John Innes Centre)에서는 PTGS(식물에서 밝혀진 RNAi와 동등한 기작) 연구 중에 PTGS가 목표로 하는 식물 유전자 서열에 해당하는 토마토의 small RNA(~25개 뉴클레오티드 길이)를 발견하였다(Hamilton and Baulcombe 1999). 이러한 발견은 뒤이어 초파리에서 신속히 연구되었는데, **small interfering RNAs(siRNAs)**이라 불리는 작은 RNAs(이제는 21~23 bp의 길이를 가진 것으로 알려짐)가 Dicer라는 효소에 의하여 긴 이중가닥 RNAs에서 유래되었다는 것이 밝혀졌다. 게다가 RNA-유도 침묵 복합체(RISC, RNA-induced silencing complex) 또한 발견이 되었는데, 이는 siRNA와 함께 내생 mRNA에 결합하여 그것을 자르는 데 관여를 하는 것으로 알려졌다(Matzke and Matzke 2004)(그림 11.2).

이러한 small RNAs가 이식유전자에 대응해서 만들어지고, RNAs 기반의 세포 면역에 관여하는 것일까? 그건 아닐 것이다. 이미 1993년에 선충에서 이식유전자 없이도 small RNAs가 존재함이 밝혀졌었다. 이러한 siRNA의 발견은 small RNAs에 대한 흥미를 증가시켰고, 21세기 초반에는 후생동물과 식물에서 자연적으로 존재하는 small RNAs에 관한 다수의 논문이 나왔는데, 이들은 현재 microRNAs 혹은 miRNAs라 불린다. RNA 기반의 세포 면역에서의 siRNAs와 마찬가지로, miRNAs는 식·동물 모두에서 발달을 조절하는 데 중요한 역할을 한다. siRNAs와 miRNAs가 생화학적으로 유사하지만, 이 둘은 그들이 만들어지는 방법과 그 기능에서 뚜렷한 차이를 보인다(그림 11.3). 흥미롭게도 small RNA에 의해 매개된 침묵 신호는 식물계 전체에 퍼져 있고, 이들은 오랫동안 알려졌지만 그 기작은 이해되지 않았던 많은 현상을 설명하는 데 도움을 주고 있다. 다음 절에서는 small RNAs가 어떻게 만들어지고, 어떻게 작용하는지, 그리고 그들의 세포 간 조직적 이동과 더불어 그들이 식물 생물학에서 가진 중요성에 대해서도 알아 볼 것이다.

11.3 miRNA의 형성과정과 기능

MicroRNAs(miRNAs)는 *MIR* 유전자로부터, RNP-II에 의해 전사되므로(그림 11.3), 9장과 10장에서 언급된 다양한 전사조절 기작의 영향을 받는다. Primary miRNA

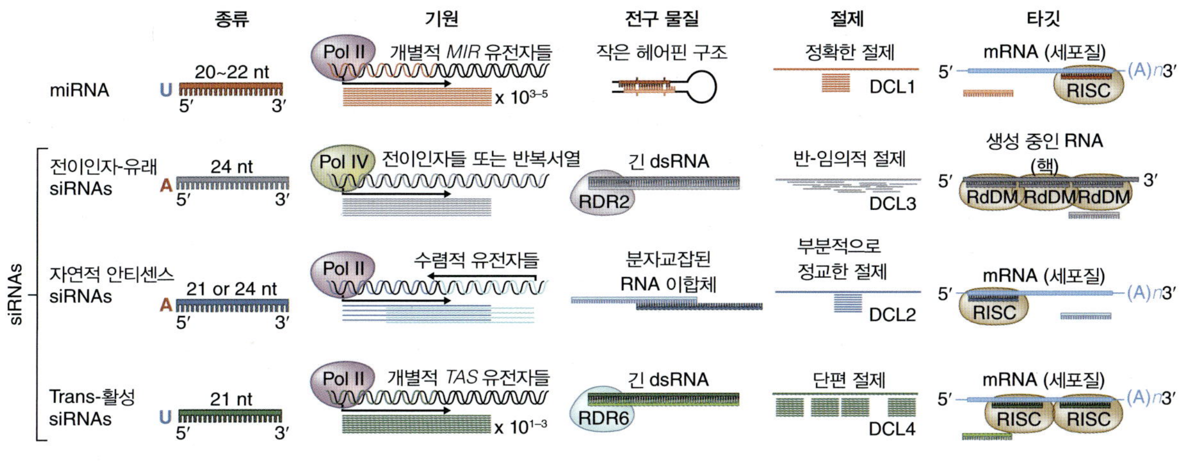

그림 11.3 miRNAs와 다른 형태의 siRNAs를 포함한 식물 small RNAs의 주요 분류군의 분류와 기원. Wang 등(2011)에 근거하여 재구성함. Elsevier의 허락 하에 재생산함.

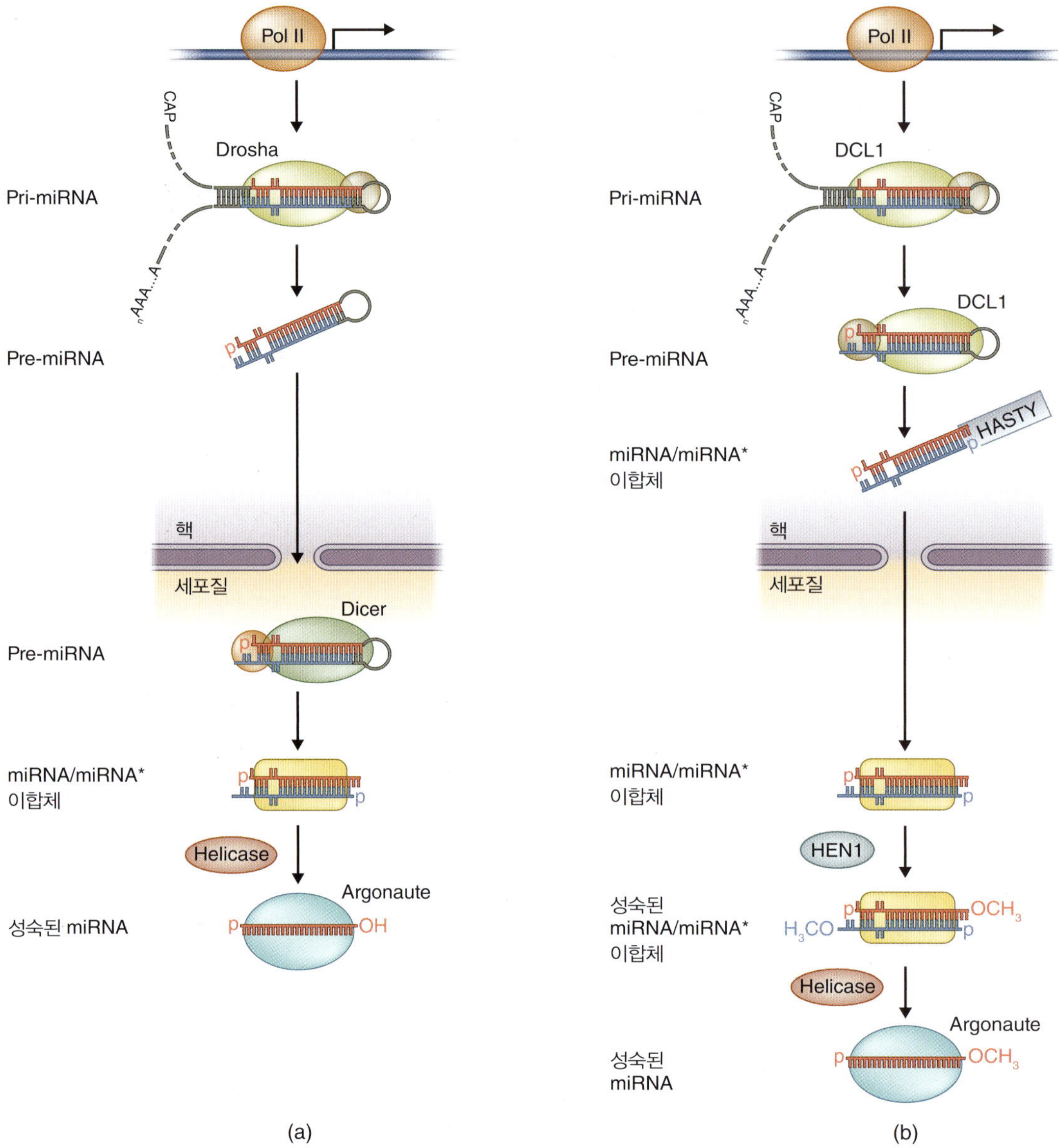

그림 11.4 동물(a)과 식물(b)에서의 miRNAs의 성숙 과정. 자세한 설명은 본문 참고.

전사체(pri-miRNAs)는 완벽하게 일치하지는 않지만 자가 상보적이어서 구부려져서 접히는 부분을 가지는데(그림 11.4), 이는 동물과 식물에서 다른 종류의 단백질에 의해 다음 단계로 가게 된다. 동물에서는 초기단계에 Drosha 핵산분해효소(Drosha nuclease)(기억할 점: 핵산분해효소는 일반적으로 핵산을 분해하는 효소를 말한다.)가 RNA 결합단백질과 함께 작용한다. 이렇게 가공된 동물의 miRNA 전구체(pre-miRNA)는 핵에서 세포질로 이동된 후 또 다른 핵산분해효소인 Dicer에 의해 성숙한 miRNA(~22개 뉴클레오티드 길이)가 된다. 식물에서는 Dicer와 유사한 DCL1(Dicer-like protein)이 pre-miRNA로의 초기 과정과 miRNA로의 과정 모두를 핵 안에서 수행하며, 이 과정에서 ~21 bp의 이중 가닥 RNA(성숙한 miRNA와 passenger strand 또는 miRNA*라 불리는 그 상보적 가닥)를 만들게 된다. 이러한 이중 가닥 RNA는 세포질로 이동되며, 이 세포질에서 AGO 단백질이 miRNA를 인식하게 된다. 식물에서는 miRNAs와 miRNAs* 둘 다 HEN1 methyltransferase에 의해 2′-*O*-methylation된다(Yu 등., 2005)(그림 11.4). 2′-*O*-methyhation은 일반적이지 않은 뉴클레오티드 변형(nucleotide modification)이다. 이후에 miRNA와 miRNA* 가닥은 helicase에 의해 분리되고 miRNA 가닥은 AGO 단백질과 결합하게 된다.

miRNA는 목표 mRNA와 결합하는 방식으로 작용하며 목표 mRNA의 번역을 방해하거나 목표 mRNA을 자르게 된다(그림 11.5). 이들이 해당 mRNA에 작용하는 방식에서는 식물과 동물에서 확연한 차이가 있다(표 11.1). 동물에서 miRNA는 두 가지 방식으로 작용할 수 있다. miRNA와 목표 mRNA 간의 서열이 완전히 일치할 경우 RISC(RNAs-induced silencing complex)가 목표 mRNA를 자르게 된다. 하지만 miRNA와 목표 유전자의 3′-UTR 간의 서열이 완전히 일치하지 않는다면 RISC는 이들 간의 이형이중 가닥(heteroduplex)를 인지하여 번역을 방해한다. 식물에서의 가장 빈번한 miRNA 기작은 mRNA를 자르는 것이다. 식물에서 miRNA는 대개 목표 mRNA의 5′-UTR나 번역되는 부분을 인식한다. miRNA가 mRNA에 붙는 기작에서의 또 다른 차이점은 식물의 miRNA는 보통 목표 mRNA의 한 장소에 반응하지만, 동물 miRNA는 하나의 mRNA의 여러 부분에 대부분 결합할 수 있다.

표 11.1 동물과 식물에서의 miRNA 기능의 차이점. 가장 일반적인 특징을 반영하지만 예외가 많다.

	식물	동물
표적 mRNA에서의 위치	5′-UTR, 번역 부분	3′-UTR
miRNA와 표적 mRNA 간의 상보성	일치	제한적
표적 mRNA의 운명	잘림	번역의 방해

다른 *MIR* 유전자들도 성숙 과정을 거친 후에는 완전히 같은 혹은 거의 같은 miRNA가 될 수 있으며, 이들은 보통 같은 군으로 묶여진다. 현재 연구결과에 의하면 식물과 동물에서 알려진 miRNA 군들은 독립적으로

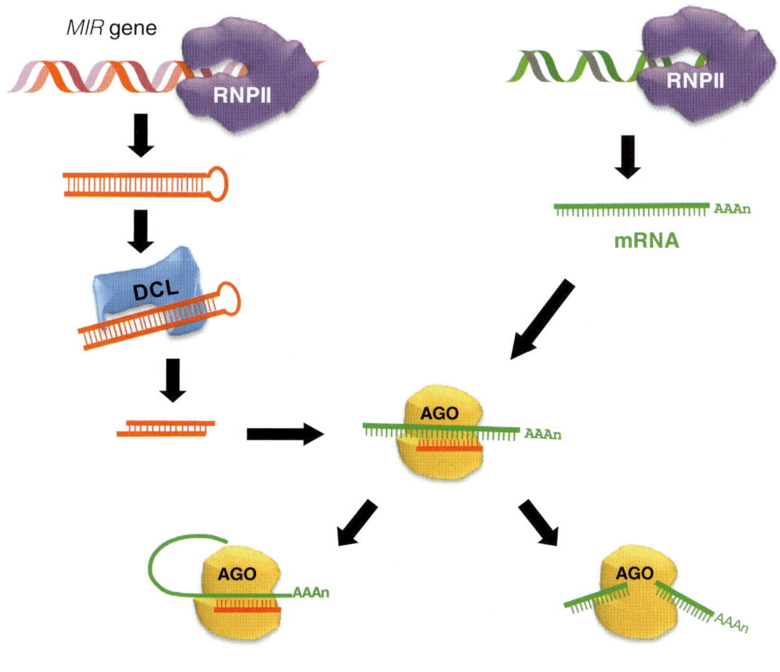

그림 11.5 miRNAs는 mRNAs를 자르거나 mRNAs 번역을 방해한다. RNPII: DNA 의존적인 RNA 중합효소 II, DCL: Dicer-like protein, AGO: ARGONAUTE(식물에서는 AGO1 단백질이 가장 자주 사용된다). 그림은 Williams(2013)에 근거해서 재구성함. Copyright 2013 American Society of Plant Biologists. 허락 하에 사용됨.

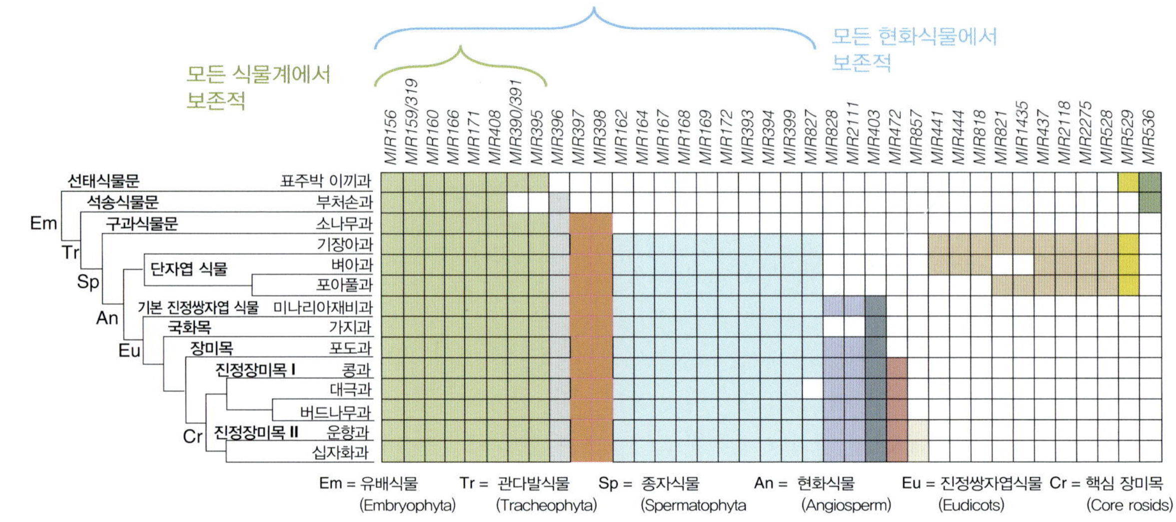

그림 11.6 식물계의 *MIR* 유전자의 보존과 다양성. 각 열은 1개의 MIR 군을 나타내고, 색깔은 MIR 유전자가 각기 다른 분류 군에 얼마나 분포되어 있는지를 보여준다. Cuperus et al.(2011)에 근거해서 재구성함. Copyright 2011 American Society of Plant Biologists. 하락 하에 사용됨.

발달해 온 것으로 보인다. 애기장대 유전체에는 600개 이상의 *MIR* 유전자가 있으며 이들은 50개의 고유한 군(family)으로 묶여진다. MicroRNAs 데이터베이스(miRBase, http://www.mirbase.org/)는 모든 종의 miRNAs 정보를 가지고 있고 miRNAs의 명명법과 miRNAs의 주석에 관한 기준을 제공한다(Meyers 등., 2008). 식물에서의 miRNA 기능에는 miRNA와 목표 mRNA 간의 높은 상보성이 요구되므로 miRNA의 진화는 매우 빠르며, 식물에서 일반적으로 새로운 miRNA가 생기거나 존재하던 miRNA가 사라지는 데 백만 년 정도가 걸리는 것으로 추정되었다(Cuperus 등., 2011). 이러한 주장은 대부분의 *MIR* 유전자가 계통 특이적 혹은 종 특이적이라는 것을 시사한다(그림11.6). 그럼에도 불구하고 몇 가지 그룹의 *MIR* 유전자는 모든 식물에서 보전되어 있다(그림 11.6). 이러한 *MIR* 유전자들(그리고 이로 인해 만들어지는 miRNA)은 종종 식물 기능에 있어 가장 중요한 대사과정이나 발달과정에 관련되어 있다. 11.6절에서 *MIR156*과 *MIR166*이 식물 발달에 미치는 영향에 대해 알아볼 것이다. 인간에서는 잘못된 miRNA 발현이 암의 특징 중 하나이기도 한다.

11.4 식물 siRNAs는 다른 종류의 이중 가닥 RNAs에서 유래한다

헤어핀과 유사한 구조를 가지고 있는 mRNAs로부터 만들어진 miRNAs와는 다르게 모든 siRNAs는 긴 이중 가닥 RNA 분자로부터 만들어진다(그림 11.3). 이중 가닥 RNAs가 유전자 침묵을 야기하는 능력은 진화과정 중에도 잘 보존되어 왔으며, 이는 생물체가 원하지 않는 뉴클레오티드의 '침입'에 대한 감시 기작의 일부로 이중 가닥 RNA에 의한 유전자 침묵을 발달시켜 왔다는 가설로 이어졌다. 이러한 원치 않는 뉴클레오티드(종종 RNAs)는 전이인자, 바이러스 또는 다른 기생적 DNA 서열로부터 유래할 수 있으며, 이러한 고대의 방어 기작은 침입하는 RNA, 즉 이식유전자에 대항해 작동하게 된다. 전이인자로부터 유래된 siRNAs는 식물에서 가장 많은 siRNAs로 보통 24개 뉴클레오티드 길이를 가지지만(그림 11.3), 24개 뉴클레오티드 길이의 형성이 막히면 21-22 뉴클레오티드의 siRNAs가 TGS을 일으킨다. 24개 뉴클레오티드 siRNAs는 TGS의 유지에 중요한 역할을 하는 데 반해 21-22개 뉴클레오티드 siRNAs는 전이인자 침묵 시작에 관여하는 것으로 생각된다(Nuthikattu 등., 2013).

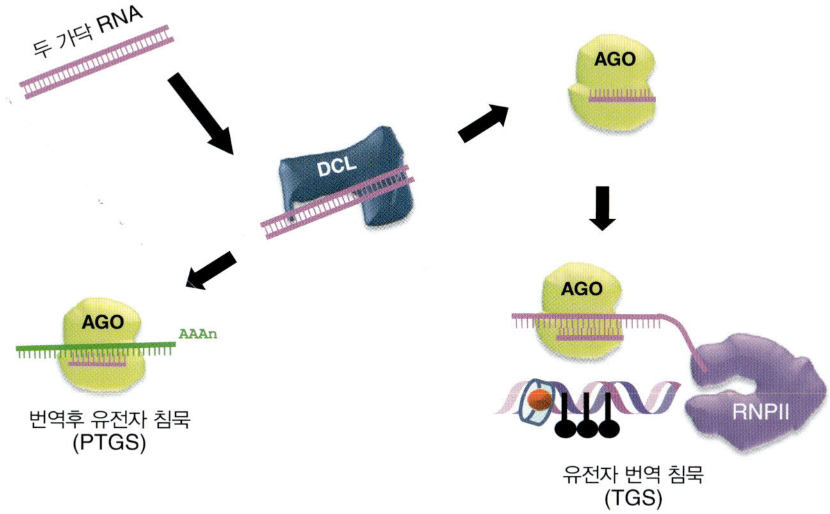

그림 11.7 식물 siRNAs 기능의 작용기작. PTGS는 mRNA 절단을 초래한다(히스톤 변형과 염색질 구조에 대한 PTGS의 영향에 대해서는 12장에서 자세히 알아보도록 하자). RNPII: DNA 의존적 RNA 중합효소 II(DNA-dependent RNAs polymerase II), DCL: Dicer-like protein, AGO: ARGONAUTE 단백질(식물에서는 AGO4 단백질이 가장 자주 사용된다). Williams(2013)에 근거해서 재구성함. Copyright 2013 American Society of Plant Biologists. 허락 하에 사용됨.

3장에서 전이인자와 어떻게 식물이 전이인자의 활성을 조절하는지에 대해 알아보았다. 만약 이중 가닥 RNA를 통한 유전자 침묵 과정에 돌연변이가 생긴다면 전이인자는 종종 이동할 수 있고, 유전체를 불안정화시킬 수 있다. 후생동물에서는 이와 같은 과정이 종종 PTGS/RNAi를 통해 일어나지만, 식물에서는 대부분 TGS를 통해 일어나는데(그림 11.7), 12장에서 자세히 다루어지는 DNA와 히스톤 단백질에 대한 공유결합적 수정을 통해서이다. 이러한 이식유전자에 의해 일어나는 RNA 침묵에 관여하는 신호는 식물에서 세포간 원거리 이동이 가능하다(**systematic movement**). 이러한 원거리 이동에 관해서는 11.6 절에서 자세히 다루어질 것이다.

다른 병원균과 마찬가지로 식물은 바이러스와도 군비경쟁(arms race)을 해 왔다. 많은 식물 바이러스는 RNA 유전체를 가지며 이중 가닥 RNA 중간체를 통해 복제하는데, 이 과정에서의 이중 가닥 RNA는 식물에서의 siRNA 경로를 촉발하게 한다. 항바이러스 침묵 경로는 다음과 같은 세 가지 단계으로 나뉜다. (i) 바이러스 RNAs를 감지하고 바이러스에 특이적인 siRNAs를 만들어 내기. (ii) siRNA 신호의 증폭 [여기에 RNA-의존 RNA 중합효소(RNA-dependent RNA polymerases, RdRPs)가 관여한다]. (iii) 바이러스 mRNAs를 목표로 하는 RISC 복합체의 조립.

RNAi 경로는 바이러스 RNA 발현을 잘 침묵시키기 위해 선택되어져 왔던 반면, 바이러스는 숙주 세포의 RNAi 경로을 억제할 수 있는 억제자를 발달시켜 왔다. 바이러스의 **침묵 억제자**(silencing suppressors) 표적으로는 Dicer와 DCL 단백질, RdRPs 그리고 AGOs가 있다(Burgyan and Havelda, 2011). 가장 널리 사용되는 바이러스의 억제자로는 tombusvirus의 P19 단백질과 *Tobacco etch virus*의 HC-Pro 단백질이 있다. 이 두 가지 바이러스 억제자들은 RISC 중합체의 조립을 억제해 식물이 침묵 기작을 제대로 하지 못하게 한다(Burgyan and Havelda, 2011). siRNAs는 식물에게 바이러스에 대한 저항성을 주는 것 외에 세균성 병원균에도 관련이 있다. 앞에서 공동-발현억제(co-suppression)로 인해 이식유전자의 식물체 내에서의 과발현이 저해되는 것에 대해 얘기하였다. 하지만, 만약 *p19*와 같은 침묵 억제자가 같이 형질전환되어 같이 발현된다면 이식유전자는 더 많이 안정적으로 발현되게 된다.

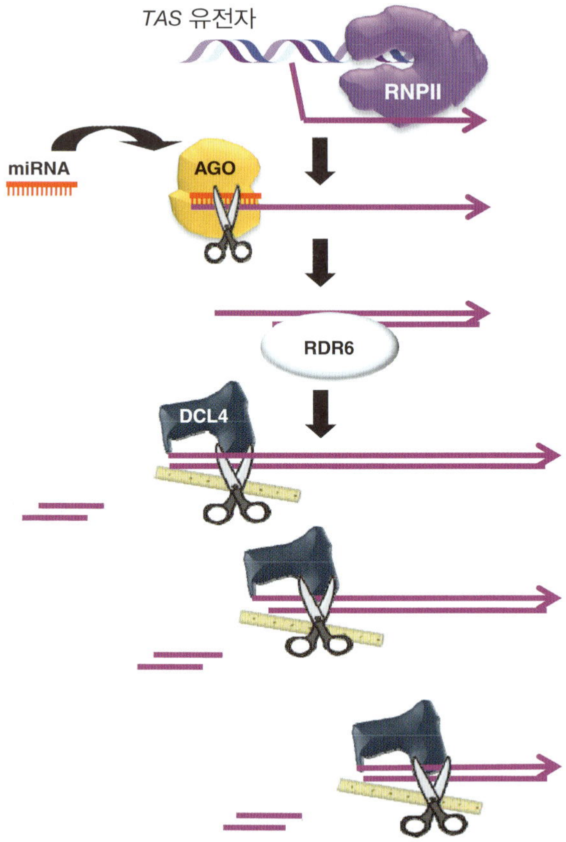

그림 11.8 ***trans*-acting siRNAs(tasiRNAs)의 형성과 작용 기작.** Williams(2013)에 근거해서 재구성함. Copyright 2013 American Society of Plant Biologists. 허락 하에 사용됨.

식물은 또한 다른 종류의 siRNAs를 만들어 내는데, 이들은 종종 중요한 조절 역할을 한다. 한 가지 좋은 예는 *trans*-acting siRNAs(tasiRNAs)라 알려진 siRNA군이다(그림 11.3). tasiRNAs는 식물계에 특이적인 siRNAs며 이끼와 같은 하등식물에서도 발견된다. 이들은 식물에서 *TAS* 유전자로 알려진 특별한 유전자로부터 RNP-II에 의해 발현된다. *TAS* 전사체는 miRNA에 의해 잘리고, 잘린 조각은 RNA-dependent RNA polymerase(RdRP; 애기장대에서는 RDR6, 그림 11.8)의 기질이 되어 모든 siRNAs가 형성될 때 필요한 이중 가닥 RNA가 된다. 다음으로 이 이중 가닥 RNA는 DCL(Dicer-like protein)에 의해 순차적으로 잘려 많은 수의 tasiRNAs가 되는데, 이들은 하나가 다른 하나와 인접하게 되는 '단계적(phased)' 상태로 존재하게 된다(그림 11.8). 사실 단계적인 21개 뉴클레오티드 길이의 small RNAs의 존재는 tasiRNA을 암시한다. tasiRNAs는 이중 가닥 RNA의 어느 가닥에서도 만들어질 수 있다. small RNAs에 대한 고속대용량 분석으로는 더 많은 수가 예측되지만, 현재 애기장대에서는 4개의 *TAS* 유전자(*TAS1-4*)가 알려져 있다. 대개 특정 유전자에 매우 특화되어 있는 miRNAs와는 다르게, *TAS*로 만들어진 tasiRNAs는 종종 한 유전자 군(gene family)에 속한 여러 유전자들을 목표로 작동한다. 예를 들면, *TAS1*과 *TAS2* tasiRNAs는 pentatricopeptide repeat(PPR) 유전자(이것은 세포내 소기관에서 전사체를 조절한다, 5장 참조)를, *TAS3* tasiRNAs는 옥신 반응 인자(auxin response factor, ARF) 전사인자들을 타깃으로 하고 *TAS4* tasiRNAs는 특별한 종류의 MYP 전사인자들을 타깃으로 한다.

중요한 조절작용을 하는 또 다른 siRNA 초군(subfamily)에는 자연적 안티센스 siRNAs(natural antisense siRNAs, nasiRNA; 때때로 natural *cis*-acting siRNAs라 불리기도 한다)가 있다(그림 11.3). nasiRNAs는 겹치는 부분이 있는 전사체로부터 나타나는데, 예를 들면 서로 반대쪽 DNA 가닥으로부터 만들어지면서 3′ 끝부분이 겹치는 mRNAs에서 나타날 수 있다(그림 11.3). 이런 겹치는 유전자들은 종종 생물적 또는 비생물적 스트레스 반응들과 관련이 있다. 이들은 명백히 RNP-II에 의해 전사되지만, RNP-IV도 관련될 수 있음이 제시되기도 하였다(Zhang 등., 2012). nasiRNAs는 식물에서만 나타나는 것이 아니며, 포유류, 초파리 그리고 효모에서도 보고되었다.

11.5 small RNAs의 세포 간 그리고 전식물체 이동(systemic movement)

세포 간 소통은 다세포 생물의 발달과 생존에 필수적이다. 세포와 세포 사이를 이동할 수 있는 신호 물질에는 펩타이드, 호르몬, 그리고 전사조절인자 등이 있다. 이에 더해 1990년대 후반에 small RNAs도 식물에서의 신호 물질 중 하나라는 것이 밝혀졌다(그림 11.9). RNA 침묵 신호의 이동은 거의 1세기 전에 발견되었던 현상을

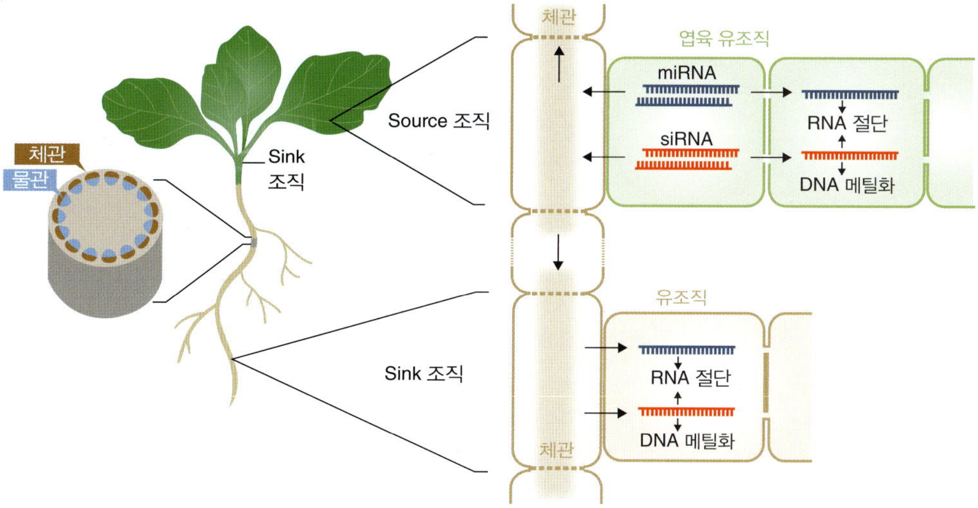

그림 11.9 애기장대에서의 small RNAs의 이동. 예를 들어, 잎(source tissue)에서 small RNAs가 생산되면, 단백질, 호르몬, 핵산 등의 수송을 맡고 있는 체관을 통해 뿌리 같은 다른 조직(sink tissue)으로 이동한다. 유세포(parenchyma) 조직은 특정 조직에서의 여러가지 세포 종류를 나타내며, 엽육조직(mesophyll parenchyma)은 대부분의 광합성이 일어나는 곳이다. Melnyk 등(2011). John Wiley & Sons의 허락 하에 재생산함.

설명하는 데 도움을 주었다. 담배의 아래쪽 잎이 RNA 바이러스에 의해 감염되었을 때 이들 잎은 심한 감염증상을 보이게 된다. 하지만 위쪽 잎들은 감염되지 않으며, 더욱이 이들은 이후 같은 바이러스에 노출되었을 때 저항성을 보여주었다. 오늘날 우리는 아래쪽 잎에서 RNA 바이러스 감염 시 만들어진 siRNAs가 체관을 통해 위쪽 잎으로 이동한다는 것을 알게 되었다. 이러한 siRNAs는 위쪽 잎의 세포로 침투하는 RNA 바이러스를 간섭할 수 있는 것이다. 따라서 이러한 siRNAs는 식물의 내재적 면역 시스템의 하나이다.

Small RNA는 체관을 통한 전식물체 이동(systemic movement, 그림 11.9)뿐 아니라 원형질연락사(plasmodesmata, 식물세포 간의 세포질 연결통로, 그림 2)를 통해 이동한다. 현재 모델로는 small RNAs는 대개 이중가닥의 상태로 전달된다(Dunoyer 등., 2010). 전신적 RNA 간섭(systematic RNA interference)은 식물체 외에도 선충(*C. elegans*)이나 곤충에서도 보고되었다(Melnyk 등, 2011; Molnar 등, 2011).

전문가 의견

Small RNAs에 의한 식물 생식 세포 내 전이인자의 통제

전이인자는 스스로를 복제한 후 유전체의 한 부분으로부터 다른 부분으로 그 복제본을 이동시킬 수 있는 DNA 조각이다. 전이인자는 DNA로 자신을 복제해 넣고 염색체를 절단함으로써 돌연변이를 만들고 염색체를 불안정하게 만든다. siRNAs는 식물의 전체 생활사에 걸쳐 전이인자의 활성을 억제하는데, 그중 생식세포(germ cell)에서의 전이인자의 활성 억제는 가장 중요하다.

생식세포나 생식세포계열(germline)에서의 전이인자의 활동은 이들로 인해 발생하는 돌연변이가 다음 세대로 유전되기 때문에 가장 유해하다. 식물은 동물과 다르게 발달 과정에서 일찍 생식세포계열을 따로 챙겨두지 않기 때문에, 식물의 전이인자가 DNA의 다른 곳으로 이동해 갈 수 있는 기회는 배우자(gametes)의 후기 발달

과정에서 뿐이다. 동물과는 다르게, 식물의 배우자는 몇 번의 체세포분열 이후의 감수분열로 만들어진 다세포 반수체 구조(multicellular haploid structure)의 배우체(gametophyte)에서 발달한다. 배우체의 하나 또는 2개의 세포가 배우자로 분화한다(정핵 또는 알세포, sperm or egg). 현화식물의 웅성배우체(male gametophyte)는 화분립(pollen grain)이며, 화분의 성장과 수정을 조절하는 영양세포(vegetative cell) 하나와 이보다 작은 2개의 정핵세포(sperm cells, SCs) 등 3개의 세포를 가지고 있다(그림 11.10). 2개의 정핵세포는 영양세포의 세포질 안에 묻혀 있는데, 이 영양세포를 통제하는 영양세포핵(vegetative cell nucleus, VN)은 DNA를 다음 세대로 전달하지 않는다.

2009년에 영양세포핵의 염색질을 연구한 몇몇의 논문이 발표되었다. 이들 연구에서 영양세포핵에서는 염색질을 정상적으로 응축되지 않아 전이인자의 전사가 활성화되는 것이 보여졌다(Schoft 등, 2009; Slotkin 등, 2009). 보육세포(nurse cells, 식물이나 동물에서 배우자에게 영양을 공급해 주는 배우자에 인접한 세포)에서의 염색질의 탈응축은 암수 계열 모두에서 다 나타났다(Pillot 등., 2010). 게다가 전이인자의 전사 활성화는 이들 전이인자의 mRNA로의 전사 후 siRNAs로의 분해로 이어지므로, 식물의 보육세포는 전이인자 siRNAs을 생산해 낼 수 있다.

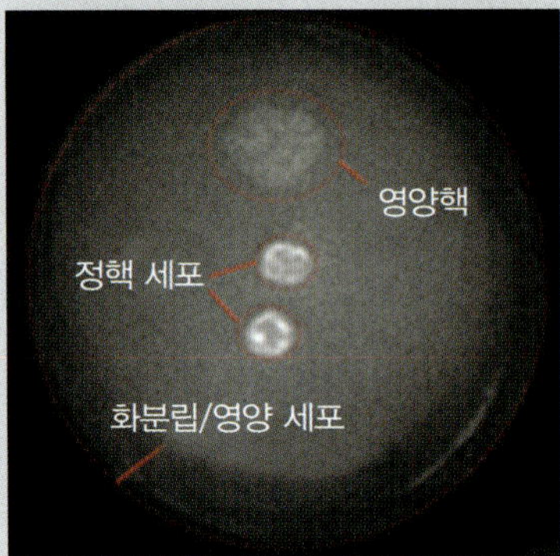

그림 11.10 **DNA와 결합하는 형광 염료인 DAPI로 염색한 성숙한 야생형태(wild-type)의 애기장대 화분립.** 2개의 정핵세포는 보다 더 큰 영양세포의 세포질에 위치한다. 영양 세포핵은 정핵세포와 비교해 염색질의 탈 응축이 일어나 있어 전이인자의 전사가 활발히 일어난다.

화분 영양세포 같은 보육세포가 왜 계획적으로 전이인자를 활성화시키는가에 대한 물음은 아직 남아 있다. 하나의 가설은 식물이 의도적으로 전이인자를 활성화시킴으로써 영양세포핵이 DNA를 전이시키고 염색체를 끊는 이들 전이인자를 감지하여 이들이 다음 세대로 유전되지 않게 한다는 것이다. 이런 전사인자의 활성화 목적은 아마도 영양세포핵의 전이인자 전사체로 전이인자의 siRNAs를 화분 안에 많이 만드는 것으로 보인다(Slotkin 등., 2009). 전이인자 siRNAs는 영양세포의 세포질 안에 묻혀 있고 세포 간 연결이 확연한 정핵세포에서도(McCue 등., 2011) 고농도로 나타난다(Slotkin 등., 2009). 따라서 배우체에서의 전이인자의 활동은 아마도 수정 전에 생식세포에서의 전이인자 siRNAs를 고농도로 준비해 두려는 것으로 보인다(Rartinez and Slotkin,, 2012). 게다가 최근에는 영양세포핵에서의 전이인자의 탈메틸화(demethylation, 이로 인해 전이인자의 활성화가 촉진됨)가 정핵세포 전이인자의 메틸화(methylation)에 필요하다는 것이 밝혀졌다(Ibarra 등., 2012). 이들 데이터로 미루어 보아 영양세포핵에서 활성화된 전이인자로 인해 만들어진 전이인자 siRNAs는 정핵세포의 메틸화를 촉진하여 전이인자를 효과적으로 침묵시킴으로써 다음 세대에 후생유전학적 흔적(epigenetic marks)을 남기는 것이다.

R, Keith Slotkin 씀

11.6 식물 생리 및 발달에서의 miRNAs의 역할

이전에서 언급된 것처럼, miRNAs는 식물의 발달과 식물의 생리에서 중요한 역할을 한다. 표 11.2에는 miRNAs의 몇 가지 예가 그들의 목표와 기능에 관해 설명되어 있다. 이제 일반적으로 miR156으로 표시되는 miRNA156의 식물 발달, 더 자세히는 영양상 변화(vegetative phase change)의 조절에 관여하는 것에 대해 살펴보고자 한다. 인간에서도 아이가 어른이 될 때 청소년기라는 변화를 겪듯이, 식물 발달에도 유사한 단계가 있다. 발아 후 꽃 피고 번식하기 전 식물은 영양생장(vegetative growth) 단계를 거치는데, 이는 어린 식물 단계(juvenile phase)와 다 자란 식물 단계(adult phase)로 구분되며 제대로 된 번식은 다 자란 식물 단계로의 전환이 끝나야 가능하다(Huijser and Schmid, 2011). 종에 따라 어린 식물과 다 자란 식물은 다른 종처럼 보이거나, 아니면 별 차이가 없어 전문가가 아니면 구분이 힘들 때도 있다. 애기장대에서는 쉽게 이런 전환을 알 수 있으므로 어린 식물에서 다 자란 식물로의 변환 과정과 연관된 분자 기작을 연구하기에 편리하다(Huijser and Schmid, 2011). 애기장대의 초기 발달과정 중에는 miR156의 양이 많아(그림 11.11), 유묘에서 어린 식물 단계의 성장을 촉진시킨다. 어린 애기장대의 잎은 모양이 거의 둥글며 잎의 위쪽(adaxial side)에만 털(모상체, trichomes, 매우 큰 하나의 세포로 이루어진 털)이 나 있다. 식물이 성체가 되어

표 11.2 몇몇 식물 miRNAs의 표적. 색깔은 그림 11.6에서 보이는 듯이 보존의 정도를 나타낸다.

miRNA	목표	기능
miR156	SPL 전사조절인자	영양상 변화
miR160	ARF 전사조절인자	옥신 호르몬 수송
miR165/166	HD-ZIP III 전사조절인자	발달, 극성
miR172	AP2 전사조절인자	발달 시기 결정 꽃 기관의 정체성 부여
miR390	TAS3	옥신 반응, 발달
miR395	황산염 수송	황산염 흡수
miR399	단백질 유비퀴틴화	인산염 흡수

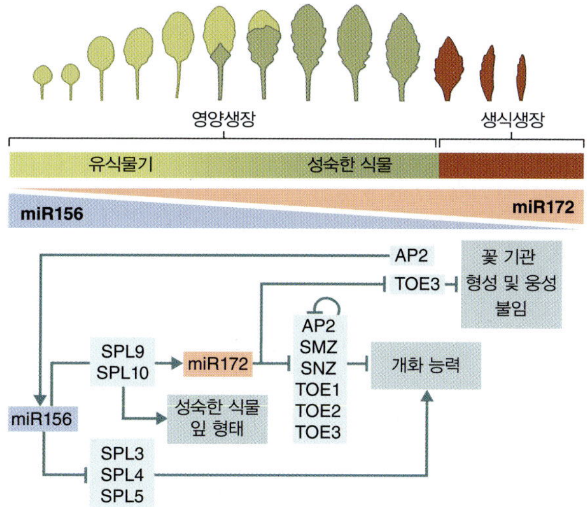

그림 11.11 애기장대에서 발달단계 변화의 조절. 자세한 설명은 본문 참고. Huijser와 Schmid, 2011과 *The plant cell* teaching tools in plant biology의 정보를 토대로 다시 그림.

갈수록 miR156은 점점 줄어들어 전사조절인자인 SPL3, SPL4, SPL5, SPL9 그리고 SPL10[(이들은 모두 SPL 군(family)이다; SPL은 Squamosa Promoter binding protein Like]의 mRNA가 축적된다. SPL9와 SPL10은 더 큰 모상체을 잎의 아래쪽(abaxial side)에도 나게 하는 것을 포함하는 다 자란 식물의 특징으로의 전환을 촉진한다. 동시에, SPL9와 SPL10 전사조절인자는 조절 부위에 결합하여 *MIR172* 유전자를 발현시킨다. 늘어난 miR172은 꽃피는 것을 억제하던 여섯 가지의 AP2-like 전사조절인자들(AP2, SMZ, SNZ, TOE1, TOE2, TOE3; 그림 11.11)를 분해시켜 꽃이 피게 해준다. 따라서 miR156의 감소로 인한 SPL3, SPL4 그리고 SP5의 증가는 식물이 꽃을 피울 수 있게 해주는 것이다. AP2는 10장에서 다루어진 것처럼 꽃의 형태 발생에도 관련이 있다.

11.7 요약

Small RNAs는 아마도 지난 수십 년 동안 발견된 가장 중요한 것들 중 하나일 것이다. 이전에는 유전자를 암호화하는 데 쓰이지 않은 것 등에 속해 "쓸모 없는 것("junk" DNA)"으로 고려되었던 DNA의 상당 부분이 갑

자기 small RNA 생물학의 맥락에서 새로운 면을 보이게 되었다. 이번 장은 두 가지 주요 small RNAs인 miRNAs와 siRNAs를 알아보았다. 이 두 가지 small RNA 분류군은 식물의 발달에 관여하며 전이인자와 바이러스에 대한 적응적 면역력을 주기 때문에 식물 생물학에서 매우 중요하다. Small RNAs의 기작에 대해서는 잘 알려져 있으며, 여기에는 DICER와 AGO 단백질 군의 특정 구성원이 관련되어 있다.

11.8 문제

11.1 애기장대와 가장 많이 연구가 된 식물들은 몇 가지의 Dicer-like(DCL) 단백질들을 가지고 있다. 어떤 small RNA의 생성 경로상에서 각각의 DCL 단백질이 작용하는가?

11.2 쓸모 없는 것으로 고려되던 DNA("junk" DNA)의 개념이 small RNAs의 발견 후에 어떻게 변화하였는가? 그리고 그 이유는?

11.3 어떻게 유전체 내에서 *MIR* 유전자를 찾을 수 있을까? 찾은 유전자가 *MIR* 유전자인지 어떻게 확인할 수 있을까?

11.4 mRNA의 분해 산물과 small RNAs을 구분할 수 있는 특징은 무엇인가?

11.5 식물의 발달 과정에 관여하는 일부 식물 miRNAs의 기작을 서술하라.

참고문헌

Bohmert, K., Camus, I., Bellini, C. *et al.* (1998) AGO1 defines a novel locus of *Arabidopsis* controlling leaf development. *EMBP Journal*. **17**, 170-180.

Burgyan, J. and Havelda, Z. (2011) Viral suppressor of RNA silencing. *Trends in Plant Science*, **16**, 265-272.

Cuperus, J.T., Fahlgren, N., and Carrington, J.C. (2011) Evolution and functional diversification of miRNA genes. *Plant Cell*, **23**, 431-442.

Dunoyer, P., Schott, G., Himber, C. et al. (2010) Small duplexes function as mobile silencing signals between plant cells. *Science*, **328**, 912-916.

Fire, A., Xu, S., Montgomery, M.K. et al. (1998) Potent and specific genetic interference by double-stranded RNA in *Caenohardtitis elegans*. *Nature*, **391**, 806-811.

Grotewold, E. (2006) The genetic and biochemistry of floral pigments. *Annual Review of Plant Biology*, **57**, 761-780.

Hamilton, A.J. and Baulcombe, D.C. (1999) A species of small antisense RNA in posttranstranscriptional gene silencing in plants. *Science*, **286**, 950-952.

Huijser, P. and Schmid, M. (2011) The control of developmental phase transitions in plants. *Development*, **138**, 4117-4129.

Ibarra, C.A., Feng, X., Schoft, V.K. *et al.* (2012) Active DNA demethylation in plant companion cells reinforces transposon meethyltion in gametes. *Science*, **337**, 1360-1364.

Jorgensen, R.A. (1995) Cosuppression, flower color patterns, and metastable gene expression states. *Science*, **268**, 686-691.

Martinez, G. and Slotkin, R.K. (2012) Developmental relaxation of transposable element silencing in plants: funational or byproduct? *Current Opinion in Plant Biology*, **15**, 496-502.

Matzke, M.A. and Matzke, A.J. (2004) Planting the seeds of a new paradigm. *PLoS Biology*, **2**, E133.

McCue, A.D., Xresti, M., Feijo, J.A., and Slotkin, R.K. (2011) Cytoplasmic connection of sperm cells to the pollen vegetative cell nucleus: partial roles of the male germ unit revisited. *Journal of Experimental Botany*, **62**, 1621-1631.

Melynk, CW., Molnar, A., and Baulcombe, D.C. (2011) Intercellular and systemic movement of RNA silencing signals. *EMBO Journal*, **30**, 3553-3563.

Meyers, B.C., Axtell, M.J., Bartel, B. *et al.* (2008) Criteria for annotation of plant microRNAs. *Plant Cell*, **20**, 3186-3190.

Molnars, A., Melnyk, C., and Baulcombe, D.C. (2011) Silencing signals in plants: a long journey for small RNAs. *Genome Biology*, **12**, 215.

Napoli, C, Lemieux, C, and Jorgensen, R. (1990) Introduction of a chimeric chalcone synthase gene into petunia results in reversible co-suppression of homologous genes in trans. *Plant Cell*, **2**, 279-289.

Nuthikattu, S., McCue, A.D, Panda, K. *et al.* (2013) The initiation of epigenetic silencing of active transposable element is triggered by RDA6 and 21-22 nucelotide small interfereing RNAs. *Plant Physiology*, **162**, 116-131.

Pillot, M., Baroux, C., C+Vazquez, M.A. *et al.* (2010) Embryo and endosperm inherit distinct chromati and transcriptional states from the female gametes in

Arabidospis. *Plant Cell*, **22**, 307-320.

Que, Q., Wang, H.Y., English, J.J., Jorgensen, R.A. (1997) The frequency and degree of cosuppression by sense chalcone synthase transgene are dependent on transgene promoter strength and are reduced by premature nonsense codon the transgene coding sequence. *Plant Cell*, **9**, 1357-1368.

Schoft, V.K., Chumak, N., Mosiolek, M. *et al*. (2009) Induction of RNA-directed DNA methylation upon decondensation of constitutive heterochromatin. *EMBO Reports*, **10**, 1051-1021.

Slotkin, R.K.,Vaughn, M., Borges, F. *et a*l. (2009) Eigenetic reprogramming and small silencing of transposable elements in pollen. *Cell*, **136**, 461-472.

Wang, X., Laurie, J.D., Liu, T. *et al*. (2011) Computational dissection of Arabidopsis smRNAome leads to discovery of novel microRNAs and short interfering RNAs associated with transcription start sites. *Plant Genomics*, **97**, 235-243.

Wiiliams, M.E. (2013) The small RNA world. Teaching tools in plant biology: lecture notes. *The Plant Cell* (online) doi/10.1105/tpc.110.tt10210.

Yu, B., Yang, Z., Li, J. *et al*. (2005) Methylation as a crucial step in plant microRNA biogenesis. *Science*, **307**, 932-935.

Zhang, X., Xia, J., Lii, Y.E. *et al*. (2012) Genome-wide analysis of plant nat-siRNAs reveals insights into their distribution, biogenesis and function. *Genome Biology*, **13**, R20.

제12장

염색질과 유전자 발현

12.1 긴 DNA 분자들을 작은 공간 속에 포장하기: 염색질의 기능

이 장에서는 유전자 조절의 또 다른 주요 구성요소에 대해서 설명할 것이다: DNA가 염색질(chromatin) 내에 어떻게 포장이 되는가 그리고 이 염색질의 변화가 어떻게 유전자 발현에 영향을 미치는가. 그러나 우선, 염색질 내에 DNA를 포장하는 것과 관련하여 제4장에서 논의했던 것을 간단히 복습해보자. 염색질은 DNA와 단백질의 복잡한 혼합물이라는 것을 기억하자. 그리고 많은 연구자들은 아마 RNA도 염색질의 일부분일 것이라고 주장할 것이다. 특히, DNA는 히스톤(histone) 단백질과 함께 복합체를 형성하여 뉴클레오솜(nucleosome)이라고 알려진 염색질의 기본적인 구조적 단위를 구성한다(그림 4.3). 뉴클레오솜 속에서 DNA는 8개의 히스톤들로 구성된 복합체 주변을 감싸고 조립되어서 2개의 사량체 복합체가 되는데, 각 사량체는 H2A, H2B, H3, 그리고 H4 히스톤 단백질들을 포함한다. 이러한 중심 히스톤들 이외에도 더욱 특화된 기능을 담당하는 히스톤 변형체(예를 들면, CENH3, H2A.Z, H2A.X)들도 많이 존재한다. 이 장에서는 중심 히스톤들에 대해서 중점적으로 다룰 것이다. 히스톤 H1은 뉴클레오솜 속으로 들어갈 때 DNA와 상호작용함으로써 히스톤-DNA 상호작용을 안정화시킨다. 뉴클레오솜들은 묶여 있지 않은 DNA의 늘어진 가닥들에 의해 나뉘어져서, 10 nm 섬유로 알려져 있는 "beads-on-a-string" 구조를 형성한다(그림 4.4). 이것들은 히스톤 H1의 도움으로 포장되어서 조금 더 빽빽한 30 nm 섬유를 만들게 된다(그림 4.5).

이 책의 이전 장들에서 다뤄졌던 내용을 생각해 보면, 이 DNA의 염색질로의 포장은 전사조절인자(transcription factors)와 조절단백질들(regulatory proteins)이 DNA에 결합함으로써, 궁극적으로는 유전자 발현을 조절하는 것을 가능하게끔 해 주는 데에 중요한 영향을 끼친다는 것에 대해 쉽게 상상할 수 있을 것이다. 이 장의 나머지 부분들에서는 염색질의 구조와 변화가 유전자 발현과 유전자 재조합과 같은 생물학적 과정에 어떻게 영향을 끼치는 지에 대해 설명한다.

12.2 이질염색질과 진정염색질

염색질 구조는 DNA를 염색하는 시약들을 이용하여 세포학적으로 쉽게 구분될 수 있는 두 가지 형태인 **이질염색질(heterochromatin)**과 **진정염색질(euchromatin)**로 나뉜다. 항상 이질염색질적인 염색질의 부분은 4장에서 언급되었던 동원체(centromeres)와 말단소립(telomeres)을 포함하며 **지속적 이질염색질(constitutive heterochromatin)**이라고 불린다. 다른 이질염색질적인 지역들은 몇몇 종류의 세포들 또는 특정 조건에서 생장하는 세포들에서 특징적으로 나타날 수 있다. 이러한 염색질 지역들은 **선택적 이질염색질(facultative heterochromatin)**로 알려져 있다. 다음에서 알아보겠지만, 이질염색질은 보통 유전체에서 조용한, 즉 유전자 발현을 하지 않는 지역들과 연관이 있다.

12.3 히스톤 변형

1960년대 초반부터 히스톤 단백질이 전사 후에 변형될 수 있다고 알려져 왔다. 1990년대 후반에 들어서서 DNA에 내재되어 있는 조절암호와 유사하게, 특정 유전체 지역에서의 히스톤 변형 형태가 또 다른 수준의 조절을 제공한다는 것이 밝혀졌다.

히스톤들은 여러 가지 다른 방법으로 변형될 수 있지만(Bannister and Kouzarides., 2011), 이 장에서 다룰 주요 변형들(히스톤 'marks')은 **아세틸화(acetylation)**와 **메틸화(methylation)**, 그리고 더 적게 일어나는 **인산화(phosphorylation)**를 포함한다. 히스톤 아세틸화와 메틸화는 아르기닌(그림 12.1에서 R)에도 일어나지만, 라이신 잔기(residue)들(그림 12.1에서 K)에서 가장 자주 발생한다. 메틸화는 한 라이신 잔기에 1, 2, 또는 3개의 메틸 그룹을 붙일 수 있다. 단백질 기능이 변형되는 데 매우 일반적으로 관여하는 인산화는 주로 세린이나 트레오닌(그림 12.1에서 각각 S이나 T) 잔기에서 발생하며, 세포주기의 조절이나 DNA 손상에 대한 반응에 대하여 중점적으로 연구되었다. 모든 공유결합적 히스톤 변형들은 뉴클레오솜에서 뻗어 나온 히스톤의 N-말단꼬리 부분에서 집중적으로 일어나며, 주변의 뉴클레오솜들과의 접촉에도 관여할 것으로 생각된다(그림 12.1; 그림 4.15도 참조).

뉴클레오솜의 구조가 처음 밝혀졌을 때에는 히스톤 변형(특정 변형에 따라)이 뉴클레오솜을 안정화시키거나 불안정화시키는 데에 기여한다고 추측되었다. 예를 들면 양전하가 변화된 히스톤이 DNA나 다른 히스톤들과의 상호작용에 다르게 관여함으로써 염색질 구조에 영향을 미칠 수 있다고 생각되었다. 오늘날에는, 히스톤 변형들이 뉴클레오솜 구조에 영향을 미치기도 하지만, 더 중요한 기능은 유전자 발현의 조절에 직·간접적으로 관여하

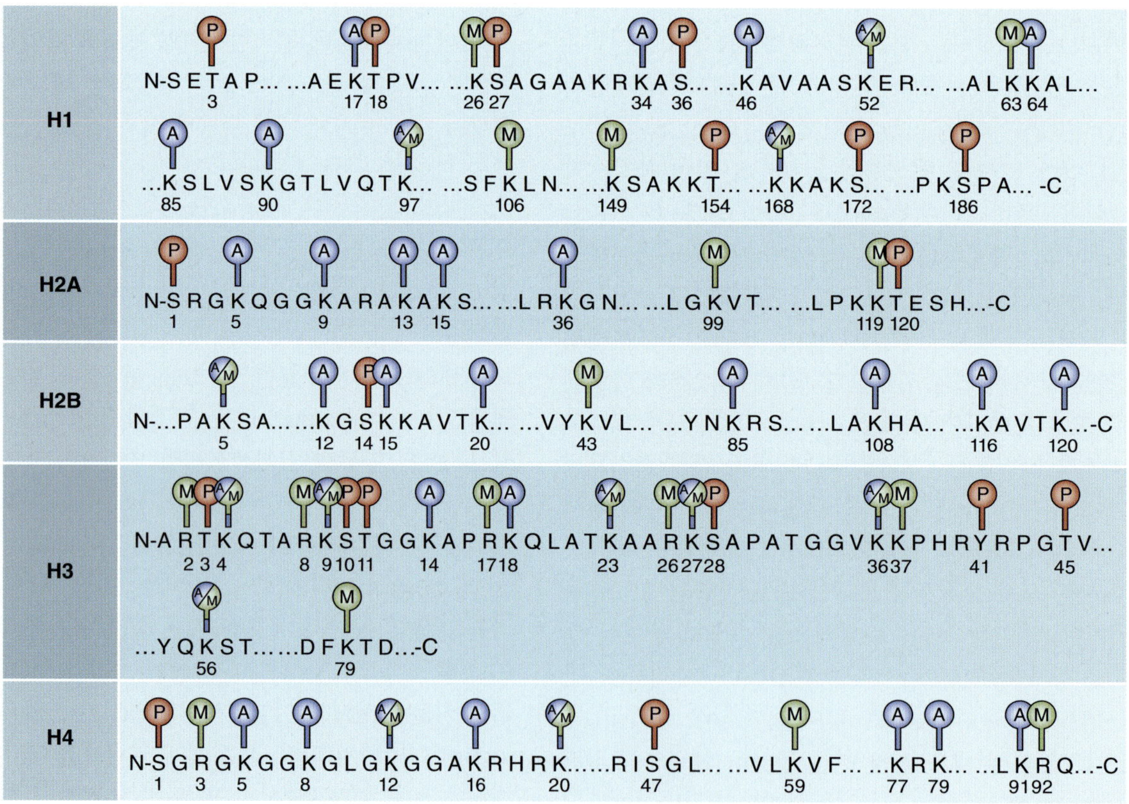

그림 12.1 히스톤의 번역 후 변형. 이 그림은 5개의 중심 히스톤 각각에서 현재까지 알려진 주요 변형들에 대해 설명한 것이다. 아미노산 서열 밑의 숫자들은 단백질 내에서의 위치를 의미한다(N-말단이 1에 해당한다). 다음은 변형에 사용된 코드이다: A, 아세틸화; M, 메틸화; P, 인산화. Portela and Estellar(2010)에 근거하여 재구성함. Macmillan Publishers Ltd.의 허가 하에 재생산함.

는 수 많은 단백질들 및 염색질과의 상호작용을 중재하는 것임이 확인되었다. 이 단백질들은 일반적으로 히스톤 '**리더(readers)**'라고 알려져 있으며, 이 외에도 특정 **히스톤 마크(histone marks)**들을 삽입하거나 제거하는 히스톤 '**라이터/이레이저(writers/erasers)**'들도 있다. 리더와 라이터/이레이저에 대하여 더 알아보기 전에, 특정 히스톤 변형이 어떻게 유전자 발현에 영향을 미치는지 알아보자.

12.4 히스톤 변형은 유전자 발현에 영향을 준다

히스톤 변형이 유전자 발현에 보편적으로 끼치는 영향은 없지만 특정 히스톤 마크(mark)들은 다른 마크들보다 유전자 발현과 연관성이 더 많다(표 12.1). 특별한 히스톤 변형의 효과에 대해서 알아보기 전에 일반적으로 쓰이는 히스톤 변형의 명명법에 대해 명확히 하는 것이 중요하다. 예를 들면, H3K9는 단백질의 아미노 말단에 있는 9번째의 아미노산인 라이신(K) 잔기에서 히스톤 3 단백질(H3)이 변형되는 것을 의미한다. 아세틸화는 보통 "ac"로 표시되고 메틸화는 "m"으로 표기된다. 아미노기들이

표 12.1 몇몇 주요 히스톤 변형들과 이 변형들이 유전자 발현에 미치는 영향. 일반적으로 히스톤의 아세틸화(ac)는 이 히스톤 마크들이 없을 때와 비교해 유전자 발현의 증가에 관련이 있으며, 히스톤 메틸화(m)은 특정 히스톤 잔기와 유전체 내의 위치에 따라서 유전자 발현을 활성화하거나 억제할 수 있다.

히스톤 마크	유전자 발현 효과
Acetylation	
H3K9ac	활성
H3K14ac	활성
H3K27ac	활성
Methylation	
H3K4m1	활성/억제
H3K4m2	활성/억제
H3K4m3	활성
H3K9m2	억제
H3K27m3	억제
H3K36m3	활성

한 번, 두 번 또는 세 번에 걸쳐 메틸화될 수 있는데, 이들은 각각 m1, m2, 그리고 m3로 명명될 것이다.

아세틸화는 아세틸기의 (음)전하로 라이신의 (양)전하를 중성화시킴으로써 히스톤의 전하를 바꾼다. 일반적으로, 아세틸화는 DNA와 아세틸화된 히스톤의 상호작용을 감소시키는데, 이는 염색질체 구조를 열린 구조로 만들고, 그 결과로 이 마크가 있는 히스톤들을 지닌 유전자들이 발현되는 것과 관련이 있다(표 12.1). 예를 들어, 아세틸화된 히스톤 H3K9(H3K9ac)는 발현되는 유전자의 전사 시작지점에 가까이 위치하며, 전사조절인자가 붙는 지역과 연관이 있다.

반면에, 히스톤 **메틸화**는 뉴클레오솜의 전체적인 전하를 바꾸지 않는다. 그리고 히스톤 메틸화의 효과는 훨씬 더 유전자와 주변 상황에 의존적이다. 게다가, 동일 히스톤 잔기에 대한 단일 메틸화, 이중 메틸화, 또는 삼중 메틸화는 유전자 조절에 있어 굉장히 다른 결과를 낳을 수 있다(예, 표 12.1의 H3K4의 메틸화).

히스톤 변형은 여러 다른 유전자들에 다양하게 존재하며, 어떤 유전자에 존재할 때에는 유전자에 걸쳐 고르지 않게 분포할 수 있다(그림 12.2). 예를 들어, H3K4의 메틸화는, H3K4m1, H3K4m2 또는 H3K4m3을 선택 인지하는 항체들을 이용한 ChIP-chip 실험(그림 9.5)으로 보여진 것처럼, 발현되는 애기장대 유전자에서 거의 모두 발견된다. 유전자 내에서 H3K4m1, H3K4m2 또는 H3K4m3의 분포 양상은 다르다(그림 12.2). H3K4m3이 주로 5′과 유전자의 조절 영역에서 발견되는 데 비해, H3K4m1은 대부분 전사 영역(인트론과 엑손)에서 발견된다. 사실, H3K4m1은 DNA 메틸화 마크의 위치와 관련이 있다(Zhang 등., 2009)(그림 12.2). H3K4m2는 애기장대 유전자에서 자주 보이는 마크가 아니다. DNA 메틸화와 히스톤 변형들 간의 관계는 12.8절에서 더 자세하게 다룰 것이다.

12.5 히스톤 마크의 도입과 제거: 라이터와 이레이저

히스톤 단백질을 변형하는 데 특화된 효소 그룹이 있는

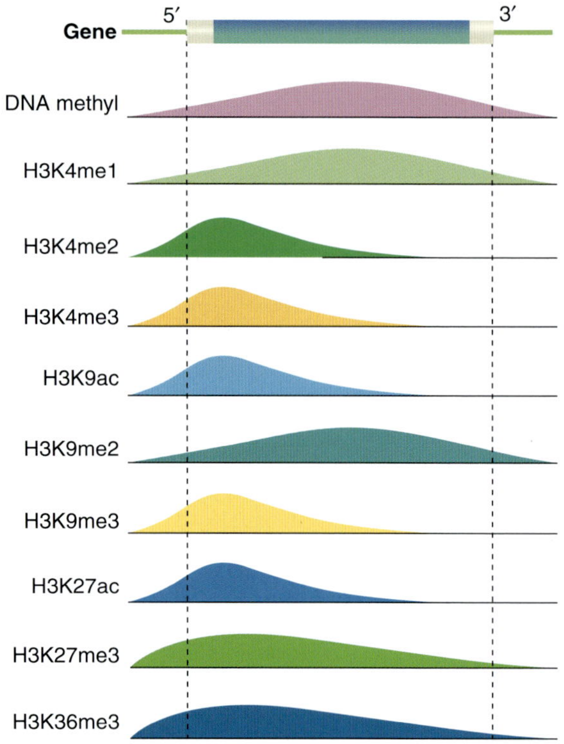

그림 12.2 유전자들에서의 DNA 변형과 히스톤 변형의 분포 패턴. 그림은 He 등(2011)에서 가져옴.

데, 이들은 주로 히스톤이 이미 염색질 내 뉴클레오솜의 구성원으로 조립된 후에 변형시킨다. 몇몇 효소들은 특정 마크들을 도입해서 '라이터(writers)'라고 알려진 반면, '이레이저(erasers)'라고 불리는 다른 효소들은 마크를 지우거나, 뉴클레오솜을 염색질에서 통째로 제거한다.

12.5.1 히스톤 아세틸화

라이터의 예로는 **히스톤 아세틸기 전달효소(histone acetyltransferase**, HAT)가 있는데, 이는 acetyl-CoA의 아세틸기를 히스톤 내의 특정 라이신 (K) 잔기로 이동시킨다. 애기장대에서, HATs에 의해 아세틸화되는 라이신에는 H3K9, H3K14, H3K18, H3K23, H3K27, H4K5, H4K8, H4K12, H4K16과 H4K20이 있다. HATs는 세포질 내에서 새롭게 합성된 자유 히스톤들을 아세틸화 시키는지, 아니면 큰 단백질 복합체의 일부로서 이미 염색질 내로 결합된 히스톤들을 표적으로 하는 지에 따라 2개의 주요군으로 분류된다. 단백질 서열의 보존상태와 특정 도메인의 존재에 따라, 두 번째 HATs 그룹은 GNAT, MYST, CBP/p300 그리고 TAF1/TAF_{II}250의 네 가지 주요 아군으로 더 세세하게 분류된다. (우리가 8장에서 TAFs나 TBP 관련 인자들에 대해 논의했던 것을 기억해보라.) 이러한 HAT 군들은 처음에는 동물과 효모에서 발견되었지만, 식물에서도 확인되었다 (Berr 등., 2011). 이 모든 HATs는 특정 조건 하에서 유전자 발현을 활성화시키는 데 있어서 전사 보조-활성자(transcriptional co-activators)로 기능을 한다.

히스톤의 아세틸기는 **히스톤 탈아세틸 효소(histone deacetylases**, HDAC)로 알려진 효소 그룹에 의해 제거된다. 히스톤의 탈아세틸화는 라이신 잔류의 양전하를 복구해서 뉴클레오솜의 구조를 안정화시킬 수 있다. 따라서 대부분의 HDACs는 전사억제자로 기능을 한다. 식물에서의 HDACs의 세 가지 주요 아군에는 RPD3/HDA1, SIR2 그리고 HD2가 있으며, 이 중 HD2 아군은 식물 특이적으로만 존재하는 것 같다.

12.5.2 히스톤 메틸화

히스톤 메틸기 전이효소(histone methyltransferase, HMT)로 알려진 효소 그룹은 라이신 잔기에 1개, 2개 또는 3개의 메틸기를 추가하거나 아르기닌 잔기에 1개 또는 2개의 메틸기를 추가한다. 모든 라이신 HMTs는 촉매작용을 하는 SET 도메인을 가지는데(이 이름은 이 도메인을 가지는 것으로 밝혀진 첫 3개 단백질들의 이름을 따서 붙여졌다), 이는 식물에서부터 동물까지 보존되어 있다. 반면에, 아르기닌 HMTs는 라이신의 HMTs와는 구조적으로 다른 2개의 군으로 확연히 나뉜다. 이 장의 나머지 부분에서, 우리는 대부분 SET 도메인을 포함하는 라이신 HMTs를 언급할 것이다. 히스톤 메틸화의 복잡성을 강조하자면, 애기장대 유전체는 최소 47개의 SET 도메인을 가지는 HMT 유전자를 가지고 있다. 아세틸화와는 달리 메틸화는 히스톤의 전반적인 전하를 바꾸지 않는다. 아세틸화와 비슷하게, 히스톤 메틸화도 유전자를 활성화시키거나 억제시킬 수 있다(표 12.1). 히스톤의 메틸화는 매우 역동적인 과정이다. 히스톤의 탈메틸화는 히스톤 탈메틸효소(histone demethylase)에 의해 진행되는데 이들은 크게 2개의 군으로 나뉜다. LSD(라이신 특이적 탈메틸효소, lysine specific demethylase) 군에 속한 효소들은 H3K4m1/m2와 H3K9m1/m2를 탈메틸화한다. 척추동물 종양 억제 단백질 p53에서 특이적으로 메틸화된 라이신 잔기들의 탈메틸화에서 보여진 것처럼 LSD들은 다른 단백질에도 작용할 수 있다. 식물에서는 LSD가 약 4개 정도 밖에 없는 작은 유전자 군에 속한다. 애기장대에서 이 군의 중요 구성원은 식물의 꽃을 피우게 하는 *FLOWERING LOCUS D* (*FLD*)이다(12.10절 참조). 히스톤 탈메틸화의 두 번째 그룹은 Jumonji(JMJ) 군에 속해 있다(이 명칭은 JMJ 유전자 중 하나가 쥐의 신경판에 미치는 돌연변이 효과를 반영한 "십자가 모양"을 뜻하는 일본어에서 유래한다). 애기장대에는 적어도 21개의 JMJ 단백질이 있지만, 이 단백질들의 특정 기질들과 기능들은 몇 개에 대해서만 알려져 있다.

12.6 '리더'는 히스톤 변형을 인지한다

히스톤 변형은, 특히 아세틸화는, 히스톤의 양전하적 특징을 감소시킴으로써 염색질 구조에 직접적으로 영향을 줄 수 있다. 그러나 히스톤 변형의 가장 중요한 역할은, **'히스톤 코드'** 가설에서 제안된 것처럼 단백질이 염색질을 인지할 수 있게 해 주는 표면을 제공하는 것이다. 특정 히스톤 마크들을 인지하는 단백질은 일반적으로 염색질 '리더'로 알려져 있다. 염색질 리더들은 다른 단백질들과 상호작용하여 그 단백질들이 추가적인 히스톤 변형이나 염색질 리모델링 같은 특정한 기능들을 수행하게끔 해준다. 후자의 단백질은 그래서 이펙터(effector)로 알려져 있다.

크게 나누어봤을 때 적어도 세 가지의 도메인[브로모도메인(bromodomain), 로열 패밀리 단백질 도메인(Royal family protein domain), 그리고 PHD 도메인(PHD는 plant homedodomain을 뜻한다)]들이 특정 히스톤 마크들을 인지한다. 예를 들어, 브로모도메인은 아세틸화된 히스톤 라이신들에 결합하며 HATs에서 뿐 아니라 여러 염색질 리모델링 단백질에서도 발견되었다. 아세틸화된 히스톤을 인지하고 HATs를 끌어올 수 있는 브로모도메인은, 아세틸화된 히스톤이 HATs를 추가하여 주변의 넓은 염색질 지역을 아세틸화시키는 방법으로 히스톤 아세틸화 신호를 증식시키는 결과를 낳는다.

염색질 리더의 '로열 패밀리'는 크로모도메인(chromodomain) Tudor, PWWP 그리고 식물의 Agenet 도메인을 포함한다. 로열 패밀리에 속하는 구성원들은 메틸화된 H3과 H4를 인지한다. 이 군 중 식물 구성원의 예로는 LIKE HETEROCHROMATIN PROTEIN 1(LHP1)이 있는데, 이는 매우 높은 친화도로 H3K27m3을 인지하고 유전자 침묵을 촉진한다. 반면, 동물의 HETEROCHROMATIN PROTEIN 1(HP1)은 H3K9m3에 특이적으로 결합한다.

PHD 도메인은 하나 이상의 징크-핑거(zinc-finger) 구조를 포함하고 있는 50-80개의 아미노산 도메인으로 구성된다(그림 9.7). 염색질에 결합할 때, PHDs는 주로 H3K4의 메틸화 상태를 인식해서 결합하는데, 이보다 영향은 적지만 H3R2의 메틸화 상태 그리고 H3K14의 아세틸화 상태를 인식해서 결합하기도 한다. 몇몇 PHD 단백질에서 하나의 징크-핑거는 2개의 다른 히스톤 마크를 인지할 수도 있다. 다른 PHD 단백질에서는 여러 개의 징크-핑거들이 각각 다른 히스톤 마크를 인식하여 여러 개의 히스톤 마크를 조합적으로 인식할 수도 있다.

12.7 뉴클레오솜 위치

결정 뉴클레오솜의 위치 결정은 유전체 서열에 대한 뉴클레오솜의 위치로 정의된다(Struhl and Segal, 2013)(4장 참조). 위치는 일반적으로 자주 바뀌지만, 특정 세포 내에서 모든 뉴클레오솜이 (평균적으로) 어디에 위치할 것인지에 대해 어느 정도 확실성을 가지고 결정해 주는 분자적 도구들은 현재 사용 가능하다. 뉴클레오솜은 보통 프로모터, 촉진자, 그리고 전사 종결 지역에서는 보이지 않는다(또는 매우 적은 빈도로 발견된다). 게다가, 질서 있게 배열된 뉴클레오솜들은 유전자의 전사 시작 지점(transcription start site, TSS) 근처에 배치되어 있는데, TSS로부터의 거리가 멀어질수록 이 질서는 흐트러진다. 이 구조적 뉴클레오솜의 분포는 전사기구의 구성요소들을 모으는 데 있어 중요하다. 지난 10년 동안의 연구 결과는 뉴클레오솜이 유전체 내에 무작위적인 상태로 분포하지는 않는다는 것을 보여준다.

뉴클레오솜 위치 결정은 DNA 서열에 크게 영향을 받는다. 특히, 잘 구부러지는 DNA 서열들은 뉴클레오솜의 일부가 되는 경향이 높다. 그러면 무엇이 DNA가 구부러지는 데 영향을 미칠까? 기본적으로 A-T나 G-C 가 많은 지역의 서열은 덜 구부러진다(더 견고하다); 많은 프로모터의 서열은 A-T를 많이 포함하고, 그래서 뉴클레오솜이 적은 것은 놀랍지 않으며, 많은 생물체에는 A-T가 풍부한 지역의 존재가 유전자 발현에 영향을 끼칠 수 있다. 하지만 DNA 서열만이 뉴클레오솜 위치 결정에 영향을 주는 단 하나의 요인이다; 뉴클레오솜을 재조정(remodeling)하거나 전사조절인자와 경쟁하는 효소들은 뉴클레오솜의 패턴을 만드는 데에 상당히 기여를 한다. 네 가지 유형의 **염색질 리모델러(chromatin remodeler)**가 알려져 있는데, 이들은 뉴클레오솜의 구성(composition), 구조, 그리고 위치를 바꾸는 에너지로 ATP 가수분해(ATP hydrolysis)를 사용한다. 뉴클레오솜 리모델러(nucleosome remodeler)는 전사조절인자나 특정 히스톤 변형에 의해 특정 염색질 지역으로 이동되어올 수 있다.

12.8 DNA 메틸화

지금까지 우리는 주로 염색질 구조와 유전자 발현에 대한 관점으로 히스톤 변형을 다뤘다. 그러나 식물과 다른 진핵생물에서 DNA 메틸화는 유전될 수 있는 마크를 제공하며, 이는 염색질을 마킹하여 전사의 불활성화, 즉 침묵(이질염색질, heterochromatin)에 이르게 한다. 예를 들어, 포유류에서 DNA 메틸화는 암컷의 2개의 X 염색체 중 하나를 불활성화 상태로 유지시키는 데에 중요하다(암컷은 2개의 X 염색체가 있는 반면 수컷은 XY 염색체가 있다는 것을 기억하자). 포유류에서 DNA 메틸화에 결함이 있으면 배아단계에서 죽게 된다.

DNA의 메틸화는 사이토신(cytosine)의 피리미딘 고리 내의 5번 탄소(m^5C)에서 일어난다. 애기장대에는 대략 6% 정도의 메틸화된 사이토신 잔기들이 있는 반면, 옥수수에는 25% 이상의 메틸화된 사이토신 잔기들이 있는데, 이는 옥수수 유전체의 특징인 전이인자와 고도 반복 서열들(highly repetitive sequences)과 관련이 있는 상당히 많은 양의 이질염색질적 DNA를 반영한다. 역사적으로, DNA 메틸화의 형태는 같은 서열을 인식하지만 둘 중 하나는 DNA 메틸화된 서열을 자를 수 없는 한 쌍의 제한효소로 연구되어 왔다. 메틸화된 부분은 메틸화에 민감한(methylation-sensitive) 효소에 의해 잘리지 않아서 단일 DNA 조각으로 남는 반면, 메틸화에 민감하지 않은(methylation-insensitive) 효소에 의해 잘려 2개의 DNA 조각으로 된다. 고전적인 예로는 제한효소 *Hpa*II-*Msp*I의 쌍이 있다. 두 효소 모두 DNA 서열 5′-CCGG-3′을 인지하지만, *Hpa*II는 5′-C^{m}CGG-3′를 자를 수 없다. 이에 이 두 효소를 이용해 자른 형태를 비교함으로써 특정 유전자나 유전체 전체에서의 DNA 메틸화 수준을 추정할 수 있다. 그림 12.3은 이러한 결과가 어떻게 해석되는지에 대한 예시를 보여준다(Mathieu 등., 2007). 야생형(WT) 애기장대의 rDNA 유전자들에는 메틸화가 높아 *Hpa*II가 일반적으로 매우 큰 DNA 조각으로 이루어진 단편들을 보여준다(WT, 왼쪽). 반면 같은 DNA가 *Msp*I(이 제한효소는 DNA 메틸화에 민감하지 않다)으로 잘리면 단편들은 상당히 밑 쪽으로 옮겨지고 이는, 즉 작은 DNA 조각이란 뜻으로, 메틸화된 DNA와 메틸화되지 않은 DNA 모두 비슷하게 잘려졌다는 뜻이다(그림 12.3; 중간 lane의 WT). 이제, DNA 메틸화의 활동이 상당히 감소된 *met1* 돌연변이체(이 장의 뒷부분에서 언급할 것이다)를 보면, 두 효소 중 어떤 것이 사용되었는지에 상관없이 DNA는 거의 완전히 잘려 몇몇 저분자량의 밴드가 아래에 몰려 있는 것을 볼 수 있다. 이 두 가지 효소로 잘린 형태는 매우 비슷해서 *met1* 돌연변이체에서는 대부분의 DNA 메틸화가 사라졌다는 것을 알 수 있다.

오늘날, **중아황산염 시퀀싱(bisulfite sequencing**, 그림 1.5 참조)이라고 불리는 기술을 이용하면 전 유전체에 걸친 DNA 메틸화 형태를 알아낼 수 있다. 이 기술에서 DNA는 아황산수소나트륨(sodium bisulfite)과 반응하여 m^5C를 제외한 메틸화되지 않은 모든 C(사이토신) 잔기를 U(우라실)로 바꾼다. 중합효소연쇄반응

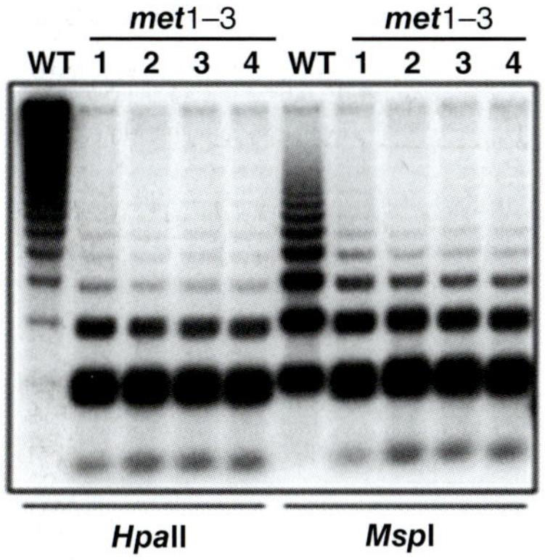

그림 12.3 제한효소 쌍은 한 유전자 또는 유전체 전반의 메틸화 지도를 그리는 데에 사용될 수 있다. 이 그림은 애기장대의 야생형(WT, 비돌연변이체)과 *met1* 돌연변이 식물체에서의 Southern blot을 보여주는 것으로, *Hpa*II 또는 *Msp*I 제한효소 쌍으로 잘린 유전체 DNA(genomic DNA)에 5S rDNA 단편을 혼성 결합시킨 것이다. *met*1-3에서의 숫자 1-3은 *met1* 돌연변이 중 성공적으로 세대를 이어 돌연변이를 유지한 라인을 의미한다. 아가로스 젤은 일반적으로 그렇듯이 위쪽이 음극이고 아랫쪽이 양극이어서 큰 DNA 조각들은 위쪽에, 작은 조각들은 바닥 쪽에 가깝다는 것을 기억하자. 결과에 관한 설명은 본문 참조. Mathieu *et al.*(2007). Elsevier의 허가 하에 재생산함.

(polymerase chain reaction, PCR)에 의해 증폭될 때, 이 U 잔기들은 우라실에 내성이 있는 DNA-의존성 DNA 중합효소(DNA-dependent DNA polymerase)에 의해 T 잔기로 대체된다. 메틸화는 중아황산염이 사이토신에 반응하는 것을 방지하기 때문에 중아황산염 처리 전후의 유전체 서열을 비교해 보면, T로 바뀌지 않은 각 C들은 m^5C라는 것을 알 수 있다. 반대로, T로 변한 C들은 메틸화되지 않은 것이다.

식물에서, DNA 메틸화는 사이토신 잔기의 세 가지 서로 다른 서열에서 일어난다: 사이토신 잔기의 5′-CG-3′ 쌍, 5′-CHG-3′과 5′-CHH-3′(여기서 H는 A, T 또는 C를 의미한다)이다. 일반적으로 이러한 유형의 DNA 메틸화는 각각 CG, CHG, 그리고 CHH로 알려져 있다. 상보적 가닥을 그렸을 때 알 수 있는 것처럼 CG와 CHG만이 대칭적인 위치에 메틸화될 수 있다. 이러한 대칭적으로 메틸화된 부분이 복제되면 "헤미메틸화된(hemi-methylated)" 기질을 만들어 내는데, 이는 어떤 메틸기 전이효소(methyltransferase)의 표적이 됨으로써 대칭적으로 메틸화된 것이 유전될 수 있도록 해 준다. 반대로, CHH 메틸화는 복제에 의해 새로 만들어진 가닥이 이 DNA 마크를 지니고 있지 않기 때문에 DNA가 복제되는 도중에는 다음 세대에 전달되지 않는다.

DNA는 이전의 DNA 메틸화 마크가 없는 상태에서 새로(*de novo*) 메틸화될 수 있거나(이런 이유로 모든 CHH DNA 메틸화는 *de novo*다), 다른 쪽 가닥의 메틸화 마크의 존재로 인해 유지될 수 있다. 메틸화를 유지하거나 새로 만드는 데에는 여러 종류의 식물 효소가 관여한다.

DNA 메틸화는 DNA 메틸기 전이효소(DNA methyltransferase)라고 불리는 효소군에 의해 일어나는데, 이들은 S-아데노실 메티오닌(S-adenosyl methionine, AdoMet)으로부터 메틸기를 가져온다(메틸기는 AdoMet에서 사이토신 잔기로 전이된다). 식물에서 MET1에 의해 CG 지역의 DNA 메틸화가 유지되는데, 이 효소는 DNA 복제 중 또는 복제 후에 모두 작동할 수 있다. MET1은 동물의 DNMT1에 상응한다. 실제로 CMTs는 헤미메틸화된(두 가닥 중 하나만 메틸화되어 있음) 곳에서도 메틸화되지 않는 DNA 기질과 거의 비슷한 메틸화 효율을 보여준다. CMTs는 식물 특이적이며, 포유류에서의 CMT와 비슷한 유전자의 부재는 이들 종에서 CHG 메틸화가 없다는 것을 설명해 준다. CMTs에는 크로모도메인이 있다; 이전 절에서 언급되었던 것처럼, 이 도메인(그림 12.4)은, 예를 들어 H3K9m2 마크를 포함하는 지역의 염색질에 CMT3가 오게끔 해준다(이 절에서, 히스톤 메틸화와 DNA 메틸화를 헷갈리면 안 된다; 이 2개는 연결되어 있지만, 다른 효소들에 의해 일어난다). CMTs에 의해 새로 DNA에 메틸화가 일어나는 기작은 메틸화된 H3K9 마크의 존재에 의해 좌우되는 반면, DNA 메틸화의 유지에는 H3K9 메틸화가 필요하지 않다(Du 등., 2012). 히스톤 마크와 DNA 메틸화 사이의 관계를 강조해 보았을 때(다음 절에서 더욱 자세하게 다룰 것이다), H3K9 HMT 크립토나이트(KRYPTONITE,

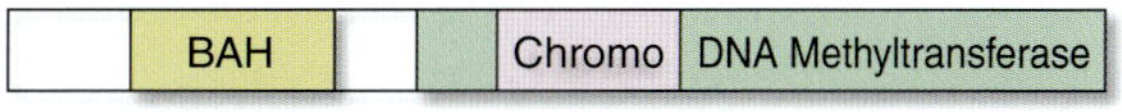

그림 12.4 도식적으로 표현된 CMT3 단백질의 구조.

KYP)는 m⁵CHG(메틸화된 DNA)에 직접적으로 결합한다. 따라서 KYP가 DNA에 붙으면 H3K9 메틸화를 일으키고, 이는 이제 CMT3를 끌어와 DNA 메틸화를 더욱더 촉진시킨다. 그래서, KYP와 CMT3은 루프(loop)를 강화하는 데에 관여한다; 이 루프는 주로 전이인자의 발현을 억제시키는 데에 사용된다. CMTs는 CG가 아닌 지역을 메틸화하는 데 있어서 DOMAINS REARRANGED METHYLASE(DRM)와 부분적으로 유사한 기능을 가진다. CHH 메틸화는 본래 비대칭적이어서 CG나 CHG와는 달리 반(半)보존적 방식으로는 메틸화가 유지될 수 없다. CHH 메틸화를 포함하는 메틸화 방식에는 여러 가지가 있는데, 그중 하나는 이전 장에서 간략히 살펴본 RNA 의존적 DNA 메틸화(RNA-dependent DNA methylation, RdDM)라고 알려진 RNA 매개 유전자 침묵에 의해 촉발된다.

만약 DNA가 복제되고 메틸화 유지가 원래 가닥에 있던 마크들을 복구하지 못하면 메틸화 마크들은 DNA에서 제거될 수 있다. 이러한 수동적인 m⁵C 마크의 제거 이외에도, 특정 DNA 글리코실라제(glycosylase)는 DNA에서 메틸화된 사이토신 염기를 제거하고, 이는 염기 절제 복구(base excision repair)로 알려진 과정을 통해 복구된다. 애기장대에서는 DNA 글리코실라제로 잘 알려진 그룹으로 DEMETER(DME)와 REPRESSOR OF SILENCING1(ROS1)이 있다. DME는 배우자 형성(gametogenesis)동안 부모 중 한쪽에서 온 유전자의 발현을 통제하기 위해 작동하는데, 이런 현상을 **각인(imprinting)**이라고 한다. 각인이 어떻게 작용하는지 이해하기 위해 동식물 분야에서 활발한 연구가 진행되고 있다.

12.9 RNA에 의해 유도된 DNA 메틸화

11장에서, 우리는 small interfering RNAs(siRNAs)가 어떻게 전사 후 유전자 침묵(Post-transcriptional gene silencing, PTGS)나 전사적 유전자 침묵(Transcriptional gene silencing, TGS)를 통해 유전자 발현에 영향을 끼치는지 알아보았다. siRNAs에 의해 발생되는 염색질 변형은 식물뿐만 아니라 많은 진핵생물에서도 관찰되고 있으며, 이는 TGS의 전형적인 특징이다. 초파리(*Drosophila melanogaster*)와 같은 DNA 메틸화가 거의 없거나 아예 없는 생물체에서는 주로 히스톤 변형이 TGS를 일으킨다.

이전 장에서 다룬 것처럼, 전이인자는 RNP-IV(RNA 중합효소 IV, RNA polymerase IV)를 통해 단일가닥 RNA 전사체(그림 12.5에서의 ssRNA)를 만들어 낼 수 있다(Law and Jacobsen, 2010). 그러고 나서 이 RNA 의존적 RNA 중합효소 RDR2는 이 ssRNAs로부터 이중가닥 RNAs(그림 12.5에서의 dsRNA)을 생산한다. 이러한 dsRNA들은 DCL3(DICER-LIKE3)에 의해 24개의 뉴클레오티드의 siRNAs가 된다. 이 24개의 뉴클레오티드 siRNAs는 다음으로 AGO4(ARGONAUTE4) 복합체와 합쳐진다. siRNA를 지닌 AGO4는 RNP-V(RNA 중합효소 V, RNA polymerase V)와 상호작용하는데, 이는 전

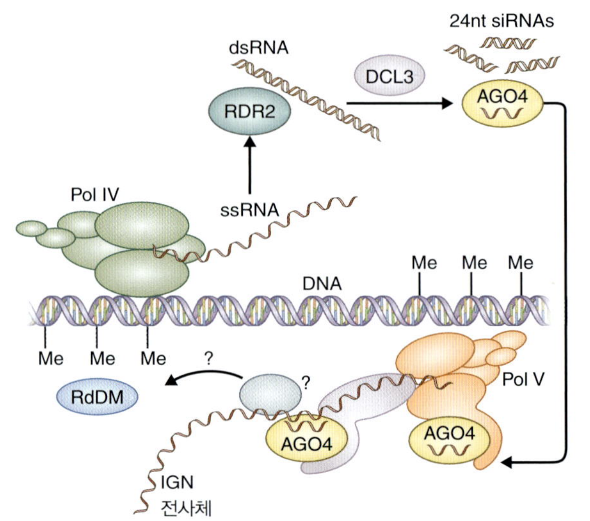

그림 12.5 RNA 의존적 DNA 메틸화(RNA-dependent DNA methylation, RdDM) 기작의 단순화된 모델. 전이인자들과 반복적인 DNA(repetitive DNA elements)에 상응하는 단일 가닥 RNA는 RNP-IV에 의해 전사된다. RDR2와 같은 RdRP에 만들어진 이중가닥 RNA(dsRNA) 는 11장에서 설명한 것처럼 다음 과정으로 들어가게 된다. RNP-V는 유전자 사이의 전사되지 않는(intergenic non-coding, IGN) 지역을 전사하며, 이에 24 뉴클레오티드 siRNA와 결합한 AGO4가 붙는다. 이 복합체는 그 후 IGN과 siRNAs에 상응하는 DNA 지역 모두를 메틸화시키는 RdDM와 결합한다. ssRNA, 단일가닥 RNA(single-stranded RNA); siRNAs, small interfering RNAs; Me, DNA 메틸화 마크; IGN, intergenic non-coding. Law와 Jacobsen(2010)에 근거하여 재구성함. Macmillan Publishers Ltd의 허가 하에 재생산함.

이인자를 포함한 유전자 사이 지역(intergenic region)을 활발하게 전사한다. RNP-V에 의해 만들어진 non-coding RNA는 염기 상보성에 의해 siRNA-AGO4 복합체와 결합하게 된다. 이는 곧 DNA 메틸기 전이효소(애기장대의 DRM2 같은 것; 다른 식물들에도 동등한 효소가 있는데, 명칭은 다를 수도 있다)가 복합체에 붙어 유전체 DNA를 메틸화시키게 하는데, 궁극적으로는 siRNA 서열에 상동성이 있는 서열이 존재하는 유전체 지역을 메틸화한다(그림 12.5). 식물 특이적인 RNP-V가 없는 분열 효모(*Schizosaccharomyces pombe*)와 같은 생물체들에서도 RNA 의존적 DNA 메틸화 기작이 일어나고 이질염색질 DNA(heterochromatic DNA)는 RNP-II에 의해 전사된다.

12.10 히스톤 변형에 의한 개화 조절

개화시기의 조절은 히스톤 변형과 DNA 변형에 의해 조절되는 식물에서는 핵심적인 작용이다. 많은 식물 종들이 특정 크기나 나이에 도달해야 개화하지만, 다른 식물들은 광주기나 온도와 같은 환경적 요소에 따라 개화시기가 결정된다. 따라서 생장단계에서 생식단계로의 전환은 식물의 번식 성공에 있어서 매우 중요하다.

애기장대의 개화는 광주기와 온도 모두에 의해서 조절된다. 대부분의 애기장대 종은 가을에 싹을 틔워 겨울을 나는(winter annuals, 겨울밀과 같은) 한해살이 식물로, 장일(봄/여름의 특징)이 개화를 유도하는 반면, 단일은 아무 영향을 끼치지 않는다(그래서 식물은 계속 영양생장을 한다). 대부분의 경우에, 애기장대 식물들은 따뜻한 시기 후에 오는 추운 시기를 거쳐야 꽃을 피울 수 있다. 이것은 **춘화 현상** 혹은 **춘화처리(vernalization)**로 애기장대(그리고 비슷하게 겨울을 넘기는 식물들)에서 봄의 따뜻한 시기가 올 때까지 개화를 지연시키게 한다. 비정상적인 개화 형태(예를 들어, 춘화처리가 필요 없거나 단일 조건에도 개화)를 보이는 돌연변이들의 연구로 꽃을 피우는 데 관여하는 많은 유전자들이 밝혀졌다(He, 2009). 여기서는, 이런 과정에서 염색질이나 DNA에의 변형이 어떻게 중요한 역할을 하는지를 보여주는 한 예를 알아볼 것이다.

FLOWERING LOCUS C(*FLC*)는 개화로의 전이를 억제하는 MADS box 전사조절인자이다(9장 참조). FLC의 발현은 FRIGIDA(FRI)에 의해 긍정적으로 조절된다(즉, FRIGIDA RNA가 많을수록 FLC가 많아지고, 그 결과 개화가 억제된다). 춘화처리는 FRI와 상관없이 FLC를 억제하여(Amasino, 2004) 개화를 촉진하게 된다. 낮은 온도에서는 여러 단백질이 발현되며, 그중에는 PHD 단백질(VERNALIZATION INSENSITIVE3, 또는 VIN3)도 있는데, VIN3는 *FLC* 유전자좌에 전사를 억제하는 히스톤 마크(H3K9m2/m3, H3K27m2/m3)를 많이 도입함으로써, 높은 수준으로 발현되던 *FLC*의 전사를 억제한다. VIN3는 *FLC*의 염색질 변형에 관여하는 30개 이상의 요소 중 하나일 뿐이다(He, 2009). LHP1(12.8절 참조)은 H3K27m3와 같은 억제 마크와 결합하여 식물체가 봄과 여름의 높은 온도에서도 *FLC*가 발현되지 않게 해준다. 이것은 겨울의 '분자 메모리(molecular memory)'를 제공하는 것이다. 위에서 언급했듯이, FRI는 *FLC* 발현을 유도한다(따라서 개화를 억제한다). FRI는 FLC의 프로모터에 염색질 변화를 일으키는 단백질들이 결합하게 하여 발현을 활성화시킨다. 사실, FRI가 식물 특이적인 scaffold protein이라는 점은, 혼자 염색질 변화를 일으키기보다 단백질-단백질 상호작용을 통해 기능할 것이라는 것을 암시해 준다(He, 2012).

또 다른 중요한 요소는 FLOWERING LOCUS T(FT)이다. FT는, 생리학적 연구로부터 그 존재가 몇 세기 동안 예측되었지만 포착하기 어려웠고 최근에서야 확인된 **'플로리겐(florigen)'**을 암호화한다. FT 발현은 FLC에 의해서는 억제되지만, 장일 조건에서는 활성화된다. 위에서 FLC에 대해 언급했듯이, FT 활성화와 억제는 염색질 변형에 의해 조절된다(He, 2012). FT는 관 세포(vascular cells) 속에서 발현되고 줄기의 정단분열조직(shoot apical meristem)으로 이동한 후, 다른 단백질들과 상호작용하여 꽃의 형성을 위해 필요한 유전자들을 활성화시킨다.

12.11 요약

우리는 이제 이 장의 마지막에 이르러서야 **후성유전학**(**epigenetics**)이라는 용어를 소개하는데, 이렇게 늦게 언급하는 이유는 DNA 서열의 변화 없이 유전자 발현에 변화가 일어나는 모든 가능성을 살펴봄으로써 후성유전학에 대한 신비주의(mysticism)가 거의 다 사라지길 바랐기 때문이다. 후성유전학이라는 용어는 1942년에 유전자의 기능이 어떻게 환경에 의해 영향을 받을 수 있는지에 대해 설명하는 '후성유전적 풍경(epigenetic landscape)'의 맥락에서 Conrad Waddington에 의해 처음 사용되었다. 오늘날 후성유전학의 용어는 더욱 제한적으로 쓰이는데, "DNA 서열의 변화 없이 염색체 내에서의 변화로 발생되는, 안정적으로 유전가능한 표현형"을 뜻한다(Berger 등 2009). 이 장에서 설명하였듯이, 후성유전적 현상은 크게 세 가지 과정을 통해 일어난다: DNA 메틸화(DNA methylation), 히스톤 변형(histone modifications), 그리고 뉴클레오솜 위치결정(nucleosome positioning). 많은 경우에, DNA 메틸화와 히스톤 변형들은 밀접하게 연관되어 있는데, 예를 들면 전이인자들과 다른 반복 서열들로부터 만들어진 siRNAs은 DNA에 억제 마크(repressive marks)를 축적시켜서, 결국 히스톤 변형에 의해 유전체 상에 이질염색질적 지역이나 도메인(heterochromatic regions, or domains)이 만들어지게 한다.

12.12 문제

12.1 히스톤 변형의 모든 유형을 그려보아라.

12.2 히스톤 변형의 주요 결과들은 무엇인가?

12.3 가장 일반적인 DNA 변형을 그려보아라.

12.4 DNA 메틸화의 유무를 어떻게 확인할 수 있는가?

12.5 후성유전학과 멘델 유전학의 차이점은 무엇인가?

12.6 히스톤 변형은 왜 후성유전적 마크로 간주되는가?

12.7 siRNAs, 히스톤 변형 그리고 DNA 메틸화, 이들의 사이는 어떻게 연관되어 있는가?

참고문헌

Asasino, R. (2004) Vernalization, competence, and the epigenetic memory of winter. *Plant Cell*, **16**, 2553-2559.

Bannister, A.J. and Kouzarides, T. (2011) Regultion of chromatin by histone modifications. *Cell Research*, **21**, 381-395.

Berger, S.L., Kouzardes, T., Shiekhattar, R. and Shilatifard, A. (2009) An operational definition of epigenetics. *Genes Development*, **23**, 781-783.

Du, J., Zhong, X., Bernatavichute, Y.V. et al. (2012) Dual binding of chromomethylase domains to H3K9me2-containing nucleosomes directs DNA methylation in plants. *Cell*, **151**, 167-180.

He, G., Elling, A.A. and Deng, X.W. (2011) The epigenome and plant development. *Annual Review of Plant Biology*, **62**, 411-435.

He, Y. (2009) Control of the transition to flowering by chromatin modifications. *Molecular Plant*, **2**, 554-564

He, Y. (2012) Chromatin regulation of flowering. *Trends in Plant Science*, **17**, 556-562.

Law, J.A. and Jacobsen, S.E. (2010) Establishing, maintaining and modifying DNA methylation in plants and animals. *Nature Review Genetics*, **11**, 204-220.

Mathieu, O., Reinders, J., Caikovski, M. et al. (2007) Transgenerational stability of the Arabidopsis epigenome is coordinated by GC methylation. *Cell*, 130, 851-862.

Portea, A. and Esteller, M. (2010) Epigenetic modifications and human disease. *Nature Biotechnology*, **28**, 1057-1068.

Struhl, K. and Segal, E. (2013) Determinations of nucleosomal positioning. *Nature Structural & Molecular Biology*, **20**, 267-273.

Zhang, X., Bernatavichute, Y., Cokus, S. et al. (2009) Genome-wide analysis of mono-, di-, trimethylation of histone H3 lysine 4 in *Arabidopsis thaliana*. *Genome Biology*, **10**, R62.

제 III 부

RNA로부터 단백질까지

제13장

RNA 가공과 RNA 운반

13.1 RNA 가공은 여러 단계로 나눌 수 있다

이 책의 제1부에서는 유전자의 현대적 개념과 유전자의 구조, 그리고 유전자들이 어떻게 모여 유전체로 체계화되는지에 대해 알아보았으며, 제2부에서는 유전자가 발현되기 위해 거치는 단계들과 유전자 발현이 어떻게 조절되는지에 대해서 알아보았다. 제3부에서는 유전자가 mRNA로 전사되는 순간부터 mRNA가 단백질로 번역되거나 분해되는 mRNA 생애 주기에서 전사체에 가해지는 각종 가공 과정(processing)들에 대해서 알아볼 것이다(그림 13.1). 이 가공 과정들은 각각 mRNA에 필수적인 변형과정이며, 본저에서는 mRNA의 생애 주기 내 단계적으로 일어나는 것처럼 묘사되어 있지만, 실제로는 동시에 여러 공정이 mRNA에서 연속적으로 일어나는 것으로 보는게 더 정확하다. 예를 들어서 한 mRNA 내에서 5′-capping과 이어붙이기 과정이 동시에 일어날 수 있다.

공정 단계들을 별개의 사건들로 구분하는 데에는 또 다른 이유가 있는데, 각각의 공정 과정들은 개별적으로 조절이 될 수 있는 단계들이며, 이들의 조절을 통해 유전자 발현을 조절할 수 있기 때문이다. 예를 들어 **선택적 이어붙이기(alternative splicing)**라는 공정 단계에서의 조절은 1개의 유전자에서 다양한 mRNA를 생성할 수 있기 때문에 다양한 단백질을 만들 수 있는 기작을 제공한다. 이 책의 전반에 걸쳐서 강조하였듯이, 유전자 발현은 유전자가 세포의 표현형에 기여하는 과정이므로 결과적으로 유전자 발현을 통해 조직과 기관 내 세포의 기능에 영향을 줄 수 있다. 식물 전체의 형질과 특징은 결국 식물의 조직들과 기관들의 기능이 총합해서 결정되므로 유전자의 발현이 언제, 그리고 어떻게 조절되느냐는 식물의 성장, 발달 그리고 생리에 유전자 자체만큼이나 큰 영향을 미친다.

또 중요하게 여겨야 할 개념은 가공 이벤트들이 일어나는 시기이다. RNA 중합효소가 DNA를 RNA로 전사하는 속도는 초당 10개에서 400개 뉴클리오티드 사이로, 평균적인 유전자는 (평균 2,000 뉴클리오티드 길이의 유전자) 1분 이내로 전사 될 수 있다(2,000 뉴클리오티드를 RNA 중합효소의 초당 합성속도인 50 뉴클리오티드로 나누어라). 하지만 mRNA의 가공 단계들 중 다수는 이보다 더 긴 시간이 걸린다(그림 13.2).

13.2 RNA capping은 mRNA에 독특한 5′ 말단을 생성한다.

대부분의 mRNA들은 5′ 말단에 주형가닥과 상관없는 방식으로 화학적인 변형을 거치는데, 첫 번째 뉴클리오티드에(5′ 말단) 구아노신이 추가되고 연속적으로 3번의 메틸화가 일어나서 타입 0, 1 그리고 2형의 capping 구조가 생성된다(그림 13.3). 전체 mRNA의 40%에서는 타입 0형의 capping이 생성되며, 1형과 2형 capping은 각각 30%의 빈도로 발생한다. 리보솜 RNA(rRNA)와 운반 RNA(tRNA)에서는 capping이 일어나지 않으며, 현재까지 어느 특정한 유전자 발현과 관련된 5′-capping의 특이성은 발견되지 않았다. 즉, 특정한 한 유전자로 생성되

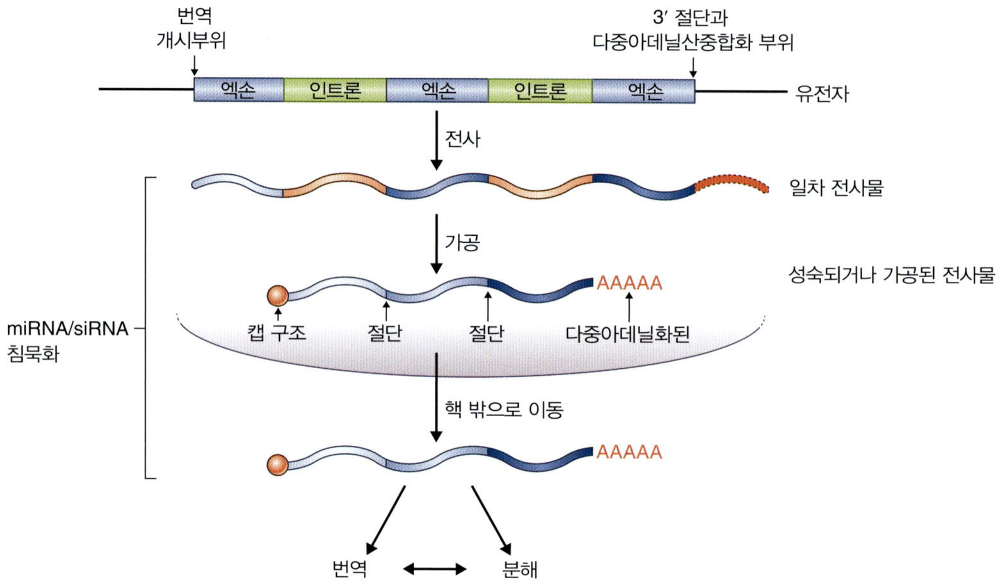

그림 13.1 **mRNA 가공과 성숙과정에서의 여러 단계를 나타내는 그림;** 각 단계들은 유전자 발현 조절과 특이성에 관여한다.

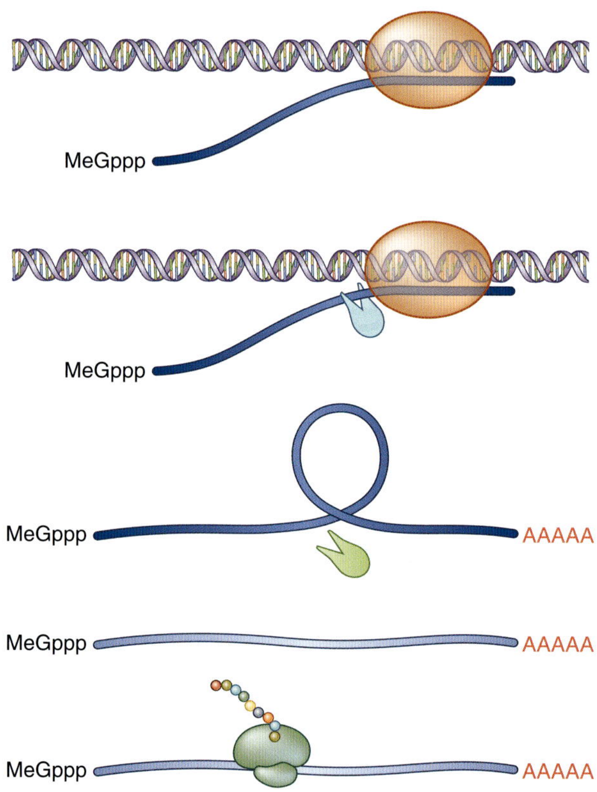

가공과정	시간 소요
전사와 5′ 말단 가공	~ 1분
3′ 말단 절단에 의한 전사 종결	~ 5–10분
다중아데닐산중합화와 이어붙이기	~ 10–20분
세포질로 이동	~ 20–30분
번역	~ 30–240분

그림 13.2 **mRNA 가공 과정에서 일어나는 일들의 시간적 경과.** Krebs 등(2010).

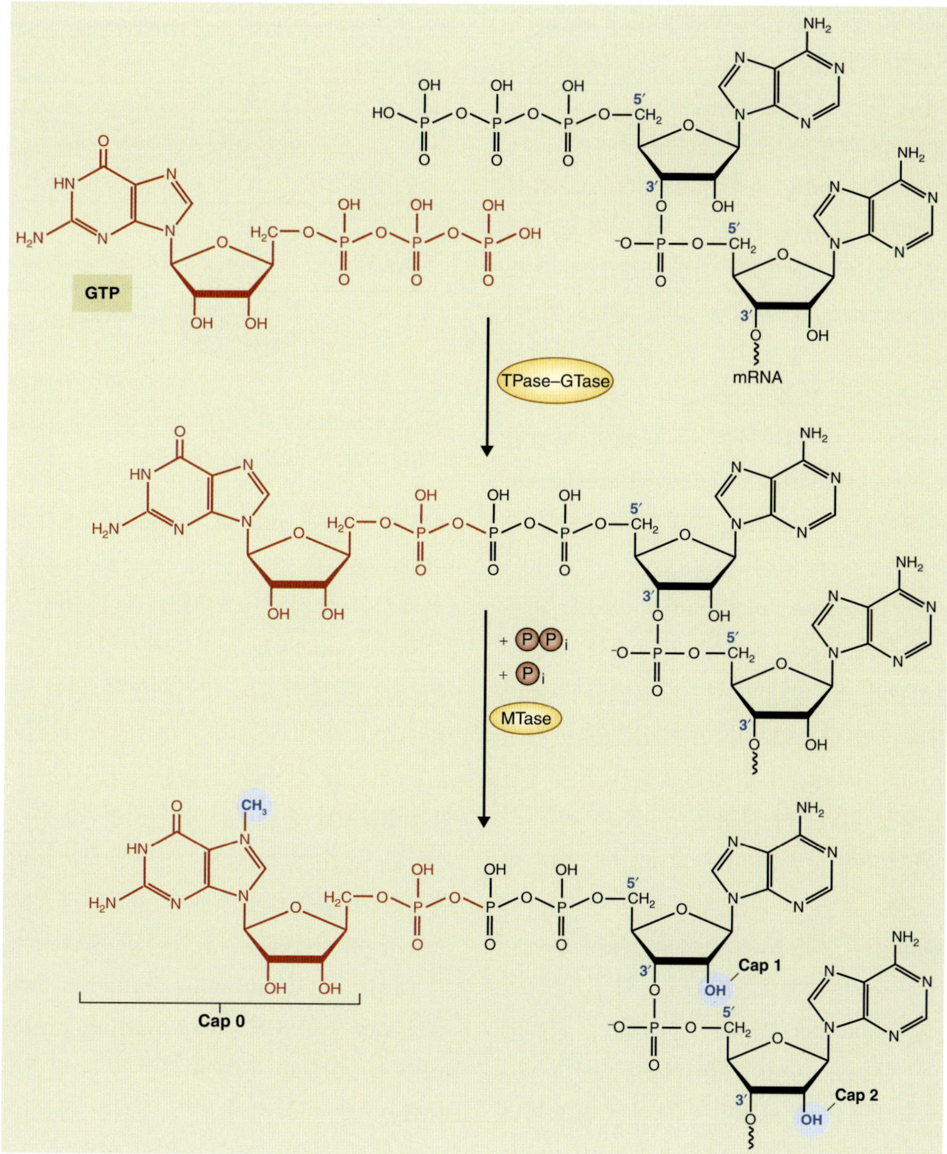

그림 13.3 mRNA capping의 단계들은 말단 포스파타아제(TPase)와 구아노신 전이효소(GTase)로 구성된 융합 효소에 의해 촉매되는 mRNA의 5′-말단에 구아노신 유틀레오티드를 붙이고 메틸 전이효소(MTase)에 의해 S-아데노실메티오닌(SAM)를 이용하여 구아노신 염기의 7번 위치에 초기의 우세한 mRNA 구조를 생성하도록 메틸기를 공여하는 반응이 수반된다. 이후의 두 번째와 세 번째 리보스 당의 2번 위치의 수산기 메틸화는 cap 1과 cap 2를 동일하게 생성하도록 한다.

는 mRNA가 오직 한 가지 형태의 capping을 가지는지, 또는 모든 mRNA에서 발견되는 0, 1, 2 형의 capping이 일반적 분포를 나타내는지는 아직 모른다.

mRNA의 capping 과정은 모든 진핵생물에서 고도로 보존되어 있으며, capping 과정은 순차적으로 일어나는 개별 변형 단계들로 나눌 수 있다. 첫 번째 단계에서는 mRNA의 5′ 삼인산기의 말단 인산기가 엑소-포스파타아제(exo-phosphatase, TPase)에 의해 제거되어 이인산화된 mRNA 중간체가 형성된다. 두 번째 단계에서 mRNA 중간체는 GMP에 의해 capping이 되는데 이 반응은 GMP-효소 중간체가 관여하는 두 단계의 복잡한 반응에서 RNA 구아닐릴전이효소(guanylyltransferase, GTPase)에 의해 촉매된다. Capping 과정은 구아노신 염기의 7번 질소에 메틸화에 의해 종결되는데, 이과정은 S-아데노실메티오닌(S-adenosylmethionine, SAM) 의존성 메틸전이효소(MTase)라는 효소에 의해 0형의 capping 구조가 생성된다. 5′ 말단에 위치한 2개의 뉴클리오시드의 리보오스 2번 탄소에 위치한 수산기에 추가적인 O-메틸화(O-methylation)이 진행됨으로써 각각 1형과 2형의 cap이 생성 된다. 이 과정은 구아노신 염기의 초기 메틸화에 관여하는 갓과는 다른 효소들에 의해 촉매된다.

mRNA의 capping 과정은 모든 진핵생물에서 일어나지만, capping에 이용되는 효소들은 균류, 식물, 동물에서 다르게 행동한다(Shuman, 2002). 예를 들어, 균류에서 사용되는 삼인산 포스파타아제(triphosphate phosphatase)는 동물과 식물에서 사용되는 삼인산 포스파타아제와는 다른 기작을 사용한다. 마찬가지로 흥미로운 점은, 동물과 식물의 경우 TPase와 GTase가 1개의 유전자로 융합된 구조로 암호화되어 있는 반면, 균류의 경우 TPase와 GTase가 서로 다른 유전자에 암호화 되어있다는 점이다. 균류는 식물보다 동물에 유전적으로 가까우며, 식물과 동물이 동일한 capping 기작을 갖고 있다는 사실로 볼 때, 동물과 식물에서의 capping 기작은 공통 선조에서 기인한 반면에 균류의 capping 기작은 파생된 것일 수도 있다.

진핵생물 mRNA의 5′ capping 구조는 엑손 이어붙이기, mRNA의 이동, mRNA 안정화 등과 같은 세포 기능

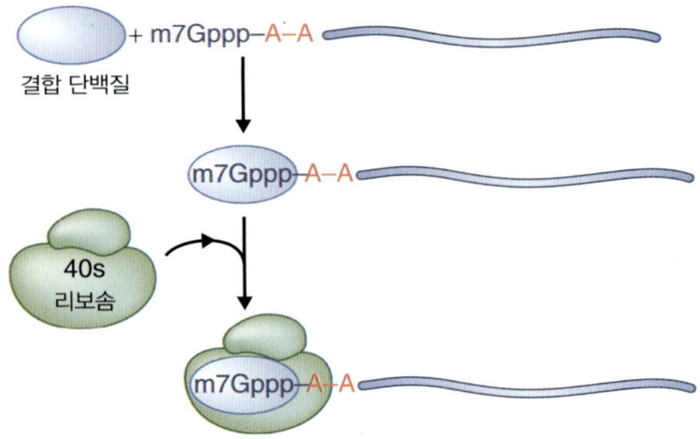

그림 13.4 mRNA의 5′ cap은 mRNA를 리보솜과 결합하여 번역 개시를 위한 적절한 구조를 생성하게 한다.

에도 관여한다. mRNA capping 구조가 이러한 과정들에 미치는 영향을 알기 위해서는 capping 구조가 mRNA 번역 개시를 촉진하는 기작을 보면 된다. 먼저, 샤인-달가노(Shine and Dalgano) 염기서열의 기능에 대해서 생각해보자. 샤인-달가노 염기서열은 원핵 생물 mRNA에서 메티오닌 개시 코돈의 7-10 염기 상위에 위치한다. 이 공통 서열을 리보솜 결합부위라고 하며, 리보솜 집합체를 mRNA에 결합시키고 위치를 제대로 선정하여 번역 개시를 할 수 있게 한다. 진핵생물의 mRNA에서는 이와 유사한 리보솜 결합부위가 발견되지 않으므로, capping 구조가 이 기능을 대신한다고 생각된다. 실제로도, 번역 개시인자 4(translation initiation factor 4), eIF4E와 같은 **cap-결합단백질(cap-binding protein)**은 진핵생물 mRNA의 5′ cap 구조에 고정된 후 결합한 mRNA를 40s 리보솜으로 이동시켜 번역 개시를 돕는다(그림 13.4).

식물의 경우, cap-결합단백질들이 유전자 조절 역할을 한다(Kuhn 등., 2008). 애기장대에서 *Abh 1*은 우성의 유전자로 이것은 초기 호르몬 신호전달 과정을 조절하는 중요한 유전자이다(Hugouvieux 등., 2001). *Abh1* 유전자는 앱시스산에 의해 발아가 과민하게 억제되는 애기장대 개체들에 대한 유전학적 스크리닝을 통해 발견되었다. ABA를 처리하지 않은 경우, *Abh 1* 개체의 종자는 야생형과 동일한 속도와 비율로 발아한다. 하지만 0.3 μM의 ABA를 처리한 경우 야생형은 정상적으로 발아하는 반면, *Abh 1* 종자의 경우 90%가 발아에 실패하였다. 차후 *Abh1* 유전자를 분리하여 염기서열을 결정한

결과, 인간과 효모의 이형이합체 핵 cap-결합 복합체 단백질의 한 서브유닛과 아미노산 서열의 유사성이 발견되었고, 이들의 상동성은 이후 실험적으로 증명되었다. 뿐만 아니라 DNA 칩 유전자 마이크로어레이 분석에 따르면 *Abh 1* 개체의 유전적 환경에서 18개의 유전자 발현이 매우 감소한 반면, 13개의 유전자들은 상당히 상향 조절된 것을 볼 수 있었다. 이처럼 *Abh 1* 개체에서 비정상적인 발현량을 보이는 전사체들은 ABA 신호절달에 관여한다고 알려진 인산가수분해효소들과 인산화효소들의 유전자들이다. 흥미로운 사실은 *Abh 1* 돌연변이체들은 ABA를 처리하거나 가뭄처리를 한 경우, 기공을 비정상적으로 일찍 닫기 때문에 수분 스트레스에 대해 내성이 강한 것이다. 이러한 연구 결과는 cap-결합 단백질이 식물 생리학에 직접적인 영향을 준다는 첫 번째 증거이다.

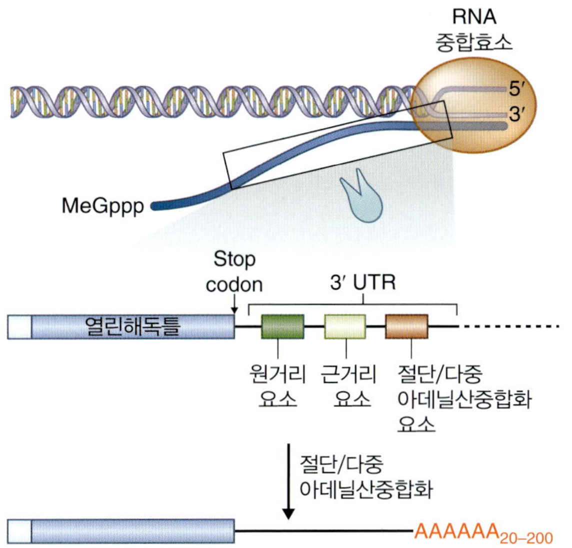

그림 13.5 **mRNA의 3′-말단 형성과 다중아데닐산중합화.** Hunt (2008)을 재생산함.

13.3 전사 종결은 mRNA 3′ 말단 형성과 아데닐산중합화를 수반한다

전사 개시는 이 책의 8장에서 알아보았으며, 전사 개시는 유전자 발현 패턴을 조절할 수 있는 분명한 수단을 제공함으로써 기관과 조직에서 세포 분화와 세포 기능을 조절하기 때문에 연구가 심도 있게 진행되어 왔다. 언뜻 보기에는 전사 종결이 다양한 세포와 환경에서 mRNA의 축적에 영향을 준다는 것이 이해가 되지 않을 것이다. 하지만 최근 연구 결과에서 **3′-말단 형성**과 **아데닐산중합화**의 중요성이 대두되고 있으며, 이에 아래에서는 특정 종류의 유전자들의 3′-말단 형성이 어떻게 개화시기 결정에 영향을 주는지에 대해 설명할 것이다.

아데닐산중합화는 대부분의 mRNA에서 일어나기 때문에 아데닐산중합화가 없는 rRNA, tRNA 그리고 소형(100 염기쌍 이하) RNA들과 mRNA를 구별할 수 있다. mRNA 아데닐산중합화의 주목할 만한 예외는 히스톤 단백질로 번역되는 mRNA로, 다중아데닐 구조 대신 독특한 3′-말단 구조를 가지고 있다. 다중아데닐 구조는 또한 mRNA가 핵으로부터 세포질로의 이동과 mRNA의 안정화에 중요한 역할을 하며(즉, mRNA의 수명을 조절한다), mRNA가 번역 복합체와 결합할 수 있게 해준다(Hunt, 2008). 다중아데닐구조의 이러한 모든 역할은 새로 합성된 mRNA 사슬이 절단되어 다중아데닐화되는 위치에 의존하고 있다(그림 13.5). 즉, RNA 중합효소에 의한 전사가 끝나고 합성된 mRNA가 전사 기구에서 떨어질 때, 또 다른 단백질 복합체가 mRNA내 절단 위치를 지정하는 특정한 ***cis*-요소들(*cis*-elements)**를 인식한다. 이후 절단 복합체는 mRNA 분자에 단일 가닥 절단을 실시한 후 주형가닥과 무관한 방식으로 아데노신 잔기를 더한다. 특정 mRNA에서 더해지는 아데노신 잔기의 숫자는 정확하지 않으며, 일반적인 mRNA는 20개에서 100개 이상의 아데노신 잔기를 가지고 있다. 이와 같은 아데노신 잔기 숫자의 다양성은 미세 이질성이라고 하며 아래 소개될 다른 다양성들과 구별된다.

포유동물을 비롯한 비-식물 시스템을 이용한 초기 연구 결과 mRNA에서 절단과 아데닐산중합반응을 신호한다고 추측되는 인식서열 AAUAA가 발견되었다. 이 염기서열은 주로 polyA 꼬리(polyA tail) 보다 10–30 염기 상부에 존재하기 때문에 다중아데닐 염기서열라고 불린다. 하지만 이 서열은 식물 mRNA에서는 보존되어있지 않기 때문에 추가적인 서열이 mRNA 절단 부분 표시에 역할을 할 것이라는 것을 알 수 있다. 성숙한 mRNA를 생성하는 과정에서 특정한 서열의 역할을 밝히기 위한 실험과 3′UTR 도메인들을 수집하고 서로 비교하는 연구를 통해 현재까지 **원거리요소(far-upstream element, FUE)**와 **근거리요소(near-upstream element, NUE)**와 같은 2개의 추가 서열이 밝혀졌다. 이름에서 알 수 있듯이, 이들 서열들은 최종 절단 부위와 비교적 가깝다. 하지만 절단 부위와 마찬가지로 이들은 서열상 완벽한 진화적인 보존을 보이지 않는다. FUE는 절단 부위에서 30~150 뉴클리오티드 상부(5′)에 위치하며 유리딘(U) 잔기를 많이 보유하고 있다. NUE는 절단 부위에서 10~30 뉴클리오티드 상부에 위치하며 아데노신에 대해서 구성적 편향을 가지고 있다. 절단 부위 자체에는 U 잔기를 많이 가지고 있다.

각종 염기 배열들이 3′ 말단의 형성에 기여하는 역할을 알아내기 위한 실험을 통해 알아낸 사실이 있는데, mRNA에서 **위치 선택적 아데닐산중합화(alternative polyadenylation site-selection)**가 일어나는 부위, 즉 종결 부위가 생각보다 다양하다는 것이다. 이 현상은 현재 모든 진핵생물에서 mRNA의 추가적인 다양성과 이질성을 만들기 위한 수단인 것으로 밝혀졌다. 예를 들어서 그림 13.6에서 묘사되어 있듯이 완두콩의 루비스코 소(小) 소단위체 유전자 *RbcS*는 4가지의 서로 다른 종결/아데닐산중합화 위치를 가지므로 4개의 상이한 절단 서열(붉은색 박스)를 가진다. 각각의 종결 위치를 결정하

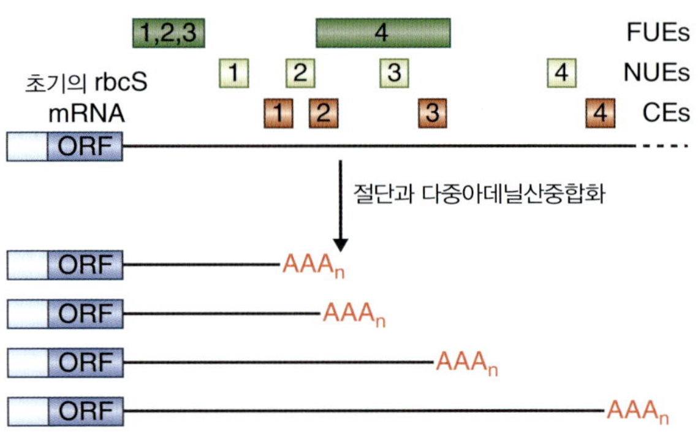

그림 13.6 완두의 *RbcS* mRNA에서 관찰되는 여러 개의 3′ 말단과 아데닐산중합반응 부위의 예. 정교한 분자생물학적 연구로 동정된 절단 부위(붉은색 박스, CE)를 조정하는 원거리 요소(FUE, 녹색)과 근거리 요소(NUE, 밝은 녹색)들을 초기 mRNA 위에 나타내었다.

는 데에 관여하는 서열들을 찾기 위한 실험들은 다음과 같다. 우선 서열들을 삭제하거나 서열의 위치를 바꾸는 실험이 있는데, 이는 1개의 FUE(1, 2, 3)(진한 녹색)가 발견되었다. 이는 NUE들(1, 2, 3)(연한 녹색), 다른 두 번째 FUE (4), 그리고 1개의 절단 인자 또는 부위와 연관되어 있다.

13.3.1 선택적 다중아데닐산중합반응은 추가적인 mRNA 다양성을 만든다.

선택적 다중아데닐산중합반응은 그림 13.6의 완두콩 *RbcS* mRNA에서 묘사되어 있듯이 별개의 절단 위치 선택을 말한다. 이는 1개의 절단부위에서 일어날 수 있는 3′-말단에 1개의 뉴클리오티드 차이(미세이질성, microheterogeneity, 위에서 설명)와는 매우 다르다. 미세이질성과는 다르게 선택적 3′-말단 형성은 mRNA 자체를 극적으로 바꿀 수 있는 도구를 제공한다. mRNA의 선택적 다중아데닐산중합반응은 성숙한 mRNA에 다양한 3′UTR 서열을 만드는데, 이 서열은 mRNA의 안정화와 번역 가능성에 영향을 미친다. 선택적 다중아데닐산중합화 또한 mRNA 전 범위에서 3′-말단의 형성을 가능하게 하기 때문에, 실제 암호화 서열이 영향을 받는 경우도 있다. 선택적 다중아데닐산중합반응은 인트론 사이에서도 보고가 되어 있다. 이러한 경우에서의 선택적 다중아데닐산중합반응은 엑손 서열들의 잔류 혹은 삭제를 결정하기 때문에, 아미노산 서열이 다른 단백질들이 합성될 수 있다. 이와 같은 3′-말단 형성에서의 다양성에는 인트론 제거와 유사성이 있는데, 이 역시 다양한 단백질을 생산할 수 있게 하는 기작이다. 인트론 제거는 본 장 후반부에서 설명할 것이다.

선택적 다중아데닐산중합반응의 종합적인 중요성은 아직 연구되고 있으나, 종합적인 중요성이 매우 크다고 생각된다. 포유류 유전자의 절반 혹은 그 이상이 선택적 다중아데닐산중합반응에 영향을 받는 것으로 보인다. 식물에서도 역시 이러한 선택적 기작의 중요성을 동정하고 측정하려는 시도가 있다(Wu 등, 2011). 유명한 예들을 나열하자면 SLG(S locus glycoprotein)와 이에 상응하는 S-수용체 키나아제(S-receptor kinase)의 mRNA들

(암술머리와 화분의 자가불화합성 인식에 관여하는 유전자들(Basett 등, 1995), 복숭아(*Prumus persica*)의 에틸렌 수용체 유사 단백질(ethylene receptor like protein, ETR1)의 mRNA(Bassett 등, 2002), 애기장대에서 TIR 모티프를 가진 수용체 유사 단백질의 mRNA(Meyers 등, 2002), 목화에서 라이신(리신)-케토글루타르산 환원효소(lysine-ketoglutarate reductase)와 사카로핀 탈수소효소(saccharopine dehydrogenase)를 동시에 암호화 하는 mRNA(Tang 등, 2002), 그리고 시금치에서 아스코르브산 과산화 효소(ascorbate peroxidase)를 암호화 하는 mRNA 등이 있다. 식물에서 선택적 아데닐산중합반응이 특별히 잘 드러난 경우는 유전자 *FCA*인데, 이 유전자는 애기장대에서 개화시기를 조절하는 데에 관여한다 (Terzi and Simpson, 2008).

3′ 말단 선택과 절단, 그리고 다중아데닐산중합화의 생화학적인 반응은 서로 상호작용하는 단백질들의 복합체에 의해 영향 받으며, 단백질들의 상호작용은 복합체 전체의 특이성(specificity)와 선택성(selectivity)를 부여한다. 그림 13.7은 현재까지 밝혀진 3′ 말단 형성과 다중아데닐화 복합체와 관련되어 있는 단백질들을 나타내고 있다. 이 그림은 다양한 단백질과 RNA 구성원들 사이의 상호작용과 구성원들이 신생 mRNA의 절단 반응과 다중아데닐산중합반응 반응에서 차지하는 촉매적 역할을 평가하기 위한 많은 실험들의 결과에 의해 도출되었다. 명명법에 따르면 복합체의 구성원에는 절단과 (**c**leavage) 다중아데닐산중합화(**p**olyadenylation) 단백질 구성원(**s**pecificity **f**actors), 즉 **CPSF**와 실제 다중아데노신 꼬리를 합성하는 다중아데노신(**polyA**) 중합효소 (**p**olymerase), 즉 **PAP** 같은 단백질들이 있다. 그림 13.7에서는 RNA와 결합 혹은 상호작용을 하는 특정 단백질 인자(protein factor)들이 붉은색으로 표시되어 있으며, 단백질 인자들 사이의 상호작용이 상호 연결되는 선으로 나타나 있다.

복합체 내 단백질들의 상호작용은 모두 다 물리적인 것은 아니며(즉, 단백질들이 서로 직접 결합하는 것은 아니다), 이러한 상호작용들은 역동적으로 일어나고 있는 것으로 보아야 한다. 즉, 상호작용들은 각종 환경의 신호 혹은 세포의 발생 단계에 따라 달라질 수 있다. *FY*

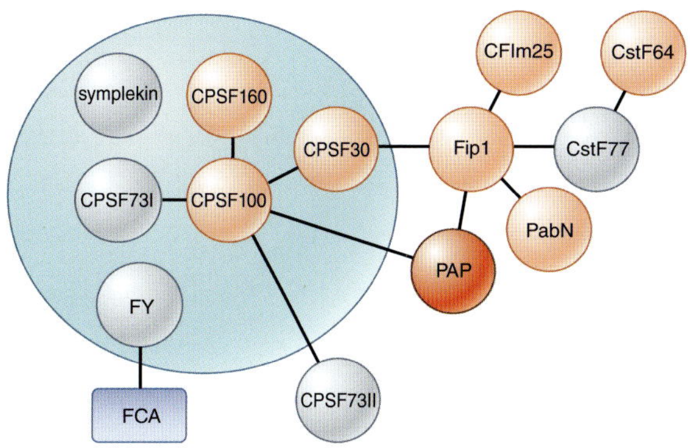

그림 13.7 mRNA 절단과 다중아데닐산중합반응과 관련이 있는 단백질들의 상호작용에 대한 도해. 전형적으로, 이러한 복합체는 생성 중인 mRNA의 FUE, NUE, CE와 같은 서열(그림 13.6에 설명)을 인식하고 CE의 당-인산 뼈대를 절단시키며, 비-주형 의존성인 방법으로 mRNA의 말단에 수백 개의 아데노신 염기를 붙인다. 복합체를 만드는 어떤 단백질들은 물리적으로 서로 결합을 하며, 위의 그림에서는 서로 선으로 연결하여 표시하였으며, 이들 단백질들의 어떤 것들은 RNA에 직접 결합할 수 있는데(밝은 적색), 이러한 단백질들은 아미노산 서열과 실험적인 증거들에 의해 유추되었다. 녹색 원에 있는 단백질들은 다중아데닐산중합화 인자들의 독특한 단백질 복합체를 만드는데 이들은 식물의 핵에서 쉽게 분리해 낼 수 있는 것들이다. 대부분의 이들 단백질들은 3′ 말단 절단과 같은 특정한 생화학적 기능과는 상관없이 명명되었다. 대신에 실제적인 절단 반응에서 CstF64의 역할은 효모와 포유동물 실험에서 관찰된 다양한 결과에 의해 제시되었다. 밝은 적색으로 나타낸 다중아데닐산중합반응 중합효소 또는 PAP라고 부르는 효소는 각 mRNA에 polyA 꼬리를 붙인다. 다른 단백질들을 가진 복합체와의 상호작용 중에 어떤 것은 3′ 말단 절단과 다중아데닐산중합반응을 조절하는 방법을 제공하기도 하는데, 이러한 것에는 FCA 상호작용(파란색으로 표시)이 있다. Hunt (2008). Springer Science+Business Media의 허락 후 게재.

유전자에 의해 암호화되는 단백질을 통해 이러한 현상을 설명할 수 있다. FY 단백질은 개화 조절에서의 소위 자율적 경로와 관련이 되어 있는데, 자율적 경로란 개화시기 조절에 있어서 식물에 내재되어 있는 기작으로, 환경 신호를 통해 개화시기를 조절하는 기작과는 구분된다. *FY* 유전자 내 특정한 돌연변이를 가진 애기장대 개체들은 야생형보다 개화가 늦게 일어나지만, *FY* 유전자를 **knock-out**시킨 경우 돌연변이 대립유전자에 대한 동형접합을 가진 종자를 형성하지 못하므로, 종자들이 발아를 하지 못한다. 발아가 지연된 돌연변이체는 **FY** 단백질의 카복시 말단부분의 단백질-단백질 상호작용을 주

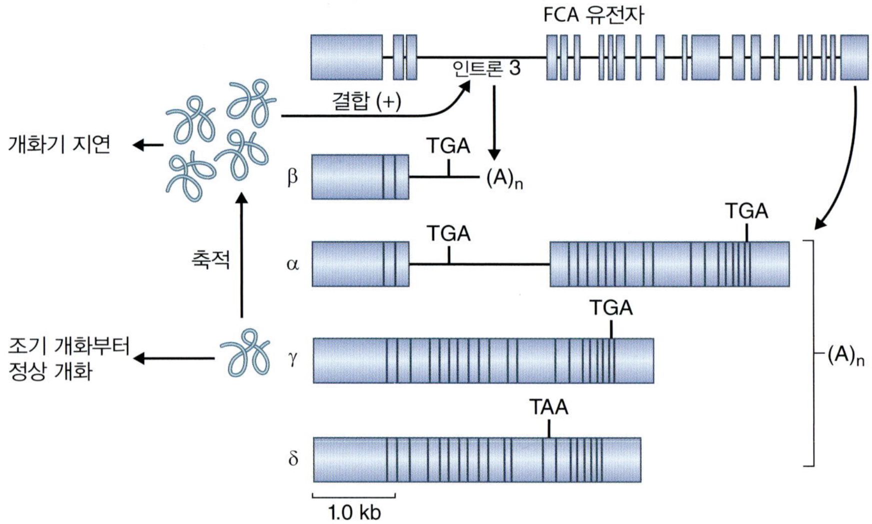

그림 13.8 선택적 3′ 말단 형성이 개화시기를 어떻게 조절하는지에 대한 설명. *FCA*는 자율적 개화 프로그램의 다른 인자의 부정적 조절인자이다. 즉, *FCA*는 개화시기를 늦추는 경향이 있는 다른 단백질의 활성을 억제하여 개화를 촉진시킨다. 그러므로, 정상적으로 가공된 감마 *FCA* mRNA는 정상적인 개화 시기를 갖는다. FCA 단백질(파란색의 접혀진 심볼)은 자가-조절을 하는데, 자신이 너무 많이 축적되면 FCA 단백질이 FCA 일차 전사물의 인트론 3에 결합을 하며, 선택적 3′-말단을 형성하여 다중아데닐산중합반응을 한다(+로 표시). 이것은 베타 FCA mRNA의 형성을 유발하여 감마형의 축적을 감소시킨다. 결과적으로 개화시기가 지연되는데, 이는 적은 양의 GCA 단백질이 개화 억제인자의 효과를 상쇄시키기 때문이다.

관하는 도메인이 삭제되어 있다. FY 단백질은 CPSF 복합체의 잘 알려진 구성원이다. 하지만, FY 단백질이 다른 CPSF 단백질들과 상호작용하는 정확한 기작은 잘 알려져 있지 않다. 그럼에도 불구하고, FY 단백질은 카복시 말단 도메인을 이용하여 FCA라는 자율적 개화 프로그램에 연관되어 있는 또 다른 단백질과 상호작용한다.

FCA 유전자의 발현은 여러 단계의 전사 후 조절에 의해 조절되며, 선택적 아데닐산중합반응이 이들 중 가장 우세하고 중요하게 작용한다. 야생형 식물에서는 적어도 세 가지의 *FCA* 유전자의 전사체가 발견된다(Quesada 등., 2003). FCA 감마는 모든 가공과정이 적용된 형태로 가장 일반적인 형태의 전사체이다. FCA 알파는 인트론 3 외 모든 인트론이 제거된 형태이며, FCA 베타는 세 번째 인트론 내 3′ 말단 형성과 아데닐산중합반응이 진행된 경우이다(그림 13.8). 베타 형태 전사체 형성이 변형된 개체의 경우에는 개화 시기가 바뀐다. 베타 형태의 전사체가 조금 축적되고 감마 형태가 더 많이 축적된 경우 식물의 개화는 정상 혹은 더 이른 시기에 진행된다. 베타 형태가 더 축적되고 감마 형태가 덜 축적된 경우 개화 시기는 늦춰진다. 후속 연구를 통해 알아낸 사실은 *FCA* 유전자가 자가 조절성을 가진다는 것이다. *FCA* 유전자가 암호화 하는 단백질은 성숙한 *FCA* mRNA의 3번 인트론 부위 내에 특이적으로 결합하는 RNA 결합 단백질이다. FCA와 FY 사이의 상호작용은 mRNA 절단 기구와 선택적 아데닐산중합반응 기구를 3번 인트론으로 모집하여 3번 인트론에서 다중아데닐산중합반응이 일어난 FCA 베타를 형성한다. FY 혹은 FCA의 기능에 문제가 있는 돌연변이체의 경우에 완전한 길이의 FCA 감마 mRNA가 세포 내 축적이 되므로, 개화시기가 야생형보다 이르게 된다.

13.4 RNA 이어붙이기는 유전적 다양성을 제공하는 또 다른 근원이다

거의 모든 원핵생물의 유전자는 자신이 암호화한 단백질 산물과 상응하는 관계를 가진다. 즉, 유전자는 mRNA로 전사되고 mRNA의 3개의 염기가 하나의 아미노산을 암호화한 코돈을 한 방향으로 하나씩 차례로 번역이 되어 최종의 단백질을 생성한다. 하지만 식물을 포함한 진핵 생물에서는 다른데, 거의 모든 핵 유전자는 개재배열 염기들을 가지고 있지만, 이 부위는 최종의 mRNA에는 포함되지 않으므로 최종의 단백질로 번역되지 못한다(그림 13.1). 이러한 개재서열을 인트론이라 부르며, 1차 전사물의 형성시에는 전사가 되나, 나중에 가공시 제거되어 실제 세포질로 이동한 후, 번역에 참여하는 성숙한(가공이 완료된) 전사체에서는 엑손들만이 서로 연결되게 만든다. 이와 같이 인트론 서열들을 제거하는 과정을 **RNA 이어붙이기(splicing)**라고 한다. 현재로선 진핵 유전자가 인트론과 엑손을 왜 가지고 있는지에 대해 완벽히 이해할 수 없지만, 인트론 이어붙이기 과정이 정확하게 일어나지 않는 경우에 비정상적인 RNA가 형성된다는 사실은 확실하다. 이와 같이 DNA 수준이 아닌 RNA 수준에서 유전적 다양성은 이 처리 시스템으로 가능하게 되었다.

그림 13.9는 핵 유전자에서 흔히 발견되는 인트론 제거 과정을 보여주고 있다. 엽록체와 미토콘드리아 등 세포 소기관 유전자의 전사체에서 서열이 이어맞추기되는 경우도 있으나, 이는 핵 유전자에 비해 매우 드물게 일어난다. 아마도 이어맞추기에 대한 첫 번째 궁금증은 어떻게 인트론을 정의하고 이들이 엑손과 구별되는냐이다. 흥미롭게도 유전적으로 멀리 떨어져 있는 식물 종들의 상동 유전자들(동일 혹은 비슷한 기능의 단백질들을 암호화하는 유전자들)을 비교해 보았을 때, 엑손들의 크기는 보존이 되어 있는 반면, 인트론의 경우에는 보존이 잘 되어 있지 않은 것을 볼 수 있다. 인트론들의 크기(염기쌍의 개수)는 엑손들의 크기보다 더 가변적이다. 하지만 인트론에도 보존되어 있는 부분이 있는데, 이는 엑손들과의 경계선에 위치한 서열들이다.

Brown과 Simpson(1998)은 RNA 이어맞추기의 첫 번째 단계는 소위 **스플라세오좀(spliceosome)**이라고 불리는 리보핵산-단백질 복합체를 만들어 RNA가 가공 과정을 겪도록 하는 것이라고 하였다. 이어서 small nuclear protein-RNA complexes(snRNPs)를 포함한 *trans*-반응 인자들이 인트론 서열을 인식하여 5′과 3′의 경계부위를 인식하고, 5′ 경계부위를 절단한 후 인트론의 5′ 말단이 3′ 말단 부위에 있는 염기와 결합하여 고리 구조를 만들고, 엑손은 인접한 다음번의 엑손과 연결시킨다. 인트론 내에 보존적인 염기서열이 snRNP 상호작용을 중재하는 것으로 여겨지지만, 지금까지는 절단 경계 부위 이외의 다른 특정한 염기서열은 없는 것으로 알려져 있다. 식물에서 5′ 절단 부위의 가장 보편적인 보존 염기서열은 AG/GTAAGT이며, 이들의 보존성은 맨 앞의 염기부터 각각 62, 79, 100, 99, 70, 58, 49%이고, 3′ 절단 부위

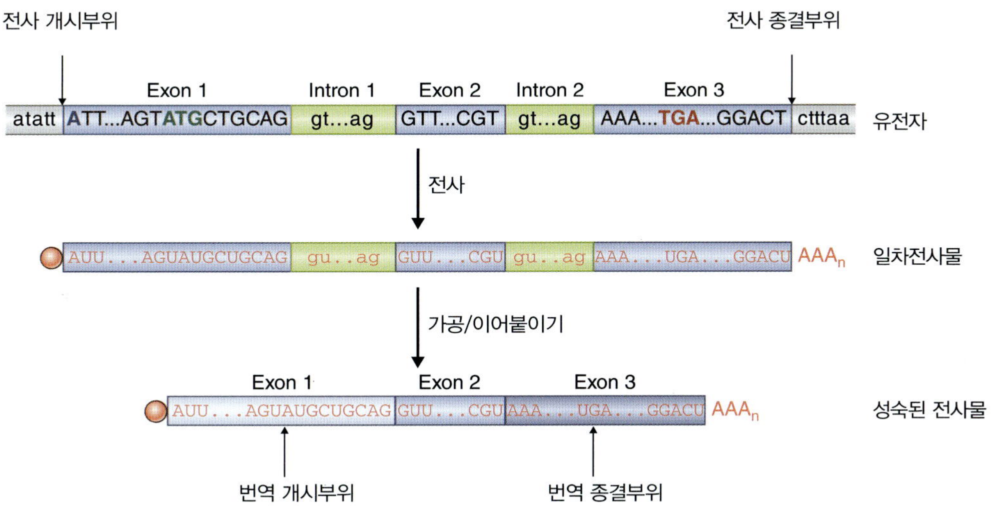

그림 13.9 인트론 서열이 일차전사물에서 어떻게 제거되어 단백질을 암호화한 연속적인 열린해독틀에서 성숙한 mRNA를 만드는지에 대한 도해.

의 보존 염기서열은 TGCAG/G 인데, 이들 염기들의 보존성은 앞의 염기부터 각각 64, 42, 95, 100, 100, 57% 이다(/는 절단 부위이다). 따라서 인트론 경계부위 염기들은 불편성이 아니므로, 가장 높은 보존성이 있는 염기들은 절단 부위에 바로 인접한 염기들로 5′ 말단은 GT이고 3′ 말단은 AG이다.

선택적 이어붙이기(alternate splicing)는 유전체의 염기서열에 이어 또 다른 수준으로 유전적 다양성을 만드는 중요한 기작으로 인식되고 있다(그림 13.10). 예를 들어, 선택적 이어붙이기는 1번 엑손이 2번 엑손과 연결되는 대신 3번 엑손과 연결되는 것이다. 1번 엑손이 3번 엑손과 바로 연결되면 마지막 성숙한 mRNA에서 암호화된 아미노산 서열에서는 일차 전사물에 암호화된 아마노산 서열의 상당 부분이 삭제되게 되는 것이다. 또한 소위 은폐적 인트론 결실에 대한 예가 있다. 이것은 이어붙이기가 완전히 성숙 가공된 mRNA에서 발견되는 엑손 부위의 결실이다. 선택적 이어붙이기로 제거되어야 할 인트론이 제거되지 않는 경우도 있다. mRNA 내에서 인트론 염기서열의 포함은 번역 산물에 막대한 영향을 미친다. 미성숙 정지 코돈은 원래의 단백질보다 짧은 단백질을 만들게 되며 인트론 서열이 열린해독틀에 그대로 존재하면 생성되는 단백질은 원래의 단백질에 비해 아미노산 서열을 더 가지는 긴 단백질이 만들어진다. 선택적 이어붙이기는 매우 중요하며, 1개의 일차 전사물에서 50여 개 이상되는 이어붙이기 변형체들이 만들어지는 경우도 있다. 실제로, RNA 전사체를 이들이 만들어진 유전체 DNA 서열과 비교하는 최근의 염기서열 결정 프로젝트들에 의하면 애기장대와 벼의 전체 전사체들 중 22%가 선택적 이어붙이기나 이어붙이기 변형체 mRNA 들이라는 것이 밝혀졌다(Wang and Brendel, 2006). 요약하면, 선택적 이어붙이기는 4가지의 유형으로 나눌 수 있다: 선택적 이어붙이기 부위 선택, 선택적 3′ 부위 이어붙이기, 카세트-엑손 합입이나 생략, 인트론 잔류이다(Nilsen and Graveley, 2010).

선택적 이어붙이기의 기록은 유전체 진화와 유전자 발현에 대한 이어붙이기의 역할에 대해 흥미로운 질문을 던진다. 한 가지 설은 엑손이 선택적이고 유전 가능한 진화적 단위를 나타내는 것이라는 것이다. 즉, 엑손은 효소의 활성을 높이거나 변형시킬 수 있는 단백질 내에서 "기능적" 단위를 나타낸다는 것이다. 이러한 생각은 다른 이어붙이기 변형체들이 다른 환경하에서 자라는 식물들에서 어떻게 발현이 되는지와 같은 맥락이다. 예를 들면, 변형체 1은 수분-스트레스가 없는 상태에서 발현이 되고 변형체 2는 수분-스트레스하에서 발현이 되는 것이다. 수분-스트레스하에서 변형체 2에 엄호화된 단백질이 식물에 선택적 이득을 부여하는 것이다(Richardson

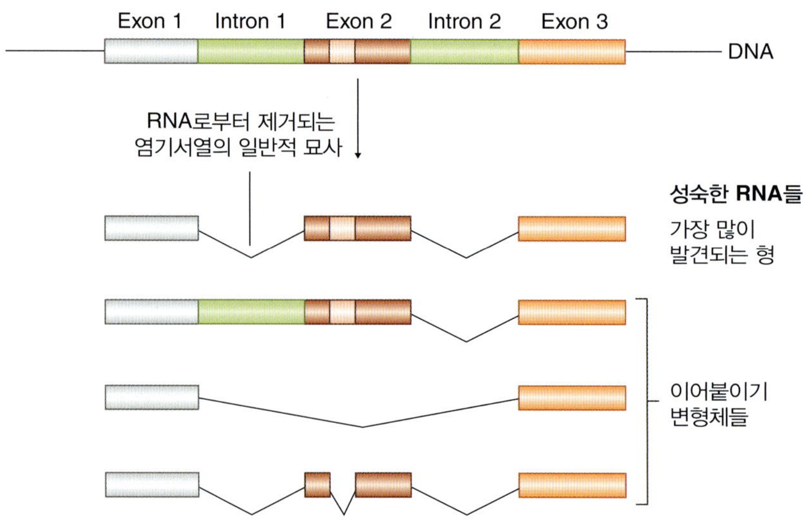

그림 13.10 일차전사물의 가공 과정에서 일어날 수 있는 가능한 RNA 선택적 이어붙이기.

등., 2011). 다른 흥미로운 사례로 표현형적인 형질을 내기 위해서 이어붙이기가 필요한 경우이다. 이러한 예로 특정한 병원물질의 수용체를 암호화하고 있는 유전자의 발현으로서 인트론이 없는 유전자로 형질전환된 식물체는 충분한 저항성을 가지지 못하는 반면에 인트론을 가진 유전자로 형질전환한 식물은 저항성을 가진다(Zhang and Gassmann, 2007). 이러한 다양한 결과들로 생기는 흥미로운 수수께끼는 선택적 이어붙이기가 어떻게 식물의 분자적 기작으로 고정되어 선택적 이어붙이기가 반복적으로 생성되도록 하게 하였는지이며 또한 이러한 사건들이 어떻게 유전체 내에서 안정화된 형태(새로운 대립유전자 형태)로 있게 되었는지 등은 흥미롭다.

13.5 핵으로부터 세포질로의 mRNA 이동은 어떤 mRNA들이 실제로 번역이 되게 하는지를 조절하는 관문이다

식물은 다른 진핵생물과 마찬가지로 유전체가 핵막이라고 불리는 이중막으로 둘러쌓인 핵 내에 격리되어 있다. 지금까지 논의된 바와 같이, 유전자의 전사, 전사 종결, 다중아데닐산중합화, 인트론 제거 등은 모두 핵 내에서 일어나는 사건들이다. 그러나 유전자 발현의 최종적인 단계는 mRNA가 세포질에서 단백질로 번역되는 것이다. 이것은 전사물을 핵에서 세포질로 이동시켜야 한다는 것을 의미하는데, 이러한 과정을 **핵내 이동(nuclear export)**이라고 하는 아직 잘 알려지지 않은 과정이다. 하지만 이 과정의 문지기 기능은 또 다른 수준의 유전자 조절이다(Chinnusamy 등., 2008).

그림 13.11은 식물에서 mRNA가 핵으로부터 이동하는 모델을 보여 주고 있는데, 이것의 많은 부분은 효모와 포유동물 시스템에서 연구된 것과 유사하다. 수천 돌턴(dalton)도 안 되는 작은 분자들이 핵공을 통하여 자유롭게 핵내·외로 이동할 수 있는 반면, 단백질이나 mRNA들은 할 수 없다. 이들의 이동은 에너지를 요구하는 활성적인 과정으로서 mRNA의 이동에는 GTP를 이용한다. 일차전사물이 성숙된 전사물로 가공되는 과정에서 많은 수의 단백질들이 RNA와 복합체를 이루어 핵공으로 이동된다. 이러한 복합체에 있는 단백질로는 RAN 이라는 단백질이 있는데, 이것은 상대적으로 작은 단백질로서 단백질과 RNA를 핵으로 들여 보내고 내보내는 샤페론 단백질이다. 이러한 과정에서 GTP가 GDP와 무기인산으로 가수분해되며, 이때 발생하는 에너지를 이용한다. 새롭게 전사된 RNA와 성숙된 RNA 간의 상호작용이 일단 완료되면 RNA-단백질 복합체는 핵공의 핵 섬유사(nuclear fimament)로 이동하는데, RNA-단백질 복합

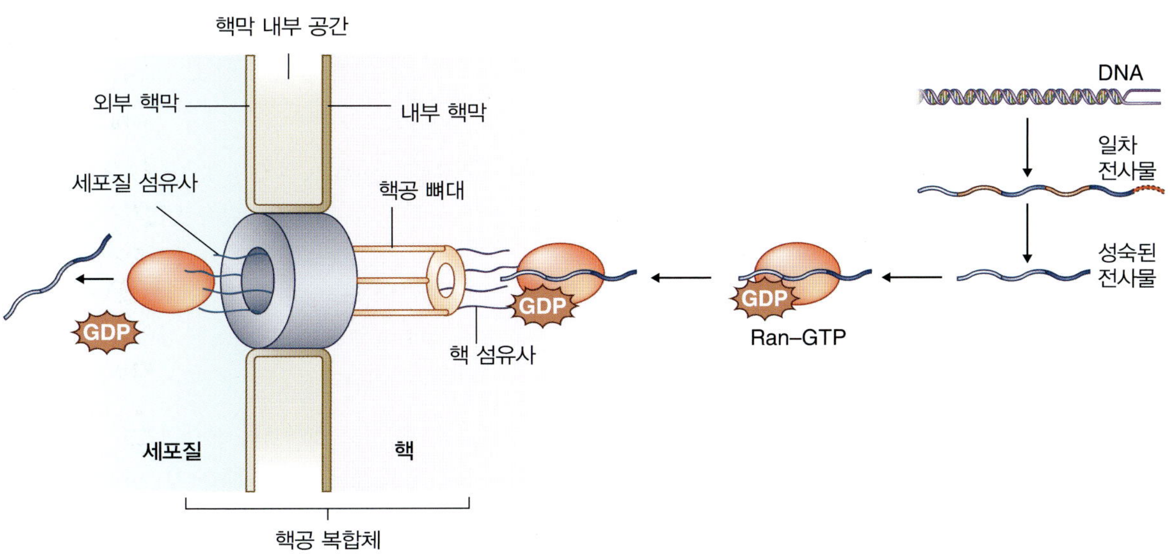

그림 13.11 RNA들이 어떻게 랙으로부터 빠져 나와 세포질로 이동을 하는지에 대한 그림. (Rout 등., 2000).

체는 핵공을 통과하며 GTP의 가수분해에 따라 RNA는 세포질로 빠져 나온다. RAN과 다른 RNA 결합단백질들은 핵으로 다시 들어가 다음 RNA를 이동시키기 위해 재사용된다. 30개보다 많은 단백질들이 핵공 복합체를 이루는데, 이들을 총체적으로 뉴클레오포린(nucleoporin)이라고 한다.

RNA 이동과 관련된 모든 기작들은 이 과정에 많은 세포내 잠재적인 장소가 있으며 여기에서 특이성과 조절이 작동을 한다. 예를 들면, 핵 이동 단백질들의 조립이 새롭게 만들어진 RNA들과 성숙된 RNA들을 어떻게 구별할 수 있을까? mRNA 내에서 핵 이동 단백질들이 결합을 중개하는 특정한 염기서열은 발견되지 않았지만, 비정상적인 mRNA들과 돌연변이로부터 생성된 mRNA들 또는 3′-말단 부위가 결실된 유전공학적으로 만들어진 유전자로부터의 mRNA들이 핵에 축적되며, 세포질로 이동하지 않는다. 이것은 어떤 핵 이동 단백질들은 가공과 이어붙이기 기작 단백질에 의해 mRNA로 모집된다는 것을 예시한다. 그러므로, 만약 mRNA 전사체가 활성적으로 가공되지 않으면, 핵으로부터 나오지 않게 되는 것이다. 어떤 mRNA 또는 대부분의 mRNA에 해당되는 것이지만, 이것만으로 모든 mRNA들의 이동 특이성을 설명하는 데에는 충분하지 못하다. 인트론을 가지지 않는 유전자들도 있으며, 이들의 일차전사물은 이어붙이기 가공을 하지 않지만, 이들 mRNA들은 핵에서 세포질로 효과적으로 이동을 한다.

또한 이동 과정에는 내재적인 호르몬 신호와 외부의 생물학적 스트레스(예, 병원균)와 비생물학적 스트레스(예, 온도 적응) 등 다양한 생리학적인 반응들이 포함되어 있다(Gong 등., 2002, 2005; Dong 등., 2006). 특히 식물들은 매우 넓은 폭의 온도에 적응하도록 하는 특별한 스트레스에 직면한다. 예를 들면, 저온 저항성은 식물을 저온에 반복적으로 노출시켜서, 이들의 생리학적인 기작이 저온에 적응하도록 하여 정상적인 기온과 저온에서 충분히 기능을 하도록 한다. 저온 순응을 보이지 못하는 돌연변이체가 핵 이동의 결함을 찾아낼 수 있게 하기도 한다. 저온 순응은 정상 식물과 돌연변이 식물에서 핵으로부터 전사물의 이동을 적게 일어나게 한다. 이러한 저하된 이동 반응은 돌변이에서는 보이지 않는데 mRNA 이동 기작과 관련이 있는 특정한 단백질의 결함이 원인인 것을 찾을 수 있다.

13.6 요약

본 장은 mRNA가 핵으로부터 세포질로 이동하는 동안의 가공 과정에 대해 초점을 두고 설명을 하였다. 유전자의 전사는 일차전사물을 생성하는데, 이것은 거의 동시에 일어나는 몇 가지의 가공 과정을 거친다. 첫째로, 새로 생성된 mRNA의 5′ 말단에 화학적으로 capping 구조가 생성되며, 초기의 RNA 가닥을 절단하는 단백질들이 조립된 복합체에 의해 3′ 말단이 만들어지고, polyA 꼬리가 비-주형 의존형으로 이어진다. 마찬가지로 중요한 것이 개재 서열으로서 마지막 성숙된 mRNA에는 없는 RNA 단편들인 이들 인트론들을 제거하여 최종의 성숙한 mRNA를 만드는 일이다. 그러나, mRNA가 핵으로부터 새포질로 이동해야 하며 이러한 과정은 mRNA를 핵공으로 이동시키고 종국에는 세포질로 내보내는 단백질 복합체들이 관련되어 있다. 이러한 각각의 가공 과정의 복잡성은 각 단계가 mRNA 교정의 또 다른 단계의 점검이며 유전자 발현을 조절하는 과정이기 때문이다. 우리가 mRNA 가공 과정의 조절 기능에 대해 알고 있는 것은 이들 개별 단계의 돌연변이 연구로부터 얻은 것이다.

13.7 문제

13.1 mRNA의 capping은 Cap 0, Cap 1, Cap 2라고 알려진 세 가지의 위치에 메틸화가 있다. 다른 곳을 메틸화하는 모든 가능한 패턴은 무엇인가? 모든 가능한 패턴을 고려하여 왜 자연 상태에서는 Cap 0, Cap 1, Cap 2만 존재하는가? 이러한 경향을 설명할 수 있는 모델을 제시하라.

13.2 mRNA가 전사 개시부터 핵 밖으로 이동하는 가공 과정의 각 단계에서 소요되는 시간을 계산하라. 예를 들면, 전사는 전체에서 몇 %의 시간이 소요된다는 식으로 설명하라. 가장 복잡한 가공 과정이 가장 오랜

시간 소요된다고 가정하고 복잡성이 증가하는 차례대로 리스트를 작성하라. 그러고 나서 복잡한 한 과정이 다른 과정에 비해 더 복잡하게 되는 이유에 대하여 설명하라.

13.3 호흡과 에너지 생산을 위하여 당을 이용하는 것을 중재하는 효소인 hexokinase를 암호화한 유전자를 제외하고 그림 13.8에서 보여준 조절 네트워크를 개발하여 보아라. *HEX* 유전자가 1개의 인트론을 가지고 있으며, 바이오매스 형성과 에너지 요구를 위하여 당의 유용성에 따른 hexokinase의 활성을 네트워크가 조절한다고 가정하라. 밤/낮의 사이클 동안 일어나는 광합성을 네트워크에 고려하여라.

참고 문헌

Bassett, C.L., Artlip, T.S. and Callahan, A.M. (2002) Characterization of the peach homologue of ethylene receptor, PpETR1, reveals some unusual features regarding transcript processing, *Plant*, **215**, 679-688.

Brown, J. W.S. and Simpson, C.G. (1998) Splice site selection in plant pre-mRNA splicing. *Annual Review of Plant Physiology and Plant molecular Biology*, **49**, 77-95.

Chinnusamy, V., Gong, Z. and Zhu, J.K. (2008) Nuclear RNA export and its importance in abiotic stress responses of plants. *Current Topics in Microbiology and Immunology*, **326**, 235-255.

Dong, C.H., Hu, X.Y., Tang, W.P. *et al.* (2006) A putative Arabidopsis nucleoporin, AtNUP160, is critical for RNA export and required for plant tolerance to cold stress. *Molecular and Cellular Biology*, **26**, 9533-9543.

Giranton, J.L., Ariza, M.J., Dumas, C. *et al.* (1995) The S locus receptor kinase gene encodes a soluble glycoprotein corresponding to the SRK extracellular domain in *Brassica oleracea*. *Plant Journal*, **8**, 827-834.

Gong, Z.Z., Dong, C.H., Lee, H *et al* (2005) A DEAD box RNA helicase is essential for mRNA export and important for development and stress responses in Arabidopsis. *Plant Cell*, **17**, 256-267.

Gong, Z.Z., Lee, H., Xiong, L.M. *et al* (2002) RNA helicase-like protein as an early regulator of transcription factors for chilling and freezing tolerance. *Proceedings of the National Academy USA*, **99**, 11507-11512.

Hugouvieux, V., Kwak, J.M., and Schroeder, J.I. (2001) An mRNA cap binding protein, ABH1, modulates early abscisic acid signal transduction in Arabidopsis. *Cell*, **106**, 477-487.

Hunt, A.G. (2008) Messenger RNA 3′ end formation in plants. *Current Topics in Microbiology and Immunology*, **326**, 151-177.

Ishikawa, T., Yoshimura, K.., Tamoi, M *et al* (1997) Alternative mRNA splicing of 3′-terminal exons generates ascorbate peroxidase isoenzymes in spinach (*Spinacia oleracea*) chloroplasts. *Biochemical Journal*, **328**, 795-800.

Kuhn, J.M., Hugouvieux, V., and Schroeder, J.I. (2008) mRNA cap binding proteins: effects on abscisic acid signal transduction, mRNA processing and microarray analyses. *Current Topics in Microbiology and Immunology*, **326**, 139-150.

Krebs, J.R., Goldstein, E.S. and Kilpatric, S. T (2010) Lewin's Esential Genes, Jones and Bartlett, Boston.

Meyers, B.C., Morgante, M. and Michelmore, R.E. (2002) Tir-X and Tir-NBS proteins: two new families related to disease resistance Tir-NBS-LRR proteins encoded in Arabidopsis and other plant genomes. *Plant Journal*, **32**, 72-92.

Nilsen, T.W. and Graveley, B.R. (2010) Expansion of the eukaryotic proteome by alternative splicing. *Nature*, **463**, 457-463.

Quesada, V., Macknight, R., Dean, C., and Simpson, G.G. (2003) Autoregulation of FCA pre mRNA processing controls Arabidopsis flowering time. *EMBO Journal*, **22**, 3142-3152.

Richardson, D.N., Rogers, M.F., Labadorf, A. *et al.* (2011) Comparative analysis of serine/arginine-rich proteins across 27 eukaryotes; insights into subfamily classification and extent of alternative splicing. *PLOS ONE*, **6**, e24542. Doi:10.1371/journal.pone.0024542.

Rout, M.P., Aitchison, J.D., Suprapto, A. *et al* (2000) The east nuclear pore complex: composition, architecture, and transport mechanism, *Journal of Cell Biology*, **148**, 635-651.

Ru, Y., Wang, B.B., and Brendel, V. (2008) Spliceosomal proteins in plants. *Current Topics in Microbiology and Immunology*, **326**, 1-15.

Shuman, S. (2002) What messenger RNA capping tells us about eukaryotic evolution. *Nature reviews Molecular Cell Biology*, **3**, 619-625.

Tang, G.L., Zhu, X.H., Gakiere, B *et al.* (2002) The bifunctional LKR/SDH locsus of plants encodes a highly active monofunctional lysine-ketoglutarate reductase using a polyadenylation signal located within an intron. *Plant Physiology*, **130**, 147-154.

Terzi, L.C. and Simpson, G.G. (2008) Regulation of flowering time by RNA processing. *Current Topics in Microbiology and Immunology*, **326**, 201-218.

Wang, B.B. and Brendel, V. (2006) Genomewide comparative analysis of alternative splicing in plants. *Proceedings of the National Academy USA*, **103**, 7175-7180.

Wu, X.H., Liu M., Downie, B. *et al.* (2011) Genome-wide landscape of poluadenylation in Arabidopsis provides evidence for extensive alternative polyadenylation. *Proceedings of the National Academy USA*, **108**, 12533-12538.

Zhang, X.C. and Gassmann, W. (2007) Alternative splicing and mRNA levels of the disease resistance gene *RPS4* are induced defense responses. *Plant Physiology*, **145**, 1577-1587.

제14장
RNA의 운명

14.1 RNA의 조절에 의한 핵으로부터 세포질로의 전송

언뜻 보기에 핵으로부터 RNA의 전송이 유전자 발현수준을 조절하는 마지막 조절로 보여진다. 이것은, mRNA가 세포질에 나타나면, 암호화하고 있는 단백질산물을 생산하는 번역 기구와 만나게 된다. 그러나 많은 연구를 통해서 얻은 결과에서, 이것은 실제와 아주 거리가 있다고 제안되었다. mRNA와 그 외의 RNA 분자들은 아직 mRNA가 언제, 그리고 어떻게 리보좀을 만나서 단백질로 번역되는 것을 조절하는 기작의 또 다른 범위의 대상이다. 이와 같은 여러 가지의 기작들은 mRNA의 분해율을 조절하여 세포질에서 mRNA의 반감기를 조절하며, 또 다른 여러 기작들은 세포 유형 간 RNA의 선택적 이동, 그리고 원거리 이동과 연관되어 있어서, 더욱 더 세포 특이 유전자 발현 패턴을 갖게 하는 또 다른 수단을 제공하는 것이다.

14.2 RNA 대사 회전 기작

돌이켜 생각해보면, RNA들과 특히 mRNA는 자신들의 분해 기작을 갖고 있어야 한다는 것이 명백한데, 이것을 기술적으로 표현하면 **mRNA의 반감기**에 영향을 미치는 전환율(turnover rate)과 연관된 기작이다. 그렇지 않으면, 세포들은 세포의 전생애 동안 mRNAs들이 발현되는 것을 조절하는 방법을 갖고 있지 않거나, 세포들이 정상적인 대사산물로 되돌리도록 하는 자극들에 반응하지 못하거나, 세포에서 종종 발생하는 손상된 mRNA들을 처리하지 못할 것이다. 따라서, 어떻게 mRNA를 처리하는 방법에 대한 다양한 기작들이 규명되어 왔다. 이와 같은 기작들은 대충 두 가지로 구분되었는데, 하나는 mRNA의 일반적인 생명주기 동안 정상적인 mRNAs의 전환 및 분해를 조절하는 기작들과, 손상된 mRNA 종류들의 삭제를 조절하는 보호적 기작들로 구분된다(그림 14.1). 이들 기작들에는 서로 중복되는 것들도 존재한다. 최소한 식물에서서는, 비정상 mRNAs을 처리하는 특이 조건에 대한 더욱 많은 관심이 있어 왔는데, 이는 이들이 실험적으로 연구하기에 수월하기 때문이었다.

어느 특정한 mRNA의 발현수준은 그것의 합성비율과 mRNA의 분해율을 합한 것에 의해 결정된다는 것을 상기시키는 것은 중요하다. mRNAs들이 어느 정도 존재하는가를 측정하는 것은 보통 상대적으로 쉬운 일이어서 정상상태의 mRNA의 발현수준이 종종 보고된다. 이때 mRNA의 측정기술은 Northern blot hybridization, 역전사중합효소연쇄반응(Reverse transcription polymerase chain reaction) 및 최근 전사체 염기서열 분석방법들(transcriptomic sequencing methodologies)(예를 들면, RNA-Seq)이 있어 가능하다. 그러나 여기서 강조된 것 같이, 세포 생애의 주어진 특정시간에서 세포 내의 어느 한 가지의 mRNA 함량은 mRNA를 암호화하고 있는 유전자의 전체 전사율과 해당 mRNA의 분해에 관여하는 다양한 기작들을 합한 것이다.

적어도 식물세포에서 mRNA의 정상적 전환(turnover)에는 다른 진핵세포들과 아주 유사하게 두 가지의 주요 기작이 관여한다. 이 기작들은 “5′에서 3′ 방향의

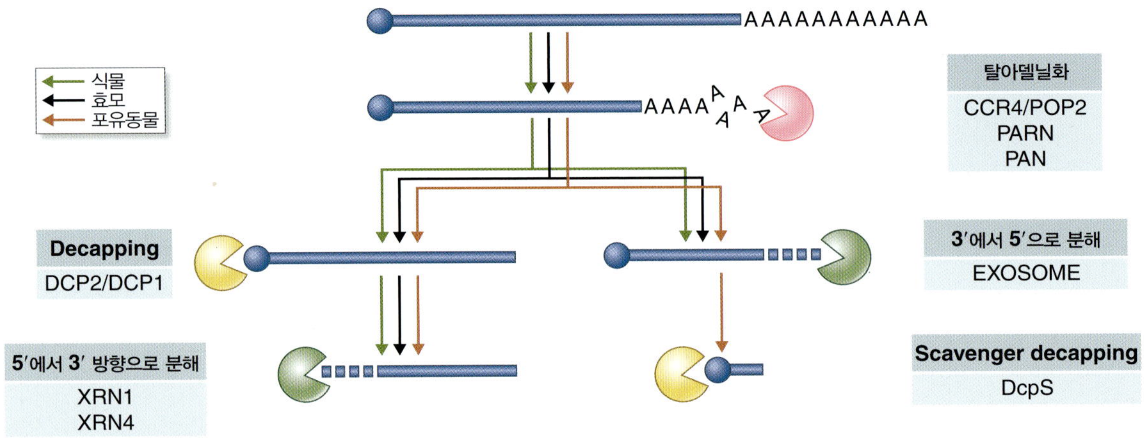

그림 14.1 5′ 및 3′ 기작이라고 소개되는 mRNA의 두 가지 분해 기작을 설명하는 그림. Chiba and Green(2009)를 인용함. Springer Science + Business edia의 하락 후 게재.

분해 기작” 및 “3′에서 5′ 방향으로의 분해 기작”이라고 설명되어 왔고, 표 14.1에 이들 과정들과 관련된 적절한 단백질들이 소개되었다(표 14.1). 그러나 두 가지 기작 모두 mRNA 분자의 3′ 말단에서 polyA 꼬리의 개시 손실에 의존한다. 이것은 아주 중요한 핵심단계로 생각되는데, 세포질 polyA 결합 단백질(PABPs)이 polyA 꼬리에 결합하고, 핵산분해효소의 mRNA의 접근을 방지하기 때문이다(핵산분해효소는 핵산을 분해하는 어느 형태의 효소이다; RNA를 분해하는 효소는 RNase라고 함).

5′으로부터 3′방향으로의 분해 기작에서, 탈아데닌 특이 RNases(CCR4/POP2, PARN 및 PAN)는 polyA 꼬리의 대부분들 제거하는데, 이 과정을 통해서 mRNA 분해의 연속적인 반응으로 유도된다. 일단 polyA 꼬리 염기서열이 제거되면, PABP이 더 이상 mRNA에 결합되지 못한다. PABP가 더 이상 mRNA에 결합하지 못하면, 5′ cap 결합 단백질 또한 이탈되고, 따라서 mRNA의 5′ 말단이 DCP1 및 DCP2와 같은 decapping 효소에 노출되는데, decapping 효소들은 말단의 메틸화된 뉴클레오티드를 제거하는 것들이다. 이와 같은 결과에 의해 5′ cap 및 3′ polyA 꼬리가 결여된 보호되지 않는 mRNA들은 이후에 일반적인 RNases(XRN 1 및 XRN 4)에 의해 분해되는 것이 가능한 데, 이들 RNases는 식물 유전체에 많은 사본으로 존재하는 것으로 보인다.

표 14.1 RNA 분해에 관련된 단백질들

단백질	역할
PABP	PolyA 꼬리 결합 단백질, RNA 분해 초기 단계로부터 RNA를 보호함
CCR4/POP2, PARN, PAN	mRNAs: mRNA들의 3′ 말단에 있는 PolyA 꼬리를 제거시키는 RNase
DCP1, DCP2	mRNA의 5′ 말단의 뉴클레오티드를 제거시켜 mRNA의 5′ 분해를 시키는 효소
XRN1 and XRN4	5′에서 3′ 방향으로 mRNA를 분해시킬 수 있는 일반적인 RNase들
Exosome	RNA의 3′에서 5′ 방향으로 분해시킬 수 있는 단백질 복합체

3′으로부터 5′ 방향으로 분해 기작은 5′으로부터 3′ 방향으로의 분해 기작과는 다른데 탈아데닌 mRNA가 **엑소좀(exosome)**이라고 알려진 단백질복합체와 연관할 수 있다. 효모와 포유류 시스템에서 밝혀진 엑소좀은 여러 개의 exonucleases를 포함하는데, 이들 exonucleases은 3′ 말단으로부터 뉴클레오티드를 절단할 수 있으며, P-body라 알려진 세포질내 봉입체와 더욱더 연관될 수 있다(14.4절 참조). 3′으로부터 5′ 방향으로의 분해 기작은 잠재적으로 5′ cap 뉴클레오티드를 포함하여 mRNA의 아랫쪽 몇 개의 잔기를 분해한다. 여기에는 또 다른 형태의 decapping nucleases가 추가적으로 대사에 관여하는데, 이들 효소들은 현재까지 식물에서는 확인되지 않았다.

5′으로부터 3′ 방향으로의 기작과 3′으로부터 5′ 방향으로의 기작들은 식물에서 위에서 언급한 바와 같이 작

동된다고 생각되는데, 그 증거들은 대부분 효소와 포유류의 연구에서 얻어진 것이며, 식물에서 특이한 증거들은 아직 제한적이어서 많지 않다. 식물 유전체에서 이들의 존재에 대한 증거는 효모와 포유동물 시스템에서 발견된 유전자들과 상동성을 가진 유전자들이 식물에 존재한다는 것이다. 예를 들면, 탈아데닌효소(deadenylating enzyme)의 상동유전자를 암호화하는 것으로 추정되는 유전자를 식물들의 유전체 염기서열 데이터에서 손쉽게 찾을 수 있다. *POP2*의 상동유전자인 고추 *CAF1* 유전자의 토마토에서의 과발현은 전체적으로 생육과 병저항성 형질을 촉진하는데, 고추에서는 유전자가 발현되지 않고 토마토와 반대의 특성을 보인다. 그러나 CAF1 단백질과 함께 exonuclease 혹은 탈아데닌 효소 활성은 존재하지 않았었다. 반면에, 애기장대 PARN-유사 탈아데닌효소는 RNA의 polyA 꼬리를 분해하는 것으로 밝혀졌으며, 이 유전자의 돌연변이들은 배의 발달에 있어서 배 특이 전사체들이 polyA 꼬리가 없는 상태로 축적되는 변경과 연관되어 있다.

mRNA 회전(turnover)의 decapping 및 엑소리보뉴클리에이즈(exoribonuclease) 작용 단계에 대한 유사한 연구결과가 존재한다. *DCP* 유전자와 상동유전자가 애기장대에서 여러 개 존재하며, 이들 중 한 개인 *AtDCP2* 유전자의 T-DNA 삽입돌연변이는 유묘 단계에서 치사된다. 이와 같은 돌연변이체 유묘들의 초기 생육에서 특정 mRNA가 140배 이상 발현되었다. 또한 애기장대에서는 효모/포유류의 엑소리보뉴클리에이즈(exoribonuclease) *Xrn2p*의 상동유전자를 갖고 있고, 이들 3개의 유전자(*AtXRN2, 3* 및 *4*)가 효모에서 발현될 때 5′에서부터 3′ 방향의 엑소뉴클리에이즈 활성이 관측되었다. 흥미롭게도, 기능이 망가진 *AtXRN4* 유전자를 보유한 돌연변이는 일반적으로 기대되는 것 같이 전체적인 생육 및 발육에서 결함을 보이지는 않았다. 그러나 *AtXRN4* 돌연변이 연구에 의해 엑소뉴클리에이즈가 형질전환된 유전자 의존성 유전자 침묵 현상에서 엑소뉴클리에즈로서 여러가지 기능과 가스 상태의 생육조절물질과 관련이 있는 신호전달 과정 등이 밝혀졌다. 실제로 다른 2개의 유전자 산물이 계속 기능을 하기 때문에 *AtXRN4* 돌연변이는 그 효과가 최소화된다.

식물에서 3′ 방향에서 5′ 방향으로의 엑소좀 복합체(exosome complex)에 대한 증거는 다소 특정 상황에 연계되어 있다. 엑소좀 복합체는 효모에서 가장 연구가 많이 되어 있는데, 10개의 특정 핵심 단백질과 부가적인 단백질로 구성되어 있다. 이와 같은 부가 단백질은 엑소좀의 세포 내 위치에 따라서 서로 관련이 있는 것 같다. 이들 핵심 구성성분의 2개의 상동 단백질이 애기장대에서 밝혀졌고, 특성이 조사되었다. *AtRRP4* 및 *AtRRP41*은 엑소뉴클리에이즈 활성을 갖는 단백질을 암호화하고 있고, 2개 모두 애기장대에서 분리된 고분자량 복합체와 연관되어 있는 것 같다. 이 고분자량 복합체는 효모에 존재하는 엑소좀에 대한 식물의 보완 부속품일 것이다. 흥미롭게도, 이 2개의 애기장대 유전자들은 식물발육에 있어서 서로 다른 생육단계에 영향을 미치는 것 같다. *AtRRP41* 유전자를 돌연변이시키면 자성 배우자 형성의 변형을 초래하고, 반면에 *AtRRP4*의 돌연변이는 배발생에 영향을 준다. 이와 같은 현상은 제2장에서 기술된 것 같은 하부기능화(subfunctionalization)의 사례이다; 이 경우에서, *AtRRP41*과 *AtRRP4*는 자성 배우체와 배 사이의 조상유전자 기능 역할에서 서로 분화된 것으로 추정된다. 엑소좀 유사 복합체(exosome-like complexes)의 존재는 추가적인 **프로세스 바디(process bodies**, PBs)와 **스트레스 입자(stress granules**, SGs)의 연구에 의해 뒷받침되었다.

전체적으로, 식물은 5′으로부터 3′ 방향으로의 RNA 분해 경로와 3′으로부터 5′ 방향으로의 RNA 분해 경로에 대한 모든 구성성분들을 갖고 있는 것 같은데, 이들 대사경로가 실제적으로 작동하는 것에 대한 구체적인 정보는 추가적인 연구가 필요하다.

14.3 RNA 감시 기작

식물에서 RNA 회전(turnover)에 대한 기작을 보유한 조건에서, 어떤 특정 기작이 이 과정들을 조정 또는 조절하는가? 분명하게, 이것들은 정확히 정상적인 물질대사 과정에서 RNA의 화학조성물을 분해하고 재회전시키는 기작인데, 그렇지 않다면 세포가 자신의 물질대사를 변경하거나 발육 운명을 변경시키는 방법이 없을 것이다. 그와 같은 일반적인 물질대사의 암호를 푸는 것은 독특한 실험적 도전이 필요한데, 가장 좋은 방법은 그와 같은 기작에 돌연변이를 유발함으로써 치사를 포함하는 표현형의 변화 결과를 보는 방법일 것이다. 따라서 그 동안의 연구들은 선택된 혹은 특정 기작들을 실험적으로 밝히는 특정한 기작에 초점을 맞추어 왔다(그림 14.2). **종결코돈 중재 분해**(NMD, **Nonsense Mediated Decay**)는 포유류, **초파리**, 효모, 식물 등 모든 생물체에서 가장 잘 연구된 시스템이다. 이와 같은 상황에서, 자연적으로나 인위적인 실험을 통한 유전자 암호화 부위에 염기서열의 삽입을 초래하는 점돌연변이는 생성되는 폴리펩티드 사슬의 아미노산을 추가하는 대신 종결코돈으로 변경하게 되어 중간에 전사를 종결하게 된다. 만약 다시 정정 혹은 교정되지 않으면, 그와 같은 돌연변이는 생명체에 치명적인 결과를 초래하는데, 끝이 잘라진 단백질을 생성하게 되어 기능을 제대로 못하는 단백질이 축적되며, 많은 에너지가 이 과정에서 손실될 것이다. NMD는 이와 같은 상황을 담당하기 위해 진화된 기작 조사관인 것이다.

그림 14.2는 NMD 기작이 어떻게 작동하는지 생각한 것을 설명하는 그림이다. 단백질의 번역기기들이 mRNA 분자를 따라 이동하면서, mRNA의 분자의 중간에서 이 정상적으로 발생된 종결코돈를 만나게 되는데, 부속 단백질들인 UPF1-3와 잘 정의되지 않은 단백질들이(파란색으로 표시) 엑소뉴클리에이즈와 상호작용을 하는 것을 중재한다. 이들 엑소뉴클리에이즈는 mRNA를 5′ 말단 방향 혹은 3′ 말단 방향에서부터 분해할 수 있거나, 더욱더 mRNA를 아주 작은 절편으로 자르는 엔도뉴클리에이즈와 상호작용하는 것도 중재한다. 차후에 아주 작은 절편으로 잘라진 이들 mRNA는 일반적인 RNA 분해효소인 리보뉴클리에이즈에 의해 완전히 분해되게 된다. 그러므로, mRNA를 따라서 일어나는 번역되는 기기의 중지(아미노산의 합성정지)는 RNA의 분해를 부추기게 된다. 일부 연구자들은 단백질 번역 중지시기의 mRNA의 5′ 말단 그리고 3′ 말단에서 노출된 일정 길이의 RNA는 NMD 기작이 작동을 시작하기에 충분하다고 제안되었다. 다른 연구자들은 엑손-엑손 경계부위 보다 상대적으로 종결 코돈의 삽입점도 중요하다고 지적되었는데, 이는 RNA 이어붙이기 기작과 관련된 다른 단백질들이 관여된다는 것을 의미한다. 그럼에도 불구하고, 단백질 번역 기기가 중지될 때, mRNA의 노출된 5′ 말단 혹은 3′ 말단이 물리적으로 UPFs 1-3과 같은 부수적 단백질들과 상호작용하도록 충분한 기회를 갖게 되므로 RNA의 분해가 시작된다.

연구자들은 1쌍의 병렬 감시-유사 기작을 제시해 왔는데, NMD 기작보다 더욱 회귀한데, 그럼에도 불구하고 NMD 기작과 다소 병렬적으로 존재하는 기작이다. 3′ 비전사 부위의 mRNA를 읽어감으로써 RNA 분해를 유도할 수 있는데, 이것은 **non-stop mRNA decay**(NSD)라는 기작을 통해 발생하며, **non-go decay** (NGD)라고 알려진 과정, 예를 들면 헤어핀 구조와 같은 mRNA의 2차 구조에 의해 단백질 번역의 중지가 발생하는 경

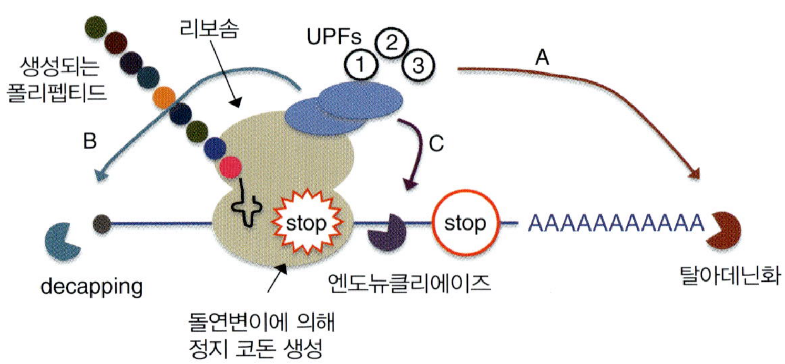

그림 14.2 NMD 기작의 설명. 리보좀이 이상에 의해 종결코돈 위치에서 번역을 중지할 때, mRNA 분자의 가장 끝의 5′ 말단과 3′ 말단은 UPF 1-3과 같은 부속 단백질들과 아직 밝혀지지 않은 다른 것들(파란색으로 표시)과 상호작용할 수 있어서, (A) 3′ 탈아데닐화(deadenylation)나 (B) 5′ decapping 또는 (C) 내재적 엔도뉴클리에이즈 절단을 개시하는데, 이 모든 것들은 mRNA의 완전한 분해로 이끌게 된다.

우이다.

14.4 RNA 분류

위에서 언급한 바와 같이, 번역 기작과 분해 기작을 대비하여 핵으로부터 RNA를 추적하는 것은 조절의 한 가지 수준이다. 그러나 또 다른 수준의 RNA 분류는 세포질에서 mRNA의 저장하고, 단백질 번역기기로 제공하거나, 방향을 바꾸어 분해되는 것을 포함한다(Balagopal and Parker., 2009)(그림 14.3). 이와 같은 RNA분류 기작에 대한 증거는 현미경 관찰을 통해 가능하게 되었는데, RNA 결합 단백질들은 항체에 결합되거나, 이와 같은 RNA 결합 단백질들을 암호화하는 유전자를 형광표식에 결합시켜서 관찰이 가능하다. 특정 조건하에서, 이 단백질들은 세포질 전체에 널리 퍼져서 분산되어 발견된다. 그러나 또 다른 특정조건, 즉 세포가 열 스트레스나 산소 고갈과 같은 환경조건에서 분화 혹은 유도될 경우에 RNA 결합단백질들은 세포질에서 별개의 지점들로 분포한다(Weber 등., 2008; Pomeranz 등., 2010). RNA 결합단백질들에 의해 격리된 RNA는 PBs 및 SGs로 알려진 세포질내 함유물로 존재한다. PBs와 SGs는 일반적으로 일부의 단백질을 공유하지만, 서로 분명하게 다른 단백질 종류들을 갖고 있으므로 해서 각각 특이한 생리적 기능을 갖게 된다. 따라서 PBs와 SGs는 RNA 운명을 조절하는 기작에 기여하는 것으로 보인다. RNA는 특정 상황을 완화시키기 위해서, 나중에 적당한 발육 및 환경적인 신호에서 단백질 번역을 다시 시작하거나 RNA 분해기기로 인도하기 위해서 PBs 그리고 SGs 형태로 다양한 기간(몇 분에서 며칠까지) 동안 저장이 가능하다. 유전자 발현 조절에 있어서 PBs 및 SGs의 가능한 기능의 한 가지 예로서 종자에서 그 자체들이 형성되는 것과 관련이 있다(Bogamuwa and Jang, 2013). 식물에서 이들 RNA 저장/분류 복합체들의 단백질 조성 및 그것들의 존재는 두 가지의 핵심 식물생장 호르몬인 abscisic acid(ABA)와 gibberellic acid(GA)에 민감하다. 또한 ABA 그리고 GA는 종자의 발아를 조절하는 기능이 알려져 있다. 그러나 PBs 및 SGs 형성이 어떻게 종자발아에서 ABA 그리고 GA에 의한 조절과정에 대해 기여하는지는 아직 밝혀지지 않았다.

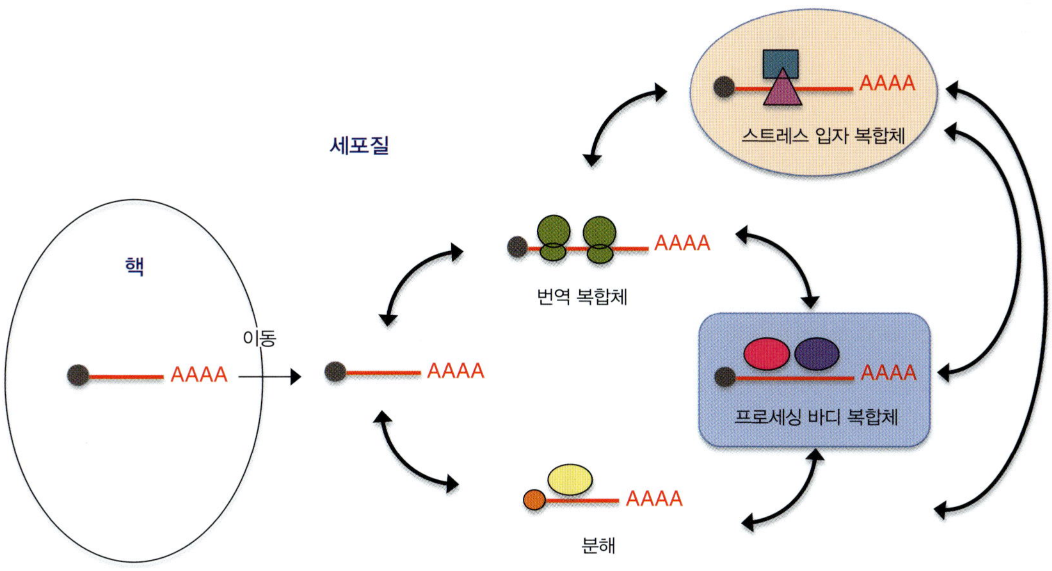

그림 14.3 세포질에서 RNA는 여러 단계의 조절을 거친다. 프로세싱 바디(PBs)와 스트레스 입자(SGs)는 RNA를 격리시키고, 나중에 단백질 번역이나 분해로 보내게 된다.

14.5 RNA 이동

최근까지 고려되지 못한 또 하나의 mRNA의 운명은 RNA가 합성된 세포에서 다른 세포로의 mRNA 이동이다. 작은 mRNAs가 어떻게 국지적으로 그리고 체계적으로 이동하는가에 대해서는 11장에서 다루어졌으며, 보다 더 큰 RNA들도 이동하는 것이 가능하다. 그와 같은 가능성은 바이러스의 식물 내에서의 이동을 고려하면 더 욱더 명백하다. 전체 바이러스 입자들은(바이러스 유전체는 껍질 단백질 및 다른 비이러스 구성 단백질로 둘러쌓여 있음) 아주 희귀하게 식물의 한 세포에서 다른 세포로 이동한다. 반면에, 바이러스는 자신의 유전체, 바이러스의 DNA와 RNA 구성성분 그리고 그들 유전체로부터 유래된 전사체를 통해서 이동한다. 이는 바이러스에 의한 질병 발생의 경우에서 다소 타당할 것이다. 온전한 바이러스 입자들은 세포 간에 이동이 어렵다, 왜냐하면 바이러스는 기주세포로 들어가야 하며, 그 안에서 자신의 유전체를 복제한 후에, 포장에 필요한 모든 바이러스 단백질들을 발현(예, 껍질 단백질)하고 나서, 용해되거나 기주세포에서 방출되기 때문이다. 이와 같은 경우에, 바이러스의 확산은 다소 지엽적이다. 그러나 식물바이러스는 세포 간에 물리적으로 상호 연결하는 원형질연락사(plasmadesmata)를 통해서 세포 사이를 이동하는 능력을 갖게 진화되었다(그림 2). 이와 같은 환경조건하에서 바이러스의 이동은 바이러스 유전체와 암호화된 mRNA의 이동을 포함할 수 있다.

mRNA가 합성된 한 세포에서 이웃하는 세포로 이동하는 것은 Knotted and Knotted-like messenger에 의해 아주 잘 설명된다(그림 14.4). **Knotted/KN-like** 유전자들(이미 10장에서 설명됨)은 전사인자 단백질들을 암호화하고 있는데, 이들 단백질들은 핵에서 유전체 DNA와 선택적으로 상호작용하여 유전자 발현 프로그램을 조율하는 단백질들이다. 흥미롭게도, KN1 단백질은 또한 자기자신의 mRNA에 결합할 수 있는데, 원형질연락사를 통하여 이웃 세포로 이동을 촉진하고, 그 이웃하는 세포에서 KN1 mRNA가 번역되어 KN1 단백질을 만들어, 이후에 이웃하는 세포의 유형도 세포 특이 유전자 발현을 조절하게 된다.

mRNA의 이동은 단지 지엽적인 이동에 국한되지 않는다. 실제로 먼 거리 이동에 대한 다수의 예가 존재하는데, 그와 같은 경우는 mRNA가 원형질연락사를 통해 세포 사이를 이동하여, mRNA가 양분, 호르몬, 단백질 및 핵산 이동을 담당하는 유관속 시스템인 체관 근처까지 간 다음, 식물 전체로 이동을 한다(서론 참조). 지엽적인 이동의 과정과 유사하다고 생각되는 과정에서 mRNA는 특정 단백질과 관련이 있다. 이 특정 단백질은 특정 원형질연락사를 통해 체관의 체요소세포(sieve element cell)로 mRNA를 보호하는 단백질로 기능함에 따라, 전령(mRNA)은 식물 내에서 먼 부위로 이동되게 된다. 이와 같이 옮겨진 mRNAs들은 멀리 이동된다는 것이 알려졌고, 이것들을 받아들인 수용세포들의 생리적 중용성 또한 알려지게 되었다. 예를 들면, Banerjee 등(2006)은 감자잎으로부터 BEL1-like 전사인자 유전자의 잎 특이 발현이 포복줄기의 뿌리선단에서 해당하는 mRNA의 축적을 유도한다고 보고하였다(그림 14.5). mRNA가 괴경의 형성을 조절하는 전사인자를 암호화하고 있기 때문에, 감자 괴경의 생산이 향상됨이 관찰되었다.

RNA의 이동은 또한 작은 RNAs, 유전자 침묵(gene silencing)에 연관된 RNAs의 이동을 포함하는데, 이 특별한 주제인 RNA 물질대사는 다른 곳에서 소개될 것이다(11장 참조).

14.6 요약

mRNA의 이동과 관련된 주제는 다음 장에서 다루어질 것이기에, 본 장에서는 mRNA가 세포질에 보관되거나 분해되는 것에 대한 mRNA의 분류 기작에 초점을 두었다. 주요 주제는 mRNA 종류들의 수명인데, 이는 시간적이며, 공간적인 영향이 중요한 특성을 갖는다. 아주 단순하게, 특정 전사체의 이동으로부터 생성된 단백질의 양은 다소간의 mRNA가 세포질에서 얼마나 오랫동안 지속되었는가와 mRNA가 단백질 번역 기기에 얼마나 이용되었는가에 비례한다. 우리는 어떤 기작들이 어느 한 mRNA의 반감기를 조절하는가에 대해 알지 못하나, 이것의 이해는 비정상적인 mRNA 종류를 분해하는

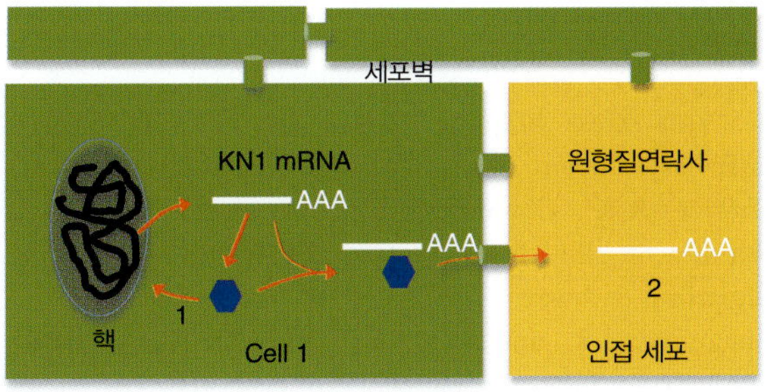

그림 14.4 **KN1 mRNA가 어떻게 이웃하는 세포로 이동하는가에 대한 설명.** Knotted 단백질이 전사인자로서 기능하므로 어떤 유전자들이 발현되어야 하는지에 대해 영향을 미치게 된다. Bolduc 등(2008)을 변형하여 인용.

기능에 관여하는 기작을 명확히 연구하는 데 달려 있다. 이것은 주로 이들 RNA 분해효소 및 단백질들을 암호화하는 유전자들을 기록하는 것으로 가능할 것이다. 이와 같은 기작들은 5′ 방향 및 3′ 방향의 과정들과 mRNA의 머리 혹은 꼬리 부위에서 개시되는 과정들, 그리고 엑소뉴클리에이즈와 엔도뉴클리에이즈 활동를 포함한다. 유전자 발현이 어떻게 조절되는가라는 질문은 mRNA가 어느 수준으로 단백질 번역기기(translational machinery)를 이용할 수 있는가를 의미하는데, 이는 mRNA가 합성된 세포에서 실제로 단백질로 번역될 다른 세포로 mRNA의 선택적 이동으로 설명된다.

14.7 문제

14.1 그림 14.2에 제시된 모델을 이용해서 RNA의 2차 구조가 인지되고, 단명 mRNA인지 또는 장수하는 mRNA인지를 판별하는 데 이용되는 방법을 제시할 수 있는가?

14.2 진핵생물 전반에 걸쳐서 보존된 RNA 감시 기작들의 존재는 유전자 전사 충실도에 무엇을 제시하는가? 전사가 원칙적으로 일어나지 않는 것도 분자진화의 또 다른 방법일 가능성이 있는가? 연속하는 다음 세대에서 어떻게 그와 같은 불충실한 전사를 "포획(capture)" 하는가? 이와 같은 전사의 불충실성이 어떻게 유전체의 일부로 포함되는가?

그림 14.5 잎에서 BEL 1 전사인자 유전자의 잎 특이 과발현은 뿌리에서 해당 mRNA가 검출되게 되고, 괴경의 생산을 향상킨다. Lin 등, 2013 인용

14.3 RNA 이동에 관여한다고 여겨지는 서로 다른 기작, 단백질, 그리고 요인의 명단을 만들어라. 이와 같은 것들이 단거리 이동(세포간)과 장거리 이동(조직에서 다른 조직으로의 이동)에서 유사하거나 혹은 차이가 나는가?

추가 읽기

Belostotsky, D.A. (2008) State of decay: an update on plant mRNA turnover. *Current Topics in Microbiology and Immunology*, **326**, 179-199.

Bolduc, N., Hake, S., and Jackson, D. (2008) Dual functions of the KNOTTED1 homeodomain: sequence-specific DNA binding and regulation of cell to cell transport. *Science Signaling*, **1**, pe28. Doi: 10.1126/scisignal.123pe28.

Carlsbecker, A., Lee, J.Y., Roberts, C.J. *et al.* (2010) Cell signaling by microRNA165/6 directs gene dose-dependent root cell fate. *Nature*, **465**, 316-321

Chiba, Y. and Green, P.J. (2009) mRNA degradation machinery in plants, *Journal of Plant Biology*, **52**, 114-124.

David-Schwartz., R., Runo, S., Townsley, B *et al*. (2008) Long-distance transport of mRNA via parenchyma cells and phloem across the host-parasite junction in *Cuscuta*. *New Phytologist*, **179**, 1133-1141.

Kehr, J and Buhtz, A. (2008) Long distance transport and movement of NRA through phloem. *Journal of Experimental Biology*, **59**, 85-92

Kim, M., Canio, W., Kessler, S and Sinha, N (2001) Developmental changes due to long-distance movements of a homeobox fusion transcript in tomato. *Science*, **293**, 287-289.

Nyiko, T., Sonkoly, B., Merai, Z *et al*. (2009) Plant upstream ORFs can trigger nonsense-mediated mRNA decay in a size-dependent manner. *Plant Molecular Biology*, **71**, 367-378

Rymarquis, K.A., Souret, F.F. and Green,P.J. (2011) Evidence that XRNA, an Aabidopsis homolog of exribonuclease XRNA1, preferentially impacts transcripts with certain sequences or in particular function categories. *RNA*, **17**, 501-511.

Walley, J.W., Kelley, D.R., Nestorova, G. *et al*. (2010) Arabidopsis deadenylase AtCAF1a and AtCAF1b play overlapping and distinct roles in mediating environmental stress responses. *Plant Physiology*, **152**, 866-875.

참고 문헌

Balagopal, V. and Parker, R (2009) Polysomes, P bodies and stress granules: states and fates of eukaryotic mRNAs. *Current Topics in Cell Biology*, **21**, 403-408.

Banerjee, A.K., Chatterje, M., Yu Y. *et al*. (2006) Dynamics of a mobile RNA of potato involved in a long distance signaling pathway. *Plant Cell*, **18**, 3443-3457.

Bongamuwa. S. and Jang, J.C. (2013) The Arabidopsis tandem CCHH zinc finger proteins AtTZF4, 5 and 6 are involved in light-, abscisic acid- and gibberellic acid-mediated regulation of seed germination. *Plant Cell and Environment*, **36**, 1507-1519.

Lin, T., Sharma, P., Gonzalez, D.H., Viola, I.L., Hannapel, D.J. (2013) The impact of the long-distance transport of *BEL1*-like messenger RNA on development. *Plant Physiology*, **161**, 760-772.

Pomeranz, M.C., Hah, C., Lin, P.-C. *et al*. (2010) The Arabidopsis tandem zinc finger protein AtTZF1 traffics between the nucleus and ctoplsmic foci and binds both DNA and RNA. *Plant Physiology*, **152**, 151-165.

Weber, C., Nover, L and Fauth, M. (2008) Plant stress granul;es and mRNA processing bodies are distint from heat stress granules. *Plant Journal*, **56**, 571-530.

제15장
RNA 번역

15.1 번역(translation): 유전자 발현의 핵심요소

기술적인 면에서, 유전자 발현이란 핵 내에서의 유전자 전사에서부터 그로부터 만들어진 단백질 세포 안에서의 작용과 수명에 관한 모든 것을 포괄하는 의미이다. 단순히 유전자의 "작용"이라는 의미가 아니라, 유전자로부터 해독되어 표현형, 특성, 특색을 부여하는 고유한 생화학적 기능을 가진 세포를 만들어 내는 단백질의 활성과 역할을 의미한다. 그러므로 식물이 유전자 발현의 전과정을 제어하고 조절하는 기작을 하는 모든 유기체와 같이 진화해 왔다는 것은 놀라운 일이 아니다. 이 장에서는 모든 생물체에 공통적인 mRNA 번역에 대한 여러 가지 측면을 살펴보고, 그 다음으로 다양한 빛, 물, 염, 산소이용률과 같은 특수한 환경 조건을 이겨내기 위한 독특한 능력을 식물에게 부여하는 몇몇 특색에 대해서 집중적으로 탐구해 볼 것이다.

mRNA가 일단 세포질로 나아가면, 번역은 **개시**(**initiation**), **신장**(**elongation**), **종결**(**termination**)로 알려진 세 가지 단계로 진행된다. 각각의 단계가 구별되고 독립적이라는 생각을 하기 쉬운데 실제로는 동시에 일어나며 서로 협력적이다. 전체적인 과정을 이해하는 것도 중요하지만 어떤 면에서는 여러 구성요소가 조화를 이루며 작동하는 세부적인 면을 살펴보는 것 또한 중요하기 때문에 번역 과정을 여러 단계로 나누어 설명할 것이다(Browning, 1996; Futterer and Hohn, 1996).

모든 mRNA는 코돈(codon)으로 불리는 3개의 연속적인 염기 단위로 번역된다(그림 15.1). 각각의 코돈은 특정 아미노산과 짝지어지고, 리보솜에서 펩타이드 결합으로 결합된 후(그림 15.2), 폴레펩타이드 사슬을 만들고 궁극적으로는 성숙한 단백질을 만든다. 코돈이 어떤 아미노산과 짝지어질지는 유전 암호(genetic code)에의해 결정된다. 4가지 종류의 염기 3개로 64가지의 조합을 만들 수 있다는 점에서 유전 암호는 낭비적이라 할 수 있다. 그러나 각각의 코돈은 정확하게 하나의 아미노산을 결정한다. 세 가지 종류의 코돈으로 번역의 종결이 지정되고(종결 코돈), 나머지 61가지의 코돈은 자연계에 존재하는 20개의 아미노산을 암호화하도록 20개의 그룹으로 나뉘어져 있다. 메티오닌(Met)과 트립토판(Trp)을 제외한 다른 모든 아미노산은 여러 개의 코돈에 의해서 지정되는 퇴화성(degeneracy)을 가지고 있다.

다양한 종류의 단백질과 RNA가 mRNA의 번역에 관여한다. 첫째로 "판독(read)"의 주형으로서 mRNA가 관여하며, mRNA는 단백질 생산을 위해 번역된다. 리보솜은 RNA와 단백질로 된 매우 큰 복합체로서 mRNA를 "판독"하여 단백질로 번역한다. 80S 리보솜은 두 가지 소단위체, 즉 40S와 60S의 복합체이다(표 6.1). 리보솜이라는 이름은 원심분리 중 침강속도로부터 유래되었으며(높은 숫자의 큰 소단위체일수록 침강속도가 빠르다), 해당 리보솜의 전체 질량을 의미한다. 40S 소단위체는 1870개의 염기를 포함하는 하나의 RNA와(정확한 크기는 종에 따라 다르며, 염기 일부분에서 차이가 난다) 33개 이상의 서로 다른 단백질로 구성되어 있다. 60S 소단위체는 3개의 RNA 종, 즉 약 120개 염기를 가진 5S RNA, 160개 이상의 염기를 가진 5.9S RNA, 4,700개 이상의 염기를 가진 28S로 구성되어 있다. 60S 소단위체는

코돈

..caaca aug gga aag cua ugg caauugg.. mRNA

↓ 번역

Met-gly-lys-leu-trp .... 생성되는 단백질

그림 15.1 단백질 합성의 전체적인 과정은 mRNA 서열로부터 3개의 뉴클레오티드로 된 코돈의 순서에 따라 특정한 아미노산을 생성되는 펩티드 사슬에 삽입하는 것이다.

50종류가 넘는 단백질 또한 가지고 있다. 40S와 60S 리보솜 소단위체가 결합하면, 구조를 형성하여 80S 복합체를 만든다(그림 15.4). 리보솜은 tRNA와 결합하는 자리로서 P, A로 불리는 부위를 가지고 있는데, 그 곳에서 tRNA는 아미노산을 번역 기구로 가져 오고(A 자리), 그 아미노산을 두 번째 tRNA에 의해 P 자리에 부착되어 있는 폴리펩타이드 사슬로 이동시키는 반응이 일어나는 장소이다.

단백질 합성을 완료하기 위해서는 mRNA의 번역 과정 중에 다른 RNA와 단백질이 모두 필요하다. 42개의

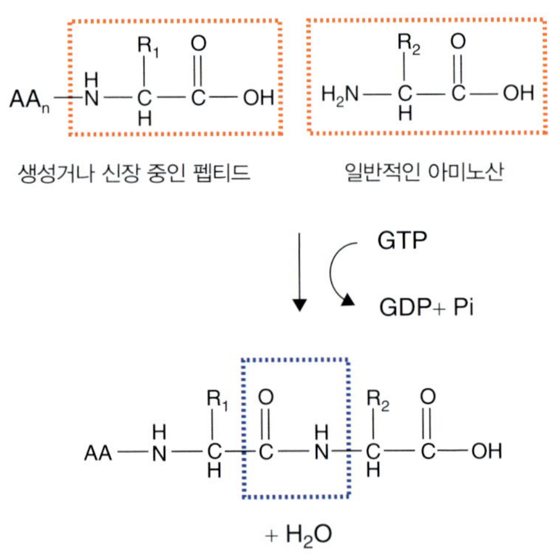

그림 15.2 펩티드 결합 형성은 단백질 합성에서 일어나는 특이적인 화학 반응이다. mRNA의 번역은 mRNA의 코돈에 해당하는 특정한 아미노산을 불러들여 특정한 코돈의 순서에 따라 단백질을 합성하는 것이다. 번역 기기들이 아미노산을 들여와 안정된 형태로 결합시키기 위해서는 번연 기기들이 인접한 아미노산들(빨간 박스) 간에 펩티드 결합으로 알려진(파란색 상자) 공유결합을 시킨다. 펩티드 결합 형성은 많은 에너지가 요구되며, 이를 위해서 GTP의 말단 인산기가 절단되는 에너지를 이용한다.

두 번째 뉴클레오티드

첫 번째 뉴클레오티드	U	C	A	G	세 번째 뉴클레오티드
U	Phe	Ser	Tyr	Cys	U
	Phe	Ser	Tyr	Cys	C
	Leu	Ser	STOP	STOP	A
	Leu	Ser	STOP	Trp	G
C	Leu	Pro	His	Arg	U
	Leu	Pro	His	Arg	C
	Leu	Pro	Gln	Arg	A
	Leu	Pro	Gln	Arg	G
A	Ile	Thr	Asn	Ser	U
	Ile	Thr	Asn	Ser	C
	Ile	Thr	Lys	Arg	A
	Met	Thr	Lys	Arg	G
G	Val	Ala	Asp	Gly	U
	Val	Ala	Asp	Gly	C
	Val	Ala	Glu	Gly	A
	Val	Ala	Glu	Gly	G

그림 15.3 유전 암호-mRNA의 특정한 세개의 뉴클레오티드(코돈)가 특정한 아미노산을 지정한다. 아미노산은 3개 글자의 축약 형태로 나타냄. 종결 코돈들은 mRNA 번역을 종결시키는 데 이용되며 리보솜과 mRNA를 번역 기기로부터 분리시킨다.

tRNA는 특정한 아미노산을 mRNA의 번역에 참여하는 리보솜으로 수송하는 운반체이다. 각각의 tRNA에는 안티코돈(anticodon) 서열(단백질 합성에 관여하기 위한 코돈의 상보적인 염기쌍)에 따라 아미노산과 결합하며 tRNA 분자의 중간에 있는 고리부분에서 발견되는 3′ 영역을 가지고 있다. 유전 암호 정보를 바탕으로 예측한 바에 의하면 61개의 tRNA가 사용될 것으로 추정되었으나, 실제로는 단지 42개의 tRNA만 필요하다. 이것은 워

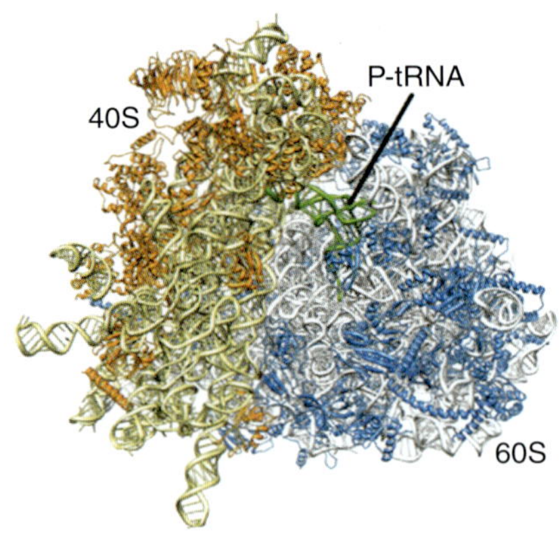

그림 15.4 밀싹에서 분리된 80S 리보솜을 극저온전자현미경과 분자 모델 기법을 이용하여 결정한 모델. rRNA와 단백질 구성체들은 노란색으로 나타내었고, 작은 단위체인 40S 단위체는 주황색, 큰 단위체인 60S 단위체는 회색과 파란색으로 나타내었다. tRNA는 녹색으로 나타내었다. Amanche 등(2010).

블 효과(wobble effect)가 몇몇의 tRNA 안티코돈과 관련되어 있기 때문이다. 몇몇 tRNA 안티코돈의 3번째 염기는 3번째 염기만 다른 여러 개의 코돈과 결합할 수 있다. 이러한 무작위성은 알라닌과 같은 아미노산을 암호화하는 중복 코돈과 염기쌍을 이루는 tRNA에 한정되어 있다. 알라닌의 중복 코돈은 GCU, GCC, GCG, GCA이다(그림 15.3). 종결 tRNA 또한 세 가지가 존재한다. 이 tRNA는 펩타이드 사슬에 아미노산을 운반하지 않는 대신에, 대신 새롭게 합성된 단백질을 배출하고 번역 기구로부터 분리되도록 하는 번역 종결을 일으킨다.

서로 다른 많은 단백질이 번역 과정의 각 단계와 관련되어 있다. 그중 몇몇은 명쾌하게 그 역할이 확인되었으나 그 외의 단백질 역할은 아직까지 완전히 확인되지 않았다. 따라서 여기에서는 그것을 더 다루지는 않을 것이다. 다양한 단백질의 명명법은 표준화되어 있다. 개시 과정에 관계된 단백질을 진핵생물 개시인자(**eukaryotic initiation factor** 또는 eIF)라 부르며, 그 역할과 물리적 연관성에 따라 각각 숫자와 부가적인 문자가 부여되어 있다(예: eIF4E). 신장에 관계된 단백질은 eEF(**eukaryotic elongation factor**)와 같이 명명되고, 종결과 단백질 방출에 관계된 단백질은 eRF(**eukaryotic release factor**)라고 명명된다.

15.2 개시

번역 개시(initiation)는 다수의 개시 인자 또는 eIF에 의해 mRNA의 5′ 캡(cap)이 인지되면서 시작된다. 개시인자 4(eIF4)와 몇몇 관련된 단백질이 mRNA의 5′ 말단에 결합하는데, 이때 mRNA의 큰 쪽 5′ 부위의 2차 구조가 사라지며, 다른 eIF와 마찬가지로 리보솜의 P 자리에 메티오닌을 가진 tRNA가 결합된 40S 리보솜 소단위체를 구성하게 된다. 그 결과로 나타나는 43S에서, 48S의 개시 복합체(복합체의 크기는 얼마나 많은 eIF가 관여하는가에 따라 달라진다)는 mRNA의 3′ 방향으로 첫 AUG 개시 코돈을 찾는다. 첫 번째 개시 코돈에 머무를 동안 80S 개시 복합체를 형성하는 데 관여하는 60S 리보솜 소단위체를 받아들이기 위해 많은 eIF 단백질이 떨어져 나간다. 최종적으로 80S 복합체는 단백질 합성을 위한 일련의 코돈으로 구성된 열린-해독틀(open-reading frame)을 번역하기 위해 자리 잡는다.

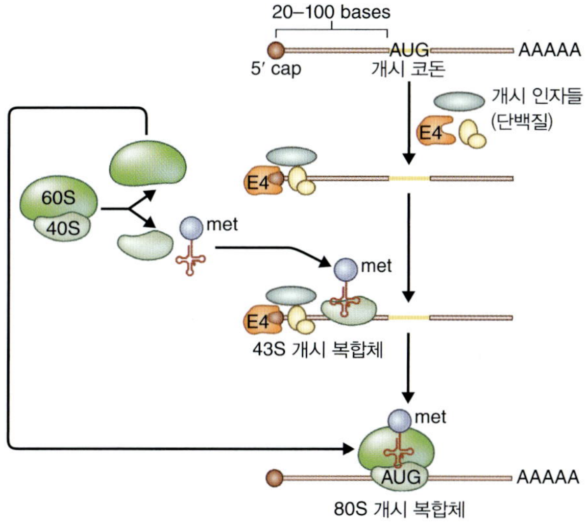

그림 15.5 mRNA 번역의 개시 단계. 개시 단백질은, 특히 E4, mRNA의 5′ 말단을 인식하고 리보솜의 작은 단위체들을 모집하며 메티오닌을 가진 tRNA를 모집한다. 이러한 개시 복합체는 mRNA를 따라 내려가서 첫번째의 개시 토돈(AUG)를 만날때까지 mRNA를 따라 이동하고 여기에서 리보솜의 큰 다누이체인 60S 단위와 결합하여 복합체를 완성한다. 이 복합체로부터 단백질 합성의 신장단계의 개시가 준비된다.

원핵생물의 번역 개시 체계는 진핵생물과 다르다. 원핵생물에서는 mRNA의 **샤인-달가노(Shine-Dalgarno) 서열**이라 불리는 특이 서열에 작은 리보솜 단위체가 결합한다. 이 서열은 사실상 모든 원핵생물의 mRNA에 존재하고 작은 리보솜 소단위체가 개시 코돈에 위치한 후 큰 소단위체와 결합할 준비를 한다. 원핵생물 mRNA 번역의 또 하나 독특한 점은 전사와 번역이 동시에 일어난다는 것인데, 이는 원핵생물이 전사와 번역과정이 나누어질 핵과 같은 세포 내에 구별되는 공간이 없기 때문이다.

15.3 신장

80S 복합체가 개시 코돈에 형성되면, 리보솜은 신장

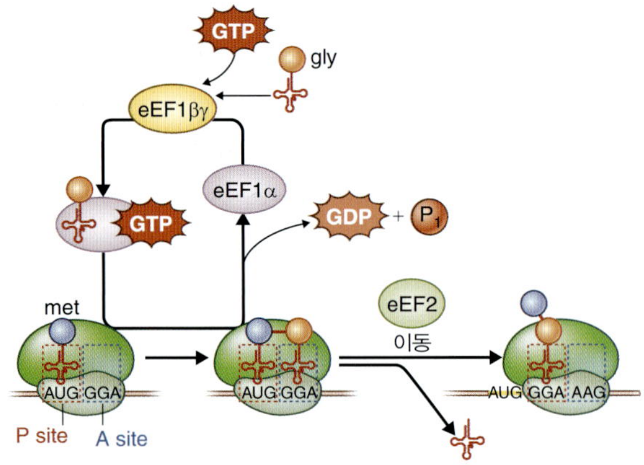

그림 15.6 mRNA 번역의 신장 단계. 80S 개시 복합체가 위치하면서 신장인자 1a(eEF1a)는 아미노산과 결합된 tRNA를 A 자리에 붙인다. GTP 가수분해와 eEF1이 해리되면서 P 자리에 있는 생성 중인 펩티드 사슬과 A 자리에 있는 아미노산 간에 펩티드 결합이 형성된다. 신장인자 2(eEF2)는 mRNA를 따라 리보솜 복합체를 이동하여 다음 코돈에 A 자리를 재위치시키고, P 자리로부터 아미노산을 가지지 않은 tRNA를 분리시킨다. 이러한 사이클이 eEF1a를 이용하여 다른 아미노산-결합 tRNA를 다시 불러들이는 데 GTP와 또 다른 eEFs들의 협동으로 이루어진다.

(elongation) 단계로 접어든다(그림 15.6). 리보솜 번역 복합체에는 초기메티오닌-결합 tRNA가 차지하거나 신장하는 펩티드 사슬의 tRNA (펩티딜 tRNA)가 차지하는 P 부위와 비어 있는 A 부위로 구성되어 있다. GTP가 결합된 신장인자 eEF1은 mRNA의 코돈과 짝을 이루는 안티코돈과 그에 해당하는 아미노산을 가진 tRNA가 A 자리에 위치하도록 도와준다. eEF2와 협력하여 안티코돈과 코돈이 A 자리에서 결합하는 것과 GTP에서 GDP와 무기인산(GTP는 단백질 합성에 필요한 높은 에너지 공급원으로서 세포 내 다른 반응에서 ATP가 에너지를 공급하는 것과 비슷한 역할을 한다)으로의 가수분해는 에너지를 방출시키며, eEF1이 리보솜 복합체와 분리되게 한다. 분리된 eEF1은 그 뒤 다른 eEF들에 의해서 GTP와 아미노산을 가진 tRNA로 다시 채워진다. 방출된 에너지 또한 A 자리의 아미노산을 가지고 있는 tRNA 근처의 P 자리에서 자라나고 있는 펩티딜 tRNA의 재배치에 사용된다. 이와 같은 구조의 변화에 발 맞추어, 60S 리보솜과 관계된 펩티딜 전이효소는 P 자리에서 tRNA와 결합되어 있는 폴리펩타이드가 A 자리에서 아미노산과 결합한 tRNA로 이동하는 것을 촉매한다. 이 이동을 통해 A 자리에 있는 아미노산의 아미노 말단과 P 자리에 있는 펩타이드의 카복시 말단 사이에 펩타이드 결합이 형성된다. 최종적으로 자라나는 펩타이드 사슬은 A 자리에 있는 tRNA에 연결된다. 다음으로 전이현상이 일어나 A 자리의 펩티딜 tRNA는 P 자리로 이동한다. 결국 P 자리에서 유리 tRNA가 방출되고 A 자리는 다음 코돈을 위해 비워지게 되며 신장 과정이 반복된다. 리보솜은 신장 과정을 반복하며 초당 2-10 아미노산을 조립해 나가는 것으로 추산된다. 이러한 신장 속도는 일반적으로 속도 제한 과정을 고려하지 않고 추정된다. 다만, 번역을 개시하는 속도가 느려서 전체 단백질 합성 속도의 평균을 떨어뜨리는 것으로 생각되어진다.

15.4 종결

신생 80S 폴리펩타이드 복합체가 종결(Termination) 코돈에 다다르면, 단백질 합성이 정지되고 폴리펩타이드는 세포질로 방출된다(그림 15.7). 개시와 신장과 마찬가지로 종결 과정도 몇몇 eRF에 의해서 촉진된다. eRF1은 구조적으로 아미노산을 가진 tRNA와 닮아 보이지만, 실제로 P 자리에 있는 펩티딜-tRNA에 전달해 줄 아미노산을 가지고 있지 않다. 또한 eRF1은 세 가지의 모든 종결 코돈과 결합할 수 있어서 하나의 eRF1 형태만 필요하다.

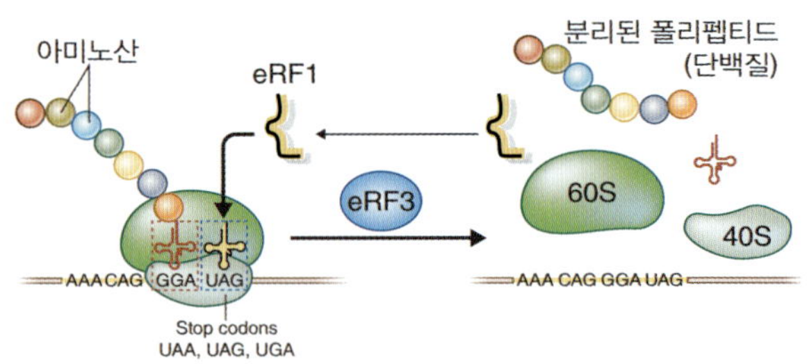

그림 15.7 mRNA 번역의 종결. 80S 복합체가 종결 코돈에 도달하면 아미노산 결합 tRNA가 A 자리에 결합하는 대신, 진핵생물 해리인자(eukaryotic release factor, eRF1)이 종결 코돈에 결합한다. eRF1이 아미노산을 가지지 못하므로 신장하는 폴리펩티드 사슬은 tRNA로부터 분리되고 세포질로 방출된다. 이외의 다른해리인자(eRF3)가 리보솜 복합체를 tRNA, mRNA, 리보솜 단위체들을 분리시키고 이들은 다른 라운드의 단백질 합성에 재 사용된다.

세포 내에서 몇몇 다른 번역 인자 만큼 eRF1의 양은 많지 않다. 그럼에도 불구하고 이 과정은 종결 과정에서 꽤 신속하게 일어나며 속도가 제한적이지 않다. mRNA로부터 완전한 리보솜 복합체의 분리는 두 번째 방출 인자로서 eRF3에 의해서도 촉진되는데, eRF3는 tRNA를 유리시키고, 40S와 60S 리보솜 소단위체가 다른 번역 과정에 재활용될 수 있도록 하며, 3차 구조를 형성하기 시작한 폴리펩타이드를 유리시킨다.

15.5 번역이 어떻게 통제되는지 연구하기 위한 도구

많은 실험 연구는 유전자 발현 과정이 어떤 단계에서 조절되는지 확인하기 위해 행해진다. 그것은 선택적인 전사 또는 번역에 의해서 이루어지는 것일까? 이런 이유로, 연구자들은 다양한 도구를 찾고 또 발견하였다. 예를 들어, 7장에서는 생물학적 과정에서 mRNA 합성의 필요성을 보여주는 도구로서, RNA 중합효소 II를 억제하기 위한 **α-아마니틴(α-amanitin)**이 이용되는 것이 설명되어 있다. 단백질 합성에서도 마찬가지이다. **시클로헥시미드(cycloheximide)**와 **퓨로마이신(puromycin)**은 식물에서 단백질 합성을 억제하기 위한 화학 물질로 광범위하게 사용되어 왔다. 시클로헥시미드는 단백질 합성의 신장을 억제하고, 퓨로마이신은 tRNA와 닮아 있어서 합성 과정을 조기에 종료시킨다(Michels 등, 2000). 흥미롭게도, 이 시약은 발달 과정 또는 환경요인에 대한 반응과 관계된 유전자의 발현에서 번역 조절의 중요성을 입증하는 데 아직 사용되고 있다.

mRNA의 서로 다른 번역을 보여주기 위해 사용되는 다른 도구로 특정한 mRNA를 폴리솜과 결합한 상태와 그렇지 않은 상태에서의 mRNA 번역의 차이를 측정하는 방법이다(Bailey-Serres, 1999). 세포질 mRNA는 어떤 번역 기구와도 결합될 필요가 없으므로 유리 mRNA로 불린다. 폴리솜은 mRNA가 성공적으로 번역을 개시했을 때 나타나며, 따라서 mRNA 1개에 복수의 리보솜이 결합한다. 폴리솜을 조절하는 정확한 기작은 잘 알려져 있지 않다. 다만 열과 같은 스트레스 환경에 반응하는 특이 리보솜 단백질의 인산화(phosphorylation)에 관여하고 있다는 것은 밝혀진 사실이다. 질소 고정 박테리아와 공생하는 뿌리와 그렇지 않은 뿌리에서 mRNA와 폴리솜의 결합에 차이를 보이는 것도 보고되었다(Reynoso 등., 2013).

15.6 특이한 번역 조절 기작

번역 초기단계에는 단백질의 생합성을 조절할 수 있는 기회가 많이 있다. 위에서 설명한 바와 같이, 번역 개시는 개시인자가 mRNA의 5′ 말단을 인지하고 40S 리보솜을 끌어들이는 것으로 시작된다. 5′ UTR에 존재하는 헤어핀 구조는 번역 효율을 실제로 저해하는데, 이는 개시 복합체가 mRNA 2차 구조의 구성요소를 방해하고 mRNA의 개시 코돈을 탐색하기 용이하게 한다는 개념과 맞아 떨어진다(그림 15.8). 옥수수에서 *Lc* 유전자는 안토시아닌 생합성 경로 발현과 낟알의 보라색 침착에 주로 관여하는 *R/B* 전사 인자 중 하나이다. 일반적인 *Lc* mRNA의 간단한 서열 분석을 통해 *Lc* mRNA는 일반적

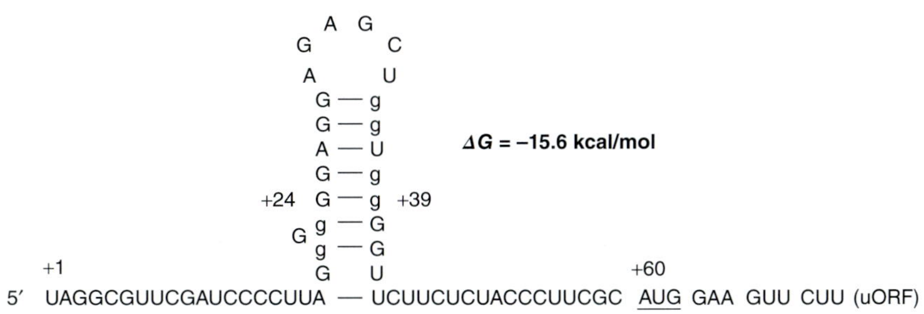

그림 15.8 옥수수 *Lc* mRNA의 5′ 말단 부위에 있는 회문구조 염기서열로부터 예측되는 헤어핀 구조. 미국식물학회의 저작물을 허락 후 게재.

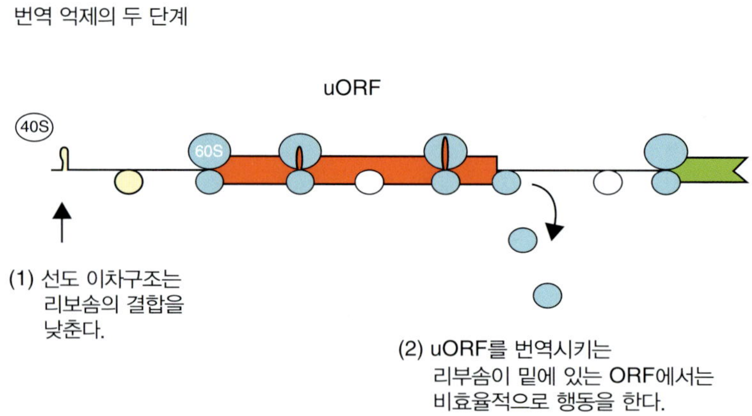

그림 15.9 ***Lc*** **mRNA의 5′ 말단 선도 서열의 235 염기들과 mRNA 번역을 조절하는 가능한 기작.** Lc 단백질은 녹색으로 표시한 부위에 암호화되어 있으며, 이 부위 앞에는 mRNA의 5′ 말단 부위에 1개의 헤어핀 구조를 가지고 있고, uORF(upstream ORF)라 불리는 짧은 열린해독틀이 있다. uORF로부터 생성되는 단백질의 기능은 아직 모른다. 그러나 헤어핀 구조와 uORF는 Lc ORF의 상대적인 번역 효율에 영향을 미친다. Wang and Wessler(2001). 미국식물학회 학회의 저작물을 허락 후 게재.

인 mRNA에 비해서 두 가지 점이 다른 것을 알 수 있다. 먼저, mRNA의 5′ 말단 부근의 헤어핀 구조를 형성할 수 있는 회문구조 염기배열(palindromic sequence)이 관찰된다. 단일 가닥 사슬보다 이중 가닥 RNA가 더 만들어지기 쉽기 때문에(6장 참고), 헤어핀 구조는 자발적으로 만들어질 것으로 예측되며, 상대적으로 헤어핀이 존재할 가능성은 대칭성 염기배열 안에서 염기쌍의 수소결합을 무너뜨리기 위해 필요한 에너지와 관계가 있다(그림 15.8). *Lc* 헤어핀 구조로 추정되는 구조 안에 돌연변이를 일으키는 분자 유전학적 도구를 사용하여 헤어핀 구조를 제거해 본 결과, 체외 실험에서 2배, 체내 실험에서 10배로 번역 효율이 증가하였다(Wang and Wessler, 2001).

번역 효율에 중요한 역할을 할 것으로 추정되는 *Lc* 5′ 선도 서열(leading sequence)의 두 번째 특징은 L_C 전사인자를 위해 ORF 앞쪽에 위치한 짧은 상부 ORF(uORF)가 존재한다는 것이다(그림 15.9). uORF에 의해서 만들어지는 짧은 단백질의 기능이 밝혀져 있지는 않지만, 이 ORF는 *Lc* mRNA을 훑어 내려가는 리보솜에 의해 합성된 *Lc* 단백질의 양을 감소시키는 것이 확인되었다. 체외 실험에서, 5′ 선도 서열에서 uORF를 제거하면 ORF 아래쪽으로 번역 속도가 2배 증가했으며, 이 mRNA 돌연변이를 식물세포 내로 도입하였을 때 아래쪽 번역 산물이 10배 증가하였다(Wang and Wessler, 1998).

Lc 5′ 선도 서열에 대한 위의 예제는 **번역 억제 기작**을 보여준 것인데, 다른 5′ 선도 서열, 특히 바이러스 RNA의 예에서는 번역 효율이 높아지는 것이 관찰되었다. TMV RNA(오메가 순서)의 68개 염기로 이루어진 선도서열과 알팔파 모자이크 바이러스 RNA의 36개 염기로 이루어진 선도서열은 첫 번째로 밝혀진 **번역 촉진 서열**이다. 이 서열이 많은 종류의 mRNA의 5′ 말단에 추가되었을 때 그로부터 만들어진 단백질의 축적 증가가 체내, 체외 연구 모두에서 관측되었다.

발현을 촉진하는 5′ 선도 서열과 억제하는 서열은 서로 구조적으로 분명하게 구별되는 것으로 보인다. 번역을 억제하는 요소는 회문구조 염기배열을 형성하는 대치된 반복서열과 같은 2차적 구조를 가진 것으로 여겨진다. 발현을 촉진하는 이와 같은 5′의 요소는 서열 특이적인 요소로 이루어져 있다. TMV 오메가 서열은 3개의 8 염기 반복 부분과 25 염기로 이루어진 CAA-밀집 부위 하나로 이루어져 있다. 이와 같은 사실은 선도 서열이 단백질과 결합하는 능력을 어떻게든 이용하여 번역을 촉진한 뒤 결국 전반적인 번역 효율을 높이는 것이 아닌가 하는 생각을 갖게 한다.

mRNA의 번역을 조절하는 몇몇 구별되는 다른 모델도 언급할 가치가 있다. mRNA의 3′ 쪽에서 정지 코돈까지의 서열(3′ UTR) 또한 번역 활성에 영향을 줄 수 있

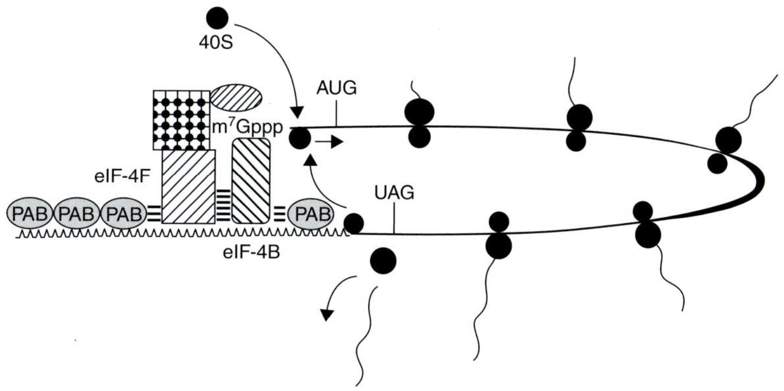

그림 15.10 **mRNA의 5′과 3′ UTR 부위가 어떻게 mRNA의 번역 효율에 영향을 미치는지에 대한 공통-의존적 모델.** 여기의 예에서는 polyA 결합단백질 PAB들과 같은 3′ 말단 결합단백질들이 5′ 선도 서열 특이적 매너로 결합하는 단백질들과 협력하여 상호작용을 통해 번역 기구들을 효과적으로 모집하거나 개시 코돈(AUG)으로 선도 서열을 이끈다. Gallie(1996)의 자료를 변형함. Springer Science + Business Media로부터 허락 후 게재.

다. 3′ 말단 부분이 어떻게 mRNA의 5′ 말단에 영향을 끼칠 수가 있을까? 하나의 가능성은 3′ 말단이 되돌아와 mRNA의 5′ 말단과 상호작용하는 것이다. 이때 양 서열을 결합해 주는 단백질이 있을 것이다(그림 15.10). 이 RNA 결합단백질은 정확한 번역 기계를 끌어들이는 데 사용되거나 또는 개시 초기에서 첫 번째 개시 코돈을 발견하기 위해 mRNA 위를 탐색하는 속도를 촉진할 수도 있다.

두 번째로, 일반적이지 않은 번역 조절 기작이 보리의 α-아밀라아제 mRNA에서 보고되었다. α-아밀라아제는 수분을 흡수할 때 곡물 낱알의 호분에서 생성되었다가 배 생장을 위해 저장되는 탄수화물을 동원하기 위해 배유로 분비된다. 놀랍게도 α-아밀라아제 mRNA의 5′ 선도서열은 호분 세포 안에서만 mRNA의 번역을 활성화시키는 것으로 드러났다(Gallie and Young, 1994).

다른 몇몇 번역 조절 기작은 바이러스 특이적으로 나타나는데, **틀이동 생략(frameshift skipping)**, **종결 코돈 억제(stop codon suppression)**과 같은 것을 포함한다. 틀이동의 생략에서는 번역 기계가 앞쪽 또는 뒤쪽의 하나 또는 2개의 서열을 생략한다. 그 결과로 해독틀이 변한다. 종결 코돈 억제는 이런 생략 현상의 다른 예로 보이는데, 이때에는 번역 기계가 종결 코돈을 지나쳐 계속해서 RNA를 읽어 내려간다. 두 가지 중 어떤 생략 기작도 핵 염기서열로부터 만들어진 mRNA에서 보고된 바 없다. 그러나 이러한 보고가 없는 이유는 이와 관련한 연구가 드물었기 때문일 수도 있다.

번역 효율에 관여하는 마지막 요소는 **코돈 사용 빈도(codon usage and bias)**의 편향이다. 유전 암호에는 중복이 있어서 유전 암호의 퇴화성이 존재하는데(그림 15.2), 이 때문에 하나 이상의 코돈이 같은 아미노산을 자라나는 펩타이드 사슬에 결합시킨다. 이런 동의적(synonymous) 코돈은 유전체의 번역틀에 동일하게 존재하지 않는다. 따라서 이들 코돈의 사용 빈도에는 편향이 발생한다. 이러한 편향은 각각의 tRNA 종의 상대적인 양 그리고 tRNA와 그에 해당하는 아미노산을 결합해 주는 효소와 상관이 있다. 식물에서 이러한 코돈 사용 빈도 편향의 가장 좋은 사례가 형질전환체의 외래 유전자의 발현에서 보고되었다. 일반적으로 다른 계(kingdom)에서 도입된 유전자는 식물 유전자가 갖는 유전자의 코돈 편향과는 다른 코돈 편향을 갖게 되며, 따라서 발현량이 적다. 일례로, 인간의 코돈 구성비를 가진(인트론은 제외) 인간의 아세틸콜린에스테라제(acetylcholinesterase) 유전자를 식물에 도입한 뒤에, 이 유전자와 같은 유전자이지만 코돈의 구성은 쌍떡잎식물에 최적화된 유전자와의 발현을 비교하였다. 최적화된 유전자의 발현이 5배에서 10배 높았다(Geyer 등., 2007). 이 결과는 코돈 사용 빈도가 번역 조절 기제로서 상당한 유용성을 가졌다는 것을 명쾌하게 보여주었다. 그런데, 코돈 사용 빈도는 모계쪽에서만 발현되거나 또는 부계쪽에서만 발현되는 성 특이 유전자 조절에서만 중요한 것으로 확인되었다. 더 자세하게 말하면, 모계 혹은 부계에서만 발현되는 유전자는 확연히 구별되는 코돈 사용 빈도 편향을 보였다(Whittle 등., 2007). 이것이 번역을 조절하는 코돈 사용 빈도 편향을 극명하게 보여주는 증거는 아니다. 그러나 이를 통해 이러한 기작이 존재하거나 개시될 수 있음을 알 수는 있다.

15.7 요약

이 장은 mRNA의 단백질로의 변역에 관한 주요 특성, 특히 번역 개시, 신장 종결의 기작에 관하여 다루었다. 전체 과정의 기본적인 이해를 바탕으로 해서, 우리는 번역을 조절하는 것으로 밝혀진 특별한 기작에 대해서 다루었다. 조절점으로서 mRNA에서 5′과 3′ UTR의 중요성과 구조적 특징(대칭성 염기배열)과 서열 특이성 중심으로 설명하였다. 왜냐하면 이들은 단백질 조절을 위한 결합 위치로서의 역할을 하기 때문이다. 이러한 두 특징은 mRNA 위의 번역 기계 복합체에 영향을 줄 수 있다. mRNA에서 AUG 개시 코돈으로 번역, ORF 번역의 효율, 번역 기계의 방출을 포함한 종결 효율을 낮출 수 있다. 식물체에서 이런 조절 기작이 어떻게 작동하는지에 대한 몇몇 예가 들어졌지만, 더 넓은 일반화가 이루어지기 위해서는 추가적인 연구가 불가피하다.

15.8 문제

15.1 mRNA의 상대적 번역 효율에 회문구조 염기서열이 관련있다고 가정하라. 첫 번째 세트의 실험으로 이차구조의 뼈대 구조 염기 1개를 바꾸었다. 이 실험으로 어떤 이론을 주장할 수 있을까? mRNA 번역 효율이 증가할까 낮아질까? 왜 그럴까? 이 첫 번째 실험이 성공하였다고 가정하고, 회문구조 염기서열이 번역 효율에 영향을 미쳤음을 보였다고 가정할 때, 당신은 또 다른 이차 실험으로 이 회문구조의 구조적 특징이 번역의 어떤 단계에 영향을 미친다는 것을 보일 수 있는가?

15.2 주 ORF의 앞에 있는 짧은 ORF가 아래의 ORF의 번역을 증가시키거나 낮춘다는 것을 상상할 수 있다. 그림 15.9에 입각하여 이 말에 대한 모델을 그림으로 제시하라. 그리고 이러한 기작이 기주 식물에 어떤 영향을 줄지에 대한 이론을 만들어 보아라.

15.3 당신이 생명공학 회사에 입사하였다고 하자. 당신의 분자 유전학적 지식을 이용하여 고용주는 코돈 편향 방법으로 식물의 유전자 발현을 조절하고 싶어 한다. 당신의 아이디어는 무엇인가?

추가 읽기

Muench, D.G., Zhang, C. and Dahodwala, M. (2012) Control of cytoplasmic translation in plants. *Wiley Interdisciplinary Reviews: RNA*, **3**, 178-194.

Roy, B. and von Arnim, A.G. (2013) Translational regulation of cytoplasmic mRNAs. *Arabisopsis Book*, **11**, e0165.

참고 문헌

Armache, J.P., Jarasch, A., Anger, A.M. *et al*. (2010) Cro-EM structure and rRNA model of translatin eukaryotic 80S ribosome at 5.5-angstrom resolution. *Proceedings of the National Academy of Sciences USA*, **107**, 19748-19753.

Bailey-Serres, J. (1999) Selective translation of cytoplasmic mRNAs in plants. *Trends in Plant Science*, **4**, 142-148.

Browning, K. S. (1996) The plants translational apparatus. *Plant Molecular Biology*, **32**, 107-144.

Futterer, J. and Hon, T. (1996) Translation in plants - rules and expectations. *Plant Molecular Biology*, **32**, 159-189.

Gallie, D.R. (1996) Translational control of cellular and viral mRNAs. *Plant Molecular Biology*, **32**, 145-158.

Gallie, D.R. and Young, T.E. (1994) The regulation of gene-expression in transformed maize aleurone and endosperm protoplast - analysis of promoter activity, intron enhancement, and messenger-RNA untranslated regions on expression. *Plant Physiology*, **106**, 929-939.

Geyer, B.C., Fletcher, S.P., Griffin, T.A. *et al*. (2007) Translational control of recombinant human acetylcholinesterase accumulation in plants. *BMC Biotechnolgy*, **7**: 27.doi:10.1186/1472-6750-7-27.

Michels, A.A., KAnon, B., Konings, A.W.T. *et al*. (2000)

Cycloheximide- and puromycin-induced heat resistance: different effects on cytoplasmic and nuclear luciferases. *Cell Stress & Chaperones*, **5**, 181-187.

Reynoso, M.A., Blanco, F.A., Bailey-Serres, J. *et al.* (2013) Selective recruitment of mRNAs and miRNAs to polyribosomes in response to *Rhizobia* infection in *Medicago tuncatula*. *Plant Journal*, **73**, 289-301.

Wang, L.J. and Wessler, S.R. (1998) Inefficient reinitiation is responsible for upstream open reading frame-mediated translational repression of the maize *R* gene. *Plant Cell*, **10**, 1733-1745.

Wang, L.J. and Wessler, S.R. (2001) Role of mRNA secondary structure in translational repression of the maize transcriptional activator *Lc*. *Plant Physiology*, **125**, 1380-1387.

Whittle, C.A., Malik, M.R. and Krochko, J.E. (2007) Gender-specific selection on codon usage in plant genomes. *BMC Genomics*, **8**, 169. doi: 101186/1471-2164-8-169.

제16장

단백질의 접힘과 이동

16.1 한 단백질이 고유의 기능을 갖추기까지의 과정은 매우 복잡하다

mRNA의 번역으로 단백질이 합성된 직후, 두 가지의 추가적인 과정이 세포 안에서 매우 중요한데, 첫 번째는 단백질의 접힘 단계이고(그림 16.1a) 두 번째는 세포내 소기관으로의 이동(그림 16.1b)이다. 단백질의 접힘은 α-헬릭스 및 β-시트와 같은 2차원적인 접힘뿐만 아니라 이들 접힘들이 모여 3차원적인 입체적 구조까지(단백질 3차 구조) 이룰 수 있는데, 이러한 입체적 구조는 촉매작용이나 구조적 기능성을 용이하게 한다. 또한 단백질은 특정 세포내 소기관에서만 기능을 수행할 수 있는 경우가 있다. 즉, 접힘 단계가 완료된 단백질들이 올바른 세포내 소기관이나 특정 부분으로 이동함으로써 그 기능이 완성될 수 있다. 따라서 진핵생물의 세포는 다양한 세포내 소기관이 존재하기 때문에 단백질의 '기능성 완성 '이라는 관점에서 단백질의 분배 및 전달에 대한 복잡한 조직체계를 갖추어야 한다. 이들 세포내 소기관은 막구조로 세포질에서 분리되어 독립적인 기능을 수행하는데, 대표적인 예로 미토콘드리아와 엽록체는 이러한 체계에서 에너지 생산이나 광합성을 담당한다. 세포내 소기관의 막구조에 의한 공간적 격리와 분리는 세포내 다른 생화학 대사 경로들과의 반응 재료에 대한 불필요한 경쟁을 최소화하여 효과적으로 고유의 기능을 수행하게 한다. 따라서 진핵생물 세포에서의 핵심적인 도전은 "어떻게 완성된 단백질을 특정한 세포내 소기관으로 보내 효율적으로 고유한 기능을 수행할 수 있게 하는가?"에 대한 것일 것이다.

단백질의 특징 중 하나는 국부적으로 위치하여 기능적 특성을 가진다는 점이다. 예를 들면, 세포를 둘러싸는 원형질막은 한 종류의 세포로부터 다른 종류의 세포를 구분 짓게 할 수 있고, 이를 통해 특정 종류의 세포군들이, 마치 잎살세포가 광합성의 기능을 수행하듯, 하나의 조직이나 기관에 결부되어 기능을 수행할 수 있게 한다.

16.2 단백질의 접힘과 조립

단백질 접힘은 특정한 아미노산 서열에서 자발적으로 접힌다는 관찰에서—현재 자율적 조립(self assembly)라고 알려짐—시작되었다. 자율적 조립이 갖는 특성은 **α-helices**와 **β-sheet**의 구조를 잘 설명할 수 있다(그림 16.2). 이에 대한 이유는 특정 아미노산 서열은 수소결합을 취함으로써 안정화되기 때문인데, 이러한 수소결합의 배열은 열역학적으로 효율적인 구조를 유지하게 해준다.

그러나 이러한 간단한 접힘은 단백질이 복잡한 기능을—화학반응에 대한 촉매 같은—수행하는 데 있어서 충분치 않다. 대부분 일련의 단백질 접힘의 접힘이나 단백질 간의 소중합체 형성에 따른 복잡한 형태가 특정 단백질로 하여금 필요한 기능을 완결지을 수 있게 한다. 부적절하게 접혀진 단백질은 구조를 재배열하기 위해 풀려질 수도 있지만, 세포 혹은 생체 내에서 심각한 위험을 유발시킬 수도 있다. 식물에서는 해당되지 않지만, 동물에서 부적절하게 접혀진 단백질은 근육운동과 인식체계를 망가트릴 수 있다. 단백질을 조립하거나, 부적절하게 접혀진 단백질을 재구성하는 기작은 생명체가 불리한 환

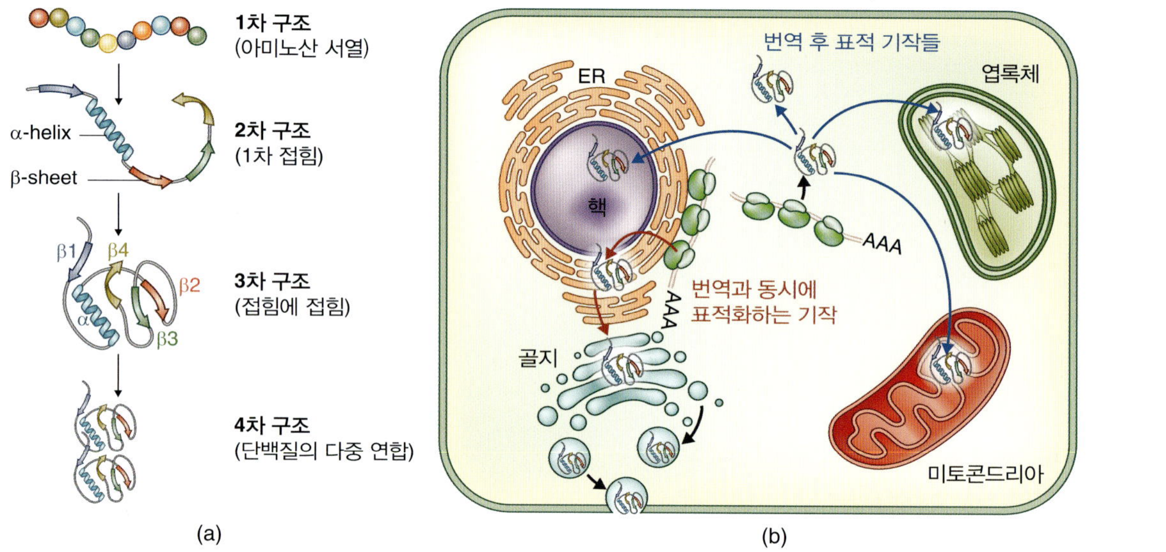

그림 16.1 **mRNA가 단백질로 번역될 때, 단백질의 특정한 기능이 완성-활성화가 되든지 혹은 구조적으로 완성-되기 위한 접힘이 일어나야 한다** (a). 첫 번째 수준의 접힘은 주로 아미노산 서열에 의해 자발적으로 일어난다. 3차 구조도 자발적으로 일어날 수 있지만, 다른 단백질과의 상호작용으로 더 쉽게 일어날 수 있다. 대부분의 단백질은 활성형이 되기 위해서는 3차 접힘이 일어나야 된다. 단백질의 4차 구조는 단백질이 물리적으로 가질 수 있는 최고 단계의 구조이다. 4차 구조는 2~3개의 같은 단백질로 구성되거나(호모 폴리머), 2개 이상의 다른 단백질로도(헤테로 폴리머) 구성될 수 있다. 이렇게 완성된 단백질은 또한 그 단백질이 특정한 기능을 수행할 수 있는 세포 내의 구역에 위치해야 한다. 이러한 단백질의 위치 이동은 번역과 동시에 일어나거나(번역시 단백질 운반), 단백질이 세포질로 나왔을 때(번역 후 단백질 운반) 일어난다.

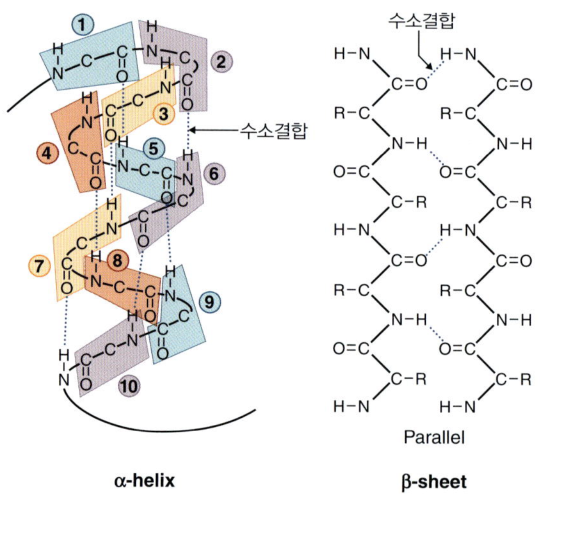

그림 16.2 α-helix와 β-sheet는 아미노산 서열과 이러한 구조들의 수소결합에 의해 이루어진다. 수소결합은 약한 전기적 자성에 의해 일어나며, 보통 부분적 음성으로 하전된 카보닐 결합의 산소와 아민기 내 부분적 양전하 상태의 수소에서 잘 형성된다.

경 하에서 견딜 수 있게 해 줄 수 있으며, 특히 식물에서 온도나 생물적 스트레스를 버티는 데 매우 큰 도움이 된다. 하지만 이러한 기작에 대한 돌연변이가 정상 조건하에서도 매우 심각한 결과를 초래하기 때문에, 꼭 불리한 환경에서만 역할을 수행하는 것 같지는 않다. 또한 이러한 기작들이 진화적으로 중요하다고 알려져 있으며, 향후 더욱 흥미로운 가설이나 이론들이 생겨날 전망이다(Tokuriki and Tawfik, 2009).

그림 16.3은 단백질의 접힘에 대한 일반적인 모델을 제시하고 있다(Boston 등., 1996; Ellis, 2013). 샤페론이 새롭게 합성된 폴리펩타이드에 부착된 후, ATP와 다른 부속 단백질의 부착을 유도하고 ATP 가수분해를 이끈다. 그 결과, 좀 더 정교하게 접혀진 단백질이 탄생된다. 이렇게 정비된 단백질은 본연의 생리적인 기능을 수행하거나, 기능상 좀 더 완전한 형태가—예를 들면 활성형(active form)—되기 위해 추가적인 과정을 거친다. 어떤 경우에는, 올바르게 접혀진 단백질이 접힘이 풀리거나 과도하게 뭉치게 되는데, 이렇게 되면 생리적 활성을

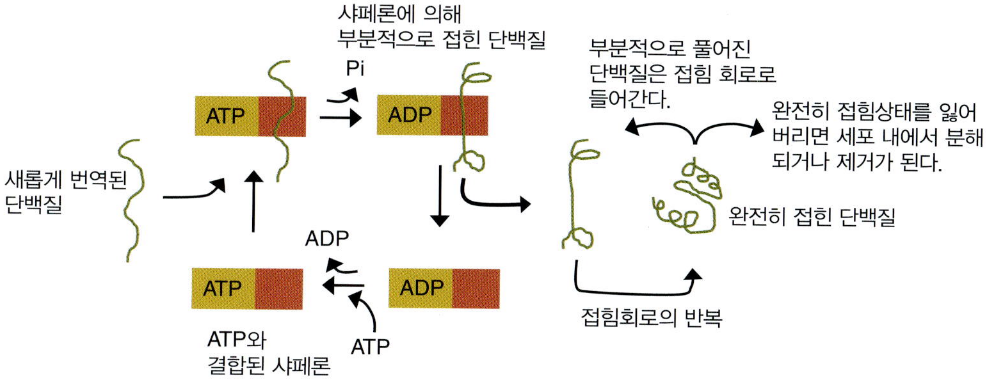

그림 16.3 단백질 이차 구조는 샤페론에 의해 촉진 된다. 새롭게 번역된 단백질은 샤페론-ATP 복합체과 결합되고, ATP가 가수분해 되어 ADP가 될 때 생성되는 에너지로 단백질 접힘이 일어난다. 이러한 일련의 과정은 ADP가 ATP로 환원되면 반복적으로 일어난다. Miernyk (1999)로부터 변형하였음

잃어버리게 된다. 이들은 샤페론의 발견의 매개가 되었다. 연구자들은 대상 생물체가 높아지는 온도 하에서 특정 단백질 발현이 증가하는 것을 발견하였다. 이렇게 열에 반응하여 발현된(**heat-shock induced protein**) 단백질들은 단어들의 앞자를 따서 HSP70 혹은 HSP90이라고 명명했다(뒤에 있는 숫자는 각 단백질의 밝혀진 분자량을 의미하는데, 70은 70 kDa를 나타낸다). 이후의 연구에서는 HSP들이 일반 조건이나 스트레스 조건상에서 어떻게 발현되는지에 대해서 밝혀졌고, 이에 더해 이 단백질들이 접힘 기작에 대해 좀 더 근본적인 기능을 가지고 있는지에 대해 탐구하였다.

표 16.1은 현재까지 밝혀진 **샤페론**과 **폴데이제**(접힘 관련 효소)를 나열해 놓고 있다. 이러한 단백질들을 구분할 수 있는 특이점은(특히, 폴데이즈 중 하나인 peptidyl proly isomerase에서) 촉매 반응의 특이성이다. Prolyl 이성질화 효소는 단백질 서열 중 프롤린의 *cis*와 *trans* 구조간 이성질화를 유도한다(Schmid, 1993)(그림 16.4). 반면에, 샤페론이나 조-샤페론(co-chaperone) 단백질 촉매 활성에는 직접적으로 영향을 주지 않고 주로 적절한 단백질의 접힘을 촉진시킨다.

샤페론 단백질의 열충격 혹은 생물적/비생물적 스트레스와의 연관성은 샤페론과 대상생물의 면역성과 관련을 지을 수 있지만, 샤페론 단백질은 자극이 없는 일반적인 조건에서 단백질의 조립과 접힘에도 필수적인 역할을 수행하기 때문에 그 관련성 정도가 확실치 않다(Quinlan and Ellis, 2013). 그 대표적인 예로 몇몇 샤페론 단백질을 돌연변이시키면 생물체가 살아갈 수 없다. 따라서 샤페론이 특정 스트레스 하에서 특이한 기능을 수행할 뿐만 아니라 일반적인 상태에서도 단백질의 접힘에 대해 역할을 수행하는 것으로 해석할 수 있다.

샤페론과 폴데이제는 세포질 및 세포내 소기관에서—미토콘드리아, 엽록체, 소포체 그리고 핵—발견된다. 미토콘드리아와 엽록체에 유전체가 있고, 유전자 전사 및 발현에 대한 모든 요소를 갖추고 있다는 것을 감안해 볼 때, 이러한 세포내 소기관이 자체적으로 발현된 단백질의 품질 관리를 위해 핵에서 발현된 HSP를 받아들이는 것은 매우 납득이 되는 현상이다. 또한 샤페론과 폴데이제가 소포체나 핵에서 발견된 사실은 이들이 세포내에서 일어나는 단백질 접힘에 대해 근본적으로 중요함을 시사하고 있다.

16.3 단백질 운반

HSP와 같이 핵에서 번역된 단백질이지만 세포내 소기관이나 막 시스템에 옮겨진 것을 관찰해 볼 때, 어떻게 이러한 단백질들이 활성과 접힘상태를 유지하면서 목표지점에 도달되었는지에 대한 의문점을 가지게 된다(Heinig

표 16.1 식물에서 폴데이제와 샤페론의 종류 및 이들의 세포 내 활동 위치

단백질 종류	세포 내 활동 위치
Chaperones	
Clp proteins	
HSP100 (ClpB)	원형질, 미토콘드리아
ClpA/C	엽록체
HSP90	
HSP80/90	원형질
GRP941	소포체
HSP70	
HSP/HSC70	원형질, 핵, 엽록체, 미토콘드리아
BiP/GRP78	소포체
Chaperonins	
HSP60/Cpn60	엽록체, 미토콘드리아
Small HSPs	원형질, 미토콘드리아, 엽록체, 소포체
Co-chaperones	
HSP40	원형질, 미토콘드리아, 소포체
Cpn 10 (Cpn 60)	미토콘드리아, 엽록체
Foldases	
Protein disulphide isomerase	소포체
Peptidyl prolyl isomerase	
Cyclophilin	원형질, 소포체, 미토콘드리아
FK506 binding protein	원형질, 소포체

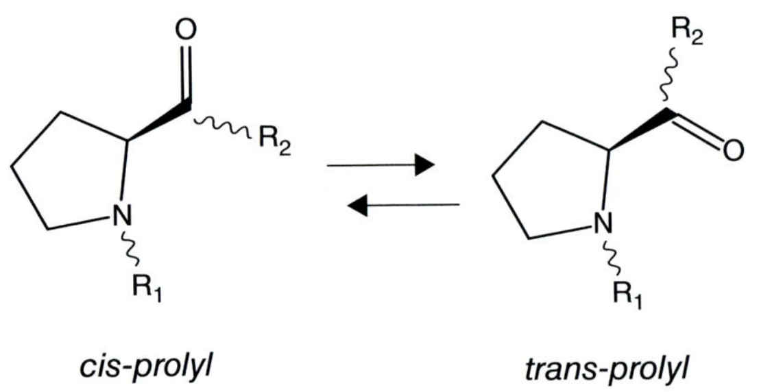

그림 16.4 단백질 내 프롤린 자리에서의 *cis* 및 *trans* 구조 변화에 대한 기술. 각 형태의 이성화는 자발적으로 일어난다. 그러나 프롤릴 이성질화 효소에 의해 조절되기도 한다. R1과 R2는 단백질 내에서 다른 아미노산의 아미노기 및 카르복실기 말단과 결합하는 부분을 의미한다.

등, 2013). 그림 16.1는 이러한 문제에 대한 해답의 실마리를 제공한다. 첫째, 대부분의 핵에서 발현되는 유전자는 세포질에 있는 폴리솜으로 말미암아 세포내 소기관으로 운반될 단백질로 번역된다. 만약 이들 단백질에 그러한 신호가 결여되면 그 단백질들은 세포질에 남아 있게 되지만, 단백질에 신호가 담겨 있다면 그 단백질들은 특정한 세포내 소기관의 내부나 막에 위치할 것이다. 이러한 가설이 신호 펩티드 서열의 발견을 이끌었다.

16.4 번역과 동시에 운반

만약 어떤 단백질이 소포체의 루멘이나 혹은 세포 밖으로 분비된다면, 그러한 단백질의 전사체는 세포질에 있는 리보솜 복합체에 의해 번역이 이루어질 것이다(그림 16.5). 번역과정 중 아미노 말단 부분이 세포질에 노출되는데, 이때 이 부분에 신호펩티드가 있으면 **신호인지 입자(signal recognition particle**, SRP)가 그 아미노산 서열을 인지하여 들러붙게 된다. 이러한 과정은 단백질의 번역과정을 막게 되고, 신호인지기구-리보솜 복합체

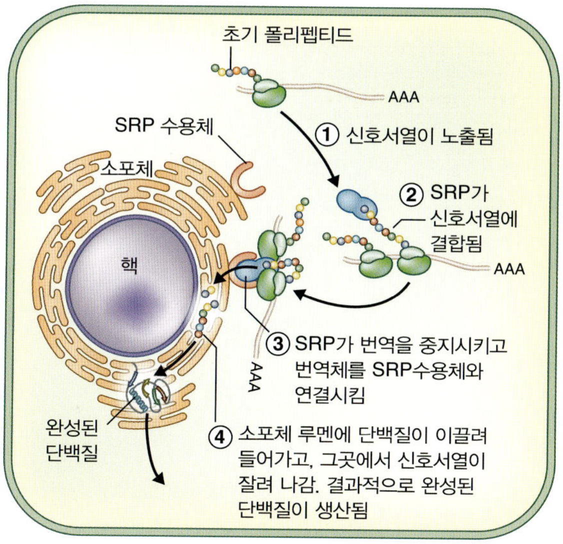

그림 16.5 소포체로 이동되는 번역시 단백질 운반 과정의 단계. 일단 신호서열이 신호인지입자(Signal recognition particle, SRP)에게 인식이 되면, SRP는 번역 복합체 소포체 막으로 유도한다. 이후 번역은 다시 재개되고, 대상 단백질은 아미노기로부터 소포체의 루멘 속으로 끌려 들어간다. 대상 단백질이 루멘에 들어오게 되면, 프로테아제가 신호서열을 잘라냄으로써, 대상 단백질의 최종 아미노산 서열이 결정된다. 이 단백질은 루멘 내에서 적절한 접힘과정을 통해 완성형이 된다.

가 소포체 외곽(세포질에 노출되어 있는)에 위치한 신호인지기구 수용체에 인지되어 결합되는 것을 용이하게 한다. 이후 단백질 번역이 재개되고 완료가 되면, 그 신호펩티드 서열은 다시 해당 단백질을 소포체 막 안에 들어오게 한다. 소포체 내막에서 신호펩티드는 나머지의 단백질 서열로부터 잘리게 되고, 이후에 남은 단백질은 접힘의 과정을 거치면서 기능이 완전하게 된다. 만약 그 단백질이 세포 밖으로 분비되는 경우에는 이와 관련된 분비소낭 시스템을 이용하게 되는데, 해당 단백질은 소포체와 골지체를 지나 분비소낭에 완전히 쌓여서 세포의 원형질막까지 도달하게 되고, 결국에는 세포 밖으로 운반된다(그림 16.1b). 그 단백질이 소포체의 루멘이나 골지체에 남기 위해서는 부가적인 신호펩티드가 요구된다. 예를 들면, 단백질의 카르복실기 말단에 위치한 **KDEL**(라이신-아스파라긴산-글루탐산-라이신으로 이루어진) 신호펩티드가 그 단백질을 소포체에 머무르게 할 수 있다.

16.5 번역 후 단백질의 운반

핵에서 발현되는 많은 단백질들이 세포질 내 리보솜에서 발현이 되나 미토콘드리아나 엽록체 같은 세포내 소기관에서 최종적으로 기능을 수행하게 된다. 그 단백질들의 세포내 위치 이동은 아미노기 말단에 있는 신호펩티드에 의해 이루어지지만, 위에서 기술한 번역 시의 운반과는 다른 번역 후 운반 기작에 의해 이루어진다(그림 16.6). 번역 후 운반은 샤페론이 특정 아이노산 염기서열에 결합을 시작으로 이루어진다. 샤페론은 대상 단백질을 목적 세포내 소기관 표면까지 운반하는데, 그곳에는 단백질을 세포내 소기관의 막을 관통하는 채널이 존재한다. 그 단백질 전구체는 막통과 채널로 빨려 들어가는데, 이때 아미노기 말단이 먼저 들어간다. 세포내 소기관 내에서 신호펩티드 서열이 대상 단백질로부터 잘려나가게 되고, 나머지 단백질은 세포내 소기관 내에 있는 다른 샤페론의 도움을 받아 접힘과정을 올바르게 거친 후 활성형태가 된다.

표 16.2는 단백질을 세포내 소기관으로 이동시키는 기작에 대한 요약을 기술하였다. 단백질이 엽록체와 미

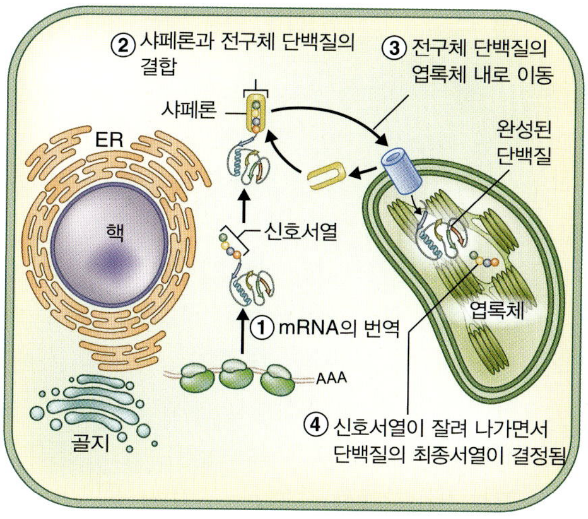

그림 16.6 번역 후 수정 기작에 의해 대상 단백질이 엽록체로 위치이동하는 과정. 일단 전구체 단백질이 합성되고, 내재된 신호서열은 단백질을 특정 세포내 소기관으로 이동시킨다. 대상 단백질이 세포내 소기관으로 이동되면, 신호서열은 단백질로부터 잘려나가고, 남은 단백질은 접힘과정을 거쳐 활성형으로 변환된다.

표 16.2 단백질이 세포내 특정 소기관으로 이동되는 기작에 대한 요약

세포내 소기관	신호 형태	이동 기작	부속 인자들
핵	염기성, 내부 펩티드	에스코트 이동	핵공 복합체
소포체	N-말단 펩티드	세포질 샤페론에 의해 배달, 채널을 통해 이동	막 이동효소
미토콘드리아	N-말단 양친매성 나선 펩티드	세포질 샤페론에 의해 배달, 채널을 통해 이동	막 이동효소
엽록체	N-말단 전하 펩티드	세포질 샤페론에 의해 배달, 채널을 통해 이동	막 이동효소
미소체 (퍼옥시솜)	C-말단 펩티드	셔틀 수용체에 의해 배달	수용체와 이동효소
액포	다중, N-말단 그리고 내부 펩티드	골지체 의존적, 골지체 비-의존적	수용체와 이동효소

토콘드리아로 운반되는 기작은 매우 흡사하지만, 단백질이 엽록체로 이동할지 미토콘드리아로 이동할지는 신호 펩디드가 결정한다. 핵과 미세소체로 이동하게 되는 단백질들은 특정 타깃 신호 서열에서 차이가 많이나며(아미노 말단 대비 카르복시 말단), 완성된 단백질까지 신호 펩티드를 보존하고 있는지 여부 등에서 차이가 있다.

16.6 번역 후 변형의 조절기능

단백질의 접힘과 운반은 대상 단백질의 적절한 기능을 유지하는 데 필수적이지만, 단백질의 기능은 많은 번역 후 변형으로—**인산화, 당화, 단백질 지질화, 아실화, 아세틸화, 탈메틸화** 등—다양하게 조절된다(표 16.3, 그림 16.7). 많은 경우, 이러한 변형은 접힘과 세포내 운반과는 대조적으로 매우 가역적이다. 따라서 이러한 단백질의 가역적 변화는 관련된 생리기작을 조절하는 데 매우 중요한 역할을 한다. 인산화는 매우 잘 알려진 관련 기작으로서, 이를 통해 효소의 활성이나 신호전달이 조절된 사례가 동식물에서 많이 보고되었다(del Pozo 등., 2004; Bai 등., 2007; Oh and Martin., 2011).

인산화에서 가장 잘 알려진 예는 식물의 병 저항성 기작이다(del Pozo 등., 2004; Oh and Martin., 2011)(그림 16.8). 박테리아 병원균과 식물저항성 유전자 간의 관계를 나타내는 유전자 대 유전자 가설에서는 식물병원균은 식물세포에 무독성 요인(avirulent factor, Avr) 혹은 Avr를 주입하고, 식물세포는 이를 인지하여 병 저항성 반응을 나타낸다. 병저항성 반응은 보통 세포예정사(Programmed cell death)를 유도한다. 이 과정에서 가장 잘 연구된 부분은 "어떻게 토마토를 가해하는 *Pseudomoas* 균주의 Avr을 특정한 단백질 인산화 효소 Pto를 활성시켜 인지하였나?"였다. Pto는 다른 인산화 효소들을 연속적으로 활성시키는데, 이러한 과정을 MAP—Mitogen activated protein, 동물에서 처음 밝혀졌으며, 여기에서 이름을 가져옴.—인산화 케스케이드라 명명했는데, 쉽게 말해 이 기작은 처음 인지반응을 계속 증폭시키는 과정으로 밝혀졌다. 이 과정에서 **14-3-3 단백질**은 인산화된 단백질과 결합하고, 이를 통해 그 단백질의 인산화 정도를 안정시켜 효소 활성을 증가시켰다. 특정 토마토 14-3-3 단백질은 병원균의 Avr로부터 활성화된 MAP 인산화 케스케이드에 속해 있는 인산화 단백질과 관계한다고 알려졌다. 만일 14-3-3 단백질 기능을 없애 버리면 식물세포가 병 저항성 반응을 유도할 수 없게 된다. 이 과정이 아직 다 밝혀지지는 않았지만, 분명한 결과 중 하나는 인산화가 대상 단백질을 핵으로 이동시켜 다른 유전자의 전사를 조절하여 세포예정사를 유도할 수 있다는 점이다.

단백질 인산화와 14-3-3 단백질은 식물-병원균 외에

표 16.3 식물 단백질의 가역적인 번역 후 수정과정 요약

변형	변형자	공여자	잔기
인산화	PO_3	ATP	세린, 트레오닌, 타이로신
당화	당 잔기(예, 글루코스, *N*-아세틸글루코아민)	UDP/GDP-당	세린, 트레오닌
프레네실화 (prenylation)	5 탄소 프레닐기 또는 프레닐기의 반복	DMAPP, IPP, FPP, GGPP	시스테인
아세틸화	CH_3CO	아세틸-CoA	리신
메틸화	CH_3	*S*-아데닐-메티오닌	리신

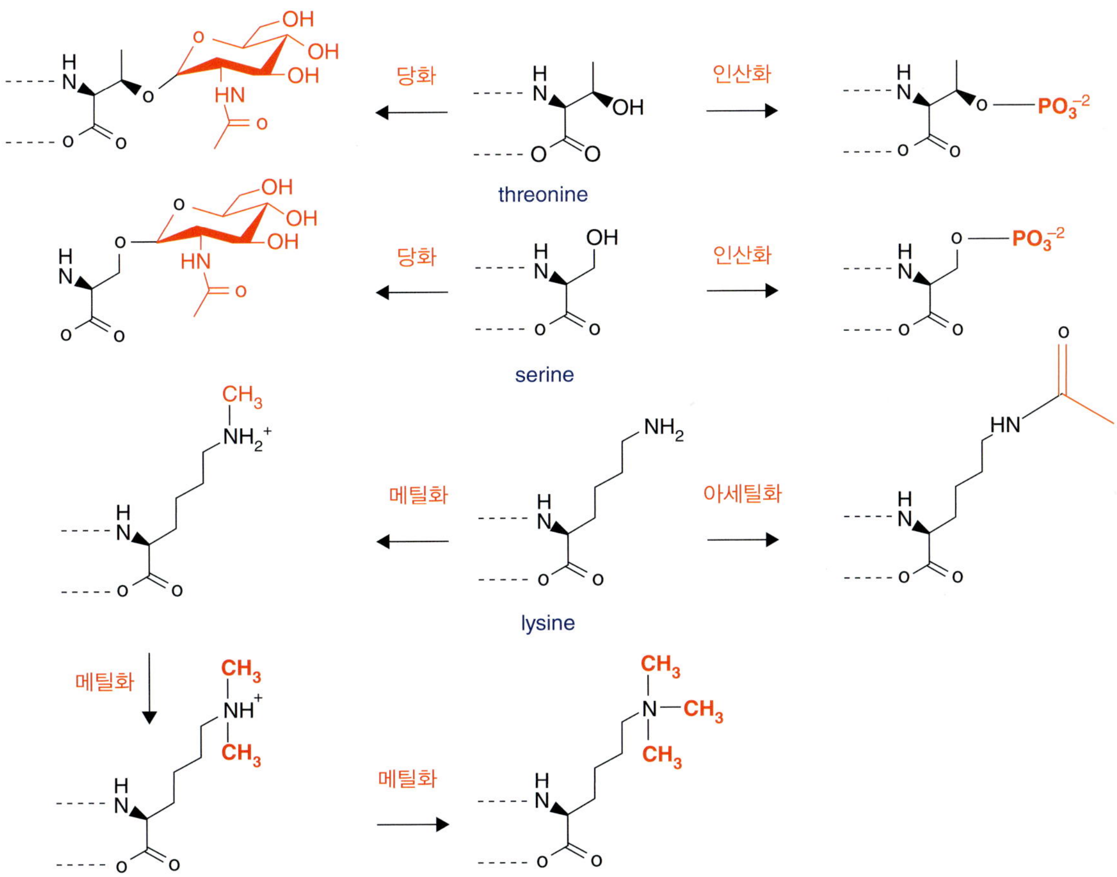

그림 16.7 식물 단백질의 번역 후 수정과정 요약. 많은 경우 중 극소수의 예를 보여줌. 단백질 내에서 화학적 변화를 겪게 되는 특정 아미노산은 표기가 되었음.

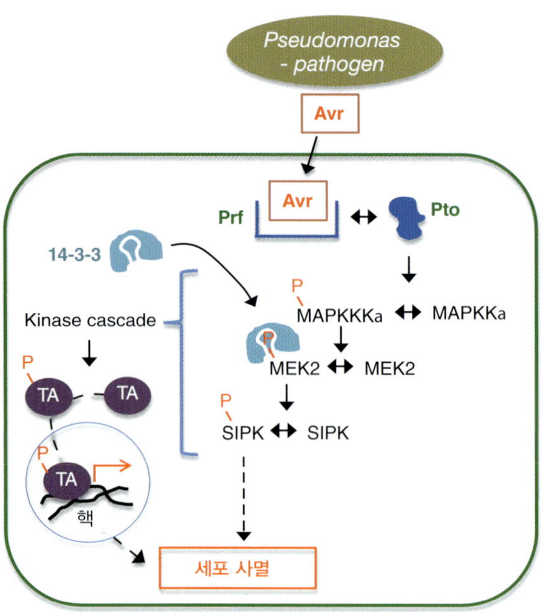

그림 16.8 병원성 박테리아의 Avr 단백질을 식물세포의 수용체(Prf)가 인지하면서 유도된 단백질 인산화 케스케이드 과정에 대한 요약. 처음 Avr 단백질을 Prf를 인지하면서 식물체의 인산화 단백질인 PtO를 활성화시킨다. 활성화된 PtO는 MAP 인산화 효소를 차례로 활성화시키고, 결국에 세포를 예정사시켜 병의 진전을 막는다. 14-3-3 단백질은 식물세포 내에 존재하는데, 인산화 효소의 안정성과 반감기를 지속시키며, 이를 통해 식물세포는 병원균에 대한 저항성을 높인다. 본 그림은 Olga 등(2004) 및 Oh and Martin(2011)의 자료.

다른 발육조절에서도 중요한 것으로 밝혀졌다(Bai 등., 2007). 그러한 과정에서 번역 후 변형이 그 조절에 좋은 영향도 미칠 수 있고 나쁜 영향도 미칠 수 있다. 브라시노 스테로이드는 그 예로 줄기 신장, 노화 및 발아에 관계된 호르몬이다. 이들 호르몬은 세포 표면에 있는 수용체에 인지되는데, 그 수용체는 세포질에 존재하는 단백질을 인산화시켜 핵 안으로 이동하게 함으로써 특정 유전자발현을 활성시킨다. 다른 경우에 어떤 14-3-3 단백질 군은 세포질에서 인산화된 단백질과 결합하는데 이 단백질을 핵 안으로 들어는 것을 막는다. 따라서 이 경우에 이들 14-3-3은 브라시노스테로이드 억제자로서 작용하는 경우이다. 반면에 14-3-3 단백질은 식물-병원균 상호작용에서 식물의 반응을 나타내는 데 매우 이로운 역할을 한다.

히스톤 아세틸화(histone acetylation)와 **메틸화(methylation)**는 또 다른 번역-후 변형으로서 10장에서 자세하게 다룬 후성 유전학적 조절에서 이들의 역할에 대해 많은 관심을 받고 있다. 다른 번역-후 조절 기작과 마찬가지로 특정한 메틸화는 처음에 생각하였던 것보다 훨씬 더 복잡하다. 라이신 잔기는 단일-, 이중-, 삼중-메틸화가 될 수 있으며(그림 16.7), 히스톤 메틸화의 정도는 그림 16.9에서 보여주는 것처럼 유전자 발현을 통한 식물

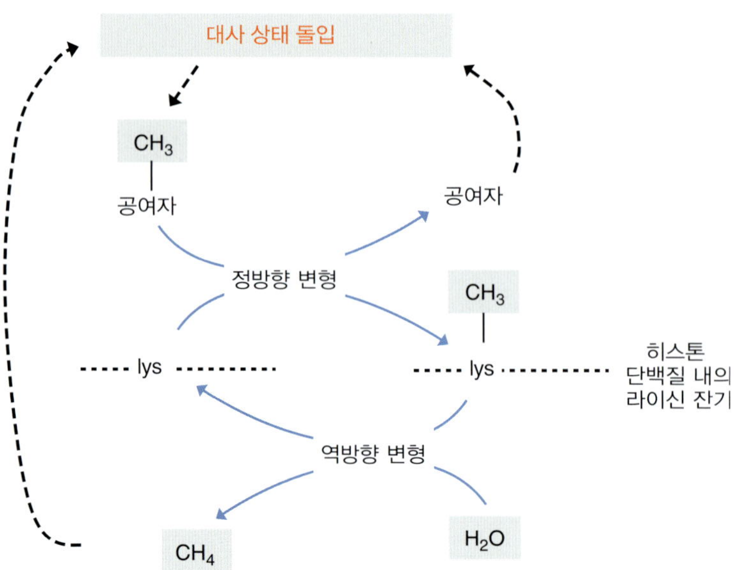

그림 16.9 히스톤 메틸화의 가역적 성격의 예. 환경적 자극과 생물체내 세포의 대사 상태에 따라 히스톤 단백질에 있는 특정 라이신 잔기들이 단일-, 이중-, 또는 삼중-메틸화가 일어나고, 이것은 이러한 변형과 관련된 유전자들의 발현에 직접적인 영향을 미친다. 히스톤 메틸화는 역동적이며 유전자와 관련된 히스톤 메틸화 상태는 환경과 생리적 요인에 따라 가변적이다. Prabakaran 등(2012)의 자료를 변형함. John Wiley & Sons의 허락 후 게재.

의 대사 상태 돌입에 영향을 준다.

16.7 요약

다른 장에서는 특정 단계의 유전자 발현 단계에서 돌연변이가 독특한 표현형을 보였던 것에 대해 언급했다. 하지만 단백질 접힘이나 위치 이동에서는 기능적 이상이 허용되지 않는 것 같다. 단백질 접힘과 위치 이동에서의 돌연변이에 의한 기능적 이상은 대부분 치사나 매우 심각한 발육의 장애를 일으키는 것이 관찰되었기 때문이다.

그러므로 샤페론에 의한 단백질 접힘 등과 같은 기작 등이 진화에 영향을 받으면 관련 단백질 등에 기능적 변화가 일어날 수 있다(Tokuriki and Tawfik, 2009). 이와는 달리, 번역 후 단백질 수정은 단백질 기능의 조정을 유도함으로써 식물세포로 하여금 변화하는 생물학적 비생물학적 환경에 적응할 수 있게 한다.

16.8 문제

16.1 한 서브유닛은 3개의 α-helix 구조를 가지고 있고, 다른 서브유닛은 방향이 다른 β-sheet 구조를 각각 1개씩 갖는 이종종합체 효소를 그려보아라.

16.2 α-helix나 β-sheet 구조가 아래의 아미노산 서열에서 예측이 되는가? 아래에 주어진 아미노산 서열을 웹상에 있는 프로그램을(http://www.compbio.dundee.ac.uk/www-jpred/index) 이용하여 단백질 구조를 예측해 보아라.

단백질 서열: MASAAVANYEEEIVRPVADFSPSLWGDQFLSFSIDNQVAEKYAKEIEALKEQTRNMLLATGMKLADTLNL.

16.3 샤페론은 단백질의 진화를 용이하게 한다고 알려져 있다. 다른 단백질의 접힘을 유도하는 기능을 가진 샤페론이 어떻게 유전자의 기능을 변화시킬 수 있는가(신기능화 작용)? 다수의 사본이 있는 경우, 하나의 유전자 사본만 진화의 대상이 된다고 가정하여라.

16.4 인산화와 같은 번역 후 수정 기작은 왜 환경 스트레스 적응에서 진화적으로 중요한 역할을 수행할 수 있는가?

추가 읽기

Chen, Z.J. (2013) Genomic and epigenetic insights into the molecular bases of heterosis. *Nature Reviews Genetics*, **14**, 471-482.

Kotak, S., Larkindale, J., Lee, U. *et al.* (2007). Complexity of the heat stress response in plants. *Current Opinion in Plant Biology*, **10**, 310-316.

Kwon, S.J., Choi, E.Y., Choi, Y.J. *et al.*. (2006) Proteomics studies of post-translational modifications in plants. *Journal of Experimental Botany*, **57**, 1547-1551.

Liu, C.Y., Lu, F.L., Cui, X. and Cao, X.F. (2010) Histone methylation in higher plants. *Annual Review of Plant Biology*, **61**, 395-420.

Malapeira, J., Khaitova, L.C. and Mas, P. (2012) Ordered changes in histone modifications at the core of the Arabidopsis circadian clock. *Proceedings of the National Academy of Sciences USA*, **109**, 21540-21545.

Miernyk, J.A. (1999). Protein folding in the plant cell. *Plant Physiology*, **121**, 695-703.

Oh, C.S., Pedley, K.F. andMartin, G.B. (2010) Tomato 14-3-3 protein 7 positively regulates immunity-associated programmed cell death by enhancing protein abundance and signaling ability of MAPKKK α. *Plant Cell*, **22**, 260-272.

Prabakaran, S., Lippens, G., Steen, H. and Gunawardena, J. (2012). Post-translational modification: Nature's escape from genetic imprisonment and the basis for dynamic information encoding. *Wiley Interdisciplinary Reviews-Systems Biology and Medicine*, **4**, 565-583.

Yuan, L., Liu, X., Luo,M. *et al.* (2013) Involvement of histone modifications in plant abiotic stress responses. *Journal of Integrative Plant Biology*, **55**, 892-901.

참고 문헌

Bai, M.Y., Zhang, L.Y., Gampala, S.S. *et al.* (2007) Functions of OsBZR1 and 14-3-3 proteins in brassinosteroid signaling in rice. *Proceedings of the National Academy of Sciences USA*, **104**, 13839-13844.

Boston, R.S., Viitanen, P.V. and Vierling, E. (1996) Molecular chaperones and protein folding in plants. *Plant Molecular Biology*, **32**, 191-222.

del Pozo, O., Pedley, K.F. and Martin, G.B. (2004) MAPKKK alpha is a positive regulator of cell death associated with both plant immunity and disease. *EMBO Journal*, **23**, 3072-3082.

Ellis, R.J. (2013) Assembly chaperones: a perspective. *Philosophical Transactions of the Royal Society B: Biological Sciences*, **368**, 20110398.

Heinig, U., Gutensohn, M., Dudareva, N. and Aharoni, A. (2013) The challenges of cellular compartmentalization in plant metabolic engineering. *Current Opinion in Biotechnology*, **24**, 239-246.

Krebs, J.E., Goldstein, E.S. and Kilpatrick, S.T. (2010) *Lewin's Essential Genes*, Jones and Bartlett, Boston.

Oh, C.S. and Martin, G.B. (2011) Tomato 14-3-3 protein TFT7 interacts with a MAP Kinase Kinase to regulate immunity-associated programmed cell death mediated by diverse disease resistance proteins. *Journal of Biological Chemistry*, **286**, 14129-14136.

Quinlan, R.A. and Ellis, R.J. (2013) Chaperones: needed for both the good times and the bad times. *Philosophical Transactions of the Royal Society B: Biological Sciences*, **368**, doi: 10.1098/rstb.2013.0091.

Schmid, F.X. (1993). Prolyl isomerase - enzymatic catalysis of slow protein-folding reactions. *Annual Review of Biophysics and Biomolecular Structure*, **22**, 123-143.

Tokuriki, N. and Tawfik,D.S. (2009) Chaperonin overexpression promotes genetic variation and enzyme evolution. *Nature*, **459**, 668-U671.

제17장
단백질 분해

17.1 유전자 발현의 양면-단백질 합성과 단백질 분해

16장에서는 단백질 번역 후 변형(post-translational modification)을 통해 단백질의 기능과 효소 활성이 조절되는 기작에 대해 알아보았다. 하지만 번역 후 조절은 이보다 더 폭 넓은 개념으로, 단백질이 개별 아미노산으로 분해되는 기작 또한 번역 후 조절에 포함된다. 만약 단백질의 기능이 유전자 발현에 대한 결과라고 생각한다면 특정 단백질의 합성뿐만 아니라 분해 역시 표현형 형성에 있어서 동등하게 중요하다고 할 수 있다. 식물 기관 혹은 조직 내 세포의 발달과정에 대해 생각해보자. 세포분열에 의해 이제 막 생성된 신생 세포는 세포가 성숙해가는 과정에서 생리학적인 기능을 충족시킬 단백질이 전무할 것이다. 책 전반에서 나타나있듯이, 세포의 성숙과 환경 혹은 발달 신호에 반응하는 과정의 큰 부분은 특정 유전자의 선택적 발현과 이들 mRNA의 번역으로 이루어진다. 따라서 세포 내 단백질 양상은 계속해서 변화해야만 한다. 유전자의 발현이라는 패러다임은 세포가 발생과정 동안 자신이 역할을 수행하는 단백질들을 어떻게 이용할 것인가 등에 있어서도 마찬가지로 중요하다. 과연 세포 내에는 더 이상 필요하지 않은 기능을 가진 단백질들을 선택적으로 제거할 수 있는 기작이 존재할 것인가?

이러한 질문들은 더 광범위한 연구주제로 확장될 수 있다. 16장에서 설명하였듯이, 단백질은 기능을 갖기 위해서 정상적인 형태로 접혀져야 한다. 그렇다면 세포는 의도치 않게 접힘이 풀리거나 기능을 잃은 단백질에 대해 어떻게 대처해야 하는가? 식물학자들을 포함한 다양한 생물체를 연구하고 있는 과학자들은 이 질문에 답하고자 오랫동안 노력하였다. 안타깝게도 단백질 전환(protein turnover)과 단백질의 분해, 이화작용을 연구할 수 있는 도구는 다른 유전학 연구 분야보다 뒤쳐져 있다. 하지만, 최근 연구 결과에 따르면 비교적 단순한 기작들에 의해 단백질의 분해가 조절되는 것으로 밝혀졌다. 단백질 분해에는 자가소화작용(autophagy), 세포자살(apoptosis), 그리고 세포 노화(senescence) 등과 같은 용어가 사용되는데, 이들은 세포의 모든 혹은 일부분의 단백질들이 통제하에서 분해가 되는 일반적인 과정들을 지칭한다. 여기서 중요한 부분은 이러한 분해 과정들은 프로그래밍을 통해 통제될 수 있다는 것이다. 자가소화작용 혹은 특정 신호에 세포가 반응하는 과정에서는 단백질의 선택적 분해가 자주 언급된다. 이때 분해될 단백질들에 선택성을 부여하는 기작은 단백질 태깅(protein-tagging) 기작이라고 불린다.

17.2 자가소화작용, 세포 노화 그리고 세포예정사

세포 노화, 자가소화작용, 그리고 세포예정사는 식물에서 자주 일어나는 과정들이다. 예를 들면, 식물의 떡잎(cotyledon)은 종자 발아 과정 중인 성장하는 배아에 에너지를 조달하기 위해 세포예정사를 거친다. 낙엽성 식물의 잎들은 낙엽이 되기 전에 세포 노화를 거치는데, 이때 단백질과 같은 고분자들은 아미노산으로 분해되어 식물 도처에 위치한 성장대(成長帶, growth zone)들로 운송된다. 물의 운반을 위한 맥관 구조인 물관(xylem)이 형성될 때에도 비슷한 현상이 일어나는데, 곧 물관이 될 세포들의 세포 내 내용물들은 이화작용이라는 과정을 통해 분해되어 재활용된다.

이러한 과정들의 대다수는 단백질 분해효소인 **프로테아제(protease)**의 활성과 연관이 있다. 프로테아제는 단백질 내 펩티드 결합을 엔도(endo) 혹은 엑소(exo) 방식으로 절단하는 효소를 말한다. 엑소-프로테아제는 단백질의 말단에 위치한 아미노산을 1개씩 절단하며, 작용하는 말단에 따라 아미노-프로테아제 혹은 카복시-프로테아제로 나눌 수 있다. 엔도-프로테아제는 단백질 내부에 위치한 결합을 절단하며, 이들은 종류에 따라 특정 아미노산 주변에 위치한 결합을 선호하는 경향이 있다(표 17.1). 세린 프로테아제는 식물 내 가장 큰 프로테아제 군(protease family)으로, 애기장대와 벼의 유전체 내에는 200개 이상의 유전자가 존재하며, 이 프로테아제 군에 속한 효소들은 세린 잔기 주변 펩티드 결합을 절단한다. 노화가 진행 중인 세포 소기관 내에서는 세린 프로테아제의 활성이 확인된다. 예를 들면, 밀 식물의 지엽(flag leaf, 줄기의 끝 마디에서 나온 잎)에서 노화가 일어나고 있는 경우, 세린 프로테아제의 활성이 일어나 엽록체 내 광합성 기구의 분해가 시작된다. 세린 프로테아제 다음으로 큰 가수분해 효소군은 아스파르트산 프로테아제로 아스파르트산 잔기의 산기 곁사슬을 활용하여 펩티드 결합의 절단을 촉진한다. 아스파르트산 프로테아제는 제한된 영양 조건의 식물에서 일어나는 질소 재순환과 관련이 있다.

시스테인 프로테아제는 노화가 진행되고 있는 조직에서 활성이 자주 증가하며, 액포와 긴밀하게 연관되어 있다. 액포는 식물세포 내 용해를 담당하는 기관으로 다양한 종류의 효소를 가지고 있어, 단백질, RNA, 지질 등의 세포 내 모든 고분자를 재활용할 수 있게 한다. 자가소화 작용이 일어나고 있는 상황을 현미경 사진으로 관찰할 때 부분적으로 분해된 미토콘드리아와 엽록체들이 액포 내에 삼켜져 있는 모습을 볼 수 있으며, 이러한 사진을 통해 자가소화 과정에서의 액포의 역할을 확인할 수 있다.

자가소화와 노화작용은 단백질 외의 다른 고분자 구조와 분자의 정돈된 분해와도 관련이 있다(그림 17.1). 핵 내에서 유전체 DNA가 파편화되어 있는 모습은 세포예정사의 조기 증후라고 볼 수 있다.

표 17.1 식물세포에서의 세포 노화와 세포예정사는 특정 프로테아제 군의 효소들과 연관되어 있다. 이들 프로테아제 중 일부는 특수한 처리에 의해 활성이 증가하며, 특정 세포 소기관 내로 이동한다. Roberts 등(2012)의 자료를 변형.

단백질군/ 소속 단백질	이동하는 위치	촉진시키는 반응
세린 프로테아제	액포	세포 노화, 환상 박피(girdling)
카복시펩티다아제 Clpd		
	엽록체	세포 노화, 암처리,
서브틸리신	스트로마	환상 박피
(subtilisins)		세포 노화, 암처리
	–	질소처리
아스파르트산 프로테아제		
OsAsp1	–	세포 노화, 옥신, 사이토키닌
CND41	엽록체	세포 노화, 환상 박피, 질소처리
시스테인 프로테아제		
카텝신 (cathepsin)	액포, 세포질, 세포외로 분비됨	세포 노화, 암처리, 환상 박피, 세포예정사
파파인 유사 효소 (Papain-like)	–	세포 노화, 암처리, 질소처리
금속단백질분해효소 Ftsh		
	–	세포 노화, 질소처리

17.3 단백질 태깅의 기작

자가소화/세포 노화 프로그램에서 일어나는 세포 내용물의 무분별한 분해 작용과는 달리, 선택적 단백질 분해

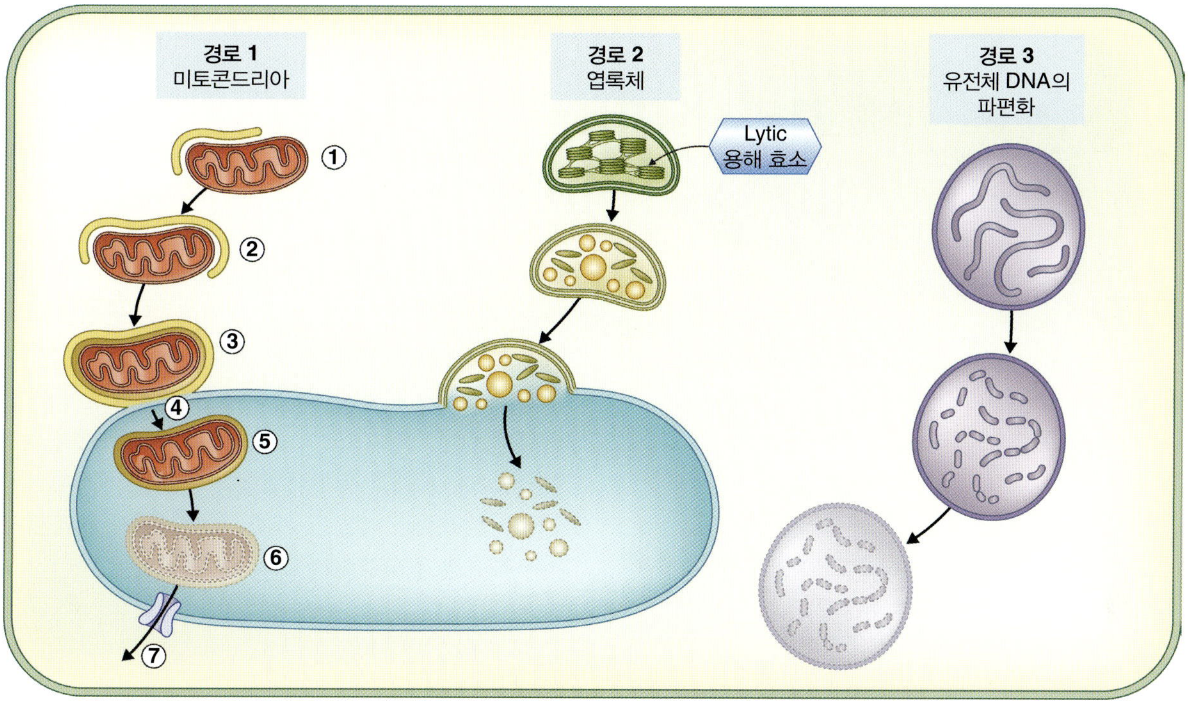

그림 17.1 그림은 식물의 자가포식작용과 세포 노화 그리고 세포예정사의 일반적인 특징을 묘사하고 있다. 경로 1은 미토콘드리아와 같은 세포 소기관이 액포(거대한 푸른색 구조물)에 의해 에워싸인 후 파괴되는 과정을 6단계로 나누어 설명하고 있다. 경로 2은 엽록체의 분해를 묘사하고 있는데, 이 경우 외부에서 유입된 용해 효소에 의해 엽록소와 같은 세포 소기관내 고분자가 먼저 분해된 후 엽록체가 액포와 합쳐져 모든 내용물이 재활용된다. 경로 3은 핵의 분해를 설명하고 있으며, 핵 구조가 완전히 파괴되기 전에 유전체 DNA 조각난다.

작용의 경우에는 특정 프로테아제 군의 효소와 프로테아좀(proteasome)이라고 하는 세포질 내 올리고머 단백질 기구가 작용한다(그림 17.2). 이러한 이화작용의 가장 구별되는 특징은 분해가 예정된 단백질에 소위 '태깅' 작용이 일어난다는 것이다. 이 태깅 작용은 단백질의 메틸화 반응 혹은 인산화 반응 등과 같은 번역 후 변형과는 구별되는데, 전자의 경우에는 크기가 작은 분자가 단백질에 결합하는 반면, 단백질 태깅에서는 72~116 아미노산 크기의 폴리펩티드를 사용한다. 이러한 폴리펩티드 태그는 35년 전에 처음 발견되었으며(그림 17.2), 이들 중 제일 먼저 발견되고 가장 흔하게 사용되는 폴리펩티드는 **유비퀴틴(ubiquitin)**이다. 유비퀴틴(ubiquitous: 아주 흔하다는 뜻)은 다양한 생물들에서 광범위하게 발견되는 태그이지만 최근에는 이외의 다른 단백질 태그들도 발견되고 있다. 단백질 태그들이 모두 비슷한 3차원 접힘구조를 가지고 있다는 사실은 흥미로우면서도 한편으로는 그다지 놀랍지 않다.

표적 단백질에 대한 유비퀴틴화는 **E1**, **E2**, **E3**라는 고도로 보존된 단백질들의 상호 협력적인 작용에 의해 일어난다(그림 17.2). E1은 비교적 복잡한 단계들을 거쳐 유비퀴틴 분자를 활성화시키고, 이를 E2로 떠넘긴다. 이 반응은 ATP를 가수분해시켜 생성한 에너지를 통해 이루어진다. E2와 유비퀴틴 사이의 결합은 E2 단백질의 시스테인 잔기와 유비퀴틴의 카복시 말단 글리신 사이에 존재한다. E3는 유비퀴틴 연쇄반응에서 가장 중요하고 우세한 요소로 유비퀴틴을 E2으로부터 표적 단백질에 결합시키는 효소 역할을 하며, 이 반응은 유비퀴틴이 E2에서 표적 단백질로 직접 전송되는 경로 혹은 유비퀴틴이 E3와 임시적으로 결합한 중간체를 거치는 경로를 통해 진행된다. E3는 결합효소인 리가아제로, 유비퀴틴을 운반한 후 표적 단백질에 결합시키는 역할을 한다. 따라서 유비퀴틴은 목표 단백질와 공유결합을 이루고 단백질은 분해될 수 있도록 표시된다. E1, E2, E3 단백질들을 암호화하는 유전자들의 개수는 각각 단백질들이 작용하

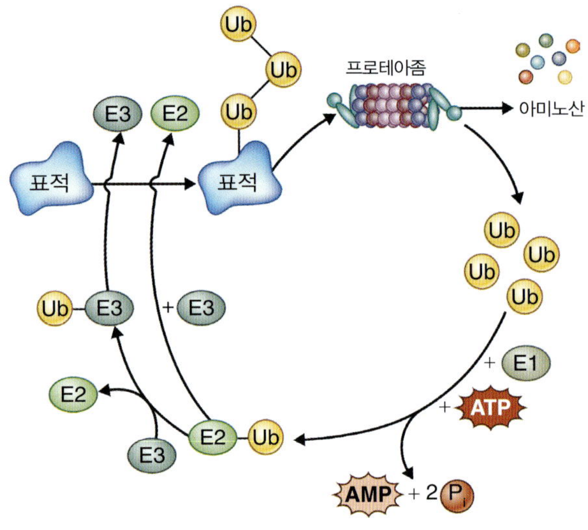

그림 17.2 그림은 유비퀴틴 프로테아좀 시스템에 의해 표적 단백질의 분해가 통제되고 있는 모습을 묘사하고 있다. 유비퀴틴(ub, 혹은 다른 폴리펩티드 태그들)은 우선 E1 단백질에 결합한 후 ATP 의존적인 반응에 의해 활성화된다. 이후 유비퀴틴은 E2로 전송된 후 E2-유비퀴틴 복합체를 형성한다. E2-유비퀴틴은 이후 분해가 되야 할 단백질에 유비퀴틴 태그를 제공하는 유비퀴틴으로 활용되며, 실제 단백질로의 유비퀴틴화는 E3 리가아제 효소에 의해 수반된다. 마지막으로, 유비퀴틴 태그가 부착된 목표 단백질은 프로테아좀에 의해 인식이 되어 아미노산 단위로 분해된다. Vierstra (2009)의 자료에서 변형.

는 반응의 특이성을 나타낸다. 예를 들어 애기장대 유전체의 경우에는 E1 단백질들을 암호화하는 유전자가 2개이며, E2의 경우에는 37개, E3은 1,400개의 유전자가 있다. E3 단백질을 암호화하는 유전자가 이렇게 많다는 것은 E3 단백질들이 태깅하는 표적 단백질들이 많다는 것을 뜻한다.

표적 단백질에 결합하는 유비퀴틴의 숫자는 1개에서부터 여러 개로 다양하며 '태깅'이 된 단백질은 세포질에 위치하는 **프로테아좀(proteasome)**으로 이동한다(그림 17.4). 프로테아좀은 세포질 몸체(cytoplasmic body)로 **조절 입자(regulatory particle**, RP)와 **중심 입자(central core particle)**로 이루어져 있으며, 이들을 구성하고 있는 다양한 단백질들의 조합을 통해 유비퀴틴화된 표적 단백질에 대한 프로테아좀의 특이성이 결정된다. RP는 일종의 조절 관문으로 태깅이 된 단백질을 인식하고 ATP 의존적인 반응을 통해, 마치 바늘구멍에 실이 통과하듯이 표적 단백질의 카복시 말단이 중핵 입자의 분해실(室)(digestion chamber)에 위치하게끔 통과시킨다. CP는 분해가 이루어진 표적 단백질에서부터 아미노산을 분리하는 역할을 하며, 단백질에서 분리된 유비퀴틴 복합체 올리고머는 조절 입자에 의해 단백질 태깅에 재활용된다.

표 17.2 식물은 목표 단백질의 빠른 분해와 회전율을 위해 다양한 폴리펩티드 태그를 사용하여 단백질을 표시한다.

폴리펩티드 태그	유비퀴틴과의 유사성(%)	아형(isoforms)의 개수	아미노산의 길이
Ub	100	1	76
RUB1	73	3	76
HUB1	35	2	72
SUMO	30	9	94
UFM	30	1	86

17.4 유비퀴틴-프로테아좀 시스템은 유전자 전사에 버금가는 중요성을 가진다

이러한 번역 후 변형 기작들이 단백질 농도 조절과 특정한 생리학적 결과 도출에 있어서 중요하다는 사실은 다양한 연구를 통해 밝혀졌다. 하지만, 먼저 식물 유전체에는 E3 유전자의 개수가 포유류의 유전체보다 훨씬 더 많다는 사실을 상기하길 바란다. 포유류 유전체가 100개 이하의 E3 유전자를 가지고 있는 것에 반해, **애기장대**의 경우 1,000개 이상의 E3 유전자를 가지고 있다. 식물 E3 유전자가 이렇게 많은 데에는 유전자들이 서로의 유전자 중복이라는 이유도 있지만, 중복된 유전자일지라도 추가적인 단백질 도메인을 가지고 있기 때문에 각각 E3 리가아제는 특이성을 가지고 있다. 이렇게 E3 유전자의 개수가 많은 점과 식물 성장과 발달의 많은 방면에 있어서 E3 단백질들이 뚜렷한 역할을 한다는 것이 밝혀진 점을 볼 때, **유비퀴틴-프로테아좀 시스템(ubiquitin proteasome system**, UPS)들은 식물의 생리와 통제 기작, 그리고 표현형 결정에 있어서 유전자 전사에 버금가는 중요성을 가진다고 할 수 있다.

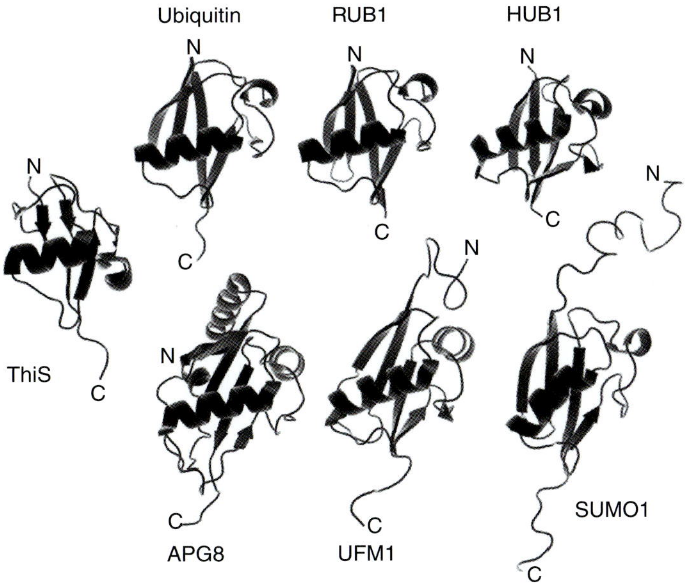

그림 17.3 식물은 프로테아좀을 통해 분해할 단백질을 표시하기 위해 다양한 폴리펩티드 태그를 사용한다. 이 태그들은 모두 유비퀴틴과 비슷한 삼차원 구조를 가지고 있다. α-helix 구조는 나선으로 묘사되어 있으며 β-sheet 구조는 납작한 화살표로 묘사되어 있다. 태그들의 구조 중 α-helix와 β-sheet 이외의 모티프들은 스파게티 스트링으로 묘사되어 있다. Downes and Vierstra (2005)에서 변형함. Portland press Ltd의 허락 하에 게재.

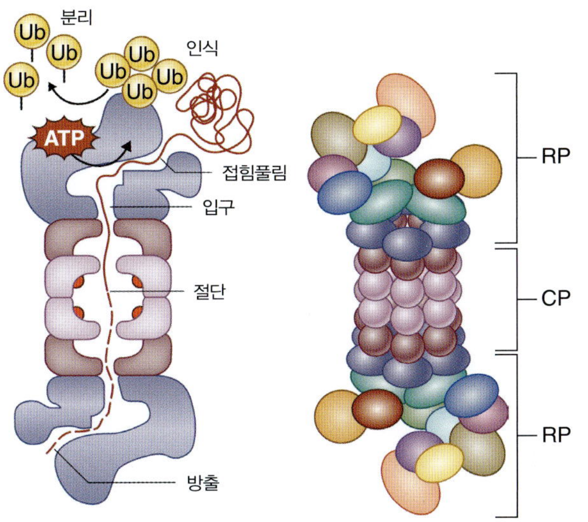

그림 17.4 프로테아좀은 조절 입자(regulatory particle, RP)와 중심입자(central core particle)라는 2개의 기능단위로 이루어져 있으며, 두 입자 모두 다양한 단백질로 이루어져 있다. RP 단위는 유비퀴틴화된 단백질을 인식하여 단백질의 카복시 말단부위를 CP 내부를 통과하고 있는 분해 채널에 제공하는 역할을 한다. RP 단위의 또 다른 기능은 유비퀴틴을 배출하여 다시 단백질 태깅에 사용할 수 있도록 재활용하는 역할을 한다. CP 단위는 목표 단백질의 펩티드 결합을 절단한 후 아미노산을 세포질로 방출시켜 이들이 단백질 합성에서 재활용될 수 있도록 한다.

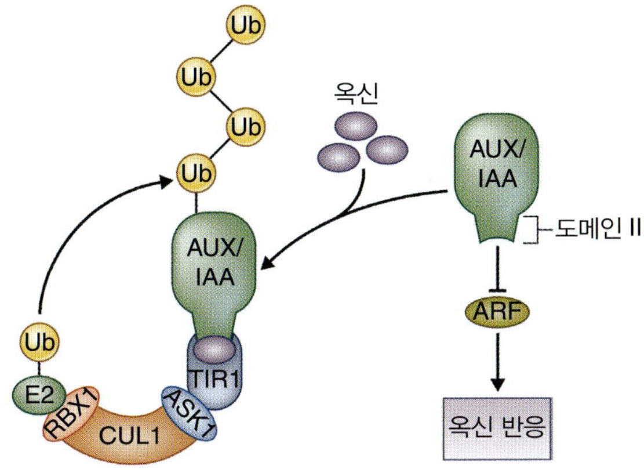

그림 17.5 UPS에 의해 옥신 반응 경로가 통제되고 있는 모습을 묘사하고 있다. 이 일반적인 모델은 지베렐린과 앱시스산과 같은 다른 식물 호르몬에서도 중요한 역할을 한다는 것이 알려져 있다. 옥신 반응 유전자들의 전사는 옥신 반응 전사인자 (ARF)에 의해 조절되는데, 이 전사인자는 AUX 같은 억제 단백질에 의해 활성이 억제되어 있다. 옥신이 존재하는 환경의 경우에 AUX는 TIR1이라는 단백질에 의해 인식되어 결합한다. TIR1은 잠정적인 옥신수용체로 특정 E3 리가아제 효소군에 의해 인식된다. 결과적으로 aux는 유비퀴틴으로 태깅되어 프로테아좀에 의해 분해되므로 옥신 반응 유전자들의 전사 억제가 완화된다. 반대로 옥신이 없는 경우 AUX 단백질은 안정화되며, 옥신 전사 인자들이 옥신 반응 유전자들의 전사를 활성화하지 못하게 한다. Vierstra(2009)에서 변형함. Macmillan Publishers Ltd의 허락 하에 게재.

UPS의 역할을 이야기할 때 가장 놀라운 점은 UPS가 전반적인 **호르몬 신호전달** 과정에도 관여한다는 사실이다. UPS가 옥신, 재스몬산, 지베렐린, ABA, 그리고 에틸렌과 같은 호르몬의 인식과 신호전달 과정에 관여한다는 증거들은 연구를 통해 이미 밝혀졌다. 그림 17.5은 그중 한 예로 옥신 신호전달에서 UPS가 담당하는 역할을 설명하고 있다. 옥신 반응(auxin response)은 ARF(auxin-response factor)라는 전사인자에 의해 조절된다. 하지만 ARF가 옥신 반응 유전자들의 전사를 촉진할 수 있는 능력은 억제 단백질들에 의해 조절된다. 옥신이 없는 환경에서는 AUX와 같은 억제 단백질들이 활성을 갖게 되어 ARF가 옥신 반응 유전자들의 전사를 촉진하지 못하게 막는다. 반대로 옥신이 있는 환경에서는 ARF에 가해지는 억제 반응이 해소된다. 그렇다면 과연 어떤 과정을 통해 옥신이 AUX에 작용하는 억제 반응을 해소하는 것일까?

연구를 통해 밝혀진 바에 의하면, E3 리가아제가 AUX와 결합하여 유비퀴틴으로 태깅하기 위해서는 놀랍게도 TIR1이라는 제3의 단백질과의 상호작용과 옥신 자체가 필요하다고 한다. TIR1은 SCF-E3라는 특수한 부류의 E3 리가아제와 상호작용을 하는데, SCF-E3는 **애기장대**의 경우 4개의 유전자에 암호화되어 있다. 흥미롭게도 SCF-E3-TIR1은 옥신의 존재 하에서만 AUX와 결합한다. 또한, 단백질 3차원 구조 결정에 관한 연구 결과로부터 옥신은 AUX이 TIR1 도메인에 결합할 수 있도록 도와주는 접착제 역할을 한다는 사실이 밝혀졌다. 이러한 상호작용의 결과, 유비퀴틴이 E3 리가아제에 의해 AUX 단백질에 결합하게 되며, AUX 억제 단백질이 분해되어 옥신 반응 유전자들의 발현이 증가하게 된다. 옥신의 농도가 감소하는 환경에서는 AUX의 분해도 감소하므로 옥신 반응 유전자들에 대한 억제력이 회복된다.

이처럼 많은 단계를 걸쳐 일어나는 UPS 반응은 복잡하다. 하지만 이러한 UPS 시스템의 변종들이 거의 모든 주요 식물 호르몬의 인식과 반응 경로에서 사용된다고 한다. 또 한 가지 놀라운 사실은 앞서 설명한 시스템이 식물-병균 상호작용(병 저항성 기작)과 유전적 자가불화합성(genetic self-incompatibility)의 발달 과정 등과 같은 다양한 식물 형질 조절에 사용된다는 점이다(그림 17.6).

배우체 자가불화합성(gametophytic self-incompatibility)은 페투니아를 비롯한 가지과(solanaceous) 식물에서 흔하게 일어난다. 만약 같은 꽃에서 생성된 꽃가루

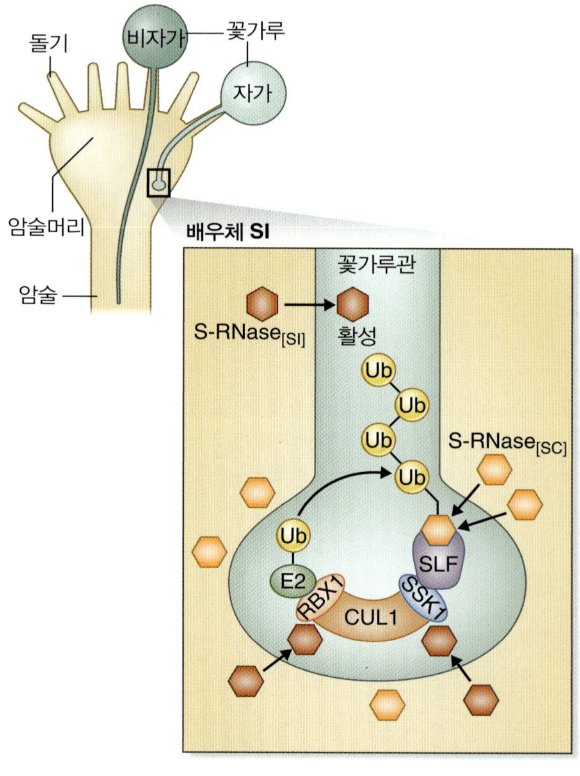

그림 17.6 **UPS는 식물의 발달 프로그램뿐만 아니라 호르몬과 생물/비생물적 신호에 대한 식물의 반응을 조절한다.** 배우체 자가불화합성(self-incompatibility, SI)는 많은 식물 종에서 이종교배를 보장하는 장치로, 수정의 성공여부는 암술조직이 침투하는 꽃가루관을 자기 혹은 비자기 세포로 인식하냐에 따라 결정된다. 우선 꽃가루가 암술머리에 접근하면 화주 조직에서 생산되며 모계 유전자에 의해 암호화되어 있는 Rnase가 수분된 꽃가루관 내로 확산을 통해 침투한다. 만약 수분된 꽃가루가 암술과 같은 꽃에서 유래한 경우라면 SI 유전자 자리에서 모계조직과 같은 대립유전자를 가지기 때문에 RNase를 외부인자로 인식하지 못한다. 따라서 RNase는 꽃가루관 내 RNA를 분해하며, 꽃가루관이 밑씨 조직에 도달하지 못하게 되므로 난자를 수정시키지 못한다. 만약 암술머리에 도달하는 꽃가루가 모계조직과 같은 대립유전자를 가지지 않은 경우는 모계 S-Rnase가 수용체-유사 단백질인 SLF 에 의해 인식된다. SLF는 S-RNase을 인식하여 유비퀴틴화시키는 특정 E3 리가아제 군에 특별히 연관되어 있다. 결과적으로 꽃가루관의 성장은 방해 받지 않고 진행되므로 수정이 일어난다. Vierstra (2009)에서 변형함. Macmillan Publishers LTd의 허락 하에 게재.

가 암술머리에 안착하는 경우, 화분관 신장은 일어나지만 암술 조직 내로 침투하는 꽃가루관은 차단된다. 반면 유전적 화합성(genetically compatibility)이 충족되는 식물의 꽃가루가 같은 꽃에 도입될 경우에 꽃가루관은 암술 속으로 계속 성장하여 꽃 깊숙이 위치한 밑씨에 도달한 후 난자를 수정시킨다. 이러한 시스템은 **배우체 자가불화합성(gametophytic self-incompatibility)**이라고 불리는데, 수정의 결과는 꽃가루의 자가불화합성 유전자자리(self-incompatibility locus)의 유전자형에 의해 결정된다. 만약 꽃가루가 암술머리/암술과 같은 대립유전자를 가진 경우 꽃가루의 성장은 억제되며, 이때 꽃가루와 암술머리 사이의 상호작용을 자가불화합적(self-incompatible)이라고 표현한다.

그림 17.6은 자가불화합적 상호작용과 자가화합적 상호작용에서 자가불화합성 유전자 자리의 유전자형이 UPS 기작을 통해 미치는 영향에 대한 현대 생물학의 모델을 제시하고 있다. 자가불화합적 반응의 경우, 자성 생식기관과 같은 대립유전자를 가진 꽃가루가 암술 조직을 통과하기 시작하면 암컷 세포 유전체 내에 암호화되어 있는 RNase(ribonuclease, RNA를 분해하는 효소)가 암술조직 내에 포화되어 자라나는 꽃가루관으로 흡수된다. 꽃가루 세포는 여성 RNAses를 인식하지 못하기 때문에 꽃가루 세포 내 모든 RNA는 RNase에 의해 분해되고 꽃가루관 세포는 죽게 된다. 반대로 수분된 꽃가루세포가 암술 조직과 공통의 자가불화합성 대립유전자를 공유하지 않는 경우에 꽃가루로 침투한 RNase는 특정 E3 리카아제-SLF 복합체에 의해 인식되기 때문에, RNase는 유비퀴틴으로 태깅되고 분해된다. 결과적으로 꽃가루는 생존하게 되며, 암술 조직 내로 이동한 후 난자와 수정을 끝마친다.

17.5 요약

이번 장에서는 단백질 분해의 두 가지 기작에 대해서 알아보았다. 자가소화작용, 세포 노화 그리고 세포예정사는 서로 비슷한 기작으로 세포 내 단백질들이 무분별하게 분해되는 과정이다. 이와 같은 분해 과정은 무작위적인 과정이 아닌 통제된 과정으로 물의 운반을 위한 물관요소 형성과 같이 매우 구체적이고 특정한 결과를 수반한다. 이와 반대로 UPS는 선택적인 분해 과정이며, 다양한 단백질 인자들의 작용에 의해 특정한 단백질의 회전율을 조절하기 때문에 전반적으로 선택성과 통제성이 함께 이루어지는 과정이다. UPS는 모든 종류의 세포에서 일어나며, 식물의 생애주기 전반에서 일어나기 때문에 세포 형질을 조절하는 데 있어서 유전자 발현에 버금가는 중요성을 가진 통제 기작이라고 할 수 있다.

17.6 문제

17.1 발생신호에 식물 반응의 시간적 경과 과정을 그래프로 그려라. 이것은 일장이 단일로 진행되는 조건에서의 개화 또는 병원균에 감염된 후의 방어 반응(예, 방어 단백질의 축적) 등을 들 수가 있다. 관련된 유전자가 조절된 반응에서의 전사율이 변할 때에 예상되는 유전자 전사율을 그래프로 표시하여라. 개화 유도에 관련된 유전자나 병원균에 대한 방어 단백질과 관련된 유전자들의 전사율을 그래프에 나타내게 될 것이다. 여기에 세 번째 그래프를 첨가하는데, 이것은 유전자 전사는 항상 일어나지만 암호화된 단백질의 분해율이 이 단백질을 유도를 조절한다고 가정하고 이 단백질의 발현을 그려 넣어라. 그러므로 여러분이 그리는 그래프에는 3개의 곡선 커브가 예상되는데: 하나는 개화나 병원균에 대한 저항성 단백질의 축적, 두 번째는 이 유전자들의 전사율을 시간대 별로 조사한 것, 그리고 마지막 세 번째는 2번 곡선 그래프에서 역방향 형태로 만들어지는 단백질의 분해율 차이를 나타내는 것이다.

17.2 옥신 반응 경로 내에 존재하는 한 돌연변이를 발견했다고 가정하자. 이 돌연변이를 가진 개체에서는 옥신의 존재 하에서도 옥신 반응 유전자의 발현이 증가하지 않는다. 돌연변이는 TIR1 단백질 내에 존재한다고 여겨진다. 이러한 결과가 나올 수 있는 두 가지의 경우를 생각해보고, 그림을 그려 각각의 경우를 설명하라.

추가 읽기

Bassham, D.C. (2009). Function and regulation of macroautophagy in plants. *Biochimica et Biophysica Acta-Molecular Cell Research*, **1793**, 1397-1403.

Downes, B. and Vierstra, R.D. (2005) Post-translational regulation in plants employing a diverse set of polypeptide tags. *Biochemical Society Transactions*, **33**, 393-399.

Reape, T.J. and McCabe, P.F. (2008) Apoptotic-like programmed cell death in plants. *New Phytologist*, **180**, 13-26.

Vierstra, R.D. (2009). The ubiquitin-26S proteasome system at the nexus of plant biology. *Nature Reviews Molecular Cell Biology*, **10**, 385-397.

참고문헌

Roberts, I.N., Caputo, C., Criado, M.V. and Funk, C. (2012) Senescence-associated proteases in plants. *Physiologia Plantarum*, **145**, 130-139.

찾아보기(Index)

국문색인

ㄱ

ㄴ

ㄷ

ㄹ

ㅁ

영문색인

A

B

C

Q

R

S

T